# PLANEJAMENTO e CONTROLE de OBRAS

2ª edição

*Aldo Dórea Mattos*

# PLANEJAMENTO e CONTROLE de OBRAS

2ª edição

oficina de textos

1ª reimpressão 2020 | 2ª reimpressão 2021 | 3ª reimpressão 2024

Grafia atualizada conforme o Acordo Ortográfico da Língua Portuguesa de 1990, em vigor no Brasil desde 2009.



**Capa e projeto gráfico** Malu Vallim
**Diagramação** Tereza Kikuchi
**Foto capa** Andrej Lišakov (www.unsplash.com)
**Preparação de figuras** Victor Azevedo
**Preparação de textos** Hélio Hideki Iraha
**Revisão de textos** Natália Pinheiro Soares
**Impressão e acabamento** Mundial gráfica

**Dados Internacionais de Catalogação na Publicação (CIP)**
**(Câmara Brasileira do Livro, SP, Brasil)**

Mattos, Aldo Dórea
Planejamento e controle de obras / Aldo Dórea Mattos. -- 2. ed. -- São Paulo : Oficina de Textos, 2019.

Bibliografia.
ISBN 978-85-7975-345-9

1. Canteiros de obras - Controle de qualidade 2. Canteiros de obras - Planejamento 3. Construção civil - Planejamento I. Título.

19-31273 CDD-690

**Índices para catálogo sistemático:**
1. Obras : Planejamento e controle : Construção civil 690

Maria Paula C. Riyuzo - Bibliotecária - CRB-8/7639


Rua Cubatão, 798
CEP 04013-003 São Paulo SP
tel. (11) 3085-7933
www.ofitexto.com.br
atendimento@ofitexto.com.br

"Planeje com antecedência: não estava chovendo quando Noé construiu a arca."
Richard C. Cushing (1895-1970), cardeal americano

Para Artur, meu filho, que me tirou do caminho crítico e não me dá folga.

# agradecimentos

Agradeço ao grande amigo Sérgio Motta de Lima, pelo incentivo, comentários, sugestões e revisão dos originais.

A Jim Zack, pela gentileza de escrever a apresentação da primeira edição.

A Fábio Andrade, pela leitura atenta dos originais e inestimável ajuda na correção do texto.

A Alexinaldo Esteves Souza, pela orientação teórica e prática.

Aos participantes do grupo de discussão E-Plan, em especial a Alonso Soler, Luiz Antônio Pinheiro Silva, Farhad Abdollahyan, Peter Mello, Ricardo Delarue e Ricardo Vargas, pela fertilíssima troca de ideias.

A Aldo José, meu pai, por ter me aconselhado a fazer um curso de PERT/CPM no Clube de Engenharia da Bahia em 1987.

A Ivan Moreira de Castro, professor daquele curso.

A Marcos Melo, que em 1970 presenteou meu pai com a ótima obra de Henrique Hirschfield (o primeiro livro de planejamento que li).

A Daniele, minha esposa, por compreender minha ausência nas tantas horas dedicadas a esta obra.

À equipe da Pini, que colaborou para este livro ir para o prelo em sua primeira edição.

E à equipe da Oficina de Textos, que tornou possível esta segunda edição.

# agradecimentos

Agradeço ao grande amigo Sérgio Motta de Lima, pelo incentivo, comentários, sugestões e revisão dos originais.

A Jim Zack, pela gentileza de escrever a apresentação da primeira edição.

A Fábio Andrade, pela leitura atenta dos originais e inestimável ajuda na correção do texto.

A Alexinaldo Esteves Souza, pela orientação teórica e prática.

Aos participantes do grupo de discussão E-Plan, em especial a Alonso Soler, Luiz Antônio Pinheiro Silva, Farhad Abdollahyan, Peter Mello, Ricardo Delarue e Ricardo Vargas, pela fertilíssima troca de ideias.

A Aldo José, meu pai, por ter me aconselhado a fazer um curso de PERT/CPM no Clube de Engenharia da Bahia em 1987.

A Ivan Moreira de Castro, professor daquele curso.

A Marcos Melo, que em 1970 presenteou meu pai com a ótima obra de Henrique Hirschfield (o primeiro livro de planejamento que li).

A Daniele, minha esposa, por compreender minha ausência nas tantas horas dedicadas a esta obra.

À equipe da Pini, que colaborou para este livro ir para o prelo em sua primeira edição.

E à equipe da Oficina de Textos, que tornou possível esta segunda edição.

# apresentação

## DA 1ª EDIÇÃO

País cuja economia atualmente é a segunda maior das Américas e a nona do mundo, o Brasil emergiu da recente crise econômica em condições melhores do que muitas outras nações do globo. A economia brasileira parece estar no rumo certo para dar continuidade ao exitoso crescimento que se verificou na última década. Essa continuidade, contudo, requer planejamento, projeto e construção de numerosos empreendimentos de infraestrutura, educação, habitação popular, transportes e indústria, só para citar algumas áreas. Ainda por cima, o Brasil sediará a Copa do Mundo de 2014 e os Jogos Olímpicos e Paraolímpicos de 2016, com investimentos da ordem de 27,7 bilhões de reais. As oportunidades para o Brasil são grandes, mas igualmente grandes são os riscos associados.

O sucesso na realização de todos esses projetos de capital pressupõe que eles sejam concluídos no prazo pactuado e dentro do orçamento aprovado, razão pela qual dependem inevitavelmente da contribuição de planejadores qualificados e experientes. *Mas o que realmente é um planejador?* Minha experiência pessoal de 38 anos na indústria da construção civil me leva a concluir que um planejador é um indivíduo com um conjunto singular de habilidades, com um papel de destaque na equipe de gerenciamento do projeto. *É um profissional que, munido de um conjunto de plantas e especificações técnicas, pode se trancar em uma sala por alguns dias e dela emergir com um plano de como construir a obra, incluindo a estrutura analítica do projeto, a relação de atividades necessárias para se cumprir o escopo, a duração de cada atividade, uma rede de dependência lógica e a lista de recursos requeridos para a execução da obra dentro do prazo contratual.* Ele pode ainda ser capaz de introduzir todos esses dados em um programa de computador, porém, em minha opinião, esse não é um requisito que caracterize um bom planejador. Com minha vivência, posso afirmar que encontrar alguém que maneje bem um *software* de planejamento é mais fácil do que encontrar um indivíduo que saiba como planejar e acompanhar propriamente uma obra.

É justamente para prover a capacitação de novos profissionais de planejamento e para ajudar a solidificar os fundamentos daqueles já praticantes que Aldo Dórea

Mattos traz à luz seu oportuno livro *Planejamento e controle de obras*. Seja para fins de fazer carreira no planejamento de obras, seja para aplicar os ensinamentos nas funções de gerente de projeto, as informações contidas neste livro certamente tornarão o leitor um membro mais valioso em qualquer equipe.

*James G. Zack Jr.*
Ex-presidente da Association for the Advancement of
Cost Engineering (AACE International)
Aliso Viejo, Califórnia (EUA)
Janeiro de 2010

# prefácio

A construção civil é uma atividade que envolve grande quantidade de variáveis e se desenvolve em um ambiente particularmente dinâmico e mutável. Gerenciar uma obra adequadamente não é um dos trabalhos mais fáceis, e, no entanto, muito de improvisação ainda tem lugar nos canteiros por todo o mundo.

O *planejamento* da obra é um dos principais aspectos do gerenciamento, conjunto de amplo espectro, que envolve também orçamento, compras, gestão de pessoas, comunicações etc. Ao planejar, o gerente dota a obra de uma ferramenta importante para priorizar suas ações, acompanhar o andamento dos serviços, comparar o estágio da obra com a linha de base referencial e tomar providências em tempo hábil quando algum desvio é detectado.

A deficiência do planejamento pode trazer consequências desastrosas para uma obra e, por extensão, para a empresa que a executa. Um descuido em uma atividade pode acarretar atrasos e escalada de custos, assim como colocar em risco o sucesso do empreendimento.

Lamentavelmente, não são poucas as obras tocadas sem qualquer tipo de planejamento, valendo-se o engenheiro apenas de sua capacidade de administrar os assuntos concomitantemente com o desenrolar da obra. Essa não é, contudo, a maneira mais aconselhável de se proceder. Planejar é pensar, aplicar, controlar e corrigir a tempo. O planejamento envolve várias etapas que não podem ser descartadas por falta de tempo ou por excesso de confiança na própria experiência.

Afirmamos sem medo de errar que *quem um dia tem a oportunidade de trabalhar em uma obra planejada nunca mais se acostuma a trabalhar de outra maneira*. O que empolga em planejamento é que, ao conhecer e dominar os fundamentos teóricos, o planejador se pergunta: "Por que não pensei nisso antes?".

Neste livro, não pretendemos esgotar o assunto, que, aliás, é bastante vasto. O que buscamos, sim, é apresentar de maneira didática todos os passos do planejamento de uma obra típica. Recorremos a exemplos práticos para mostrar que PERT/CPM não é apenas um exercício teórico dissociado da realidade. Os passos são absolutamente intuitivos e de fácil compreensão, embora por vezes sejam desprezados pelas empresas e pelos profissionais autônomos que coordenam obras. Planejar uma obra grande ou uma pequena reforma segue o mesmo roteiro – o que muda é a escala.

# sumário

um

# Importância do planejamento

A indústria da construção tem sido um dos ramos produtivos que mais vem sofrendo alterações substanciais nos últimos anos. Com a intensificação da competitividade, a globalização dos mercados, a demanda por bens mais modernos, a velocidade com que surgem novas tecnologias, o aumento do grau de exigência dos clientes – sejam eles os usuários finais ou não – e a reduzida disponibilidade de recursos financeiros para a realização de empreendimentos, as empresas se deram conta de que investir em gestão e controle de processos é inevitável, pois sem essa sistemática gerencial os empreendimentos perdem de vista seus principais indicadores: o prazo, o custo, o lucro, o retorno sobre o investimento e o fluxo de caixa. Informação rápida é um insumo que vale ouro.

Nesse contexto, o processo de planejamento e controle passa a cumprir papel fundamental nas empresas, na medida em que tem forte impacto no desempenho da produção. Estudos realizados no Brasil e no exterior comprovam esse fato, indicando que *deficiências no planejamento e no controle estão entre as principais causas da baixa produtividade do setor, de suas elevadas perdas e da baixa qualidade de seus produtos.*

Atualmente, mais do que nunca, planejar é de certa maneira garantir a perpetuidade da empresa pela capacidade que os gerentes ganham de dar respostas rápidas e certeiras por meio do monitoramento da evolução do empreendimento e do eventual redirecionamento estratégico.

## 1.1 BENEFÍCIOS DO PLANEJAMENTO

Ao planejar uma obra, o gestor adquire alto grau de conhecimento do empreendimento, o que lhe permite ser mais eficiente na condução dos trabalhos.

Os principais benefícios que o planejamento traz são:

* conhecimento pleno da obra;
* detecção de situações desfavoráveis;
* agilidade de decisões;
* relação com o orçamento;
* otimização da alocação de recursos;
* referência para acompanhamento;
* padronização;
* referência para metas;
* documentação e rastreabilidade;
* criação de dados históricos;
* profissionalismo.

Abordamos cada um deles a seguir.

### 1.1.1 Conhecimento pleno da obra

A elaboração do planejamento impõe ao profissional o estudo dos projetos, a análise do método construtivo, a identificação das produtividades consideradas no orçamento e a determinação do período trabalhável em cada frente ou tipo de serviço (área interna, externa, concreto, terraplenagem etc.).

A prática de parar para pensar no trabalho somente poucos dias antes de começá-lo é totalmente equivocada, pois não permite tempo hábil para mudança de planos.

### 1.1.2 Detecção de situações desfavoráveis

A previsão oportuna de situações desfavoráveis e de indícios de desconformidade permite ao gerente da obra tomar providências a tempo, adotar medidas preventivas e corretivas e tentar minimizar os impactos no custo e no prazo.

Por falta de planejamento e controle, a equipe da obra deixa para tomar providências quando o quadro de atraso já é irreversível.

Quanto mais cedo o gestor puder intervir, melhor. A Fig. 1.1 ilustra o que se costuma chamar de *oportunidade construtiva*, que é a época em que se pode alterar o rumo de um serviço ou do próprio planejamento a um custo relativamente baixo.

Com o passar do tempo, essa intervenção passa a ser menos eficaz e sua implantação, mais cara – é a *oportunidade destrutiva*.

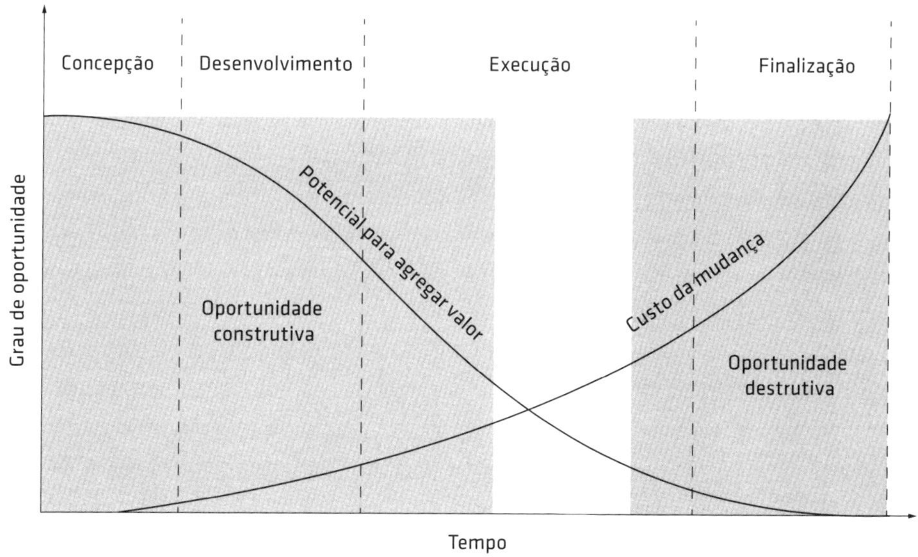


FIG. 1.1 *Grau de oportunidade da mudança em função do tempo*

### 1.1.3 Agilidade de decisões

O planejamento e o controle permitem uma visão real da obra, servindo de base confiável para decisões gerenciais, como mobilização e desmobilização de equipamentos, redirecionamento de equipes, aceleração de serviços, introdução do turno da noite, aumento da equipe, alteração de métodos construtivos, terceirização de serviços, substituição de equipes pouco produtivas etc.

### 1.1.4 Relação com o orçamento

Ao usar as premissas de índices, produtividades e dimensionamento de equipes empregadas no orçamento, o engenheiro casa orçamento com planejamento, tornando possível avaliar inadequações e identificar oportunidades de melhoria.

Ignorar as produtividades com que os serviços foram orçados significa ficar sem um importante parâmetro de controle.

### 1.1.5 Otimização da alocação de recursos

Por meio da análise do planejamento, o gerente da obra pode jogar com as folgas das atividades e tomar decisões importantes, como nivelar recursos, protelar a alocação de determinados equipamentos etc. Como será visto mais à frente, o entendimento do conceito de *folga* é essencial para o engenheiro saber quais tarefas podem ter seu início postergado, em qual data mais tarde se deve mobilizar certo recurso e, também, até quando determinadas despesas podem ser adiadas sem atrasar a obra.

### 1.1.6 Referência para acompanhamento

O cronograma desenvolvido no planejamento é uma ferramenta importante para o acompanhamento da obra, pois permite comparar o previsto com o realizado. Ao planejamento original, aquele que se quer perseguir, dá-se o nome de *planejamento referencial* ou *linha de base* (*baseline*).

É com a linha de base que se compara o que foi efetivamente realizado no campo e, a partir disso, tomam-se as medidas corretivas cabíveis. Ter um planejamento referencial é importante também do ponto de vista da gestão de pessoas – ele é a meta a ser buscada, é a "cartilha" que todos devem seguir na condução de suas tarefas diárias.

### 1.1.7 Padronização

O planejamento disciplina e unifica o entendimento da equipe, tornando consensual o plano de ataque da obra e melhorando a comunicação.

A falta de planejamento e controle gera desentendimentos frequentes, pois o engenheiro tem uma obra na cabeça, o mestre tem outra, e o fiscal, ainda outra.

### 1.1.8 Referência para metas

Programas de metas e bônus por cumprimento de prazos podem ser facilmente instituídos se houver um planejamento referencial bem construído, sobre o qual as metas podem ser definidas.

### 1.1.9 Documentação e rastreabilidade

Por gerar registros escritos e periódicos, o planejamento e o controle propiciam a criação de uma história da obra, útil para resolução de pendências, resgate de informações, elaboração de pleitos contratuais, defesa de pleitos de outras partes, mediação de conflitos e arbitragem.

A falta de administração contratual é um problema sério nas construtoras. Muitas vezes, as empresas perdem a oportunidade de reivindicar reajustes de prazo e valor por pura falta de registros.

### 1.1.10 Criação de dados históricos

O planejamento de uma obra pode servir de base para o desenvolvimento de cronogramas e planos de ataque para obras similares. A empresa passa a ter memória.

### 1.1.11 Profissionalismo

O planejamento dá ares de seriedade e comprometimento à obra e à empresa. Ele causa boa impressão, inspira confiança nos clientes e ajuda a fechar negócios.

## 1.2 Deficiência das empresas

Algo que pode ser tristemente constatado no mundo da construção civil é a ausência ou a inadequação do planejamento das obras. Esse fenômeno é sentido muito mais nas obras de pequeno e médio portes, em sua maioria efetuadas por empresas pequenas, por profissionais autônomos ou mesmo por seus proprietários.

A deficiência dos construtores se manifesta em graus variados. Há empresas que planejam, mas o fazem mal; outras que planejam bem, mas não realizam o controle; e aquelas que funcionam na base da total improvisação. Enquanto algumas construtoras se esforçam para gerar cronogramas detalhados e aplicar programações semanais de serviço, outras creem que a experiência de seus profissionais é o bastante para garantir o cumprimento do prazo e do orçamento.

A deficiência do planejamento pode trazer consequências desastrosas para uma obra e, por extensão, para a empresa que a executa. Não são poucos os casos conhecidos de frustração de prazo, estouros de orçamento, atrasos injustificados, indisposição do construtor com seu cliente (contratante) e até mesmo litígios judiciais para a recuperação de perdas e danos.

A melhor maneira de minimizar esses impactos é produzir um planejamento lógico e racional, pois assim se dispõe de um instrumento que se baseia em critérios técnicos, fácil de manusear e interpretar.

## 1.3 Causas da deficiência

As causas da deficiência em planejamento e controle podem ser agrupadas em função dos seguintes aspectos arraigados de longa data:

* planejamento e controle como atividades de um único setor;
* descrédito por falta de certeza nos parâmetros;
* planejamento excessivamente informal;
* mito do tocador de obras.

Abordamos cada um deles a seguir.

### 1.3.1 Planejamento e controle como atividades de um único setor

Um problema sério é que a elaboração do planejamento é muitas vezes encarada como uma missão enfadonha que o setor técnico da empresa precisa cumprir. O produto final serve apenas para "fazer figura" ante o cliente. São planilhas, gráficos e cronogramas que prescindem de análise apurada e com frequência nem são aprovados por quem vai fazer a obra, ou sequer são submetidos ao crivo da equipe de produção. *Planejamento serve para ajudar, não para representar um ônus.*

Em vez de serem vistos como um processo gerencial que deve permear toda a estrutura da empresa, o planejamento e o controle muitas vezes são confundidos com o trabalho isolado de um setor da empresa ou com a simples aplicação de técnicas para a geração de planos.

Os planos gerados sob essa sistemática carecem tanto de uma base de informações consistente quanto de procedimentos que garantam a disseminação das informações geradas a seus usuários, em um formato adequado e no tempo certo.

Reuniões eficazes de acompanhamento têm o poder de doutrinar o pessoal de campo. O planejamento deve ser "abençoado" por todos os envolvidos, e as informações de progresso devem ser transmitidas a todos, do diretor ao mestre, do estagiário ao almoxarife.

A geração de indicadores de desempenho permite que sejam premiadas as melhores equipes e detectados os focos de desvio.

Outro problema comum é a equipe fazer o planejamento inicial, mas não o atualizar periodicamente. Sendo a obra um sistema mutável e dinâmico, um planejamento pode virar letra morta rapidamente se não for atualizado. Planejamento sem controle não existe, o binômio é indissociável. Se um dos objetivos desse processo é minimizar as incertezas da obra, é preciso um mecanismo de apropriação de dados de campo que permita ao gerente avaliar se seu planejamento está sendo frutífero ou se é melhor replanejar a obra.

### 1.3.2 Descrédito por falta de certeza nos parâmetros

A incerteza é inerente ao processo de construção em função da variabilidade do produto e das condições locais, da natureza de seus processos de produção e da própria falta de domínio das empresas sobre seus processos.

Em vez de ser repudiado por trabalhar com premissas que podem não se verificar na prática, o planejamento deve ser visto como um exercício técnico que se presta a tentar prever, dentro do melhor cenário futuro verossímil, o impacto das atividades. As incertezas, à medida que o tempo passa, vão sendo incorporadas ao planejamento por meio de alterações e adaptações dos planos, com a utilização das corretas produtividades dos serviços nas diversas situações.

A crença antiga de que o desperdício e a informalidade são intrínsecos ao *modus operandi* da construção já não encontra amparo atualmente.

### 1.3.3 Planejamento excessivamente informal

A informalidade reside no hábito de achar que o planejamento são as ordens transmitidas pelo engenheiro de campo a seus mestres de obra. Procedendo-se assim, perde-se o conceito sistêmico de planejamento, com a visão de longo prazo sendo obstruída pelo imediatismo das atividades de curto prazo.

A falta de um planejamento global formal determina a inadequação dos planos de médio e curto prazos, acarretando a utilização ineficiente de recursos humanos e materiais da obra.

De maneira geral, a excessiva informalidade dificulta a comunicação entre os vários setores da empresa.

### 1.3.4 Mito do tocador de obras

É comum encontrar nas empresas uma supervalorização do "tocador de obras", engenheiro que tradicionalmente tem a postura de tomar decisões rapidamente, apenas com base na experiência e na intuição, sem o devido planejamento, o que é considerado perda de tempo. Pela falta de planejamento, forma-se então um círculo vicioso, uma vez que surge a carência do profissional com o perfil de tocador de obras.

Como a construção se desenvolveu historicamente com grande informalidade, em um ambiente em que o desperdício era tido como aceitável e no qual se valorizava o tocador de obras em detrimento do gerente, houve um inevitável afastamento do pessoal de campo em relação ao planejamento e ao acompanhamento. Nos países mais desenvolvidos, mestres de obra e encarregados, comparados com seus colegas brasileiros, dedicam muito mais tempo analisando a programação e pensando com antecedência nas ações e nas providências que tomarão nas semanas seguintes.

# dois

# Ciclo de vida do projeto

Um empreendimento de engenharia precisa necessariamente obedecer a uma sequência lógica de desenvolvimento do produto final. As fases do ciclo de vida do empreendimento precisam ser desempenhadas com tempo suficiente para que seus objetivos sejam atingidos. Cada fase gera produtos que serão os dados de entrada para as fases subsequentes.

## 2.1 Obra como projeto

No mundo da construção, o termo *projeto* geralmente vem associado ao plano geral de uma edificação ou de outro objeto qualquer, compreendendo o conjunto de plantas, cortes e cotas necessários à construção – projetos arquitetônicos, estruturais, de instalações elétricas e sanitárias, entre outros (seria o equivalente a *design*, em inglês). Neste livro, contudo, utilizamos o termo *projeto* em sua acepção gerencial (seria o equivalente a *project*, em inglês): "um esforço temporário empreendido para criar um produto, serviço ou resultado exclusivo" (Project Management Institute, 2017).

Dessa definição podemos tirar algumas características importantes de um projeto de construção:

* *Temporário*: significa que o projeto tem um alcance no tempo, uma duração finita, com início e fim bem definidos. O fim acontece quando os objetivos estabelecidos forem alcançados.
* *Produto único*: a unicidade se traduz pela concretização do produto físico e material, que representa a

consecução do objetivo do projeto. Não se trata de uma linha de montagem ou fabricação em série, mas um esforço para gerar um bem tangível único. Mesmo que uma construtora esteja produzindo blocos de apartamentos iguais, não se anula o caráter de unicidade porque não se trata de produção em massa, mas da realização de produtos similares que obedecem a um espírito de projeto.

A partir dessa definição proposta, é possível classificar algumas iniciativas de construção como projeto e outras apenas como uma operação contínua e repetitiva (Quadro 2.1).

**Quadro 2.1** Distinção entre projeto e operação continuada

| É projeto | Não é projeto |
|---|---|
| Construção de um galpão para armazenamento de grãos | Movimentação diária dos grãos com equipamento |
| Ampliação de uma usina de concreto | Operação cotidiana da usina de concreto |
| Instalação de uma fábrica de peças pré-moldadas | Fabricação de peças pré-moldadas |
| Construção de um hotel de dez andares | Operação e manutenção do hotel |

## 2.2 ESTÁGIOS DO CICLO DE VIDA DO PROJETO

O ciclo de vida do empreendimento compreende vários estágios (Fig. 2.1).

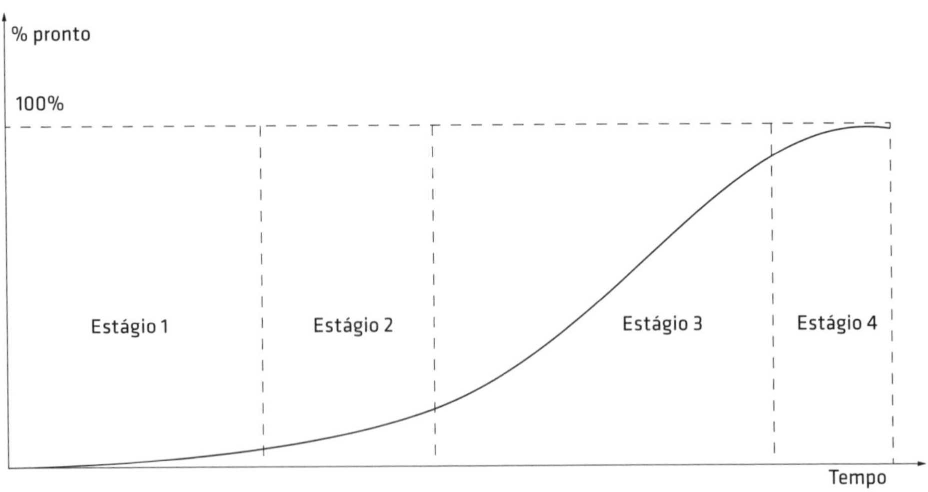


FIG. 2.1 *Ciclo de vida do projeto*

O formato da curva mostra a evolução típica dos projetos: lenta no estágio inicial, rápida no estágio de execução e novamente lenta na finalização do projeto.

### 2.2.1 Estágio I – Concepção e viabilidade

- *Definição do escopo*: processo de determinação do *programa de necessidades*, isto é, as linhas gerais do objeto a ser projetado e construído.
- *Formulação do empreendimento*: delimitação do objeto em lotes, fases, forma de contratação etc.
- *Estimativa de custos*: orçamento preliminar por meio da utilização de indicadores históricos.
- *Estudo de viabilidade*: análise de custo-benefício, avaliação dos resultados a serem obtidos em função do custo orçado, determinação do montante requerido ao longo do tempo.
- *Identificação da fonte orçamentária*: recursos próprios, empréstimos, linhas de financiamento, solução mista.
- *Anteprojeto ⇒ Projeto básico*: desenvolvimento inicial do anteprojeto, com evolução até o projeto básico, quando já passa a conter os elementos necessários para orçamento, especificações e identificação dos serviços necessários.

### 2.2.2 Estágio II – Detalhamento do projeto e do planejamento

- *Orçamento analítico*: composição de custo dos serviços, com relação de insumos e margem de erro menor que a do orçamento preliminar.
- *Planejamento*: elaboração de cronograma de obra realista, com definição de prazo e marcos contratuais.
- *Projeto básico ⇒ Projeto executivo*: detalhamento do projeto básico, com inclusão de todos os elementos necessários à execução da obra.

### 2.2.3 Estágio III – Execução

- *Obras civis*: execução dos serviços de campo, aplicação de materiais e utilização de mão de obra e equipamentos.
- *Montagens mecânicas e instalações elétricas e sanitárias*: atividades de campo.
- *Controle da qualidade*: verificar se os parâmetros técnicos e contratuais foram observados.
- *Administração contratual*: medições, diário de obras, aplicação de penalidades, aditivos ao contrato etc.

* *Fiscalização de obra ou serviço*: supervisão das atividades de campo, reuniões de avaliação do progresso, resolução de problemas etc.

### 2.2.4 Estágio IV – Finalização

* *Comissionamento*: colocação em funcionamento e testes de operação do produto final.
* *Inspeção final*: testes para recebimento do objeto contratado.
* *Transferência de responsabilidades*: recebimento da obra e destinação final do produto.
* *Liberação de retenção contratual*: caso a empresa contratante tenha retido dinheiro da empresa executante.
* *Resolução das últimas pendências*: encontro de contas, pagamento de medições atrasadas, negociações de pleitos contratuais etc.
* *Termo de recebimento*: provisório e definitivo.

O planejamento é a chave do sucesso de qualquer empreendimento, seja ele público ou privado. Por meio do planejamento, o gestor pode definir as prioridades, estabelecer a sequência de execução, comparar alternativas de ataque e monitorar atrasos e desvios, entre outros benefícios.

# três

## Ciclo PDCA

Com o desenvolvimento das técnicas de gestão, no final da década de 1980, alguns princípios fundamentais passaram a nortear o gerenciamento das obras. Um desses princípios, o da melhoria contínua, prega que todo processo deve ter um controle permanente que permita a aferição do desempenho dos meios empregados e promova uma alteração de procedimentos de tal modo que seja fácil alcançar as metas necessárias.

O princípio da melhoria contínua é bem ilustrado pelo *ciclo PDCA*. Essa representação gráfica mostra que o trabalho de planejar e controlar é uma constante ao longo do empreendimento. Não se pode pensar em planejamento inicial que não seja atualizado com o passar das semanas.

O ciclo PDCA foi desenvolvido originalmente por Walter Shewhart, na década de 1920, mas ganhou notoriedade com Edwards Deming na década de 1950. Deming é autor dos famosos princípios do Gerenciamento da Qualidade Total (TQM). Alguns deles são:

- deve haver constância de propósitos para a melhoria do produto e do serviço;
- a qualidade do produto nasce no estágio inicial;
- as pessoas devem trabalhar em equipe, sem barreiras entre os departamentos, de modo que possam prever problemas e soluções;
- o processo de melhoria é de competência de todos.

Por ciclo PDCA (Fig. 3.1), entende-se o conjunto de ações ordenadas e interligadas entre si, dispostas graficamente em um círculo em que cada quadrante corresponde a uma fase do processo: P (*plan* = planejar), D (*do* = fazer, desempenhar), C (*check* = checar, controlar) e A (*act* = agir, atuar).

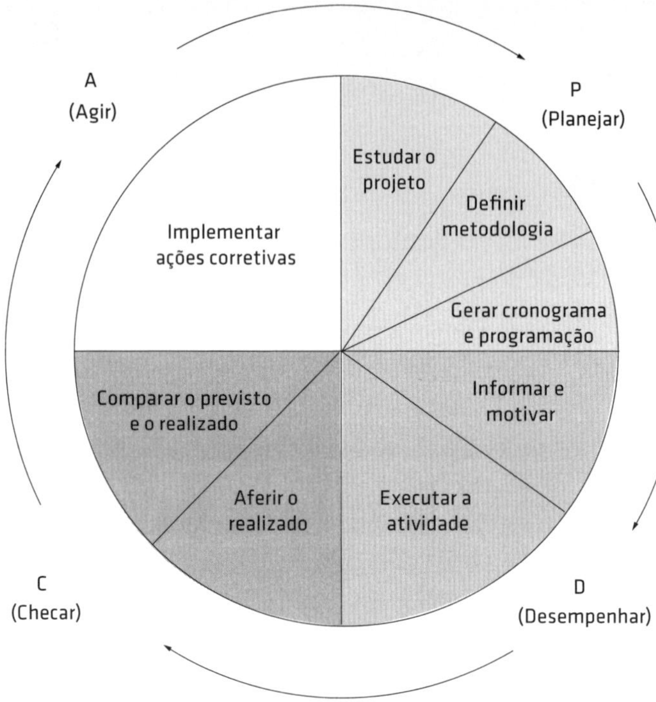


**FIG. 3.1** *Ciclo PDCA*

O mérito desse ciclo é deixar patente para a equipe do projeto que não basta planejar. Não é suficiente delinear previamente a metodologia, os prazos e os recursos requeridos, sem que haja o monitoramento da atividade e a comparação dos resultados reais com aqueles desejados.

Em virtude da grande quantidade de variáveis envolvidas, como mão de obra, suprimento, intempéries, interferências, retrabalho e perdas periódicas de produtividade, o ciclo PDCA encaixa-se perfeitamente no mundo da construção civil, enfatizando a relação entre o planejamento, o controle e as ações preventivas e corretivas cabíveis.

Como bem diz o nome *ciclo*, o PDCA não se esvai com uma rodada. Ele deve ser continuamente utilizado. Na verdade, quanto mais frequente a aplicação de seus preceitos, mas aperfeiçoado se torna o planejamento. Aliás, mesmo na fase prévia à obra, durante o planejamento inicial, o ciclo PDCA pode ser empregado para que se verifique se o que está sendo planejado tem consistência.

Detalhamos a seguir o significado de cada quadrante do ciclo.

## 3.1 Planejar (P)

Nessa etapa, entra em cena a equipe de planejamento da obra, que busca antever a lógica construtiva e suas interfaces, gerando informações de prazos e metas físicas.

O quadrante P pode ser subdividido em três setores:

- *Estudar o projeto*: envolve a análise dos projetos, a visita técnica ao local da obra, a identificação e a avaliação de interferências etc.
- *Definir metodologia*: envolve a definição dos processos construtivos, o plano de ataque da obra, a sequência das atividades, a logística de materiais e equipamentos, a consulta a documentos de obras similares etc.
- *Gerar o cronograma e as programações*: consiste em coordenar as informações de modo que a obra tenha um cronograma racional e factível. Essa etapa leva em consideração os quantitativos, as produtividades adotadas no orçamento, a quantidade disponível de mão de obra, a influência da pluviosidade local etc.

O planejamento é presumivelmente o intuito operacional da empresa. Ele representa aquilo que se deve seguir para alcançar o objetivo do empreendimento.

## 3.2 Desempenhar (D)

A segunda etapa representa a materialização do planejamento no campo. Aqui, o que foi prescrito no papel entra no terreno da realização física.

Esse quadrante pode ser subdividido em dois setores:

- *Informar e motivar*: corresponde a explicitar a todos os envolvidos o método a ser empregado, a sequência das atividades e as durações previstas e a tirar dúvidas da equipe. Os encarregados e os supervisores são instruídos quanto ao que está programado, quais as tarefas, os prazos, os recursos disponíveis e os requisitos de qualidade. É acentuado o grau de envolvimento e interesse que as equipes desenvolvem quando o planejamento e as programações de serviço são apresentados.
- *Executar a atividade*: consiste na realização física da tarefa. Para que uma obra seja gerenciada corretamente, é necessário que o que foi informado por meio

do planejamento seja cumprido no campo, sem alterações deliberadas de rumo por parte dos executores. Executar é cumprir (ou, pelo menos, tentar cumprir) aquilo que foi planejado para o período em questão.

Ainda que o planejamento represente a intenção de conduta do construtor, vale notar que o que acontece no campo não necessariamente reflete o que foi planejado originalmente. Discrepâncias podem ocorrer por falta de comunicação, por falta de entendimento do que foi planejado, por premissas inadequadas na fase de planejamento, por inexequibilidade do planejamento, por condições alheias à vontade do construtor etc.

## 3.3 Checar (C)

A terceira etapa do ciclo PDCA representa a aferição do que foi efetivamente realizado. Essa função de verificação consiste em comparar o previsto com o realizado e apontar as diferenças relativas a prazo, custo e qualidade. É a etapa em que se manifesta o monitoramento e o controle do projeto.

Esse quadrante pode ser subdividido em dois setores:

* *Aferir o realizado*: consiste em levantar no campo o que foi executado no período de análise. Essa é uma tarefa de apropriação de dados, na qual se compilam as quantidades de cada serviço efetuado no período.
* *Comparar o previsto e o realizado*: após aferir o que foi efetivamente realizado, é preciso compará-lo com o que estava previsto no planejamento. Trata-se de um processo vital para o construtor, porque é o maior manancial de informações gerenciais. Nessa etapa, detectam-se os desvios e os impactos que eles trazem, assim como possíveis adiantamentos da obra e os respectivos benefícios.

Quanto ao prazo, a verificação reside na checagem das datas de início e término das atividades em relação às datas planejadas. Enfim, é o progresso real da tarefa sendo monitorado de maneira sistemática. Os levantamentos dos dados de progresso podem ser feitos por técnicos de planejamento ou, o que é mais comum, por pessoal de campo, que os remete continuamente ao setor de planejamento.

Todas as informações que possam servir para reduzir os possíveis desvios devem ser coletadas e disponibilizadas para a etapa que vem a seguir. Além da constatação do desvio entre o real e o previsto, é necessário avaliar se o desvio foi pontual ou se representa uma tendência.

Nesse quadrante, os indicadores de desempenho real são aferidos pelo planejador. Produtividades de campo são calculadas e passam a fazer parte do acervo de dados da obra. É importante gerar os indicadores de desempenho, porque eles representam fielmente as condições de campo, ou seja, as circunstâncias em que as atividades foram executadas.

## 3.4 Agir (A)

No quarto quadrante acontece o encontro de opiniões e sugestões de todos os envolvidos na operação, o que contribui para a identificação de oportunidades de melhoria, o aperfeiçoamento do método, a detecção de focos de erro, a mudança de estratégia, a avaliação de medidas corretivas a serem tomadas etc.

Se os resultados obtidos no campo desviaram do planejado, *ações corretivas* devem ser implementadas. Com finalidade preventiva, as causas de desvio devem ser investigadas e analisadas em detalhe. Quanto mais tempo passar sem que os focos de desvio sejam debelados, menor será o tempo hábil para correção.

Nos casos em que o planejamento não apresenta grandes desvios, esse quadrante deve ser visto como uma oportunidade para as equipes pensarem na possibilidade de redução do prazo da obra.

É imprescindível a participação do pessoal de planejamento e de produção nessa etapa, pois a meta perseguida não é exclusiva de um setor, mas comum a todos.

## 3.5 Mecânica do PDCA

O ciclo PDCA, enfim, informa didaticamente que o processo de planejamento é de melhoria contínua. Primeiramente, planeja-se a obra com o máximo de dados de que se dispõe – orçamento, equipes, planos de ataque —, atentando para o fato de que o planejamento não é uma missão da área técnica, mas um compromisso geral.

Em seguida, procura-se executar a obra como planejado. É comum que as durações atribuídas no cronograma da obra não consigam ser todas obedecidas e alcançadas, motivo pelo qual é preciso aferir o que foi realizado. Nesse passo, podem ser apropriados índices de campo e produtividades reais das equipes, além de ser necessário avaliar os desvios em relação ao planejamento em vigor.

O último quadrante do círculo mostra que nesse instante o gerente tem de pensar em como colocar a obra de volta nos eixos, ou então revisar o planejamento para a nova realidade.

Terminada a primeira volta do ciclo, o trabalho continua. De novo no quadrante P, o setor de planejamento atualiza o cronograma com os dados reais e realiza simulações do impacto das possíveis sugestões de mudança de método ou estratégia, assim como gera a programação de serviços do período subsequente. Parte-se então para o D e em seguida, mais uma vez, para o C e o A. O ciclo PDCA é completado sucessivas vezes até o final do projeto.

# quatro
# Roteiro do planejamento

O planejamento de uma obra segue passos bem definidos. É quase uma receita de bolo. Em cada passo, coletam-se elementos dos passos anteriores e a eles se agrega algo. O trabalho de elaboração progressiva é bastante lógico. Para fazer a reforma de um casarão ou construir uma usina hidrelétrica, obras que têm feições distintas quanto ao tipo de construção, prazos, quantidade de recursos e complexidade, é obedecido o mesmo roteiro.

O roteiro do planejamento apresentado a seguir será detalhado nos próximos capítulos. O objetivo é que o leitor entenda a elaboração gradual do planejamento, pois, à medida que é construído, ficam mais claros sua relevância e os benefícios que advêm dele.

Esse roteiro contém os seguintes passos:

- identificação das atividades;
- definição das durações;
- definição da precedência;
- montagem do diagrama de rede;
- identificação do caminho crítico;
- geração do cronograma e cálculo das folgas.

## 4.1 Identificação das atividades

Consiste na identificação das atividades que integrarão o planejamento, ou seja, das atividades que comporão o cronograma da obra. É uma etapa que envolve grande atenção, uma vez que, se algum serviço não for contemplado, o cronograma ficará inadequado e futuramente o gerente estará às voltas com atrasos na obra.

A maneira mais prática de identificar as atividades é por meio da elaboração da *estrutura analítica do projeto* (EAP), que é uma estrutura hierárquica, em níveis, mediante a qual se decompõe a totalidade da obra em pacotes de trabalho progressivamente menores. A EAP tem a vantagem de organizar o processo de desdobramento do trabalho, permitindo que o rol de atividades seja facilmente checado e corrigido.

Para a identificação das atividades, também podem ser utilizados *mapas mentais*, que são uma estrutura em árvore em que cada ramo se subdivide em ramos menores até que todo o escopo do empreendimento tenha sido identificado.

Tomando como exemplo a construção de uma casa simples, como a mostrada na Fig. 4.1, a EAP pode ser apresentada em três diferentes configurações: em árvore, analítica (ou sintética) e mapa mental (Fig. 4.2).

Trataremos do assunto com mais detalhes no Cap. 5, quando abordaremos os tipos de EAP e o grau de decomposição necessário, entre outras particularidades.

## 4.2 Definição das durações

Toda atividade do cronograma precisa ter uma duração associada a ela. A duração é a quantidade de tempo – em horas, dias, semanas ou meses – que a atividade leva para ser executada.

Há tarefas que têm duração fixa, independentemente da quantidade de recursos humanos e equipamentos alocados – por exemplo, cura do concreto e enchimento de um tanque industrial cuja vazão de entrada seja fixa –, e outras cuja duração depende da quantidade de recursos – por exemplo, uma atividade *pintura* pode ser feita por dois pintores em 20 dias ou por quatro pintores em 10 dias (o trabalho total é o mesmo: 40 dias de pintor).

Neste segundo caso, a duração depende, portanto, da quantidade de serviço, da produtividade e da quantidade de recursos alocados. Essas três grandezas estão matematicamente relacionadas entre si.

Para nossa casa hipotética, assumamos os seguintes dados para a alvenaria:

* quantidade de alvenaria: 120 $m^2$;
* produtividade do pedreiro: 1,5 $m^2/h$;
* jornada de trabalho: 8 h/dia.

Desse modo,

$$\text{Duração} = \frac{120\,m^2}{1{,}5\,m^2/h} = 80\text{ h de trabalho} = 80\text{ Hh (homem-hora de pedreiro)}$$

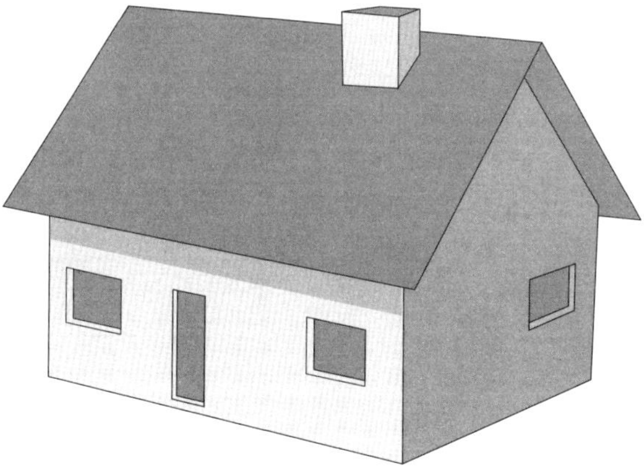

**Fig. 4.1** *Casa a ser construída*

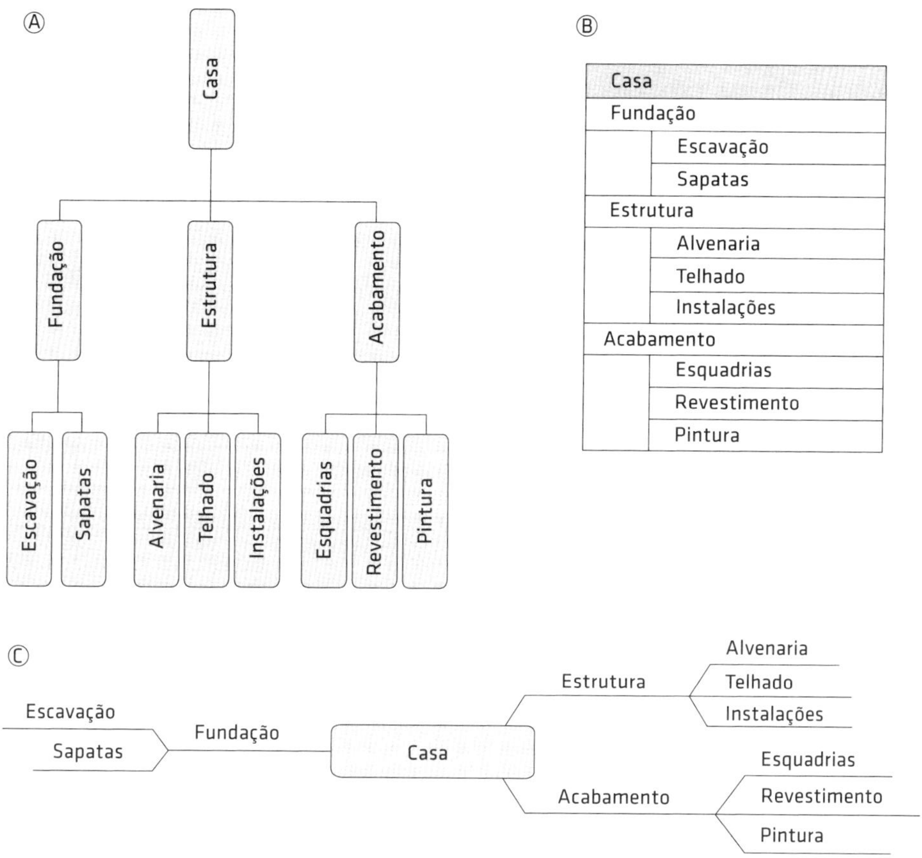


**Fig. 4.2** *Estrutura analítica do projeto (EAP) da construção de uma casa: (A) formato em árvore; (B) formato analítico; (C) mapa mental*

A Tab. 4.1 apresenta a duração da atividade *alvenaria* de acordo com o número de pedreiros na equipe.

**Tab. 4.1** Duração da atividade *alvenaria* em função da equipe

| Trabalho (Hh) | Equipe | Duração da atividade (horas) | Duração da atividade (dias) |
|---|---|---|---|
| 80 | 1 pedreiro | 80 | 10 |
| 80 | 2 pedreiros | 40 | 5 |
| 80 | 3 pedreiros | 26,66 | 3,33 |
| 80 | 4 pedreiros | 16 | 2 |

Cabe ao planejador definir a relação prazo/equipe mais conveniente e adotá-la na montagem do cronograma. Esse passo é de suma importância porque amarra as produtividades estabelecidas no orçamento com as durações atribuídas no planejamento. A obra passa a contar com uma *integração orçamento-planejamento.*

Para nossa casa, optamos inicialmente por designar uma equipe de *dois pedreiros* para a tarefa, o que então define a duração da atividade *alvenaria* como igual a *cinco dias.*

Por motivo de simplicidade didática, para as demais atividades atribuímos durações sem maiores detalhes (Tab. 4.2).

Trataremos do assunto com mais detalhes no Cap. 6, quando abordaremos a questão das produtividades/índices, entre outras particularidades. No Cap. 12, aprofundaremos o assunto com a abordagem probabilística das durações, que preconiza a atribuição de três durações para cada atividade: a mais provável, a otimista e a pessimista.

**Tab. 4.2** Duração das atividades

| Quadro de sequenciação | | |
|---|---|---|
| | **Atividade** | **Duração** |
| | **Fundação** | |
| A | Escavação | 1 dia |
| B | Sapatas | 3 dias |
| | **Estrutura** | |
| C | Alvenaria | 5 dias |
| D | Telhado | 2 dias |
| E | Instalações | 9 dias |
| | **Acabamento** | |
| F | Esquadrias | 1 dia |
| G | Revestimento | 3 dias |
| H | Pintura | 2 dias |

## 4.3 Definição da precedência

Consiste na sequenciação das atividades. A precedência é a dependência entre as atividades ("quem vem antes de quem"), com base na metodologia construtiva da obra. Analisando-se a particularidade dos serviços e a sequência executiva das operações, o planejador define o inter-relacionamento entre as atividades, criando a espinha dorsal lógica do cronograma.

Nessa fase, é importante que a equipe da obra chegue a um consenso sobre a lógica construtiva – o plano de ataque da obra, o relacionamento entre as atividades, a sequência de serviços mais coerente e exequível – para que o cronograma faça sentido.

Para cada atividade são atribuídas suas *predecessoras imediatas*, isto é, aquelas atividades que são condição necessária para que a atividade em questão possa ser desempenhada. Em regra, uma atividade só pode ser iniciada quando sua predecessora tiver sido concluída (relação término-início).

A precedência é feita por meio do *quadro de sequenciação*. Para a construção da casa, tem-se o quadro da Tab. 4.3.

**Tab. 4.3** Predecessoras

| Quadro de sequenciação | | | |
|---|---|---|---|
| | **Atividade** | **Duração** | **Predecessora** |
| | | **Fundação** | |
| A | Escavação | 1 dia | – |
| B | Sapatas | 3 dias | Escavação |
| | | **Estrutura** | |
| C | Alvenaria | 5 dias | Sapatas |
| D | Telhado | 2 dias | Alvenaria |
| E | Instalações | 9 dias | Sapatas |
| | | **Acabamento** | |
| F | Esquadrias | 1 dia | Alvenaria |
| G | Revestimento | 3 dias | Telhado, instalações |
| H | Pintura | 2 dias | Esquadrias, revestimento |

Trataremos do assunto com mais detalhes no Cap. 7, quando abordaremos também outros tipos de dependência entre atividades (início-início, término-término e início-término, com ou sem defasagem), relações de circularidade e o processo mais adequado para identificar predecessoras, entre outras particularidades.

## 4.4 Montagem do diagrama de rede

Uma vez criado o quadro de sequenciação com a lógica da obra e a duração de cada atividade, o passo seguinte é a representação gráfica das atividades e suas dependências lógicas por meio de um *diagrama de rede*.

Denomina-se *rede* o conjunto de atividades amarradas entre si que descrevem inequivocamente a lógica de execução do projeto. O *diagrama* é a representação da rede em uma forma gráfica que possibilita o entendimento do projeto como um fluxo de atividades.

Tal como se representa a instalação elétrica de um prédio por diagramas ou a rede de abastecimento de água por uma malha, qualquer projeto pode ter sua sequência executiva representada pelo diagrama de rede, cujas origens estão na teoria dos grafos. Esse diagrama permite a visualização clara do inter-relacionamento entre as atividades e serve de matriz para o cálculo do caminho crítico e das folgas pela técnica PERT/CPM. Adicionalmente, é a ferramenta típica para a análise de alternativas e o estudo de simulações, necessidades bastante comuns nas empresas.

Dois são os métodos mais empregados para a montagem do diagrama de rede: o das flechas e o dos blocos. Os dois processos são muito similares, e ambos identificam o caminho crítico e indicam a folga de cada atividade do planejamento. O resultado do planejamento é o mesmo qualquer que seja a técnica utilizada. Há planejadores que optam por um método e outros que se sentem mais confortáveis com o outro método.

No *método das flechas (arrow diagramming method* – ADM), as atividades são representadas por flechas (setas) orientadas entre dois eventos, que são pontos de convergência e divergência de atividades. Toda seta parte de um evento e termina em outro, e não pode haver duas atividades com o mesmo par de eventos de começo e de término.

No *método dos blocos (precedence diagramming method* – PDM), as atividades são representadas por blocos ligados entre si por flechas que mostram a relação de dependência.

A Fig. 4.3 apresenta os diagramas de flechas e de blocos para a casa que tomamos como exemplo.

Trataremos do assunto com mais detalhes no Cap. 8, quando abordaremos as técnicas de montagem de redes em todos os seus pormenores e destacaremos as vantagens e as desvantagens de cada método, entre outras particularidades.

## 4.5 IDENTIFICAÇÃO DO CAMINHO CRÍTICO

Feito o diagrama, passa-se à etapa de cálculos na rede, com o objetivo de obter a duração total do projeto.

A sequência de atividades que produz o tempo mais longo é aquela que define o prazo total do projeto. A essas atividades dá-se o nome de *atividades críticas*, e o caminho que as une constitui o *caminho crítico*, o qual é representado no diagrama por um traço mais forte ou duplo.

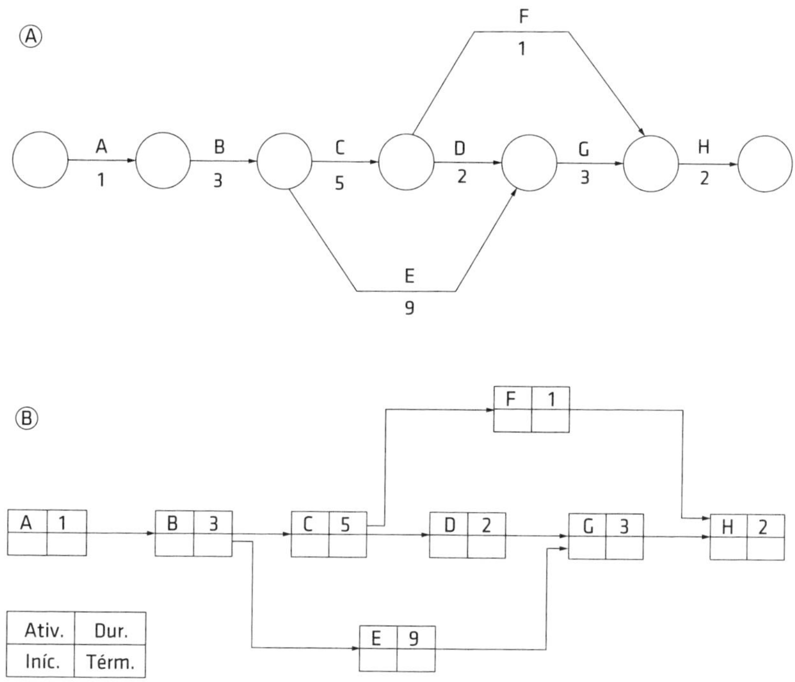


**Fig. 4.3** *Diagrama de rede: (A) diagrama de flechas e (B) diagrama de blocos*

Como se depreende da própria definição, o aumento de uma unidade de tempo em uma atividade crítica é transmitido ao prazo do projeto, motivo pelo qual *atividades críticas não devem atrasar*. Por outro lado, o ganho de tempo em uma atividade crítica reduz o prazo total do projeto. Identificar o caminho crítico e monitorar suas atividades componentes é uma das principais tarefas do planejador e da equipe gestora da obra.

Pelo método das flechas (ADM), o prazo é calculado por contas sucessivas. Ao evento inicial do projeto atribui-se a data zero, que é escrita na parte de baixo do círculo. Em seguida, para cada atividade, soma-se sua duração ao tempo do evento que lhe dá origem. Quando chegam duas ou mais flechas a um mesmo evento, prevalece a soma mais alta, pois o evento só estará concluído quando a última das atividades que chegam a ela for concluída.

No exemplo da casa, chega apenas uma atividade por evento, exceção feita aos eventos aonde aportam *D* e *E* e *F* e *G*. Nesses casos, impera a soma de valor mais alto. O prazo total do projeto é, portanto, de *18 dias* (Fig. 4.4). É possível perceber que o caminho *A-B-E-G-H* é o que define esse prazo.

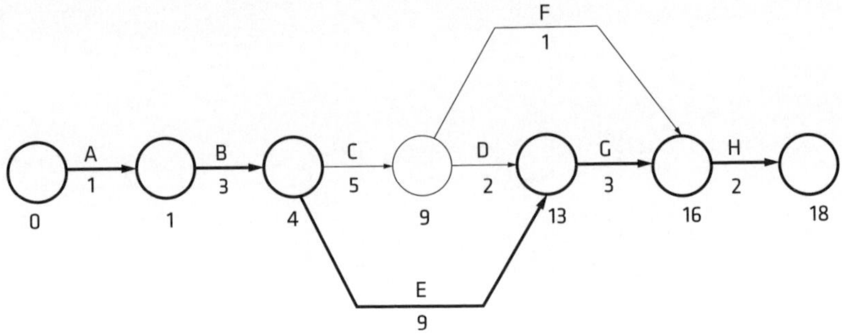


FIG. 4.4 *Caminho crítico no diagrama de flechas*

As atividades críticas são: *escavação, sapatas, instalações, revestimento* e *pintura*.

Pelo método dos blocos (PDM), a sistemática é similar, porém as datas são anotadas no próprio bloco da atividade. Tal como no método das flechas, quando uma atividade tem mais de uma predecessora, prevalece a soma mais alta.

Para a casa do exemplo, o caminho crítico é o apresentado na Fig. 4.5, com as mesmas atividades críticas.

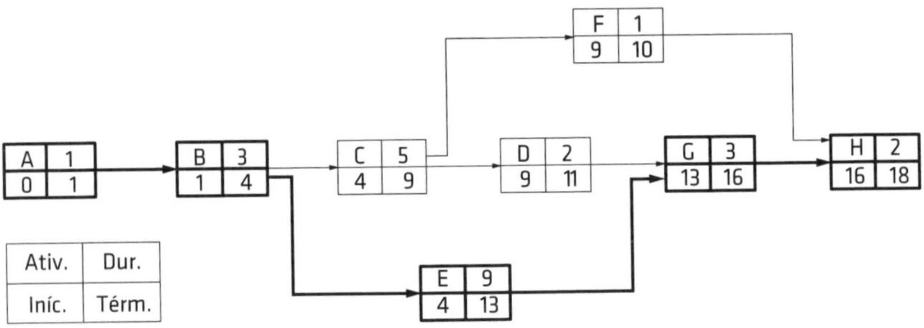


FIG. 4.5 *Caminho crítico no diagrama de blocos*

Em resumo:

- o caminho crítico une as atividades críticas;
- o caminho crítico é o caminho mais longo da rede;
- qualquer atraso em uma atividade crítica atrasa o final do projeto;
- para o projeto ser antecipado, é preciso reduzir a duração de alguma atividade crítica;
- o prazo não se reduz por ganho de tempo em atividades não críticas.

Trataremos do assunto com mais detalhes no Cap. 9, quando abordaremos as propriedades do caminho crítico e as opções para reduzir o prazo de um projeto, entre outras particularidades.

## 4.6 Geração do cronograma e cálculo das folgas

O produto final do planejamento é o *cronograma*, representado sob a forma de *gráfico de Gantt*. O cronograma constitui uma importante ferramenta de gestão porque apresenta, de maneira fácil de ser lida, a posição de cada atividade ao longo do tempo.

Para a casa em questão, o cronograma é o mostrado na Fig. 4.6, com linha em tom mais escuro para as atividades críticas.

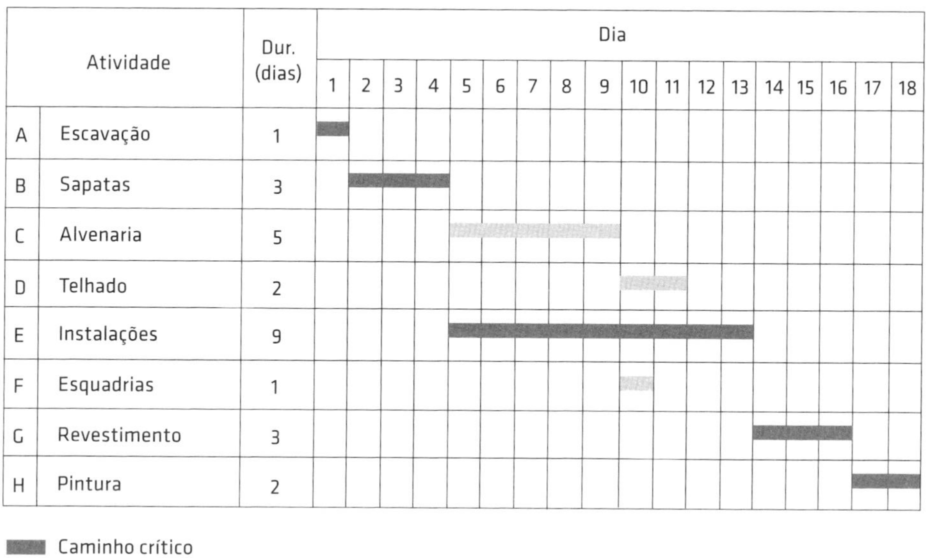


**Fig. 4.6** *Cronograma de Gantt*

Enquanto um mero atraso em uma atividade crítica serve para prolongar a duração de um projeto, o mesmo não se dá para as atividades não críticas, pois estas têm mais tempo disponível para sua execução do que sua própria duração. Assim, suas datas de início e fim possuem certa flexibilidade, limitadas naturalmente pelas datas de seus eventos iniciais e finais. Em outras palavras, as atividades não críticas são capazes de "flutuar" dentro do prazo total disponível para sua realização. Ao período de tempo de que uma atividade pode dispor além de sua duração dá-se o nome de *folga*.

No caso dessa casa, as três atividades não críticas podem "deslizar" até aproximarem-se de sua sucessora. Analisando F, nota-se que ela pode se deslocar seis dias até encostar em H, que é sua sucessora lógica. Procedendo-se de forma idêntica para D e C, tem-se o *cronograma integrado Gantt-PERT/CPM* da Fig. 4.7, com a representação das folgas.

| | Atividade | Dur. (dias) | Folga (dias) | Dia | | | | | | | | | | | | | | | | | |
|---|---|---|---|---|---|---|---|---|---|---|---|---|---|---|---|---|---|---|---|---|---|
| | | | | 1 | 2 | 3 | 4 | 5 | 6 | 7 | 8 | 9 | 10 | 11 | 12 | 13 | 14 | 15 | 16 | 17 | 18 |
| A | Escavação | 1 | 0 | | | | | | | | | | | | | | | | | | |
| B | Sapatas | 3 | 0 | | | | | | | | | | | | | | | | | | |
| C | Alvenaria | 5 | 2 | | | | | | | | | | | | | | | | | | |
| D | Telhado | 2 | 2 | | | | | | | | | | | | | | | | | | |
| E | Instalações | 9 | 0 | | | | | | | | | | | | | | | | | | |
| F | Esquadrias | 1 | 6 | | | | | | | | | | | | | | | | | | |
| G | Revestimento | 3 | 0 | | | | | | | | | | | | | | | | | | |
| H | Pintura | 2 | 0 | | | | | | | | | | | | | | | | | | |

Caminho crítico

Fig. 4.7 *Cronograma integrado Gantt-PERT/CPM*

Trataremos do assunto com mais detalhes no Cap. 11, quando abordaremos as particularidades do cronograma, e no Cap. 10, quando trataremos da importância da folga e de seus diversos tipos (folga total, livre, dependente, independente) e explicaremos como calculá-la diretamente a partir do cronograma, sem a necessidade de realizar esse processo no diagrama, como fizemos nesse roteiro.

# cinco

# Estrutura analítica do projeto

O primeiro passo do roteiro do planejamento consiste em identificar as atividades que serão levadas em consideração pelo planejador e que irão compor o cronograma geral do projeto.

Essa etapa de identificação das atividades requer especial atenção, pois é nela que se decompõe o escopo total do projeto em unidades de trabalho mais simples e de manuseio mais fácil. Aquilo que não for identificado e relacionado sob a forma de atividade não integrará o cronograma.

A identificação das atividades não deve ser trabalho de uma única pessoa. É preciso que haja a contribuição e a participação de todos os envolvidos no projeto. A omissão de uma atividade ou de uma série delas é um problema que pode assumir proporções gigantescas no futuro. Se uma parte do escopo não for contemplada no cronograma, a obra poderá ter atraso e aumento de custo.

Desmembrar o projeto em atividades não é trabalho dos mais simples. Invariavelmente, exige leitura cuidadosa de desenhos e plantas, entendimento da metodologia construtiva a ser empregada e capacidade de representar as tarefas de campo sob a forma de pacotes de trabalho pequenos e compreensíveis.

## 5.1 Escopo do projeto

Dá-se o nome de *escopo* ao conjunto de componentes que perfazem o produto e os resultados esperados do projeto. Em outras palavras, é a abrangência, o alcance do projeto como um todo.

Não se pode gerenciar um projeto sem que suas fronteiras estejam bem definidas. Ao se definir o escopo, amarra-se o que será o objeto do planejamento. O que não estiver no escopo original não será planejado, não será programado e não será comunicado às equipes de campo. O que não for relacionado ficará de fora do cronograma e, em decorrência disso, não será delegado a nenhum responsável.

**Dica para o planejador**

O planejador deve dedicar grande esforço na identificação dos pacotes de trabalho para gerar um planejamento que faça sentido na prática. É preciso que ele consiga que o escopo considerado seja aceito e aprovado por todos os envolvidos: gerentes, engenheiros, responsáveis por frentes etc. Ao acatar o escopo definido pelo planejador, as partes envolvidas tornam-se coautoras do planejamento e não poderão culpar a equipe técnica por descuido ou omissão.

Essa ressalva é importante porque muitas vezes os projetos de estrutura, por exemplo, exigem cimbramentos complicados ou execução em várias fases, e o planejador, por não ser especialista na área, pode simplificar em demasia as tarefas requeridas e a duração de cada uma delas. Se for dada uma chance aos responsáveis pela produção de checar as atividades consideradas, pode-se mitigar o desconforto de futuramente considerar o planejamento inexequível.

Durante a definição do escopo do projeto, é comum que alguns elementos ainda não estejam totalmente especificados e detalhados. Em casos assim, se o planejador não consegue ainda "quebrar" o referido serviço em atividades menores, deve ao menos deixar o serviço identificado para posterior detalhamento. O fato de ainda não haver nível de detalhe suficiente não é desculpa para que o elemento fique excluído do planejamento. Um exemplo típico é o paisagismo, que muitas vezes não está ainda plenamente definido no início da obra, mas que pode provisoriamente ser incluído no cronograma como uma tarefa genérica "paisagismo", a ser posteriormente desmembrada em plantio de grama, plantio de árvores, construção de espelho d'água, iluminação direcionada etc.

A técnica de deixar um pacote de trabalho amplo para decomposição futura recebe o nome de *planejamento em ondas sucessivas (rolling wave planning)*. À medida que o momento de execução do pacote de trabalho se aproxima, o grau de informação cresce e o planejador pode então aumentar o nível de detalhe do planejamento.

A técnica mais recomendável para a identificação das atividades de um projeto é a decomposição do escopo sob a forma de estrutura analítica do projeto (EAP), abordada a seguir.

## 5.2 Estrutura analítica do projeto

Para planejar uma obra, é preciso subdividi-la em partes menores. Esse processo é chamado de *decomposição*. Por meio dela, o todo – que é a obra em seu escopo integral – é progressivamente desmembrado em unidades menores e mais simples de manejar. Os grandes blocos são sucessivamente esmiuçados, destrinchados na forma de pacotes de trabalho menores, até que se chegue a um grau de detalhe que facilite o planejamento no que se refere à estipulação da duração da atividade, aos recursos requeridos e à atribuição de responsáveis.

A estrutura hierarquizada que a decomposição gera é chamada de *estrutura analítica do projeto* (EAP). Basta pensar em uma árvore genealógica, com o avô em um nível, seus filhos em um nível mais abaixo, os netos no nível imediatamente inferior e assim por diante. Essa é a configuração da EAP, uma árvore com ramificações.

O nível superior da EAP representa o escopo total. Nele, há apenas um item – o projeto como um todo –, a partir do qual ela começa a se ramificar em tantos galhos quantos forem necessários para representar as grandes feições do projeto. Em seguida, cada "caixinha" do segundo nível é desdobrada em seus componentes menores no terceiro nível e assim sucessivamente. Cada nível representa um aprimoramento de detalhes do nível imediatamente superior. À medida que a EAP se desenrola, os pacotes de trabalho se tornam menores e mais bem definidos. Assim, torna-se mais fácil atribuir uma duração e identificar a tarefa no campo para controlar seu avanço.

Não há regra definida para construir a EAP. Dois planejadores podem perfeitamente chegar a duas EAPs bastante diferentes para o mesmo projeto. O critério de decomposição é de responsabilidade de quem planeja. É bom frisar que, qualquer que tenha sido a lógica de decomposição, *todos os trabalhos* constituintes do projeto precisam estar identificados ao final. O importante é que a EAP represente a totalidade do escopo ("regra dos 100%").

A estrutura analítica do projeto (EAP) é também conhecida pela expressão *work breakdown structure* (WBS), que em inglês significa "estrutura de decomposição do trabalho".

Vejamos o exemplo simples de uma casa. A EAP pode ser feita de várias formas, como mostrado na Fig. 5.1.

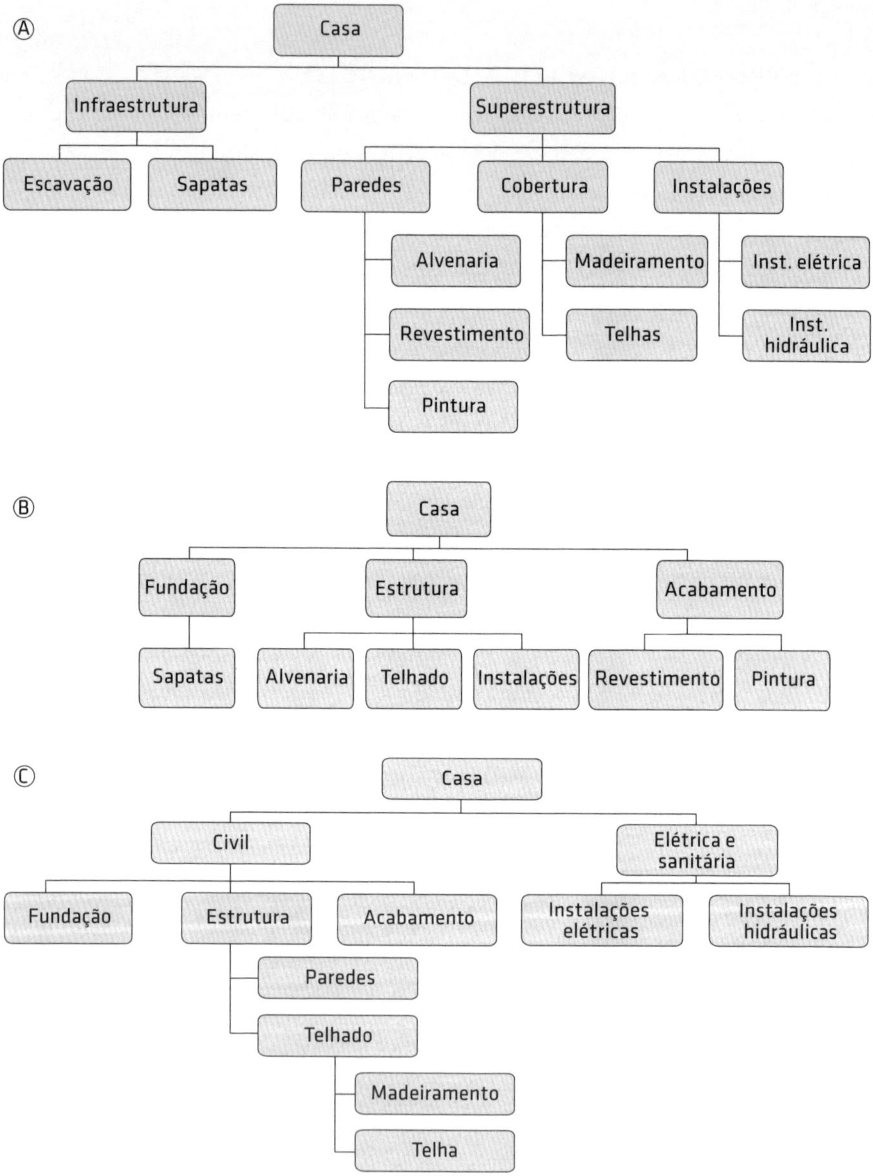


**Fig. 5.1** *Diferentes possibilidades de EAP para o mesmo projeto (construção de uma casa): (A) decomposição por partes físicas; (B) decomposição por grandes serviços; (C) decomposição por especialidade de trabalho*

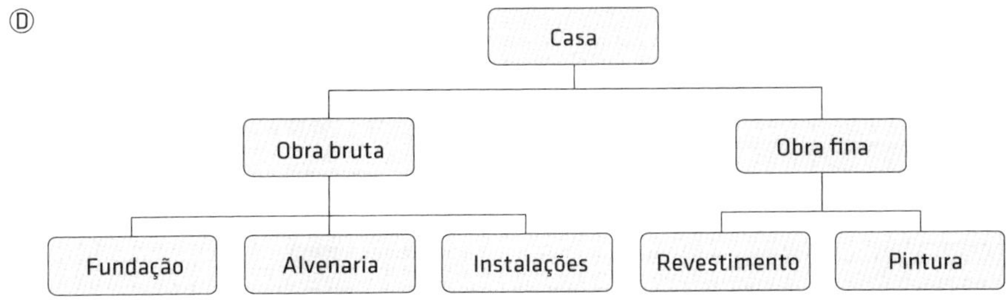


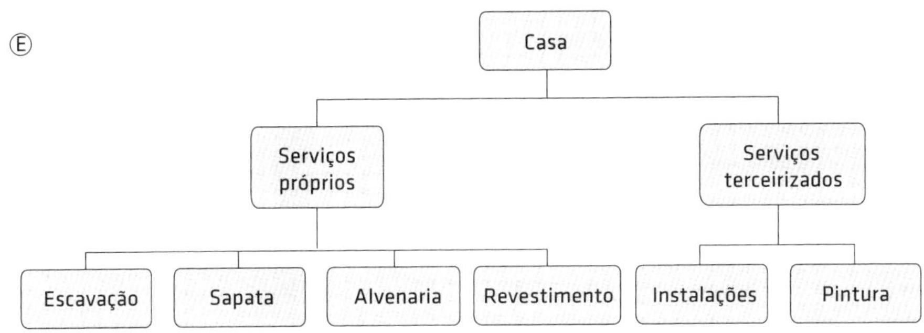


**Fig. 5.1** *(cont.) (D) decomposição por etapas globais; (E) decomposição por tipo de contratação*

A seguir, são feitos alguns comentários sobre as EAPs mostradas:

* A EAP da Fig. 5.1A desce até o quarto nível, embora nem todos os ramos cheguem até lá. O nível inferior de cada ramo gera um total de nove pacotes de trabalho para o planejamento – são eles que integrarão o cronograma.
* A EAP da Fig. 5.1B desce até o terceiro nível, desmembrando o escopo total em seis pacotes de trabalho. A atividade *telhado* presumivelmente engloba o madeiramento (terças, caibros e ripas) e a colocação das telhas. O pacote *fundação* só se desdobra em uma única atividade (*sapatas*), o que não é tecnicamente uma solução elegante, porque decomposição pressupõe desdobramento em mais de uma subatividade.
* A EAP da Fig. 5.1C desce até o quinto nível, definindo sete pacotes de trabalho no final da ramificação. Embora ela desdobre muito o pacote *estrutura*, os demais pacotes ficaram muito genéricos, englobando vários serviços que poderiam ter sido individualizados. A EAP ficou com uma aparência assimétrica.
* A EAP da Fig. 5.1D desce até o terceiro nível, decompondo o escopo em apenas cinco pacotes de trabalho. É uma EAP bem simples. *Fundação* compreende a escavação e a concretagem da sapata, serviços que estão apenas subentendidos, quando melhor seria que estivessem explicitados.

* A EAP da Fig. 5.1E desce até o terceiro nível e define seis pacotes de trabalho. A subdivisão do segundo nível só faz sentido se a separação entre serviços próprios e terceirizados for muito importante do ponto de vista gerencial.

**Dica para o planejador**

Desmembrar um pacote em apenas um subpacote não faz sentido. Decomposição pressupõe o desdobramento em mais de um ramo.

### 5.2.1 Até onde decompor?

Eis uma boa pergunta, geralmente feita por todo planejador. Na verdade, não há uma regra definida, e a resposta fica por conta do bom senso. Tudo é função do grau de controle que se quer imprimir ao planejamento: muito detalhe acarreta uma rede extensa e um custo de controle mais elevado; pouco detalhe rende uma rede sucinta e de custo de controle mais baixo, porém o planejamento pode ficar pouco "profundo" e pouco prático de acompanhar.

Um ponto a ponderar é o tempo médio das atividades do planejamento. Não é viável trabalhar com atividades muito genéricas e longas misturadas com atividades de duração reduzida. É preciso haver um equilíbrio nas durações, o que já é um ponto de orientação para o planejador. Não é coerente haver em um cronograma atividades com duração em meses e outras em dias, ou algumas em semanas e outras em anos.

Um serviço como *concretagem da laje*, por exemplo, pode ser considerado atividade única ou subdividida em *fôrma, corte e dobra da ferragem, instalação da armação, lançamento do concreto, cura* e *desfôrma*. Com o desdobramento do pacote de trabalho em atividades menores, a rede fica mais detalhada, porém mais longa e complexa. Em uma obra predial, que depende muito de lajes, a EAP mais detalhada é uma boa ideia. Contudo, se a obra for uma estrada e a laje em questão for uma parada de ônibus, é mais aconselhável manter o serviço único por se tratar de algo menor, menos representativo no todo.

#### EAP de subcontratos

No caso de obras que têm subcontratos – cravação de estacas, instalações elétricas e hidráulicas, impermeabilização, revestimento de gesso etc. –, o trabalho de planejamento não deve ser menor. A estrutura analítica deve ser desenvolvida mesmo assim, preferencialmente sendo fornecida pelo subcontratado, pois é ele que conhece bem o serviço. O fato de um grupo de atividades ser feito por empresa terceirizada não implica que ela fique de fora do planejamento. Ao contrário, incluir as atividades do subcontratado na rede é uma maneira de envolvê-lo no esforço global de planejamento e garantir que as atividades estarão identificadas no cronograma, o que permitirá um melhor monitoramento desses subcontratados.

**Dica para o planejador**

Uma recomendação importante é avaliar até que ponto o desmembramento do serviço em atividades menores melhora o acompanhamento da obra.
Um exemplo clássico é a execução de um telhado: um planejador pode desmembrar o serviço *telhado* em *madeiramento* e *telhas*, enquanto outro planejador pode crescer o nível de detalhe até *colocação da telha 1, colocação da telha 2... colocação da telha 1.258*. Será que esse preciosismo agregaria valor ou apenas criaria uma enorme dor de cabeça para quem fosse atualizar a rede?

*Observação*: é conhecido um caso em que, para cada porta de uma grande edificação, o planejador havia subdividido o serviço em *batente, dobradiça superior, dobradiça inferior, folha da porta* e *alizares*. Esse é o tipo de desmembramento desnecessário, pois envolve atividades pequenas e rápidas, que poderiam muito bem estar agrupadas sem prejuízo do acompanhamento.
É interessante perceber também que, à medida que a EAP se aperfeiçoa, a equipe adquire mais segurança com relação à obra, fica mais confiante quanto aos prazos estipulados, e o planejador pode reduzir a contingência de tempo a ser incorporada ao cronograma.

**Dica para o planejador**

Várias especificações técnicas de órgãos americanos impõem que a *duração mínima* seja de *1 dia*, e a *máxima*, o *dobro da periodicidade da atualização da rede* – se a atualização for semanal, a duração máxima será de duas semanas (10 dias); se for quinzenal, 30 dias, e assim por diante.
Preferimos teorizar como $1\ dia < d < 10\ dias$:

* se uma atividade identificada tiver $d < 1$ dia, ela será considerada pequena demais e deverá ser fundida a outra(s) para formar uma atividade mais longa;
* se uma atividade tiver $d > 10$ dias, ela deverá ser desmembrada em pacotes menores (*fase I* e *fase II* etc.).

## EAP analítica

Outro formato possível para a EAP é a listagem *analítica* ou *sintética*. Esse é o formato com que os principais *softwares* de planejamento trabalham.

A essência é simples: cada novo nível da EAP é "indentado" em relação ao anterior, isto é, as atividades são alinhadas mais internamente. Tarefas de um mesmo nível têm o mesmo alinhamento. Quanto mais indentadas forem as atividades, mais baixo será o nível a que pertencem.

**Dica para o planejador**

É comum vermos tarefas terceirizadas como uma única barra no cronograma. Essa prática não é correta: ela peca por resumir a uma linha um conjunto de atividades múltiplas e distintas.

Instalações elétricas são o exemplo típico. O ideal é subdividi-las em *rasgo das paredes, colocação de eletrodutos, enfiação, instalação de luminárias* e *testes*.

É sempre recomendável amarrar no contrato de prestação de serviço o encargo do subempreiteiro de fornecer a EAP ao construtor.

A EAP analítica geralmente vem associada a uma numeração lógica, segundo a qual cada novo nível ganha um dígito a mais. Ela presta-se muito bem para relatórios.

A EAP da Fig. 5.1A, no formato analítico do programa MS Project®, tem a aparência mostrada na Fig. 5.2.

| | Atividade |
|---|---|
| 0 | Casa |
| 1 | 1 Infraestrutura |
| 2 | 1.1 Escavação |
| 3 | 1.2 Sapatas |
| 4 | 2 Superestrutura |
| 5 | 2.1 Paredes |
| 6 | 2.1.1 Alvenaria |
| 7 | 2.1.2 Revestimento |
| 8 | 2.1.3 Pintura |
| 9 | 2.2 Cobertura |
| 10 | 2.2.1 Madeiramento |
| 11 | 2.2.2 Telhas |
| 12 | 2.3 Instalações |
| 13 | 2.3.1 Instalação elétrica |
| 14 | 2.3.2 Instalação hidráulica |

Fig. 5.2 *EAP analítica*

## EAP como mapa mental

Além do formato tradicional de árvore de blocos, a EAP pode também ser apresentada sob a forma de mapa mental, uma solução visualmente muito atraente e de fácil criação.

Um *mapa mental* é um diagrama utilizado para representar ideias, que são organizadas radialmente a partir de um conceito central. Sua estrutura é de árvore, com ramos divididos em ramos menores, como na árvore de blocos. A diferença é que o mapa permite a criação da EAP de maneira que fixa mais a imagem, centralizando a ideia principal e o espírito de decomposição progressiva das ideias.

Supostamente, o mapa mental funciona como o cérebro humano, mantendo a ideia-chave em posição central e criando conexões por meio de associações traçadas de forma não linear. Organização do pensamento, palavras-chave, associação, agrupamento e facilidade cognitiva são algumas das características do processo.

Em relação à EAP por blocos, o mapa mental tem a vantagem de mostrar toda a decomposição do projeto em uma tela única. Para quem trabalha no computador, não é preciso rolar a barra do programa para visualizar a totalidade da EAP.

A Fig. 5.3 mostra a EAP da Fig. 5.1A como mapa mental.

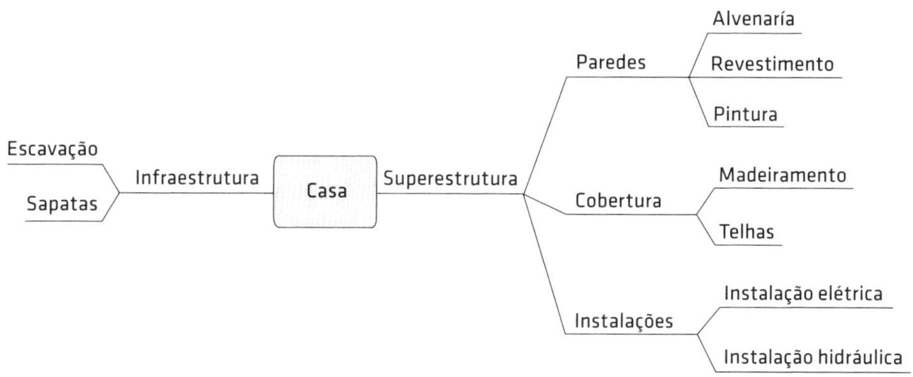


FIG. 5.3 *EAP em mapa mental*

**Dica para o planejador**

Os mapas mentais são excelentes ferramentas para trabalhos em equipe e para o desenvolvimento inicial da ideia. Eles servem muito bem para a explicação da EAP, por apresentarem feição bastante intuitiva.

Para sessões em grupo, o planejador pode conseguir ótimos resultados com os mapas mentais. O fato de não precisar rolar barras na tela já garante uma vantagem didática expressiva.

## Exemplo passo a passo – Barragem Alegria

O desvio do rio é uma das principais etapas da construção de uma barragem. Na Barragem Alegria, as características topográficas e hidrológicas ditaram a adoção do arranjo espacial (Fig. 5.4).

Para que o maciço da barragem possa ser construído entre as duas *ombreiras*, é preciso desviar o rio de seu curso natural por meio de um *túnel*. Concluído o túnel, constroem-se as *ensecadeiras de montante* e de *jusante*. A partir daí, bombeia-se a água represada (esgotamento) e inicia-se a escavação do terreno para a implantação da fundação da barragem. A obra conta com acessos ao túnel e a cada uma das ensecadeiras.

Com essas premissas, tem-se a EAP da obra mostrada de várias maneiras na Fig. 5.5.

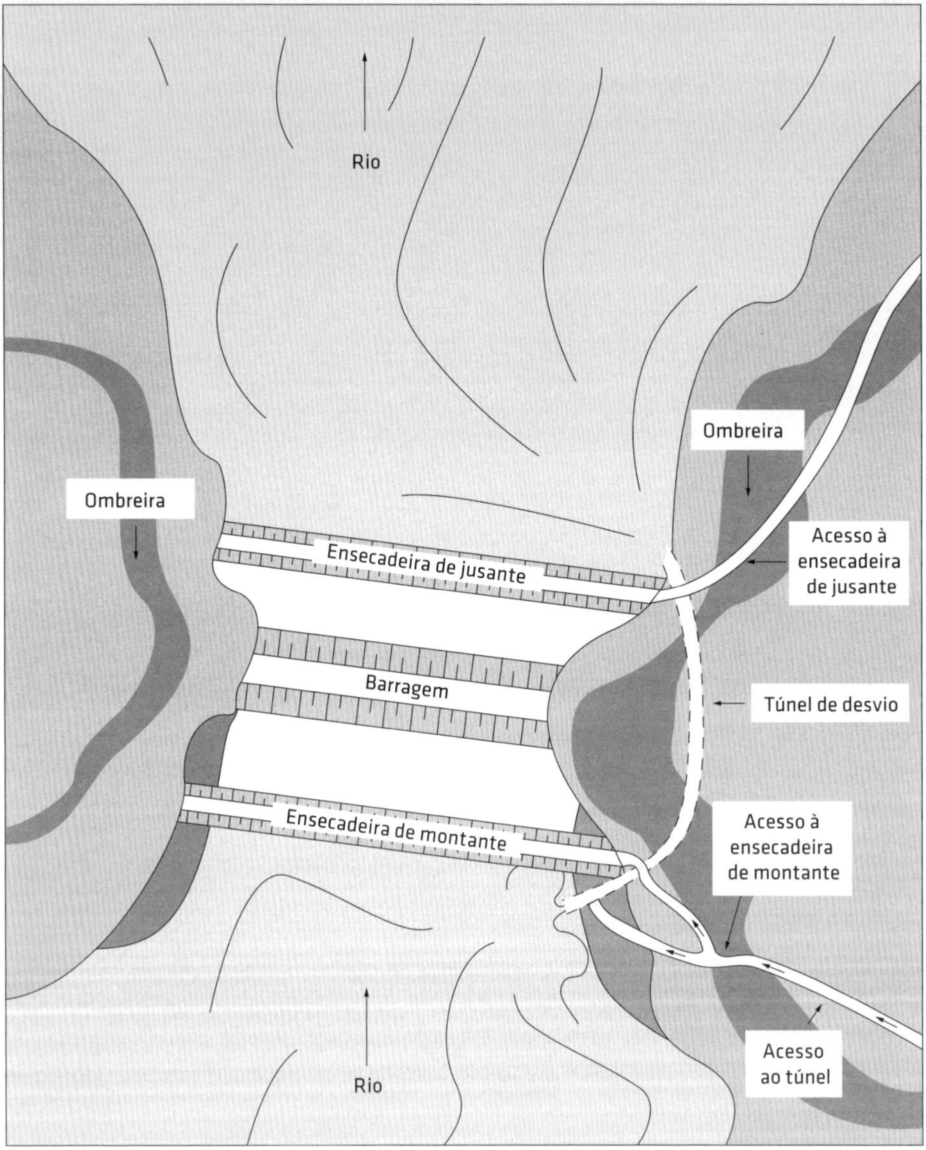


**FIG. 5.4** *Arranjo geral da barragem*

Ⓐ

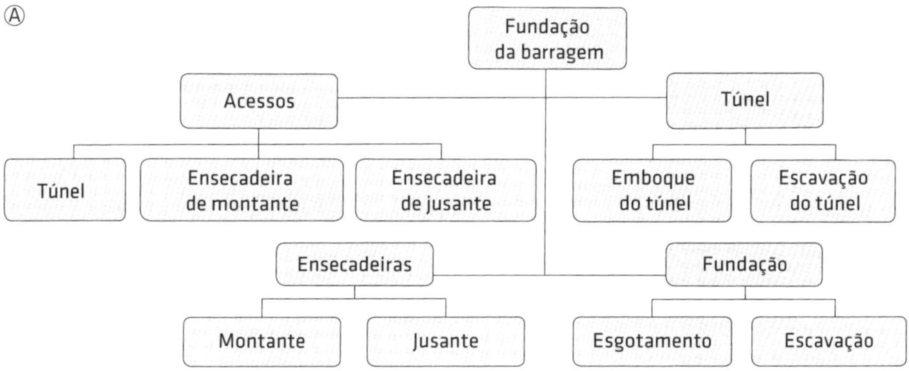


Ⓑ

| Código | Atividade |
|---|---|
| | **Acessos** |
| A | Acesso ao túnel |
| B | Acesso à ensecadeira de montante |
| C | Acesso à ensecadeira de jusante |
| | **Túnel** |
| D | Emboque do túnel |
| E | Escavação do túnel |
| | **Ensecadeiras** |
| F | Construção da ensecadeira de montante |
| G | Construção da ensecadeira de jusante |
| | **Fundação da barragem** |
| H | Esgotamento |
| I | Escavação para fundação da barragem |

Ⓒ

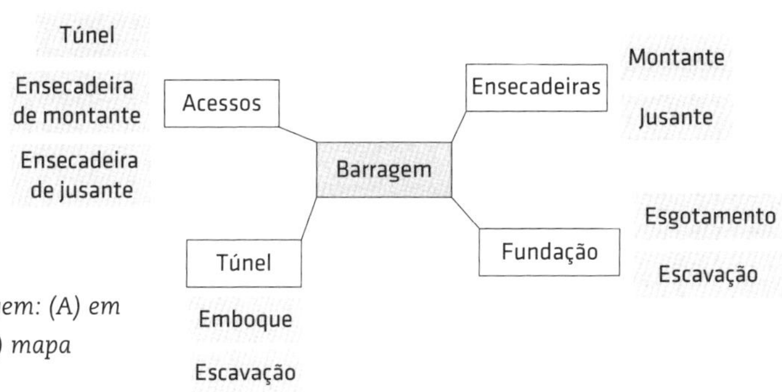


FIG. 5.5 *EAP da barragem: (A) em árvore; (B) analítica; (C) mapa mental*

Esse exemplo continuará nos próximos capítulos.

## 5.3 PROPRIEDADES DA EAP

As propriedades de uma EAP são muitas:

* cada nível representa um refinamento do nível imediatamente superior;
* as subtarefas representam 100% do escopo da tarefa do nível imediatamente superior (regra dos 100%), ou seja, se um pacote de trabalho é desmembrado em três atividades, elas representam a totalidade do alcance do pacote de trabalho;
* a soma do custo dos elementos de cada nível é igual a 100% do nível imediatamente superior;
* o custo de cada elemento da estrutura equivale à soma dos custos dos elementos subordinados;
* juntas, as atividades de nível mais baixo nos diversos ramos da EAP representam o escopo total do projeto;
* uma mesma atividade não pode estar em mais de um ramo;
* duas atividades são mutuamente excludentes: não pode haver sobreposição de trabalho entre elas (seria uma redundância desnecessária);
* atividades não incluídas na EAP não tomam parte do projeto;
* as atividades são relacionadas em ordem lógica de associação de ideias, não em ordem cronológica;
* as atividades de nível mais baixo são mensuráveis e podem ser atribuídas a um responsável (pessoa ou equipe).

## 5.4 BENEFÍCIOS DA EAP

Vários são os benefícios que a criação da EAP traz para o projeto:

* ordena o pensamento e cria uma matriz de trabalho lógica e organizada;
* individualiza as atividades que serão as unidades de elaboração do cronograma;
* permite o agrupamento das atividades em famílias correlatas;
* facilita o entendimento das atividades consideradas e do raciocínio utilizado na decomposição dos pacotes de trabalho;
* facilita a verificação final por outras pessoas;
* facilita a localização de uma atividade dentro de um cronograma extenso;
* facilita a introdução de novas atividades;
* facilita o trabalho de orçamentação porque usa atividades mais precisas e palpáveis;
* permite a atribuição de códigos de controle que servem para a alocação dos custos incorridos no projeto (ver a numeração atribuída na EAP sintética exemplificada anteriormente);
* evita que uma atividade seja criada em duplicidade.

# seis

## Duração das atividades

Seguindo nosso roteiro, uma vez identificadas as atividades do planejamento, que são aquelas tarefas que integrarão o cronograma do projeto, o planejador deve partir para determinar a *duração* de cada uma delas.

Definir a duração de uma tarefa é de extrema importância, pois constitui o dado numérico de tempo em função do qual o cronograma será gerado. Ela é, portanto, uma das responsáveis pela obtenção do prazo da obra e dos marcos intermediários. Durações mal atribuídas podem corromper totalmente o planejamento, distorcendo-o e tornando-o inexequível ou sem utilidade prática para quem irá gerenciar a obra.

É importante ressaltar que, por mais criterioso e analítico que seja o planejador, a duração é sempre uma estimativa, e por isso mesmo está sujeita a uma margem de erro, que pode ser menor para as atividades repetitivas, costumeiras e bem conhecidas, ou maior para os serviços novos ou para os quais o construtor não dispõe de dados históricos em que se pautar.

Como decorrência da incerteza que cerca as atividades, é necessário não somente *planejar* – quadrante A do ciclo PDCA –, mas também *controlar* – quadrante C –, para avaliar as eventuais discrepâncias e poder ajustar o cronograma para o restante do projeto.

O real valor de um planejamento e a confiança que se pode depositar nele residem basicamente em dois parâmetros:

duração e lógica (interdependência entre as atividades). Esses elementos servem de base para os cálculos da rede e gerarão os seguintes produtos:

* prazo total do projeto;
* datas de início e término de cada atividade;
* identificação das atividades cuja execução tem de acontecer obrigatoriamente na data calculada para não atrasar o projeto (atividades críticas);
* folgas das atividades não críticas;
* margem que as atividades têm para se deslocar e permitir minimizar conflitos entre recursos (nivelamento de recursos);
* identificação das atividades mais propícias para a compressão de duração de modo a diminuir o prazo total do projeto (aceleração).

**Dica para o planejador**

O computador não pode substituir a habilidade intelectual humana. De nada vale ter em mãos o melhor programa e o mais potente computador se os dados de entrada não fizerem sentido. Há um ditado americano que diz: *garbage in, garbage out* ("se entra lixo, sai lixo"). Por isso, antes de criar arquivos e entrar com dados mecanicamente, é preciso avaliar a consistência do que é informado ao programa.

## 6.1 Conceito de duração

*Duração* é a quantidade de tempo – em dias, semanas, meses, horas ou minutos – requerida para a execução da atividade. Em outras palavras, é a quantidade de períodos de trabalho necessários para o desempenho integral da atividade.

A duração estimada deve se referir sempre a *dias* (ou semanas etc.) *úteis*, ou seja, aqueles em que efetivamente se trabalha. Por exemplo, uma atividade para a qual se prevê que o trabalho consumirá duas semanas de segunda a sexta tem uma duração de 10 *dias*, e não de 12, como a contagem do calendário indicaria – isso porque, não sendo o sábado e o domingo dias trabalhados, não entram na contagem da duração.

**Dica para o planejador**

É comum fornecedores e subempreiteiros darem prazos de entrega de materiais ou de execução de serviços em dias corridos. É preciso sempre verificar isso – 20 dias úteis são bem diferentes de 20 dias corridos.
Os *softwares* geralmente permitem a entrada de dados em dias úteis e em dias corridos.

A unidade mais comum nos planejamentos de obra é o *dia*. A utilização de semanas pode ser adotada para obras muito longas e na fase de pré-planejamento. *Horas* pode ser a unidade padrão no caso de obras muito curtas, como paradas industriais.

É importante que o padrão seja definido no início do planejamento e que todas as durações lhe sejam referenciadas.

Ao se pensar no processo de determinação das durações, reafirma-se a importância da estrutura analítica do projeto (EAP). É muito mais preciso atribuir uma duração a uma atividade individualizada e simples do que a um pacote de trabalho com múltiplos serviços envolvidos. É o caso, por exemplo, de fundações, concreto armado, instalações elétricas, montagens etc. A decomposição conseguida com a EAP ajuda a definir as fronteiras de cada atividade e, como decorrência disso, facilita a vida do planejador na atribuição da duração.

**Dica para o planejador**

Repetimos uma dica já dada anteriormente.

Algumas especificações técnicas de órgãos americanos impõem que a *duração mínima* seja de *1 dia*, e a *máxima*, o *dobro da periodicidade da atualização da rede* - se a atualização for semanal, a duração máxima será de duas semanas (10 dias); se for quinzenal, 30 dias, e assim por diante.

Preferimos teorizar como *1 dia* < *d* < *10 dias*:

* se uma atividade identificada tiver *d* < 1 dia, ela será considerada pequena demais e deverá se fundir a outra(s) para formar uma atividade mais longa;
* se uma atividade tiver *d* > 10 dias, ela deverá ser desmembrada em pacotes menores (*fase I* e *fase II* etc.).

## 6.2 Regras práticas

Ao atribuir durações, o planejador deve ter em mente algumas regras práticas, conforme apresentado no Quadro 6.1.

**Quadro 6.1** Regras práticas para a determinação da duração de uma atividade

| Regra | Significado |
|---|---|
| Avaliar as durações uma a uma | Deve-se estimar a duração de cada atividade analisando-a separadamente das demais. Para cada uma delas, deve-se assumir que há oferta suficiente de mão de obra, material e equipamento (a menos que se saiba de antemão que isso não é possível). |
| Adotar o dia normal | A duração da atividade deve ser calculada tomando por base a jornada normal do dia. Admitir logo de saída a adoção de horas extras e turnos mais longos não é a melhor prática, porque induz tendenciosidade. Exceção é feita para obras que já são naturalmente executadas em turnos diurno e noturno, como barragens, estradas, obras industriais etc. Não seria o caso, por exemplo, de obras prediais. |

**Quadro 6.1** (continuação)

| Regra | Significado |
|---|---|
| Não pensar no prazo total da obra | A atribuição das durações deve ser um processo imparcial. O planejador não deve ficar balizado pelo prazo total do projeto logo no início do planejamento. O correto é montar a rede com as durações calculadas de forma isenta e só então avaliar se a duração total está coerente ou se precisa de ajustes. O ideal é que cada atividade seja tratada individualmente. |
| Dias úteis ≠ dias corridos | Duração é a quantidade de períodos de trabalho, e não deve ser confundida com dias de calendário – por exemplo, em uma obra na qual se trabalha de segunda a sexta, 15 dias úteis representam uma diferença de quatro dias em relação a 15 dias do calendário! |

**Dica para o planejador**

Muitos profissionais preparam gráficos de barras já com o prazo total em mente. Eles desenham as barras para caberem no prazo contratual ou na duração total pretendida – é a famosa "conta de chegar".

O correto é montar o cronograma sem tendenciosidade e comparar o prazo obtido com o que se quer atingir e, então, com base na técnica PERT/CPM, identificar os pontos mais recomendáveis onde agir para encurtar a duração total do projeto.

## 6.3 Fatores que afetam a duração

O Quadro 6.2 lista alguns fatores que afetam diretamente a duração de uma atividade.

**Quadro 6.2** Fatores que afetam a duração

| Fator | Efeito |
|---|---|
| Experiência da equipe | Quanto mais experiência tiver a equipe de trabalho, maior a facilidade em realizar a atividade e, consequentemente, menor o tempo necessário para executá-la. |
| Grau de conhecimento do serviço | Atividades novas, especiais ou pouco frequentes geralmente requerem um período de familiarização da equipe (metodologia construtiva, posicionamento dos operários e equipamentos, identificação de interferências, análise de fontes de erro etc.). Existe uma tendência natural de que a produtividade cresça com o tempo (*curva de aprendizagem*). |
| Apoio logístico | A duração de uma atividade pode ser otimizada com um suporte preciso, que garanta que os operários não percam tempo esperando a chegada de material, ou com longos deslocamentos etc. |

## 6.4 Estimativa paramétrica

Embora as durações estejam sempre envoltas em uma nuvem de imprecisão, elas não podem ser produto de mera adivinhação. O planejador tem de se basear em algum parâmetro existente para poder estimar a duração possível das atividades.

Para fins de planejamento de obras, as *composições de custo unitário* do orçamento são a fonte por excelência de elementos para a geração das durações. Essas composições de custo unitário são tabelas que contêm os insumos do serviço em questão, com seus respectivos índices (ou coeficientes de consumo), custo unitário e custo total. Para uma explicação geral da técnica orçamentária, recomenda-se o livro *Como preparar orçamentos de obras* (Mattos, 2019).

*Índice* é a incidência de cada insumo na execução de uma unidade do serviço. Então, ele é sempre expresso como unidade de tempo por unidade de trabalho (h/kg, h/m$^2$, min/un, dia/m$^3$, semana/t etc.).

Inversamente, *produtividade* é definida como a taxa de produção de uma pessoa ou equipe ou equipamento, isto é, representa a *quantidade de unidades de trabalho produzida em um intervalo de tempo especificado*, normalmente hora. Quanto maior é a produtividade, mais unidades do produto são feitas em um determinado espaço de tempo. Quanto mais produtivo é um recurso, menos tempo ele gasta na realização da tarefa. *A produtividade é o inverso do índice*. Se a atividade *armação estrutural*, por exemplo, tem um índice de armador de 0,10 h/kg, a produtividade é de 10,0 kg/h. Um índice de 0,15 h/kg corresponde a uma produtividade de 6,67 kg/h.

**Dicas para o planejador**

O índice pode também ser chamado de *razão unitária de produção* (RUP). Quanto menor a RUP, maior a produtividade; quanto maior a RUP, menor a produtividade.

Produtividade não se confunde com produção. Produção representa a quantidade de unidades feitas em certo período; produtividade é a rapidez com que essa produção foi atingida.
Por exemplo: um pedreiro assenta 800 tijolos em um dia de 8 h, enquanto outro assenta 800 tijolos em 12 h. Ao final do dia, a produção dos dois terá sido igual, mas a produtividade do primeiro pedreiro terá sido 50% maior (100 tijolos/h contra 67 tijolos/h do segundo).

Quando o planejador aproveita índices gerados pelo orçamentista (há empresas em que as duas funções são desempenhadas pelo mesmo profissional), ele dispõe de um importante meio de amarrar orçamento e planejamento, pois os índices:

- revelam a produtividade orçada, que é aquela que norteou a formação do custo da obra;
- fornecem um parâmetro para comparação do orçado com o realizado;
- representam o limite além do qual a atividade se torna deficitária;
- permitem a detecção de desvios;
- ajudam o gerente a estabelecer metas de desempenho para as equipes.

**Dicas para o planejador**

Quanto mais precisas e confiáveis forem as informações de índices (ou produtividades) advindas do orçamento ou de especialistas, mais preciso e confiável será o cronograma.

## Exemplo 6.1

Interpretar os índices e as produtividades da composição de custo unitário da execução de alvenaria de bloco cerâmico (Tab. 6.1).

Serviço: alvenaria de bloco cerâmico de 9 cm (largura) × 14 cm × 19 cm, com juntas horizontais e verticais de 1,5 cm de largura, incluindo fabricação de argamassa no canteiro. Unidade: m².

**Tab. 6.1** Composição de insumos por metro quadrado de alvenaria (composição unitária)

| Insumo | Unidade | Índice (ou coeficiente) |
|---|---|---|
| Pedreiro | h | 0,90 |
| Servente | h | 1,05 |
| Bloco | un | 35 |
| Cimento | kg | 3,2 |
| Arenoso | m³ | 0,010 |
| Areia | m³ | 0,015 |

As composições de custo unitário têm ainda duas outras colunas – custo unitário e custo total –, mas aqui não as representamos por não serem relevantes ao problema.

***Solução:***

O insumo principal de mão de obra, ou seja, o "carro-chefe" do serviço, é o pedreiro, pois é ele quem ditará o ritmo da produção. O índice 0,90 significa 0,90 h/m², isto é, gastam-se 90% de 1 h (54 minutos) de pedreiro na execução de 1 m² de alvenaria. É bem fácil perceber que em 1 h a produção será um pouco maior do que 1 m²: mais precisamente 1/0,90 = 1,11 m², que é a produtividade do serviço (lembrar que produtividade e índice são numericamente recíprocos).

Como o índice do servente é de 1,05 h/m², a proporção servente/pedreiro é de 1,05:0,90 = 1,16:1, ou seja, sete serventes para cada seis pedreiros.

### Exemplo 6.2

Nas duas composições a seguir, identificar o índice que comanda o serviço e a produtividade da equipe.

1. Serviço: fôrma de chapa compensada para estruturas em geral, resinada, $e$ = 12 mm, três reaproveitamentos (Tab. 6.2). Unidade: $m^2$.

**Tab. 6.2** Composição de fôrma

| Insumo | Unidade | Índice (ou coeficiente) |
|---|---|---|
| Ajudante de carpinteiro | h | 1,20 |
| Carpinteiro | h | 1,20 |
| Chapa compensada | $m^2$ | 0,43 |
| Desmoldante | L | 0,10 |
| Prego 18 × 27 | kg | 0,25 |
| Pontalete 3" × 3" | m | 2,00 |
| Sarrafo 1" × 4" | m | 1,53 |
| Tábua 1" × 12" | m | 1,40 |

2. Serviço: escavação mecanizada de vala, com transporte para bota-fora a 800 m de distância (Tab. 6.3). Unidade: $m_c^3$ (metro cúbico medido no corte).

**Tab. 6.3** Composição da escavação

| Insumo | Unidade | Índice (ou coeficiente) |
|---|---|---|
| Escavadeira | h | 0,0186 |
| Caminhão | $h_{prod}$ | 0,0470 |
| | $h_{improd}$ | 0,0080 |
| Servente | h | 0,0372 |

***Solução:***

1. O insumo "carro-chefe" do serviço é o carpinteiro. O índice 1,20 significa 1,20 h/$m^2$, isto é, gasta-se 1,20 h de carpinteiro na execução de 1 $m^2$ de fôrma. A produtividade é de 1/1,20 = 0,83 $m^2$/h. A proporcionalidade na equipe do serviço é de um ajudante para cada carpinteiro (índices iguais).
2. O insumo "carro-chefe" do serviço é a escavadeira. O índice 0,0186 significa 0,0186 h/$m_c^3$, isto é, gasta-se 0,0186 h de escavadeira na escavação de 1 $m_c^3$. A produtividade é de 1/0,0186 = 53,8 $m_c^3$/h. A equipe é de uma escavadeira e três caminhões [= (0,0470 + 0,0080)/0,0186].

**Dica para o planejador**

A produtividade nem sempre se refere a um operário ou equipamento individual. Ela pode também ser associada a uma patrulha ou um grupo de equipamentos.
Por exemplo: a produtividade de 280 m³ de aterro compactado por hora de uma patrulha composta de dois rolos pé de carneiro, uma motoniveladora, dois caminhões-tanque e um trator de pneus com grade de disco.

Com o entendimento correto do que sejam índices e produtividades, o planejador calcula, então, a duração das atividades que integram o planejamento.

Usando o Exemplo 6.1, para calcular a duração de execução de 160 m² de alvenaria (uma atividade do tipo alvenaria do primeiro pavimento, ou alvenaria da sala de controle, ou muro externo), os passos são:

* *Cálculo do trabalho requerido (homem-hora)*

$$Hh = \text{quantidade } (m^2) \times \text{índice } (h/m^2) = 160\ m^2 \times 0{,}90\ h/m^2 = 144\ h \text{ de pedreiro}$$

* *Tabela de proporcionalidade equipe-duração (Tab. 6.4)*

**Tab. 6.4** Proporcionalidade equipe-duração

| Trabalho (Hh) | Equipe | Duração (horas) | Duração (dias)* |
|---|---|---|---|
| 144 | 1 pedreiro | 144 | 18 |
| 144 | 2 pedreiros | 72 | 9 |
| 144 | 3 pedreiros | 48 | 6 |
| 144 | 4 pedreiros | 36 | 4,5 |
| 144 | 6 pedreiros | 24 | 3 |
| 144 | 8 pedreiros | 18 | 2,25 |

*Considerada uma jornada diária de 8 h.

É intuitivo perceber que *a duração é inversamente proporcional ao tamanho da equipe*. As 144 h de pedreiro podem significar uma equipe de três pedreiros trabalhando seis dias cada um, ou dois pedreiros trabalhando nove dias, ou ainda seis pedreiros trabalhando três dias. A duração varia com a equipe, porém o trabalho permanece constante. O que acontece é que, aumentando-se o número de recursos (equipe), a quantidade de tempo diminui. É o que se chama em inglês de *trade-off* entre equipe e duração, ou jogo entre efetivo e prazo (Limmer, 1997).

Merece ser dito que a tabela anterior não pode ser extrapolada indefinidamente, porque se esbarra na impossibilidade física de alocar, por exemplo, 18 pedreiros para fazer a tarefa em um dia. Ainda que a matemática permita, é só imaginar que os pedreiros se acotovelariam ou bateriam cabeça, o que faria a produtividade decair enormemente. É preciso algum bom senso para avaliar o ponto ótimo.

Na verdade, o planejador se vê sempre dividido entre dois raciocínios. Ou ele define o efetivo (equipe) e calcula a duração da atividade, ou faz o inverso: fixa a duração e calcula a equipe necessária. Os dois raciocínios são mostrados no Quadro 6.3.

**Quadro 6.3** Relação entre duração e equipe

| Processo | Aplicação |
|---|---|
| Dimensionar a *duração* em função da equipe | Quando a quantidade de recursos é restrita e passa a ser determinante, como é o caso de quando se sabe de antemão que só haverá duas escavadeiras alocadas à escavação, ou que a equipe disponível para alvenaria terá necessariamente quatro pedreiros. |
| Dimensionar a *equipe* em função da duração | Quando a duração é imposta e a incógnita é a quantidade de recursos (equipe), como é o caso de obras com ciclos de produção predefinidos (por exemplo, cinco dias de alvenaria por pavimento, dez dias de pintura por casa etc.), ou quando a duração é fixada por alguma condicionante externa (por exemplo, o desvio do rio não pode passar de dois meses por causa do início do período de cheia). |

## Exemplo 6.3

Para a atividade *assentamento de telha cerâmica*, com quantitativo de 200 m² e índices de pedreiro e servente respectivamente de 0,8 h/m² e 1,6 h/m², determinar (supor dia de 8 h):

1. a produtividade de cada recurso e a equipe básica;
2. a duração, sabendo-se que serão utilizados cinco pedreiros e dez serventes;
3. a quantidade de operários para executar a atividade em dez dias.

### *Solução:*

1. A produtividade é o inverso do índice:

$$\text{Pedreiro (P): } 1/0{,}8 = 1{,}25 \text{ m}^2/\text{h ou } 10 \text{ m}^2/\text{dia}$$
$$\text{Servente (S): } 1/1{,}6 = 0{,}625 \text{ m}^2/\text{h ou } 5 \text{ m}^2/\text{dia}$$

Então, uma equipe básica de 1P + 2S produz 10 m²/dia.

2. Trabalho = 200 m² × 0,8 h/m² = 160 h de pedreiro, assim:

$$D = \frac{160 \text{ h}}{5 \text{ pedreiros} \times 8 \text{ h/dia}} = 4 \text{ dias da equipe 5P + 10S}$$

3. Trabalho = 160 h, de modo que:

$$n = \frac{160\text{ h}}{10\text{ dias} \times 8\text{ h/dia}} = 2\text{ pedreiros} \rightarrow \text{equipe 2P + 4S}$$

*Observação*: o leitor pode raciocinar de diversas maneiras para chegar a esses mesmos resultados.

---

Matematicamente, as fórmulas para os dois casos são apresentadas nos Quadros 6.4 e 6.5.

**Quadro 6.4** Cálculo da duração em função da equipe

Usando índice:

$$\text{Duração} = \frac{\text{Quantidade} \times \text{índice}}{\text{Quantidade de recursos} \times \text{jornada}}$$

Usando produtividade:

$$\text{Duração} = \frac{\text{Quantidade}}{\text{Produtividade} \times \text{quantidade de recursos} \times \text{jornada}}$$

**Quadro 6.5** Cálculo da equipe em função da duração

Usando índice:

$$\text{Quantidade de recursos} = \frac{\text{Quantidade} \times \text{índice}}{\text{Duração} \times \text{jornada}}$$

Usando produtividade:

$$\text{Quantidade de recursos} = \frac{\text{Quantidade}}{\text{Produtividade} \times \text{duração} \times \text{jornada}}$$

### Exemplo 6.4

Calcular a duração da atividade a partir do índice ou da produtividade.

Quantidade = 1.440 kg de armação
Índice do armador = 0,10 h/kg
Recursos = 3 armadores
Jornada diária = 8 h

$$D = \frac{1.440 \times 0{,}10}{3 \times 8} = 6 \text{ dias}$$

ou

Quantidade = 1.440 kg de armação
Produtividade do armador = 10 kg/h
Recursos = 3 armadores
Jornada diária = 8 h

$$D = \frac{1.440}{10 \times 3 \times 8} = 6 \text{ dias}$$

### Exemplo 6.5

Calcular a quantidade de recursos (equipe) da atividade a partir do índice ou da produtividade.

Quantidade = 1.440 kg de armação
Índice do armador = 0,10 h/kg
Duração = 6 dias
Jornada diária = 8 h

$$n = \frac{1.440 \times 0{,}10}{6 \times 8} = 3 \text{ armadores}$$

ou

Quantidade = 1.440 kg de armação
Produtividade do armador = 10 kg/h
Duração = 6 dias
Jornada diária = 8 h

$$n = \frac{1.440}{10 \times 6 \times 8} = 3 \text{ armadores}$$

## 6.5 Quadro duração-recursos

Na prática das construtoras, o mais comum é o planejador atribuir a duração às atividades do cronograma e então calcular o efetivo (equipe) necessário. Essa é uma maneira corriqueira de trabalhar quando o planejador já define de antemão que a pintura de cada pavimento deverá ser feita em dez dias, por exemplo, ou que cada pilar do viaduto tenha sua fôrma erigida em cinco dias.

Para uma obra com muitas atividades, uma boa medida é concentrar todos os cálculos de duração e equipe (quantidade de recursos) em uma planilha única, a que damos o nome de *quadro duração-recursos* (QDR) (Fig. 6.1).

| Dados de entrada | | | | | | | | | | | | Dados de saída | | | | | | |
|---|---|---|---|---|---|---|---|---|---|---|---|---|---|---|---|---|---|---|
| Atividade | Unidade | Quantidade | Equipe básica | | | | | Índice da equipe | Jornada (h/dia) | Dias da equipe básica | Duração adotada (dias) | Quantidade de equipes | Recursos | | | | |
| | | | Pedreiro | Carpinteiro | Armador | Ajudante | Servente | | | | | | Pedreiro | Carpinteiro | Armador | Ajudante | Servente |
| | | | | | | | | | | | | | | | | | |
| | | | | | | | | | | | | | | | | | |
| | | | | | | | | | | | | | | | | | |
| | | | | | | | | | | | | | | | | | |

FIG. 6.1 *Configuração básica do QDR*

Os dados de entrada desse quadro são informações provenientes do orçamento da obra, como quantitativo, equipe básica e índice da equipe.

Adotada uma duração para cada atividade (compatível com o serviço e as particularidades da obra), é então calculada a quantidade de recursos (equipe) necessária para realizar a atividade na duração arbitrada.

O exemplo a seguir ilustra esse processo.

## Exemplo. 6.6

Para os serviços da obra descrita na Tab. 6.5, definir a duração e calcular a respectiva quantidade de recursos.

Tab. 6.5 Quantitativo de serviços, equipe básica e índice

| Atividade | Unidade | Quantidade | Equipe básica | | | | | Índice da equipe | | Jornada (h/dia) |
|---|---|---|---|---|---|---|---|---|---|---|
| | | | Pedreiro | Carpinteiro | Armador | Ajudante | Servente | | | |
| Escavação | $m^3$ | 190 | | | | | 2 | 2 | h/$m^3$ | 8 |
| Fôrma | $m^2$ | 320 | | 1 | | 1 | | 1 | h/$m^2$ | 8 |
| Armação | kg | 6.000 | | | 1 | 1 | | 0,08 | h/kg | 8 |
| Concreto | $m^3$ | 40 | 1 | | | | 8 | 8 | h/$m^3$ | 8 |

***Solução:***

Tomemos como exemplo a armação. Com a equipe básica de um armador e um ajudante (1A + 1Aj) gastando 0,08 h para cada quilo de armação, os 6.000 kg demandam 6.000 × 0,08 = 480 h da equipe, que equivalem a 60 dias de trabalho.

Aí, entra em cena a atribuição da duração pelo planejador. Supondo que ele imponha a execução dessa atividade em 12 dias, serão requeridas cinco equipes (= 5A + 5Aj).

A Tab. 6.6 apresenta o QDR completo.

**Tab. 6.6** QDR completo

| Atividade | Unidade | Quantidade | Equipe básica | | | | | Índice da equipe | Jornada (h/dia) | Dias da equipe básica | Duração adotada (dias) | Quantidade de equipes | Recursos | | | | |
|---|---|---|---|---|---|---|---|---|---|---|---|---|---|---|---|---|---|
| | | | Pedreiro | Carpinteiro | Armador | Ajudante | Servente | | | | | | Pedreiro | Carpinteiro | Armador | Ajudante | Servente |
| Escavação | m³ | 190 | | | | | 2 | 2 h/m³ | 8 | 48 | 10 | 5 | | | | | 10 |
| Fôrma | m² | 320 | | 1 | | 1 | | 1 h/m² | 8 | 40 | 5 | 8 | | 8 | | 8 | |
| Armação | kg | 6.000 | | | 1 | 1 | | 0,08 h/kg | 8 | 60 | 12 | 5 | | | 5 | 5 | |
| Concreto | m³ | 40 | 1 | | | | 8 | 8 h/m³ | 8 | 40 | 8 | 5 | 5 | | | | 40 |

Há outro formato de QDR que produz o mesmo resultado. Nessa configuração, são informados índices não da equipe, mas de cada recurso individualmente. Embora seja um formato mais trabalhoso, ele é mais prático quando os índices do orçamento são por recurso, como aqueles gerados pelos *softwares* mais comuns de orçamento. O Exemplo 6.6 visto anteriormente está ilustrado no QDR da Tab. 6.7.

**Tab. 6.7** QDR em formato alternativo

| Atividade | Unidade | Quantidade | Recurso | Índice do recurso | Jornada (h/dia) | Dias | Duração adotada (dias) | Quantidade de recursos | |
|---|---|---|---|---|---|---|---|---|---|
| Escavação | m³ | 190 | Servente | 4 h/m³ | 8 | 95 | 10 | Servente | 10 |
| Fôrma | m² | 320 | Carpinteiro | 1 h/m² | 8 | 40 | 5 | Carpinteiro | 8 |
| | | | Ajudante | 1 h/m² | 8 | 40 | 5 | Ajudante | 8 |
| Armação | kg | 6.000 | Armador | 0,08 h/kg | 8 | 60 | 12 | Armador | 5 |
| | | | Ajudante | 0,08 h/kg | 8 | 60 | 12 | Ajudante | 5 |
| Concreto | m³ | 40 | Pedreiro | 8 h/m³ | 8 | 40 | 8 | Pedreiro | 5 |
| | | | Servente | 64 h/m³ | 8 | 320 | 8 | Servente | 40 |

| Dicas para o planejador |
| --- |
| O preenchimento da tabela nos dois casos é distinto. No formato original, entra-se com a equipe básica e o índice da *equipe*; no formato alternativo, com os índices de *cada recurso*. |
| O formato original é muito mais prático e sintético do que o alternativo quando o planejador dispõe dos índices da equipe básica, o que nem sempre acontece (nos Estados Unidos, as obras são sempre orçadas a partir da produtividade da equipe básica). |
| O formado alternativo é mais trabalhoso, porém mais fácil quando os índices do orçamento são por recurso e não por equipe, como é comum nas construtoras brasileiras. |
| É muito fácil montar um QDR em planilha eletrônica. Para trabalhar com produtividade em vez de índice, basta modificar a fórmula de cálculo. |

## Exemplo passo a passo – Barragem Alegria

Para o esquema do desvio do rio Alegria, os quantitativos de serviço são os mostrados na Tab. 6.8. Com as produtividades definidas na fase de orçamentação da obra, as durações são calculadas (supondo 8 h/dia e semana de cinco dias).

Tab. 6.8 Quadro de **quantitativos, produtividades e duração**

| Código | Atividade | Quantidade | Produtividade | Duração (semanas) |
| --- | --- | --- | --- | --- |
| | | Acessos | | |
| A | Acesso ao túnel | 3 km | 0,2 km/dia | 3 |
| B | Acesso à ensecadeira de montante | 1 km | 0,2 km/dia | 1 |
| C | Acesso à ensecadeira de jusante | 2 km | 0,2 km/dia | 2 |
| | | Túnel | | |
| D | Emboque do túnel | 12.000 m³ | 100 m³/h | 3 |
| E | Escavação do túnel | 150 m | 3 m/dia | 10 |
| | | Ensecadeiras | | |
| F | Construção da ensecadeira de montante | 30.000 m³ | 150 m³/h | 5 |
| G | Construção da ensecadeira de jusante | 12.000 m³ | 150 m³/h | 2 |
| | | Fundação da barragem | | |
| H | Esgotamento | 100.000 m³ | 100 L/s | 7 |
| I | Escavação da fundação | 80.000 m³ | 250 m³/h | 8 |

## 6.6 Banco de dados de produtividade

A Tab. 6.9 traz produtividades médias de serviços retiradas de alguns bancos de dados correntes. As produtividades podem servir de referência para o planejador no dimensionamento de durações. Recomendamos sua utilização com cautela, porque a produtividade depende de muitos fatores.

**Tab. 6.9** Índice/produtividades de serviços de edificações

| Serviço | Índice | Produtividade | Produção dia (8 h) | Equipe básica |
|---|---|---|---|---|
| **Serviços preliminares** | | | | |
| Limpeza de terreno | 1,00 h/m² | 1,00 m²/h | 8,00 m²/dia | |
| Demolições | | | | |
| ✱ Alvenaria | 0,80 h/m² | 1,25 m²/h | 10,00 m²/dia | 2P + 5S |
| ✱ Concreto armado | 1,60 h/m³ | 0,63 m³/h | 5,00 m³/dia | 2P + 3S |
| ✱ Tijolo maciço sem aproveitamento | 0,67 h/m² | 1,50 m²/h | 12,00 m²/dia | 2P + 3S |
| ✱ Tijolo maciço com aproveitamento | 1,33 h/m² | 0,75 m²/h | 6,00 m²/dia | 2P + 3S |
| ✱ Pisos cerâmicos | 0,53 h/m² | 1,88 m²/h | 15,00 m²/dia | 2P + 2S |
| ✱ Telhados | 0,32 h/m² | 3,13 m²/h | 25,00 m²/dia | 1P + 1S |
| ✱ Tesouras de madeira | 0,67 h/m² | 1,50 m²/h | 12,00 m²/dia | 1C + 2S |
| ✱ Forros | 0,47 h/m³ | 2,13 m³/h | 17,02 m³/dia | 1OF + 1S |
| ✱ Esquadrias | 0,20 h/un | 5,00 un/h | 40,00 un/dia | 2P + 1S |
| ✱ Revestimento | 0,72 h/m² | 1,39 m²/h | 11,11 m²/dia | 2P + 2S |
| ✱ Pisos cimentados | 0,80 h/m² | 1,25 m²/h | 10,00 m²/dia | 2S |
| ✱ Pisos ladrilhados | 0,46 h/m² | 2,19 m²/h | 17,51 m²/dia | 2P + 2S |
| ✱ Pisos tacos | 0,80 h/m² | 1,25 m²/h | 10,00 m²/dia | 2C + 2S |
| ✱ Degraus | 0,80 h/m | 1,25 m/h | 10,00 m/dia | 2P + 2S |
| ✱ Alven./tijolo | 0,64 h/m³ | 1,56 m³/h | 12,50 m³/dia | 2P + 5S |
| ✱ Alven./pedra | 1,00 h/m³ | 1,00 m³/h | 8,00 m³/dia | 2P + 5S |
| ✱ Concreto | 1,60 h/m³ | 0,63 m³/h | 5,00 m³/dia | 2P + 4S |
| ✱ Concreto armado | 1,33 h/m³ | 0,75 m³/h | 6,00 m³/dia | 2P + 3S |
| ✱ Revestimentos (mg/mf) | 0,32 h/m² | 3,13 m²/h | 25,00 m²/dia | 2P + 2S |
| ✱ Revestimento com argamassa | 0,67 h/m² | 1,50 m²/h | 12,00 m²/dia | 2P + 2S |
| Remoções | | | | |
| ✱ Manual paralelepípedo | 0,90 h/m² | 1,11 m²/h | 8,89 m²/dia | 2S |

Tab. 6.9 (continuação)

| | | | | |
|---|---|---|---|---|
| ✱ Manual entulho | 1,50 h/m³ | 0,67 m³/h | 5,33 m³/dia | 2S |
| Esgotamento de água | | | | |
| ✱ Manual até 3 m de profund. | 0,94 h/m³ | 1,06 m³/h | 8,51 m³/dia | 2S |
| Escavação manual de valas | | | | |
| ✱ Até 2 m | 2,00 h/m³ | 0,50 m³/h | 4,00 m³/dia | 2S |
| ✱ 2 m a 4 m | 1,00 h/m³ | 1,00 m³/h | 8,00 m³/dia | 1P + 5S |
| ✱ 4 m a 6 m | 0,80 h/m³ | 1,25 m³/h | 10,00 m³/dia | 1P + 7S |
| Escavação manual | | | | |
| ✱ 1ª cat. até 1,5 m | 0,80 h/m³ | 1,25 m³/h | 10,00 m³/dia | 1P + 5S |
| ✱ 1ª cat. 1,5 m a 3,0 m | 0,80 h/m³ | 1,25 m³/h | 10,00 m³/dia | 1P + 5S |
| ✱ 2ª cat. até 1,5 m | 0,80 h/m³ | 1,25 m³/h | 10,00 m³/dia | 1P + 6S |
| ✱ 2ª cat. 1,5 m a 3,0 m | 1,00 h/m³ | 1,00 m³/h | 8,00 m³/dia | 1P + 6S |
| ✱ Manual (0,40 m) | 2,00 h/m³ | 0,50 m³/h | 4,00 m³/dia | 2S |
| ✱ Terra solta até 1,5 m | 0,80 h/m³ | 1,25 m³/h | 10,00 m³/dia | 1P + 5S |
| ✱ Terra solta de 1,5 m a 4,0 m | 0,80 h/m³ | 1,25 m³/h | 10,00 m³/dia | 1P + 6S |
| Desmonte de rocha a dinamite | 4,00 h/m³ | 0,25 m³/h | 2,00 m³/dia | 1CAV + 1S |
| Aterro compactado | | | | |
| ✱ Manualmente | 4,70 h/m³ | 0,21 m³/h | 1,70 m³/dia | 2S |
| ✱ Mecanicamente | 0,40 h/m³ | 2,50 m³/h | 20,00 m³/dia | 1A + EQ |
| Reaterro | | | | |
| ✱ Simples manualmente | 4,00 h/m³ | 0,25 m³/h | 2,00 m³/dia | 2S |
| ✱ Simples mecanicamente | 0,65 h/m³ | 1,54 m³/h | 12,31 m³/dia | 1A + EQ |
| ✱ Compactado manualmente | 0,27 h/m³ | 3,75 m³/h | 30,00 m³/dia | 2S |
| ✱ Compactado mecanicamente | 0,16 h/m³ | 6,25 m³/h | 50,00 m³/dia | 1A + EQ |
| Enchimento de valas | | | | |
| ✱ Simples sem compact. | 0,40 h/m³ | 2,50 m³/h | 20,00 m³/dia | 2S |
| ✱ Simples com compact. | 0,80 h/m³ | 1,25 m³/h | 10,00 m³/dia | 1A + EQ |
| Bota-fora | | | | |
| ✱ Bases simples | 1,30 h/m³ | 0,77 m³/h | 6,15 m³/dia | 2S |
| ✱ Bases de fundação | 0,60 h/m³ | 1,67 m³/h | 13,33 m³/dia | 2S |
| ✱ Enrocamento | 3,00 h/m³ | 0,33 m³/h | 2,67 m³/dia | 1S |

Tab. 6.9 (continuação)

| | | | | |
|---|---|---|---|---|
| ✱ Com transporte até 500 m | 2,30 h/m³ | 0,43 m³/h | 3,48 m³/dia | 1S |
| Desmonte de terra até 10 m de altura | 4,00 h/m³ | 0,25 m³/h | 2,00 m³/dia | 1CA + 1S |
| Desmonte com dinamite | 4,00 h/m³ | 0,25 m³/h | 2,00 m³/dia | 1CAV + 1S |
| Corte de mato até 3 m | 0,12 h/m² | 8,13 m²/h | 65,04 m²/dia | 2S |
| Limpeza e queima de corte de mato | 0,18 h/m² | 5,62 m²/h | 44,99 m²/dia | 2S |
| Poço | | | | |
| ✱ *d* = 1,5 m; *h* = 5 m | 2,67 h/m | 0,37 m/h | 3,00 m/dia | 1PO + 1S |
| ✱ *d* = 1,5 m; *h* = 5 a 10 m | 5,33 h/m | 0,19 m/h | 1,50 m/dia | 1PO + 1S |
| ✱ *d* = 1,5 m; *h* = 10 a 15 m | 8,00 h/m | 0,13 m/h | 1,00 m/dia | 1PO + 1S |
| ✱ Revestimento de poço *h* = 5 m | 5,33 h/m | 0,19 m/h | 1,50 m/dia | 1PO + 1S |
| ✱ Revestimento de poço *h* = 5 m a 10 m | 8,00 h/m | 0,13 m/h | 1,00 m/dia | 1PO + 1S |
| ✱ Revestimento de poço *h* = 10 m a 15 m | 10,00 h/m | 0,10 m/h | 0,80 m/dia | 1PO + 1S |
| Apiloamento de valas com soquetes | | | | |
| ✱ *soq* = 20 kg | 0,53 h/m² | 1,88 m²/h | 15,00 m²/dia | 2S |
| ✱ *soq* = 20 kg a 50 kg | 0,80 h/m² | 1,25 m²/h | 10,00 m²/dia | 2S |
| Canteiro | | | | |
| ✱ Barracão | 2,67 h/m³ | 0,38 m³/h | 3,00 m³/dia | 1C + 1S |
| ✱ Tapume | 2,00 h/m² | 0,50 m²/h | 4,00 m²/dia | 1C + 1S |
| **Fundação** | | | | |
| Estaqueamento | | | | |
| ✱ Estaqueamento *in loco* | 0,16 h/m | 6,25 m/h | 50,00 m/dia | 1OP + EQ |
| ✱ Estaqueamento pré-moldado | 0,08 h/m | 12,50 m/h | 100,00 m/dia | 1OP + EQ |
| Drenagem com manilha barro-colc. | 0,40 h/m | 2,50 m/h | 20,00 m/dia | 1P + 3S |
| Brocas | | | | |
| ✱ Brocas perfuração | 0,80 h/m | 1,25 m/h | 10,00 m/dia | 2S |
| ✱ Brocas concretagem | 0,53 h/m | 1,88 m/h | 15,00 m/dia | 2P + 2S |
| Alvenaria de embasamento | 8,00 h/m³ | 0,13 m³/h | 1,00 m³/dia | 1P + 2S |

Tab. 6.9 (continuação)

| | | | | |
|---|---|---|---|---|
| Fôrmas | | | | |
| ✱ Fôrmas fabricação, tábuas retas | 1,60 h/m² | 0,63 m²/h | 5,00 m²/dia | 1C + 1A |
| ✱ Fôrmas fabricação, tábuas curvas | 2,50 h/m² | 0,40 m²/h | 3,20 m²/dia | 1C + 1A |
| ✱ Fôrmas colocação, tábuas retas | 0,57 h/m² | 1,75 m²/h | 14,00 m²/dia | 1C + 1A |
| ✱ Fôrmas colocação, tábuas curvas | 0,67 h/m² | 1,50 m²/h | 12,00 m²/dia | 1C + 1A |
| Armação | | | | |
| ✱ Fabricação CA-25 | 0,05 h/kg | 18,75 kg/h | 150,00 kg/dia | 1F + 1A |
| ✱ Fabricação CA-50 | 0,08 h/kg | 12,50 kg/h | 100,00 kg/dia | 1F + 1A |
| ✱ Colocação CA-50 | 0,16 h/kg | 6,25 kg/h | 50,00 kg/dia | 1F + 1A |
| Preparo do concreto | | | | |
| ✱ Concreto magro com central | 1,60 h/m³ | 0,63 m³/h | 5,00 m³/dia | 2P + 7S |
| ✱ Concreto simples com central | 1,33 h/m³ | 0,75 m³/h | 6,00 m³/dia | 2P + 7S |
| ✱ Concreto estrutural com central | 1,33 h/m³ | 0,75 m³/h | 6,00 m³/dia | 2P + 7S |
| ✱ Concreto ciclópico com central | 1,33 h/m³ | 0,75 m³/h | 6,00 m³/dia | 2P + 7S |
| Lançamento | | | | |
| ✱ Concreto magro manual | 1,60 h/m³ | 0,63 m³/h | 5,00 m³/dia | 2P + 7S |
| ✱ Concreto simples manual | 1,33 h/m³ | 0,75 m³/h | 6,00 m³/dia | 2P + 7S |
| ✱ Concreto estrutural manual | 1,33 h/m³ | 0,75 m³/h | 6,00 m³/dia | 2P + 7S |
| ✱ Concreto ciclópico manual | 1,33 h/m³ | 0,75 m³/h | 6,00 m³/dia | 2P + 7S |
| ✱ Concreto magro com grua | 0,40 h/m³ | 2,50 m³/h | 20,00 m³/dia | 2P + 2S |
| ✱ Concreto simples com grua | 0,40 h/m³ | 2,50 m³/h | 20,00 m³/dia | 2P + 2S |
| ✱ Concreto estrutural com grua | 0,44 h/m³ | 2,25 m³/h | 18,00 m³/dia | 2P + 2S |
| ✱ Concreto ciclópico com grua | 0,40 h/m³ | 2,50 m³/h | 20,00 m³/dia | 2P + 2S |

Tab. 6.9 (continuação)

| | | | | |
|---|---|---|---|---|
| Adensamento | | | | |
| ✱ Concreto estrutural | 0,67 h/m³ | 1,50 m³/h | 12,00 m³/dia | 2P |
| ✱ Concreto ciclópico | 0,67 h/m³ | 1,50 m³/h | 12,00 m³/dia | 2P |
| ✱ Concreto simples | 0,67 h/m³ | 1,50 m³/h | 12,00 m³/dia | 2P |
| **Estrutura** | | | | |
| Concretagem | | | | |
| ✱ Concretagem com bet. 80 L | 0,62 h/m³ | 1,63 m³/h | 13,01 m³/dia | 2P + 7S |
| ✱ Concretagem com bet. 320 L | 0,18 h/m³ | 5,62 m³/h | 44,99 m³/dia | 2P + 7S |
| ✱ Concretagem com bet. 580 L | 0,09 h/m³ | 10,64 m³/h | 85,11 m³/dia | 2P + 7S |
| ✱ Concretagem com cam. bet. (5 m³) e guindaste | 0,11 h/m³ | 8,77 m³/h | 70,18 m³/dia | |
| ✱ Concretagem com central - 2 bet. 580 L | 0,07 h/m³ | 15,00 m³/h | 120,00 m³/dia | 1OP + EQ |
| Concret. com cam. bet. 1 guind./5 m³ 30 m a 40 m | 0,13 h/m³ | 7,50 m³/h | 60,00 m³/dia | 2P |
| Grauteamento | 1,60 h/m² | 0,63 m²/h | 5,00 m²/dia | |
| Fôrmas | | | | |
| Fôrmas comuns retas de compensado | | | | |
| ✱ Fabricação | 1,78 h/m² | 0,56 m²/h | 4,50 m²/dia | |
| ✱ Colocação | 0,94 h/m² | 1,06 m²/h | 8,50 m²/dia | |
| ✱ Desfôrma | 0,16 h/m² | 6,25 m²/h | 50,00 m²/dia | |
| Fôrmas comuns curvas de compensado | | | | |
| ✱ Fabricação | 1,78 h/m² | 0,56 m²/h | 4,50 m²/dia | |
| ✱ Colocação | 3,20 h/m² | 0,31 m²/h | 2,50 m²/dia | |
| ✱ Desfôrma | 0,13 h/m² | 7,50 m²/h | 60,00 m²/dia | |
| Fôrmas comuns de madeirite | | | | |
| ✱ Fabricação | 1,33 h/m² | 0,75 m²/h | 6,00 m²/dia | |
| ✱ Colocação | 0,89 h/m² | 1,13 m²/h | 9,00 m²/dia | |
| ✱ Desfôrma | 0,13 h/m² | 7,50 m²/h | 60,00 m²/dia | |
| Fôrma geral | 0,53 h/m² | 1,88 m²/h | 15,00 m²/dia | 2C + 2A |
| ✱ Colocação tipo painel madeirite | 1,60 h/m² | 0,63 m²/h | 5,00 m²/dia | |

Tab. 6.9 (continuação)

| | | | | |
|---|---|---|---|---|
| ✱ Colocação fôrmas deslizantes | 1,60 h/m$^2$ | 0,63 m$^2$/h | 5,00 m$^2$/dia | |
| **Armação** | | | | |
| Armação em geral | 0,07 h/kg | 15,00 kg/h | 120,00 kg/dia | 1F + 1A |
| ✱ Aço CA-50 | 0,08 h/kg | 12,50 kg/h | 100,00 kg/dia | 1F + 1A |
| ✱ Aço CA-25 | 0,08 h/kg | 12,50 kg/h | 100,00 kg/dia | 1F + 1A |
| *Inserts* | 6,00 h/kg | 0,17 kg/h | 1,33 kg/dia | |
| Chumbadores | 0,30 h/kg | 3,33 kg/h | 26,67 kg/dia | |
| Malhas metálicas | 0,30 h/kg | 3,33 kg/h | 26,67 kg/dia | |
| Pré-moldados em geral | 6,06 h/m$^3$ | 0,17 m$^3$/h | 1,32 m$^3$/dia | |
| Esmerilhamento de concreto | 2,15 h/m$^2$ | 0,47 m$^2$/h | 3,72 m$^2$/dia | |
| Levantamento de pré-moldado | 1,14 h/un | 0,88 un/h | 7,00 un/dia | |
| **Alvenaria** | | | | |
| Tijolo maciço 10 cm | 0,80 h/m$^2$ | 1,25 m$^2$/h | 10,00 m$^2$/dia | 1P + 1S |
| Tijolo maciço 15 cm | 1,14 h/m$^2$ | 0,88 m$^2$/h | 7,00 m$^2$/dia | 1P + 1S |
| Tijolo furado 15 cm – 10 × 20 × 20 | 0,53 h/m$^2$ | 1,88 m$^2$/h | 15,00 m$^2$/dia | 1P + 1S |
| Tijolo furado 25 cm – 10 × 20 × 20 | 0,67 h/m$^2$ | 1,50 m$^2$/h | 12,00 m$^2$/dia | 1P + 1S |
| Tijolo refratário – 20 cm | 1,00 h/m$^2$ | 1,00 m$^2$/h | 8,00 m$^2$/dia | 1P + 1S |
| Bloco de concreto 20 × 20 × 40 | 1,14 h/m$^2$ | 0,88 m$^2$/h | 7,00 m$^2$/dia | 1P + 1S |
| Bloco de concreto 15 × 20 × 40 | 0,80 h/m$^2$ | 1,25 m$^2$/h | 10,00 m$^2$/dia | 1P + 1S |
| Bloco de concreto 10 × 20 × 40 | 0,53 h/m$^2$ | 1,88 m$^2$/h | 15,00 m$^2$/dia | 1P + 1S |
| Pedras de mão rejuntadas | 2,67 h/m$^2$ | 0,38 m$^2$/h | 3,00 m$^2$/dia | 1P + 1S |
| Elementos vazados de concreto | 2,40 h/m$^2$ | 0,42 m$^2$/h | 3,33 m$^2$/dia | 1P + 1S |
| Elementos vazados de cerâmica | 2,60 h/m$^2$ | 0,38 m$^2$/h | 3,08 m$^2$/dia | 1P + 1S |
| **Revestimentos de paredes** | | | | |
| Chapisco grosso | 0,32 h/m$^2$ | 3,13 m$^2$/h | 25,00 m$^2$/dia | 1P + 1S |
| Chapisco fino | 0,40 h/m$^2$ | 2,50 m$^2$/h | 20,00 m$^2$/dia | 1P + 1S |
| Emboço | 0,40 h/m$^2$ | 2,50 m$^2$/h | 20,00 m$^2$/dia | 1P + 1S |
| Reboco | 0,40 h/m$^2$ | 2,50 m$^2$/h | 20,00 m$^2$/dia | 1P + 1S |

Tab. 6.9 (continuação)

| | | | | |
|---|---|---|---|---|
| Massa única | 0,29 h/m² | 3,50 m²/h | 28,00 m²/dia | 1P + 1S |
| Azulejos | 1,00 h/m² | 1,00 m²/h | 8,00 m²/dia | 1LA + 1S |
| Pastilhas | 1,60 h/m² | 0,63 m²/h | 5,00 m²/dia | 1P + 1S |
| **Revestimento de pisos** | | | | |
| Piso de madeira - tacos | 1,00 h/m² | 1,00 m²/h | 8,00 m²/dia | 1TA + 2S |
| Piso de cerâmica | 1,00 h/m² | 1,00 m²/h | 8,00 m²/dia | 1LA + 1S |
| Piso cimentado liso | 0,80 h/m² | 1,25 m²/h | 10,00 m²/dia | 1P + 1S |
| Piso cimentado áspero | 0,67 h/m² | 1,50 m²/h | 12,00 m²/dia | 1P + 1S |
| Piso com ladrilhos | 0,80 h/m² | 1,25 m²/h | 10,00 m²/dia | 1LA + 1S |
| Pisos com pedras irregulares | 1,50 h/m² | 0,67 m²/h | 5,33 m²/dia | 1P + 1S |
| Piso de pastilha | 1,59 h/m² | 0,63 m²/h | 5,03 m²/dia | 1P + 1S |
| Piso de revestimento de pedra | 2,63 h/m² | 0,38 m²/h | 3,04 m²/dia | 1P + 1S |
| Piso de caco cerâmico | 1,00 h/m² | 1,00 m²/h | 8,00 m²/dia | 1P + 1S |
| Piso de mármore | 1,23 h/m² | 0,81 m²/h | 6,50 m²/dia | 1ASS + 1S |
| Piso de cacos de mármore | 1,59 h/m² | 0,63 m²/h | 5,03 m²/dia | 1P + 1S |
| Piso de lajotões (50 cm × 50 cm) | 1,60 h/m² | 0,63 m²/h | 5,00 m²/dia | 1P + 2S |
| Rodapés de madeira | 0,23 h/m | 4,38 m/h | 35,00 m/dia | 1CA + 1A |
| Rodapés de cerâmicas | 0,80 h/m | 1,25 m/h | 10,00 m/dia | 1P + 1S |
| Rodapés de ladrilhos e azulejos | 0,53 h/m | 1,88 m/h | 15,00 m/dia | 1P + 1S |
| Rodapés de mármore (10 cm) | 0,80 h/m | 1,25 m/h | 10,00 m/dia | 1MA + 1A |
| Soleiras e peitoris | 4,00 h/m² | 0,25 m²/h | 2,00 m²/dia | 1OF + 1A |
| Soleira de mármore ou de cerâmica | 2,00 h/m | 0,50 m/h | 4,00 m/dia | 1OF + 1A |
| **Divisórias e forros** | | | | |
| Forro metálico | 2,50 h/m² | 0,40 m²/h | 3,20 m²/dia | |
| Forro falso de isopor | 3,00 h/m² | 0,33 m²/h | 2,67 m²/dia | |
| Divisórias metálicas | 5,00 h/m² | 0,20 m²/h | 1,60 m²/dia | |
| **Coberturas** | | | | |
| Madeiramento para telhas cerâmicas | 0,80 h/m² | 1,25 m²/h | 10,00 m²/dia | 1C + 1A |

Tab. 6.9 (continuação)

| | | | | |
|---|---|---|---|---|
| Madeiramento para fibrocimento | 0,80 h/m² | 1,25 m²/h | 10,00 m²/dia | 1C + 1A |
| Madeiramento para canalete 43 | 0,53 h/m² | 1,88 m²/h | 15,00 m²/dia | 1C + 1A |
| Telha de fibrocimento 8 mm | 0,32 h/m² | 3,13 m²/h | 25,00 m²/dia | 1P + 2S |
| Telha tipo cerâmica | 0,80 h/m² | 1,25 m²/h | 10,00 m²/dia | 1P + 2S |
| Cumeeira para telha cerâmica | 1,20 h/m² | 0,83 m²/h | 6,67 m²/dia | |
| Cumeeira para fibrocimento | 0,70 h/m² | 1,43 m²/h | 11,43 m²/dia | |
| Cumeeira para canalete 43 | 0,70 h/m² | 1,43 m²/h | 11,43 m²/dia | |
| **Tratamentos** | | | | |
| Argamassa impermeável (cim./areia/aditivo) | 3,00 h/m² | 0,33 m²/h | 2,67 m²/dia | |
| Capeamento asfáltico no concreto | 3,00 h/m² | 0,33 m²/h | 2,67 m²/dia | |
| Pintura asfáltica em fundação | 0,40 h/m² | 2,50 m²/h | 20,00 m²/dia | |
| Impermeabilização de caixa d'agua | 6,00 h/m² | 0,17 m²/h | 1,33 m²/dia | |
| Impermeabilização interna em paredes | 3,80 h/m² | 0,26 m²/h | 2,11 m²/dia | |
| Junta Fungenband | 0,70 h/mL | 1,43 mL/h | 11,43 mL/dia | |
| **Esquadrias** | | | | |
| Janela de madeira com vidro | 2,00 h/m² | 0,50 m²/h | 4,00 m²/dia | 1C + 1A |
| Janela de alumínio anodizada | 5,00 h/m² | 0,20 m²/h | 1,60 m²/dia | 1OF + 1A |
| Janela de correr | 2,00 h/un | 0,50 un/h | 4,00 un/dia | 1C + 1A |
| Janela guilhotina | 1,79 h/un | 0,56 un/h | 4,47 un/dia | 1C + 1A |
| Esquadria metálica | 2,27 h/un | 0,44 un/h | 3,52 un/dia | 1S + 1A |
| Porta | 2,27 h/un | 0,44 un/h | 3,52 un/dia | 1C + 1A |
| Batentes | 2,27 h/un | 0,44 un/h | 3,52 un/dia | 1C + 1A |
| Guarnições | 0,18 h/m | 5,56 m/h | 44,44 m/dia | 1C + 1A |
| Porta de madeira completa | 2,67 h/un | 0,38 un/h | 3,00 un/dia | 1C + 1A |

Tab. 6.9 (continuação)

| | | | | |
|---|---|---|---|---|
| Corrimão de madeira ou metálico | 1,50 h/mL | 0,67 mL/h | 5,33 mL/dia | 1OF + 1A |
| Escadas de madeira | 5,80 h/m² | 0,17 m²/h | 1,38 m²/dia | |
| Escadas marinheiro | 2,00 h/mL | 0,50 mL/h | 4,00 mL/dia | 1OF + 1A |
| Porta corta-fogo | 16,00 h/un | 0,06 un/h | 0,50 un/dia | 1P + 2S |
| Gradil 1P/2S | 0,64 h/mL | 1,56 mL/h | 12,50 mL/dia | 1P + 2S |
| **Pintura** | | | | |
| Raspagem pintura antiga | 0,40 h/m² | 2,50 m²/h | 20,00 m²/dia | 1S |
| Raspagem de superfície | 0,53 h/m² | 1,88 m²/h | 15,00 m²/dia | 1R + 1A |
| Caiação em paredes (três demãos) | 0,27 h/m² | 3,75 m²/h | 30,00 m²/dia | 1P + 1A |
| Caiação em paredes (duas demãos) | 0,20 h/m² | 5,00 m²/h | 40,00 m²/dia | 1P + 1A |
| Emassamento e lixamento | 0,40 h/m² | 2,50 m²/h | 20,00 m²/dia | 1P |
| Emassamento de paredes | 0,50 h/m² | 2,00 m²/h | 16,00 m²/dia | |
| Pintura de paredes | 1,20 h/m² | 0,83 m²/h | 6,67 m²/dia | |
| Pintura de esquadrias de madeira | 1,40 h/m² | 0,71 m²/h | 5,71 m²/dia | |
| Pintura de esquadrias metálicas | 0,90 h/m² | 1,11 m²/h | 8,89 m²/dia | |
| Calafetagem com uma demão | 0,80 h/m² | 1,25 m²/h | 10,00 m²/dia | 1CAL + 1A |
| Gesso e cola (1 demão) | 0,23 h/m² | 4,35 m²/h | 34,78 m²/dia | 1P + 1A |
| Óleo (3 demãos) | 0,64 h/m² | 1,56 m²/h | 12,50 m²/dia | 1P + 1A |
| Esmalte | 1,06 h/m² | 0,94 m²/h | 7,55 m²/dia | 1P + 1A |
| Verniz | 1,06 h/m² | 0,94 m²/h | 7,55 m²/dia | 1P + 1A |
| Óleo em esquadrias 3 demãos | 1,07 h/m² | 0,94 m²/h | 7,50 m²/dia | 1P + 1A |
| Retoques | 0,27 h/m² | 3,75 m²/h | 30,00 m²/dia | 1P + 1A |
| **Instalações** | | | | |
| Hidráulica | 0,47 h/pto | 2,13 pto/h | 17,00 pto/dia | 1EN + 1A |
| Elétrica | 0,89 h/pto | 1,13 pto/h | 9,00 pto/dia | 1EL + 1A |
| Hidráulica em laboratórios | 0,40 h/pto | 2,50 pto/h | 20,00 pto/dia | 1EN + 1A |
| Fossa séptica – colocação | 0,50 h/pto | 2,00 pto/h | 16,00 pto/dia | 1EN + 1A |
| **Peças hidráulicas** | | | | |
| Tanque de louça com coluna | 6,00 h/un | 0,17 un/h | 1,33 un/dia | 1EN |

Tab. 6.9 (continuação)

| | | | | |
|---|---|---|---|---|
| Bacia de louça com caixa acoplada | 6,00 h/un | 0,17 un/h | 1,33 un/dia | 1EN |
| Bidê | 6,60 h/un | 0,15 un/h | 1,21 un/dia | 1EN |
| Chuveiro | 1,00 h/un | 1,00 un/h | 8,00 un/dia | 1EN |
| Lavatório com coluna | 6,60 h/un | 0,15 un/h | 1,21 un/dia | 1EN |
| **Vidros** | | | | |
| Vidro | 0,60 h/m² | 1,67 m²/h | 13,33 m²/dia | 1V + 1A |
| **Cercas e jardins** | | | | |
| Cercas | 0,89 h/m³ | 1,13 m³/h | 9,00 m³/dia | 1P + 1A |
| Terra preta adubada | 3,20 h/m³ | 0,31 m³/h | 2,50 m³/dia | 2S |
| Grama | 5,33 h/m² | 0,19 m²/h | 1,50 m²/dia | 1A |
| **Estrutura metálica** | | | | |
| Grades metálicas | 0,80 h/m² | 1,25 m²/h | 10,00 m²/dia | 1SE + 1A |
| Estruturas metálicas pesadas acima de 20 t | 0,27 h/t | 3,75 t/h | 30,00 t/dia | EQ |
| Estruturas metálicas - médias 5 t a 20 t | 0,11 h/t | 8,75 t/h | 70,00 t/dia | EQ |
| Estruturas leves - até 5 t | 0,05 h/t | 18,75 t/h | 150,00 t/dia | EQ |
| Pontes rolantes | 0,11 h/t | 8,75 t/h | 70,00 t/dia | EQ |
| Escada s/ corrimão | 0,04 h/m | 22,50 m/h | 180,00 m/dia | 1SE + 1S |
| Suporte de tubulação | 0,50 h/kg | 2,00 kg/h | 16,00 kg/dia | 1OF + 1A |
| Suporte para eletricidade | 0,60 h/kg | 1,67 kg/h | 13,33 kg/dia | 1OF + 1A |
| Suporte para instrumentação | 0,70 h/kg | 1,43 kg/h | 11,43 kg/dia | 1OF + 1A |
| Tapeamento lateral | 1,00 h/m² | 1,00 m²/h | 8,00 m²/dia | 1OF + 1A |
| **Limpeza final** | | | | |
| Limpeza de pisos e revestimentos | 0,40 h/m² | 2,50 m²/h | 20,00 m²/dia | 2S |
| Limpeza de vidros | 0,60 h/m² | 1,67 m²/h | 13,33 m²/dia | 2S |
| Limpeza geral | 0,70 h/m² | 1,43 m²/h | 11,43 m²/dia | 2S |

em que:

| | | | |
|---|---|---|---|
| A = ajudante | ASS = assentador | C = carpinteiro | CAL = calefator |
| CAV = escavador | EL = eletricista | EN = encanador | EQ = equipamento |
| F = ferreiro | LA = ladrilheiro | MA = marmorista | OF = oficial |
| OP = operador | P = pedreiro | PO = poceiro | R = raspador |
| S = servente | SE = serralheiro | TA = taqueiro | V = vidraceiro |

*Fonte: cortesia do Eng. Pedro Antônio Lousan Badra – Sistemática Badra de Dados.*

# sete

# Precedência

Agora que as atividades já foram identificadas e contemplam a totalidade do escopo do projeto, o passo que se nos afigura é estabelecer a lógica que coordena essas atividades. É preciso estabelecer a sequência das atividades, a ordem em que elas ocorrem e que tipo de dependência existe entre elas. A sequência lógica das atividades do projeto recebe o nome de *precedência*.

Esse passo do planejamento precisa ser bem executado porque o produto final, que é o cronograma com as datas previstas para cada atividade, é obviamente afetado pela sequência definida. Amarrar uma atividade a outra é uma operação das mais relevantes do planejamento. De nada vale estabelecer uma EAP criteriosa e detalhada e dispor do melhor programa de computador, se o planejador não definir uma sequência executiva lógica, plausível e exequível. Pode-se afirmar que a definição das durações e o estabelecimento da interdependência entre as atividades são os pontos-chave do planejamento.

Uma sequência incorreta de atividades vai gerar um produto sem qualquer aplicabilidade prática – isso será motivo para descrédito do planejamento e do planejador. É importante atentar para o fato de que o melhor computador do mundo não corrigirá uma rede malfeita.

## 7.1 Predecessoras e sucessoras

Quando a lista de todas as atividades do projeto estiver preparada, passa-se a determinar a relação entre elas, isto é, a amarrá-las umas às outras, a definir a precedência. Embora várias atividades possam ocorrer concorrentemente, relações de interdependência podem ser estabelecidas, formando-se cadeias que, em seu aspecto visual global, produzirão uma malha de atividades.

Por exemplo, a moldagem do concreto pressupõe a montagem das fôrmas e a colocação da armação; a pintura de uma parede exige que a aplicação de massa tenha sido concluída; e a atividade "tomar café" não pode ocorrer antes ou paralelamente à atividade "comprar café".

Na montagem do planejamento, o importante é identificar bem as *predecessoras* de cada atividade, que são aquelas cuja conclusão deve necessariamente ocorrer para que a atividade em questão possa começar. Para cada atividade, portanto, o planejador identifica e registra quais as predecessoras, ou seja, de que outras atividades ela depende *imediatamente* ou *diretamente*.

É importante ressaltar o termo *imediatamente*: na construção de um prédio, por exemplo, a pintura do décimo andar obviamente não pode acontecer antes da concretagem dos pilares do quarto andar, mas esta não se caracteriza como uma atividade *imediatamente anterior* – a aplicação da massa corrida, ao contrário, seria imediatamente anterior.

Outros termos usualmente empregados para as atividades predecessoras são: *precedentes*, *antecessoras* e *antecedentes*.

O conceito de sucessora é exatamente o inverso do de predecessora. Uma atividade *sucessora* a outra é aquela que pode ser iniciada *imediatamente* após a conclusão desta. Não é difícil perceber que, se A é predecessora de B, então B é sucessora de A.

Outros termos usualmente empregados para as atividades sucessoras são: *sucedentes* e *subsequentes*.

**Dica para o planejador**

Ter em mente a noção de *dependência imediata* é fundamental para que não se criem vínculos redundantes na rede. Assim, por exemplo, se B depende de A, e C depende de B, é desnecessário dizer que C depende de A – ao informar que a predecessora *imediata* é B, a dependência remota com A vem "a reboque". Basta ver a Fig. 7.1.

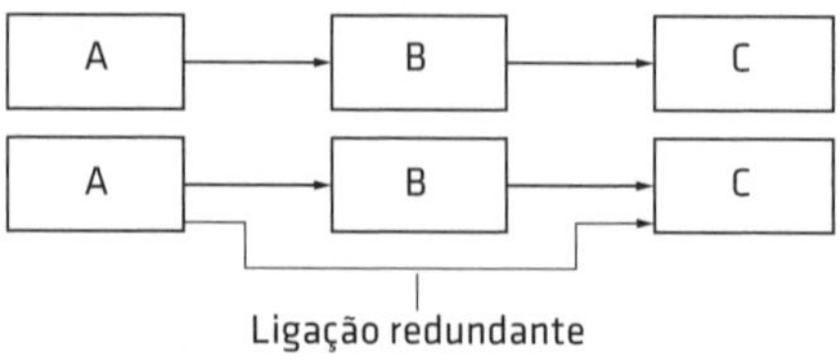


**Fig. 7.1** *Ligações redundantes não acrescentam nenhuma informação à rede e ainda geram esforço de computação*

*Nem toda atividade tem predecessora.* As atividades iniciais de um projeto não têm predecessoras, pois podem ser iniciadas a partir do instante zero, não dependendo da ocorrência anterior de nenhuma outra tarefa.
*Nem toda atividade tem sucessora.* As atividades finais do projeto não têm sucessoras, pois nada vem em seguida a elas.

## 7.2 Quadro de sequenciação

O *quadro de sequenciação* (Fig. 7.2) é a tabela em que se definem e se registram as atividades e suas relações de interdependência. Tipicamente ele possui três colunas.

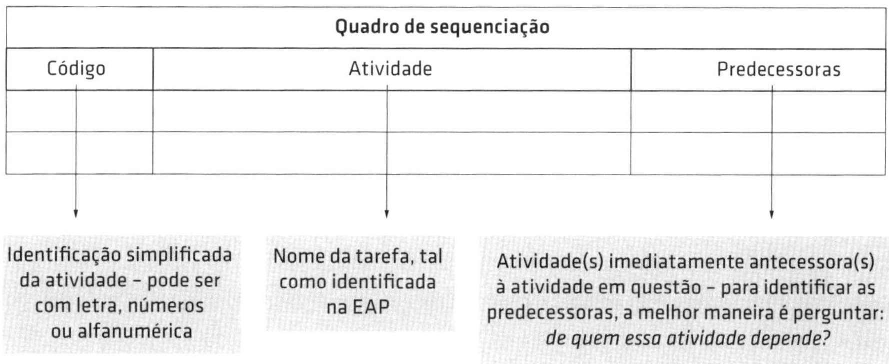


Fig. 7.2 *Quadro de sequenciação*

### Exemplo 7.1

Interpretar o quadro de sequenciação das atividades referentes à concretagem de um bloco de fundação (Quadro 7.1):

**Quadro 7.1** Quadro de sequenciação (com predecessoras)

| Código | Atividade | Predecessoras |
|---|---|---|
| A | Locação da fundação | - |
| B | Escavação da fundação | A |
| C | Montagem das fôrmas | B |
| D | Obtenção do aço | - |
| E | Preparação da armação | D |
| F | Colocação da armação | C, E |
| G | Mobilização da betoneira | - |
| H | Concretagem | F, G |

***Solução:***

A lógica executiva delineada no quadro revela para qualquer pessoa o mesmo raciocínio:

1. a obra é iniciada pela locação da fundação, mas logo de saída podem também ser realizadas as tarefas de obtenção do aço e providências para mobilização da betoneira;
2. locada a estrutura, faz-se a escavação do terreno;
3. com a escavação concluída, montam-se as fôrmas no local;
4. a preparação da armação (dobragem) depende da aquisição do aço;
5. para colocar a armação dentro das fôrmas, é necessário que estas tenham sido montadas e as barras, preparadas;
6. a concretagem requer a colocação da armação nas fôrmas e que a betoneira tenha sido instalada.

O leitor deve reparar que a atividade H (concretagem) não tem C (montagem das fôrmas) como predecessora, porque C não é sua antecessora imediata – C ficou implícita em F, esta sim uma das predecessoras imediatas de H. Pode-se dizer que C "veio a reboque" de F.

---

Há quem prefira fazer o planejamento raciocinando em termos de sucessoras, em vez de predecessoras. Nesse caso, o quadro de sequenciação pode ser ajustado para incluir a coluna *Sucessoras*. A lógica permanece a mesma, muda apenas a forma de veicular a informação.

## Exemplo 7.2

Representar o quadro de sequenciação das atividades do bloco de fundação (Exemplo 7.1) com a coluna *Sucessoras* (Quadro 7.2):

**Quadro 7.2** Quadro de sequenciação (com sucessoras)

| Código | Atividade | Sucessoras |
|---|---|---|
| A | Locação da fundação | B |
| B | Escavação da fundação | C |
| C | Montagem das fôrmas | F |
| D | Obtenção do aço | E |
| E | Preparação da armação | F |
| F | Colocação da armação | H |
| G | Mobilização da betoneira | H |
| H | Concretagem | – |

**Dicas para o planejador**

A experiência tem mostrado que raciocinar em termos de *predecessoras* é mais intuitivo. Fica mais prático fazer a pergunta "De quem essa atividade depende?" do que perguntar "Quem depende dessa atividade?" (ou "Para quem essa atividade abre caminho?"), que é a indagação de quem prefere raciocinar em termos de sucessoras.

Cabe ao leitor escolher a maneira que melhor lhe convier. Os programas de computador permitem informar e visualizar tanto predecessoras quanto sucessoras.

É muito comum, principalmente em planejamento com grande quantidade de atividades, que algumas delas fiquem sem predecessoras e sem sucessoras, o que não faz sentido - elas ficam "boiando" no cronograma. Acredite: isso acontece muito!

O planejador deve sempre ter o cuidado de checar se as atividades sem sucessora realmente são atividades finais, e se aquelas sem predecessora são realmente atividades iniciais.

## Exemplo passo a passo - Barragem Alegria

Para a definição da precedência, vamos rememorar o esquema do desvio do rio Alegria para a construção da barragem.

Para que o maciço da barragem possa ser construído de um lado ao outro do rio, ou seja, de uma *ombreira* à outra, é preciso desviar o rio de seu curso natural, o que é feito por meio de um *túnel* localizado na ombreira. Enquanto o túnel é escavado, o rio continua correndo normalmente em seu leito. Concluído o túnel, começa-se a construir a *ensecadeira de montante* por meio de um aterro de ponta (que avança gradualmente de uma margem para a outra). À medida que a ensecadeira é feita, o rio é empurrado para o túnel. A *ensecadeira de jusante* é feita para evitar que a água que sai do túnel volte leito acima. Com as duas ensecadeiras prontas, um grande volume de água fica represado entre elas, precisando ser bombeado para que se inicie a escavação do terreno até a cota de implantação da fundação da barragem.

No estudo da obra, a construtora decidiu fazer um acesso principal até o *emboque* do túnel e de lá um ramal até o local da ensecadeira de montante. Para a ensecadeira de jusante, o acesso se dá por outro lugar, sem qualquer relação com os outros acessos.

Com essas premissas, o quadro de sequenciação é o apresentado no Quadro 7.3.

**Quadro 7.3** Quadro de sequenciação (com EAP)

| Código | Atividade | Predecessoras |
|---|---|---|
| | Acessos | |
| A | Acesso ao túnel | - |
| B | Acesso à ensecadeira de montante | A |
| C | Acesso à ensecadeira de jusante | - |

Quadro 7.3 (continuação)

| Código | Atividade | Predecessoras |
|---|---|---|
| | Túnel | |
| D | Emboque do túnel | A |
| E | Escavação do túnel | D |
| | Ensecadeiras | |
| F | Construção da ensecadeira de montante | B, E |
| G | Construção da ensecadeira de jusante | C |
| | Fundação da barragem | |
| H | Esgotamento | F, G |
| I | Escavação para fundação da barragem | H |

Esse exemplo continuará nos capítulos seguintes.

## 7.3 Circularidade

Quando se trabalha com redes de muitas atividades, às vezes o planejador se perde e termina criando por descuido o que se chama de *circularidade* ou *circuito*.

É o caso de a atividade A ser predecessora da atividade B, que é predecessora de C, que, por sua vez, figura como predecessora de A (Fig. 7.3).

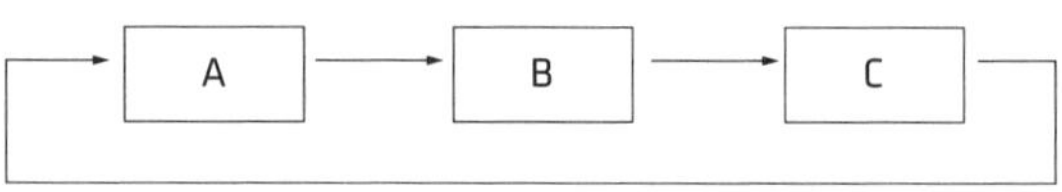


Fig. 7.3 *Circularidade* (loop)

É fácil perceber que a circularidade – também chamada pelo termo inglês *loop* – é ilógica e precisa ser eliminada.

Os programas de computador mais usuais detectam a circularidade e dão aviso de erro.

**Estudo de caso 7.1 – hospital (O'Brien; Plotnick, 2005)**

Um hospital contém um anexo que será demolido para dar lugar a uma nova ala (Fig. 7.4). Como no anexo funciona a cozinha do hospital, o arquiteto da reforma recomendou que se criasse uma cozinha provisória no prédio existente, até que a ala ficasse pronta e nela pudesse ser instalada a nova cozinha.

No entanto, um fator que só foi percebido quando da elaboração da precedência era que o local previsto para a subestação da nova ala era exatamente o lugar onde seria instalada a cozinha provisória (Fig. 7.5). Fica uma espécie de "cachorro correndo atrás do próprio rabo". O problema foi detectado a tempo e o arquiteto pôde fazer um novo arranjo.

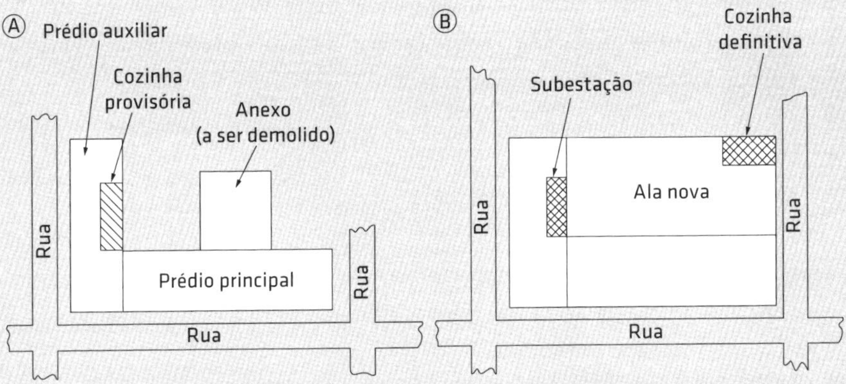


**Fig. 7.4** *Hospital: (A) antes da ampliação e (B) depois da ampliação*

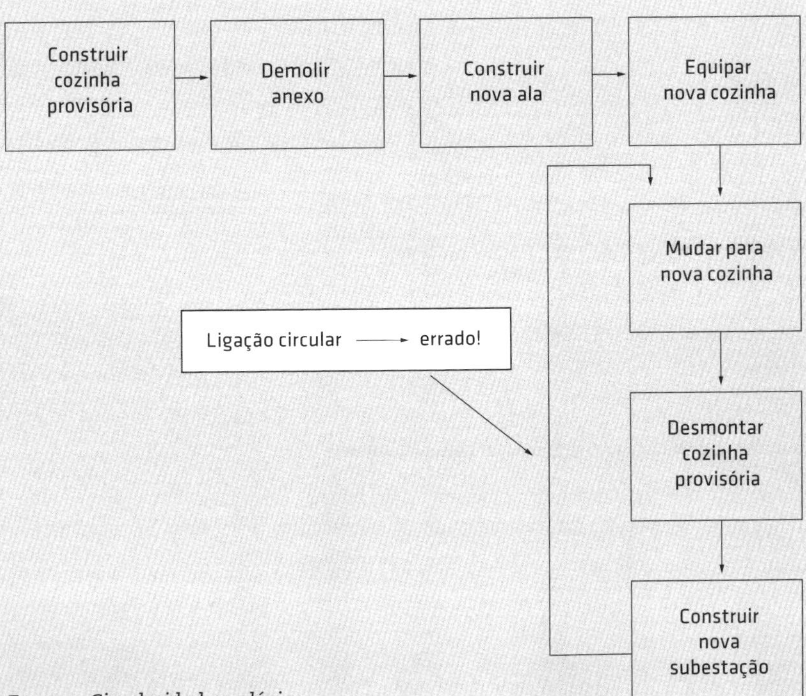


**Fig. 7.5** *Circularidade na lógica*

## 7.4 Dependência mandatória

A dependência entre duas atividades é dita *mandatória* ou de *lógica rígida* (*hard logic*) quando a ligação entre elas é *obrigatória*. Acontece quando uma atividade necessariamente tem de vir antes de outra.

Por exemplo, em uma edificação é impossível fazer o pilar sem sua sapata – eles então constituem uma dependência mandatória: *sapata* é predecessora obrigatória de *pilar*. Outros exemplos comuns são:

- armação e concreto;
- alvenaria e chapisco;
- assentamento de tubo e reaterro de vala.

Geralmente, as dependências mandatórias são inerentes à natureza do trabalho que está sendo feito, por se tratar da impossibilidade *física* de uma coisa ocorrer sem que a anterior tenha sido executada.

Há também dependências mandatórias *contratuais*. Basta pensar no caso em que uma área só pode ser liberada para o construtor depois de desapropriada.

Existem ainda dependências mandatórias *externas*, que são aquelas que envolvem relacionamento entre atividades do projeto e atividades que não são do projeto. Por exemplo, a montagem de uma válvula redutora de pressão em uma rede de abastecimento de água depende do fornecimento do equipamento por um fornecedor externo. Outro exemplo é a limpeza do terreno depender da emissão da licença ambiental fornecida pelo órgão competente.

## 7.5 Dependência preferencial

Outro tipo de dependência é a *preferencial*, também conhecida como *arbitrada, discricionária* ou de *lógica fina* (*soft logic*). Trata-se de uma dependência criada *por conveniência* da equipe executora do projeto, em função do plano de ataque da obra.

Essa dependência *não* é obrigatória. O vínculo criado entre as duas atividades é definido, mas existem outras sequências aceitáveis.

Como exemplo, na construção de um edifício, a *alvenaria do 2° pavimento* não necessariamente depende da *alvenaria do 1° pavimento*, pois não há nenhuma restrição de ordem física. É bem possível "pular" o primeiro pavimento e atacar logo o segundo, mas, por uma questão de lógica construtiva, o planejador pode vincular as duas atividades.

Enquanto a dependência mandatória é geralmente de ordem física, a preferencial é de ordem lógica.

## 7.6 Outros tipos de dependência

Neste capítulo, quando tratamos das dependências entre atividades, sempre consideramos que uma atividade só poderia começar quando sua predecessora terminasse, ou seja, consideramos que as dependências eram todas do tipo *término-início* (*TI*) (Fig. 7.6A). Esse tipo de vínculo entre duas atividades A e B impõe que, para que B comece, A deve ter sido *totalmente* concluída – o término de A é condição necessária para o início de B. A ligação TI é a ligação-padrão.

Embora válida para a maioria dos casos, a dependência TI nem sempre reflete o tipo de lógica que se quer imprimir à rede. Um exemplo típico é o vínculo entre as atividades *concretagem* e *desfôrma*. Apesar de aquela ser predecessora desta, a relação precisa guardar uma defasagem entre as atividades, uma vez que é sabido que não se pode remover as fôrmas de uma estrutura antes do período de *cura* do concreto. Assim, a lógica TI é parcialmente correta, pois não reflete plenamente a lógica construtiva.

A saída para isso é criar uma *defasagem* ou um *retardo* (Fig. 7.6B), que é o tempo de espera entre as duas atividades. Na literatura técnica, o retardo às vezes é chamado de *atraso (lag)*, mas o termo não é muito feliz, visto que a atividade não está propriamente *atrasada*, senão deslocada por razões de lógica executiva.

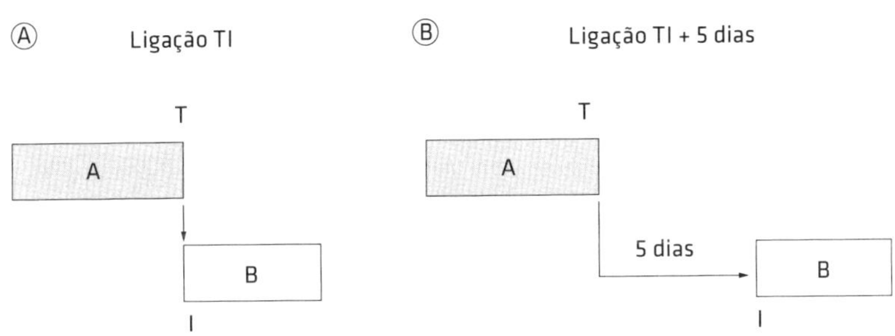


**Fig. 7.6** *Ligação TI: (A) sem defasagem e (B) com defasagem*

Outro tipo de ligação útil é quando uma atividade não precisa que sua predecessora esteja 100% terminada. Em outras palavras, B pode começar sem que A esteja concluída, havendo uma sobreposição entre elas. Esse tipo de ligação é chamado *II* (*início-início*) (Fig. 7.7), aceitando também início com defasagem (*lead*). Um exemplo é instalação hidráulica (A) e instalação elétrica (B), que podem ser iniciadas juntas (II), e alvenaria (A) e chapisco (B) de um mesmo pavimento – não é preciso que toda a alvenaria do andar tenha terminado para que o chapisco comece a ser feito, bastando que a alvenaria esteja por alguns dias "na dianteira". Esse tipo de ligação é também chamado de *adiantamento* ou *antecipação*, mas são termos imprecisos.

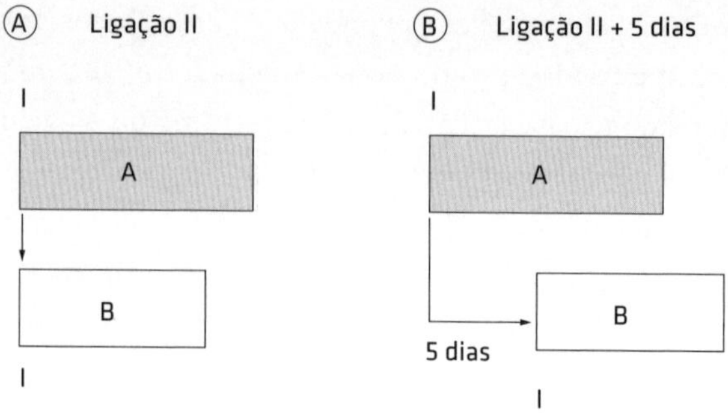


**Fig. 7.7** *Ligação II: (A) sem defasagem e (B) com defasagem*

O terceiro tipo de ligação possível é o TT (*término-término*) (Fig. 7.8). É o caso em que se estipula que o término de uma atividade está vinculado ao término de sua predecessora, ou seja, o fim de B depende do fim de A. Um exemplo seria montagem da subestação (A) e aluguel de gerador (B) – o término da montagem decreta o fim da necessidade do gerador alugado.

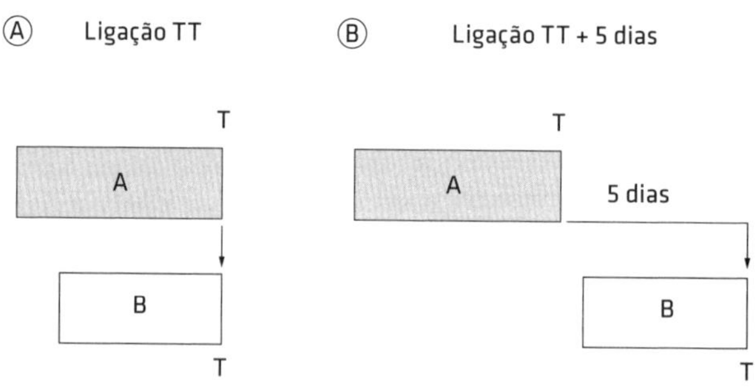


**Fig. 7.8** *Ligação TT: (A) sem defasagem e (B) com defasagem*

O quarto e último tipo de dependência é o IT (*início-término*) (Fig. 7.9). Esse tipo de vínculo é muito pouco utilizado. É o caso em que uma atividade só pode terminar quando se iniciar outra, ou seja, o fim de B depende do início de A. Um exemplo seria partida da subestação e aluguel de gerador – o início da operação da subestação amarra o fim da necessidade do gerador alugado.

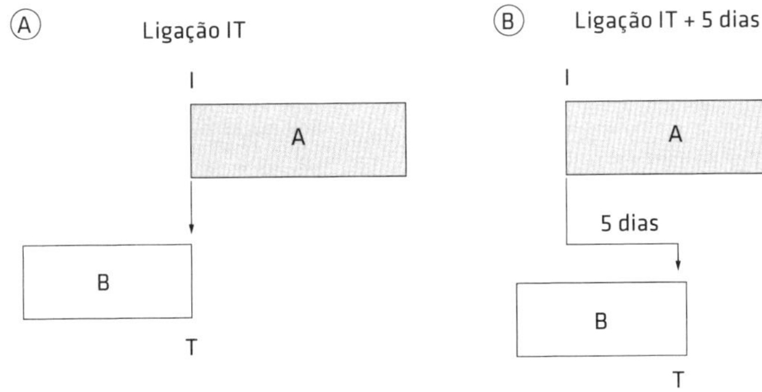


**Fig. 7.9** *Ligação IT: (A) sem defasagem e (B) com defasagem*

Um resumo é apresentado no Quadro 7.4.

**Quadro 7.4** Resumo dos tipos de ligação

| Ligação (entre A e B) | Significado |
|---|---|
| TI (término-início) | *A* deve terminar para *B* poder iniciar. |
| II (início-início) | *A* deve ter iniciado para *B* poder iniciar. |
| TT (término-término) | *A* deve ter terminado para *B* poder terminar. |
| IT (início-término) | *A* deve ter iniciado para *B* poder terminar. |

**Dicas para o planejador**

Dos quatro tipos de dependência, o *TI* é o mais utilizado (é a ligação natural entre duas atividades). Em seguida vem o *II*. Ligações *TT* e *IT* são muito raras e pouco aparecem nos planejamentos corriqueiros.

Existem também *defasagens negativas*. Exemplo: *TI – 2 dias*, com o começo de B acontecendo dois dias antes do término de A (Fig. 7.10).

O uso excessivo de ligações II, TT e IT "trava" a rede por impor muita restrição.

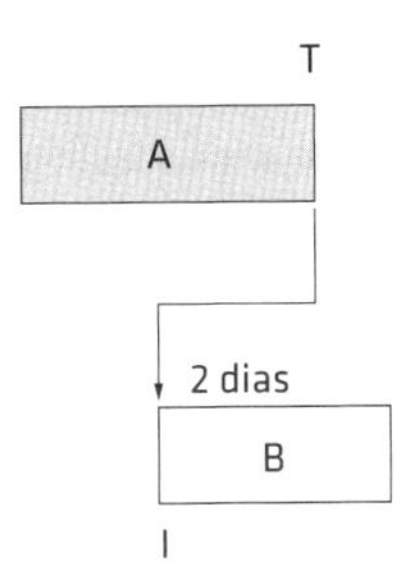


**Fig. 7.10** *Exemplo de defasagem negativa*

**Dicas para o planejador**

Quanto mais detalhada a EAP, menor a necessidade de o planejador usar defasagens. Isso porque os pacotes de trabalho serão menores e mais sequenciais entre si (TI).
Por exemplo, para um pavimento, alvenaria e chapisco são II + *n* dias; porém, se o planejador desmembrasse a alvenaria em paredes P1, P2 etc., o chapisco seria programado para iniciar depois de uma delas, com o vínculo TI, e não mais II.

---

Por influência dos *softwares* estrangeiros, siglas inglesas também são empregadas para identificar as dependências:

* TI = *FS* (*finish-start*);
* II = *SS* (*start-start*);
* IT = *SF* (*start-finish*);
* TT = *FF* (*finish-finish*).

---

O *método das flechas* (ADM) só admite ligações TI. O *método dos blocos* (PDM) admite todos os tipos de ligação.

# oito

# Diagrama de rede

O *diagrama de rede* é a representação gráfica das atividades, levando em conta as dependências entre elas. Essa etapa do roteiro do planejamento não caracteriza mais entrada de dados – o que se faz agora é transformar as informações de duração e sequenciação em um diagrama, uma malha de flechas ou blocos.

Os diagramas PERT/CPM permitem que sejam indicadas as relações lógicas de precedência (inter-relacionamento) entre as inúmeras atividades do projeto e que seja determinado o caminho crítico, isto é, a sequência de atividades que, se sofrer atraso em alguma de suas componentes, vai transmiti-lo ao término do projeto. Cálculos numéricos permitem saber as datas mais cedo e mais tarde em que cada atividade pode ser iniciada, assim como a folga de que elas dispõem.

A grande vantagem de representar a lógica do projeto sob a forma de um diagrama de rede é que a leitura e o manuseio da rede ficam muito mais simples e fáceis de entender. Basta imaginar o quanto seria trabalhoso descrever apenas com palavras a metodologia e o encadeamento lógico das atividades de um projeto extenso.

## 8.1 Origens do PERT/CPM

Em 1957, a indústria química norte-americana E.I. du Pont de Nemours and Co. (DuPont) possuía o computador mais potente da época, o Univac I, produzido pela Remington Rand, porém o utilizava muito pouco. Buscando mais aplicações para o Univac I, os matemáticos Morgan Walker e James Kelley se puseram a investigar uma maneira de entender melhor a correlação tempo-custo para os projetos de engenharia das plantas da empresa. Eles sabiam que acelerar todas as atividades de um projeto não era a maneira mais eficiente de obter prazo reduzido, e desconfiavam de que o cerne do problema era achar as atividades "certas" para acelerar o projeto sem incorrer em significativo aumento de custo. Walker e Kelley batizaram de "cadeia principal" o que pouco depois seria imortalizado como "caminho crítico" e que seria a base do *método do caminho crítico* (*critical path method*), cuja sigla é CPM.

A solução dos matemáticos foi estabelecer eventos (nós) interligados por atividades (flechas), as quais usavam a notação *i-j*. Nascia ali o método das flechas, ou *activity-on--arrow* ou *arrow diagramming method* (ADM). O primeiro projeto que surgiu monitorado pela nova técnica foi o George Fischer Works, com 61 atividades e 16 atividades-fantasma (Weaver, 2006). Nessa época, o maior limitador à disseminação da metodologia era o custo de processamento – manter uma rede de 150 atividades requeria mais de 300 horas por mês de computador de grande porte. Os resultados, contudo, desafiavam qualquer ceticismo: a DuPont passou a ter uma redução de 25% no prazo de suas paradas de manutenção programada e construção de novas unidades.

A *técnica de avaliação e revisão de programas* (*program evaluation and review technique*), cuja sigla é *PERT*, também remonta ao ano de 1957. Ela foi desenvolvida na Marinha americana em parceria com a Booz Allen & Hamilton (empresa de consultoria) e a Lockheed Aircraft Corporation, para o planejamento e o controle do projeto Polaris, cujo escopo era o desenvolvimento de um míssil balístico essencial para os planos americanos naquela época de Guerra Fria. O Polaris era de uma complexidade sem par, envolvendo 250 fornecedores e nove mil subempreiteiros (Hirschfield, 1969), com duração estimada de sete anos. O PERT permitiu à Marinha executá-lo em apenas quatro anos. Por se tratar de um projeto novo, com atividades nunca antes desempenhadas em nenhum projeto similar, a equipe de criadores do PERT recorreu à ideia de durações probabilísticas, atribuindo para cada atividade uma duração otimista, uma pessimista e uma mais provável. Foi no PERT que surgiu o termo "caminho crítico", embora o CPM é que o tenha incorporado ao nome.

## 8.2 Tipos de diagrama de rede

Há dois métodos de construção de um diagrama de rede: o *método das flechas* (ou *arrow diagramming method* – ADM) e o *método dos blocos* (ou *precedence diagramming method* – PDM). Ambos produzem o mesmo resultado, o que não poderia ser diferente; o que muda são as regras para desenhar o diagrama. Pelo método das flechas, as atividades são representadas por flechas que conectam eventos ou instantes do projeto. Pelo método dos blocos, as atividades são representadas por blocos e unidas por setas que não têm outra função senão definir a ligação entre elas.

Neste livro apresentamos as duas maneiras de representar um diagrama de rede. Para cada método apontamos as vantagens e as desvantagens, mas não tomamos partido. Apesar de o PDM ser mais largamente empregado e ser utilizado nos *softwares* comerciais, muitos planejadores acham o ADM mais prático e mais intuitivo na hora de processar as contas numéricas. Cabe ao planejador eleger o método que mais lhe apraz e pôr mãos à obra.

## 8.3 Método das flechas

Segundo o método das flechas, cada atividade é representada por uma flecha (ou linha orientada), que parte de um evento e termina em outro (Fig. 8.1). O Quadro 8.1 apresenta outras de suas denominações.

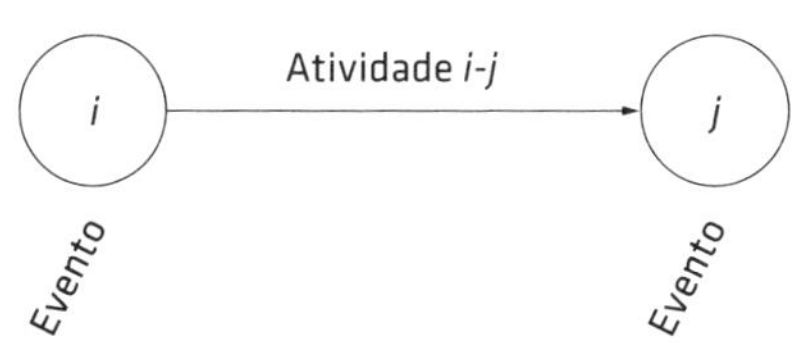


**Fig. 8.1** *Atividade e evento no diagrama de flechas*

**Quadro 8.1** Outras denominações do método das flechas

| |
|---|
| Diagrama de flechas |
| Método das setas |
| Método americano |
| Método da atividade na seta |
| Diagrama *i-j* |
| *Arrow diagramming method* (ADM)* |
| *Activity-on-arrow* (AOA)* |
| *Arrow-and-circle method* |

*Termos mais usuais.

### 8.3.1 Atividade e evento

*Atividade* é a tarefa a ser executada, o trabalho a ser feito. Vale relembrar que, de acordo com nosso roteiro de planejamento, a atividade representa a transposição dos pacotes de trabalho (identificados na EAP) para a rede. A cada atividade se atribuem duração e recursos. Atividade consome tempo e recursos.

Por convenção, a flecha sempre se orienta da esquerda para a direita. O comprimento da flecha *não* é proporcional à duração da atividade – a flecha apenas define o vínculo.

*Evento* é um ponto no tempo, um momento que baliza o projeto. Ele caracteriza instantes do projeto. Por não ser uma operação física, o evento não consome nem tempo, nem recursos. Um evento é atingido quando todas as atividades que convergem para ele são concluídas; a partir desse instante, todas as atividades que partem dele estão livres para começar. A um evento podem chegar uma ou mais atividades, assim como dele podem partir uma ou mais atividades. Enquanto a atividade tem duração, o evento, por ser um ponto no tempo, carece dela – o que se pode dizer é que o evento *foi* ou *não foi* alcançado.

O Quadro 8.2 sintetiza as diferenças entre atividade e evento.

**Quadro 8.2** Diferenças entre atividade e evento

| Atividade | Evento |
|---|---|
| É uma tarefa a ser desempenhada | É um ponto no tempo, um instante do projeto |
| Possui duração | Não possui duração |
| Recursos (mão de obra, material, equipamento) podem ser atribuídos a ela | Não possui recursos |
| Representada por flecha entre dois eventos | Representado por círculo (nó) |

### 8.3.2 Regras de traçado

Os passos para desenhar o diagrama são os seguintes:

1. A rede começa em um *evento inicial único*, desenhado à esquerda.

O evento inicial é o "tiro de largada" do projeto; não há nada antes dele.

2. Do evento inicial partem as *atividades iniciais*, ou seja, aquelas que não têm predecessoras.

É fácil detectar as atividades iniciais no quadro de sequenciação. Basta identificar as *atividades sem predecessoras*. Por não dependerem de nenhuma outra atividade, elas podem começar logo a partir do início do projeto. Cada atividade inicial nasce no evento inicial e ruma para um evento diferente.

3. As *demais atividades* são desenhadas partindo de suas predecessoras.

Consultando-se o quadro de sequenciação, deve-se começar o traçado pelas atividades cujas predecessoras já tiverem sido desenhadas. Se uma atividade X possuir duas predecessoras, estas deverão convergir para o evento de início de X.

4. A rede termina em um *evento final único*, desenhado na extremidade direita do diagrama.

Para o evento final convergem as atividades finais, que são aquelas *sem sucessoras*. O evento final marca o término da rede e do projeto.

## Exemplo 8.1

Montar o diagrama de rede por meio do método das flechas para o exemplo do bloco de fundação visto no Exemplo 7.1. O Quadro 8.3 mostra a precedência desse exemplo.

**Quadro 8.3** Quadro de sequenciação

| Código | Atividade | Predecessoras |
|---|---|---|
| A | Locação da fundação | – |
| B | Escavação da fundação | A |
| C | Montagem das fôrmas | B |
| D | Obtenção do aço | – |
| E | Preparação da armação | D |
| F | Colocação da armação | C, E |
| G | Mobilização da betoneira | – |
| H | Concretagem | F, G |

***Solução:***

Primeiro, desenha-se o evento inicial e as atividades iniciais (sem predecessoras), que são A, D e G (Fig. 8.2A).

Em seguida, desenham-se B e E, que são atividades cujas predecessoras já estão no diagrama. Pode-se então traçar a flecha correspondente à atividade C (Fig. 8.2B).

Para desenhar a flecha F, é preciso pensar um pouco. Como F possui duas predecessoras (C e E), essas duas atividades têm de convergir para que F possa "nascer" (Fig. 8.2C).

Finalmente, seguindo o mesmo raciocínio, traça-se H a partir da convergência de F e G. H "morre" no evento final (Fig. 8.2D).

Um pouco de estética não faz mal nenhum. Vale a pena caprichar um pouco para obter alguma simetria no diagrama. Na hora dos cálculos, uma boa arrumação ajuda muito. A mesma rede do exemplo poderia ser representada de maneira desorganizada e pouco elucidativa (Fig. 8.2E).

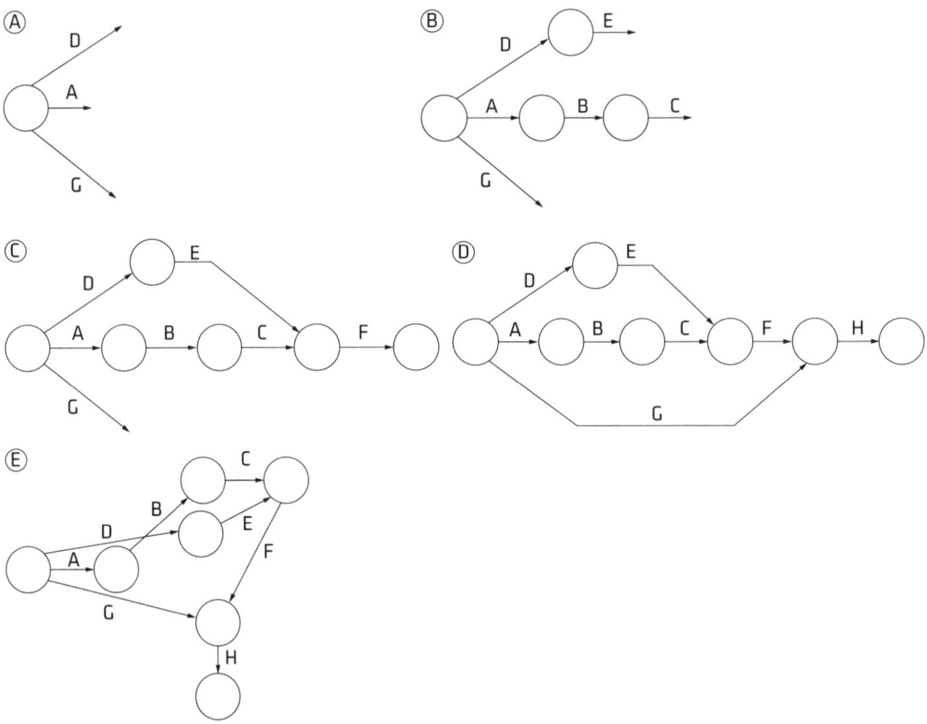


**Fig. 8.2** *Montagem do diagrama de flechas passo a passo: (A) atividades iniciais; (B) atividades que dependem das iniciais; (C) atividades que dependem de duas predecessoras; (D) diagrama completo; (E) diagrama desorganizado*

**Dicas para o planejador**

A melhor maneira de evitar erros na hora de montar o diagrama é *traçar as atividades sem colocar logo o evento no qual elas chegam* (ver as Figs. 8.2A-C). Se o planejador desenhasse logo os eventos depois de E e C na Fig. 8.2B, ele ficaria confuso na hora de traçar F e terminaria incorrendo em algum erro de lógica.

Deve-se checar sempre se todas as atividades ficaram com evento de início e de fim. As atividades finais, aquelas sem sucessoras, devem ter a extremidade da flecha no evento final da rede.

O planejador deve sempre checar as predecessoras de todas as atividades para verificar se o diagrama está correto. Errar no traçado é mais comum do que se pensa.

Não se deve traçar flechas apontadas para a esquerda. Além de não ser elegante visualmente, tem-se a sensação de que o projeto anda para trás (ver a atividade F do diagrama desorganizado – Fig. 8.2E).

### 8.3.3 Numeração dos eventos

Numerar os eventos é uma tarefa necessária para a etapa de cálculos que será mostrada mais adiante. Os eventos, que são os nós, devem ser numerados sequencialmente e em ordem crescente. Essa numeração é feita de forma que o número na "cabeça" da flecha seja sempre maior que aquele em seu "pé".

Normalmente o evento inicial é batizado de zero e a numeração procede da esquerda para a direita e de cima para baixo, preferivelmente de cinco em cinco ou de dez em dez. Isso porque, caso haja a necessidade posterior de introduzir evento novo no meio da rede, é possível atribuir-lhe um número intermediário por interpolação, o que não ocorreria se a numeração fosse de um em um.

O modelo anterior, por exemplo, poderia ser numerado conforme mostra a Fig. 8.3.

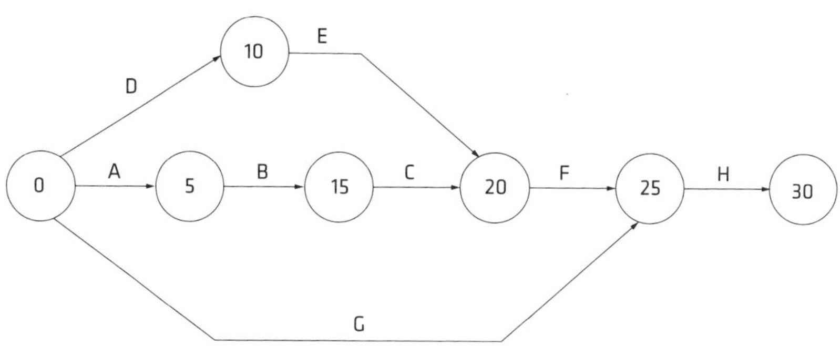


**Fig. 8.3** *Numeração dos eventos*

| Dicas para o planejador |
|---|
| Deve-se sempre numerar os eventos depois de o diagrama todo ter sido construído. Dessa forma, diminui-se a probabilidade de que uma atividade saia de um evento para outro de número menor. |
| No manuseio do diagrama, a atividade pode ser designada por uma letra (C) ou pelo par ordenado de seus eventos de início e fim (15-20). |

## Exemplo 8.2

Montar o diagrama, numerar os eventos e interpretar a lógica do projeto disposto no Quadro 8.4.

**Quadro 8.4** Quadro de sequenciação

| Atividade | Predecessoras |
|---|---|
| A | – |
| B | A |
| C | A |
| D | B |
| E | C |
| F | D, E |
| G | B |
| H | F |
| I | D, E |
| J | I |
| K | G, H, J |

***Solução:***

As atividades A, B, C, D e E são facilmente traçadas (Fig. 8.4A). Para traçar F, é preciso fazer D e E convergirem para um mesmo evento, do qual nasce F. Em seguida, desenham-se G e H, assim como I (que tem as mesmas predecessoras de F) e J (Fig. 8.4B). Finalmente, para traçar K é necessário fazer com que todas as suas três predecessoras (G, H e J) convirjam para um mesmo evento (Fig. 8.4C).

***Interpretação***

* Só há uma atividade inicial (A), o que significa que obrigatoriamente o projeto será iniciado com essa tarefa sendo realizada sozinha.
* A atividade A abre caminho para a realização de B e C. As atividades B e C só poderão começar *depois* que A tiver sido concluída.
* A atividade F (40-50) só poderá começar quando D e E tiverem sido concluídas.

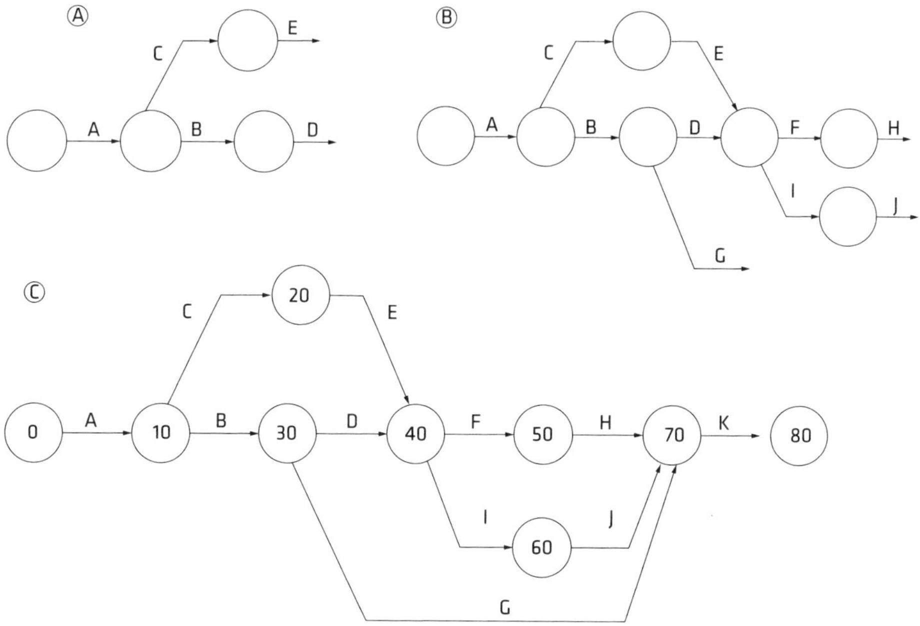


**Fig. 8.4** *Montagem passo a passo do diagrama: (A) primeira etapa, (B) segunda etapa e (C) diagrama completo e numerado*

- O evento 40 só será considerado atingido quando 30-40 (*D*) e 20-40 (*E*) tiverem sido concluídos; a partir desse instante, 40-50 (*F*) e 40-60 (*I*) poderão começar.
- A atividade *K* só poderá começar quando *G*, *H* e *J* tiverem sido concluídas. Se, durante o desenrolar da obra, *G* e *H* já tiverem acabado, mas *J* ainda estiver em andamento, *K* não poderá ser iniciada.
- *B* não depende de *C* – elas são *paralelas*, podem ocorrer *simultaneamente*. Também são paralelas *F-I*, *D-G* etc.
- *A-C-E*, assim como *I-J* e outros grupos, representam atividades *em série*.
- Embora a flecha da atividade *G* seja a mais comprida, isso não significa que *G* tenha a maior duração. O comprimento da flecha não é proporcional à duração.

## 8.3.4 Condições do diagrama

As condições que devem ser satisfeitas em qualquer diagrama de flechas são:

- o evento inicial do diagrama é único;
- cada nó (evento) representa uma relação entre todas as atividades que entram e que saem;

* o início de uma atividade só pode ocorrer quando todas as atividades que chegam a seu evento inicial tiverem sido concluídas;
* todas as atividades que saem de um mesmo nó têm predecessoras idênticas;
* todas as atividades que chegam a um mesmo nó têm sucessoras idênticas;
* cada atividade tem um par único de eventos início-fim;
* para cada atividade, o número do evento final é maior que o do evento inicial;
* o evento final do diagrama é único.

### 8.3.5 Atividades em série e em paralelo

Suponhamos três atividades: A, B e C. Diz-se que elas são realizadas *em série* (Fig. 8.5) quando uma é executada após a outra, ou seja, a execução de C depende da execução de B, que depende da conclusão de A. Em outras palavras, A é predecessora de B, que é predecessora de C. É uma cadeia linear.

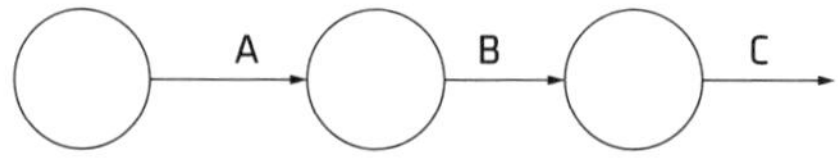


**FIG. 8.5** *Atividades em série*

No diagrama de flechas, as atividades em série ficam em linha.

Quando as atividades podem ocorrer simultaneamente, diz-se que estão *em paralelo* (Fig. 8.6), surgindo um ganho de tempo. Na representação esquemática a seguir, C não depende de A, nem de B, nem de D, nem de E, podendo ser realizada concomitantemente a elas.

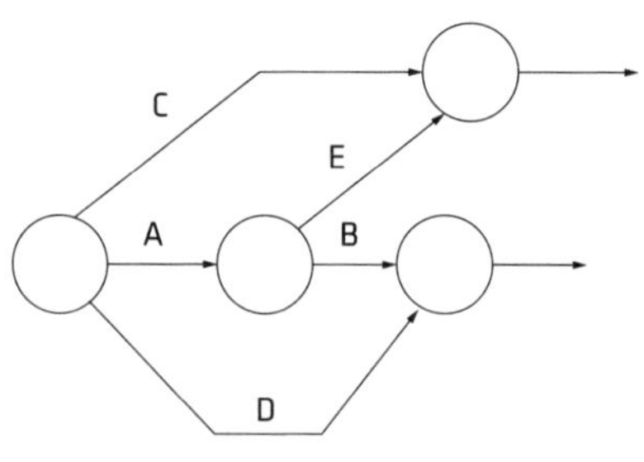


**FIG. 8.6** *Atividades em paralelo*

### 8.3.6 Atividade-fantasma

A *atividade-fantasma*, também chamada de *fictícia*, *muda* ou *virtual* ou pelo termo em inglês *dummy activity* (atividade muda), surge para resolver problemas de numeração ou de lógica. Não se trata de uma tarefa física, algo que precise ser realizado no projeto – ela é apenas um recurso necessário de diagramação, com valor lógico, mas sem tradução no mundo real.

Usaremos um exemplo muito simples para ilustrar a necessidade da atividade--fantasma. Seja um projeto de três atividades: *comprar café*, *comprar leite* e *tomar café com leite* (Boiteux, 1979). Como esta última atividade depende das outras duas, um possível diagrama seria o da Fig. 8.7.

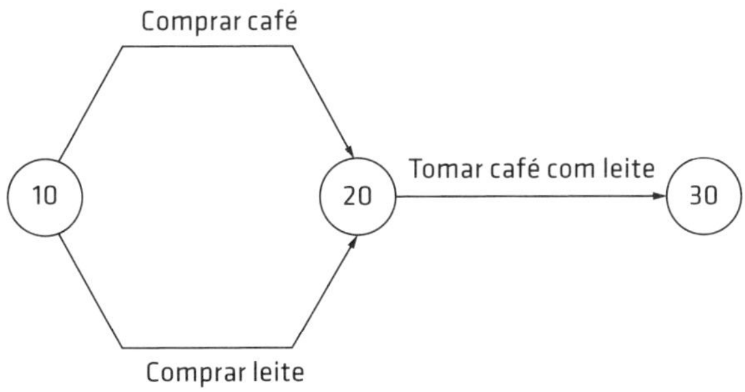


**FIG. 8.7** *Diagrama incorreto: há duas atividades com os mesmos eventos de início e fim*

Embora a dependência esteja correta, o diagrama peca por ter duas atividades com o mesmo par de eventos início-fim. Na etapa de cálculos, quando as atividades são referenciadas por seus respectivos eventos, *comprar café* e *comprar leite* seriam equivalentes para fins de computação (ambas são 10-20), o que não serve. Dessa forma, a técnica do diagrama de flechas impõe a criação de uma atividade-fantasma (Fig. 8.8), representada em *linha tracejada* e que não significa nada na vida real, mas que resolve o problema do conflito de numeração.

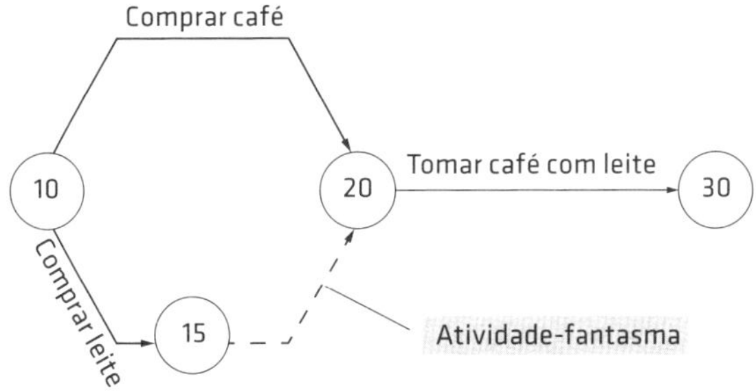


**FIG. 8.8** *Diagrama correto: a atividade-fantasma elimina a duplicidade de código das atividades*

Atividades-fantasma só devem ser incluídas no diagrama se forem estritamente necessárias. Assim, na rede da Fig. 8.9, a atividade-fantasma é dispensável, pois o diagrama pode ser redesenhado sem ela, ficando mais lógico, simples e com menos atividades.

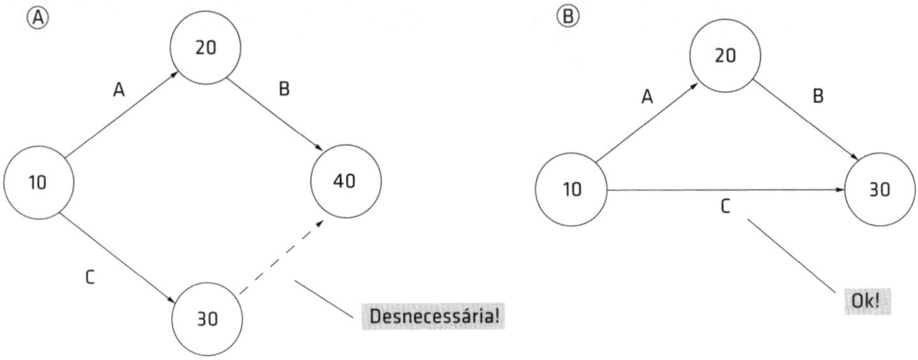


Fig. 8.9 *(A) Atividade-fantasma dispensável e (B) diagrama correto*

Quanto ao motivo de sua inclusão, uma atividade-fantasma pode ser classificada em três tipos:

- atividade-fantasma de *programação*;
- atividade-fantasma de *sequenciação*;
- atividade-fantasma de *rompimento de evento*.

## Atividade-fantasma de programação

A atividade-fantasma de *programação* é aquela que supre um problema de numeração. Como não é permitido haver duas atividades com o mesmo par ordenado de evento início-fim, a atividade-fantasma entra em cena para resolver essa impossibilidade. O exemplo a seguir tipifica isso.

### Exemplo 8.3

Montar o diagrama de flechas a partir do quadro de sequenciação a seguir (Quadro 8.5).

**Quadro 8.5** Quadro de sequenciação

| Atividade | Predecessoras |
|---|---|
| A | – |
| B | A |
| C | A |

**Quadro 8.5** (continuação)

| Atividade | Predecessoras |
|---|---|
| D | B |
| E | A |

***Solução:***

A seguir, mostramos um diagrama construído de forma incorreta (Fig. 8.10A) e outro correto, sem duplicidade de notação das atividades (Fig. 8.10B).

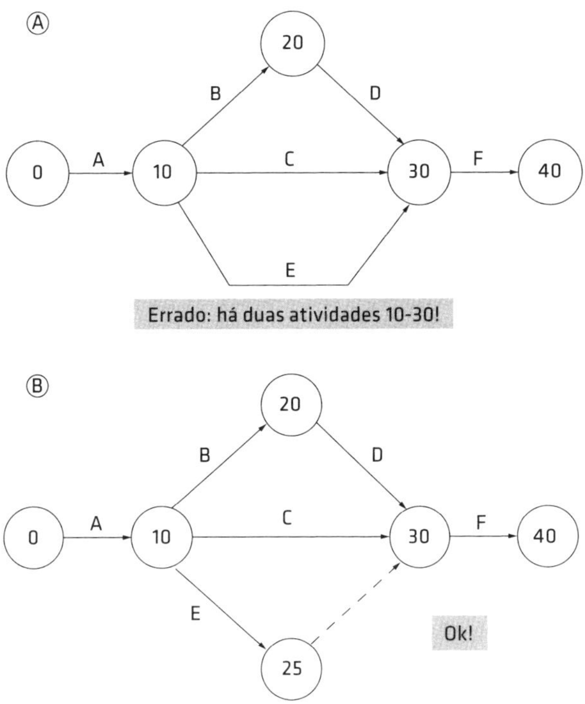


FIG. 8.10 *(A) Diagrama incorreto (duas atividades 10-30) e (B) diagrama correto, sem duplicidade de notação*

## Atividade-fantasma de sequenciação

Há casos em que o diagrama de flechas não consegue refletir a correta sequência das atividades. A atividade-fantasma de *sequenciação* surge para sanar esse problema. O exemplo a seguir ilustra a situação.

## Exemplo 8.4

Montar o diagrama de flechas para a rede exposta no Quadro 8.6.

Quadro 8.6 Quadro de sequenciação

| Código | Atividade | Predecessoras |
|---|---|---|
| A | Comprar café | – |
| B | Comprar leite | – |
| C | Tomar café | A |
| D | Tomar café com leite | A, B |

***Solução:***

Um planejador inexperiente poderia montar o diagrama da maneira indicada na Fig. 8.11A, porém ele contém dois erros:

* há dois eventos iniciais e finais, quando deveria haver apenas um de cada;
* tomar café está dependendo de comprar leite, o que fere a lógica.

Só há uma forma de representar a lógica corretamente, que é a mostrada na Fig. 8.11B.

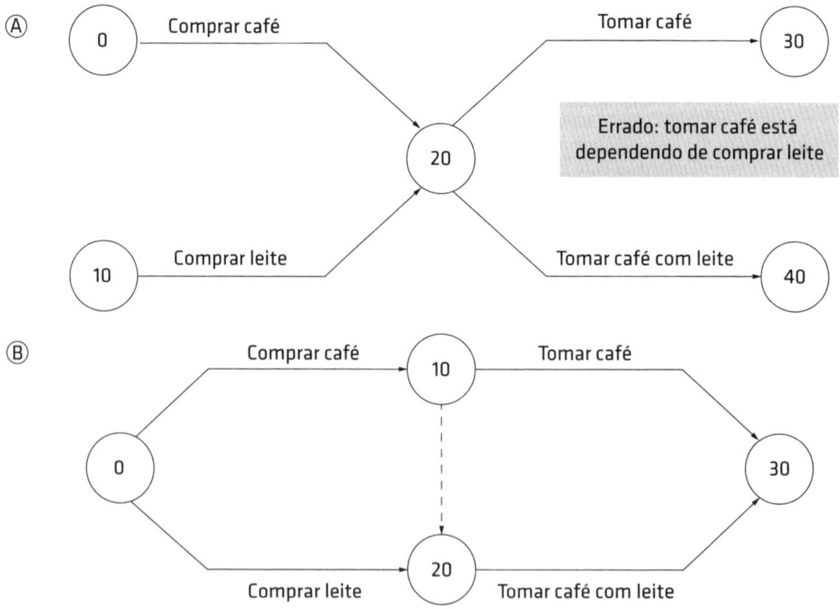


**Fig. 8.11** *(A) Diagrama incorreto (dois eventos de início, lógica errada) e (B) diagrama correto*

## Atividade-fantasma de rompimento de evento

Há alguns casos em que a atividade-fantasma precisa ser desenhada para promover um *rompimento de evento*, isto é, desmembrar um evento em dois, sem o qual a rede ficaria errada. O exemplo a seguir ilustra a situação.

### Exemplo 8.5

Montar o diagrama de flechas para a rede exposta no Quadro 8.7.

**Quadro 8.7** Quadro de sequenciação

| Código | Atividade | Predecessoras |
|---|---|---|
| A | Comprar café | – |
| B | Comprar leite | – |
| C | Tomar café | A |
| D | Tomar leite | B |
| E | Tomar café com leite | A, B |

***Solução:***

Nesse tipo de lógica, o planejador pode ser levado a construir o diagrama de modo equivocado (Fig. 8.12A). A única maneira de resolver o impasse é introduzindo duas atividades-fantasma para refletir a sequenciação correta (Fig. 8.12B).

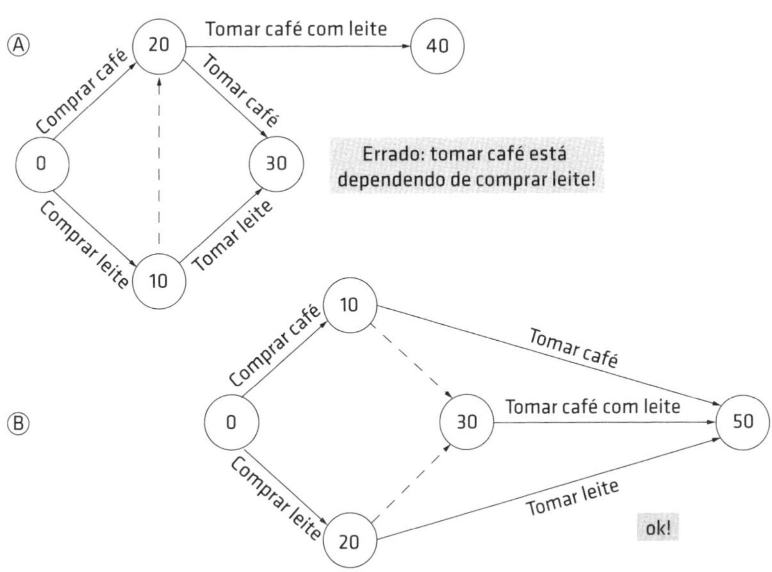


FIG. 8.12 *(A) Diagrama com lógica incorreta e (B) diagrama correto*

## Exemplo 8.6

Montar o diagrama de flechas para a rede exposta no Quadro 8.8.

**Quadro 8.8** Quadro de sequenciação

| Atividade | Predecessoras |
|---|---|
| A | – |
| B | – |
| C | A |
| D | A |
| E | B |
| F | B |
| G | C, D, E |
| H | C, D, E, F |
| I | G, H |

***Solução:***

Há a necessidade de uma atividade-fantasma (Fig. 8.13).

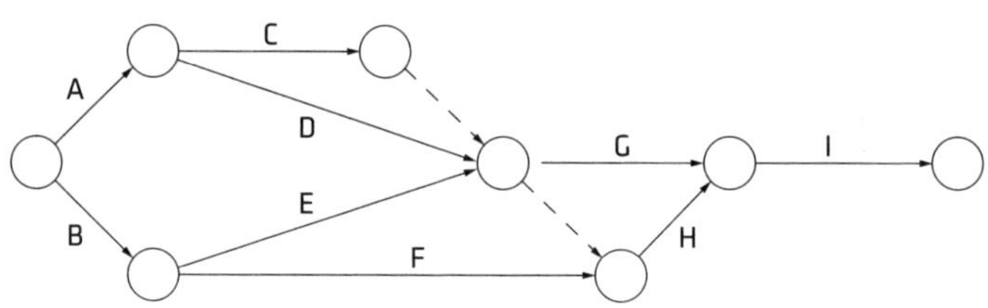


FIG. 8.13 *Diagrama de flechas*

### Estudo de caso 8.1 – rede de saneamento

Uma obra de saneamento básico consiste em uma rede coletora de esgotos de 4 km de extensão. Os técnicos da obra definiram que a rede será executada por trechos (ciclos) sucessivos de 1 km, com quatro equipes especializadas: locação, escavação, assentamento de tubo e reaterro. A obra funciona como um "trenzinho", no qual cada serviço depende de outro dentro do próprio trecho e depois avança para o trecho subsequente: a equipe de escavação entra em cena quando houver 1 km de vala locada; o assentamento dos tubos entra em cena quando houver 1 km de vala escavada; e a equipe de reaterro vem fechando a vala em trechos de 1 km depois de assentada a tubulação.

**Atividades (trechos 1, 2, 3, 4)**

- *Locação*: A1, A2, A3 e A4.
- *Escavação*: B1, B2, B3 e B4.

* *Assentamento*: C1, C2, C3 e C4.
* *Reaterro*: D1, D2, D3 e D4.

A precedência está disposta no Quadro 8.9.

**Quadro 8.9** Quadro de **sequenciação**

| Atividade | Predecessoras |
|---|---|
| A1 | - |
| A2 | A1 |
| A3 | A2 |
| A4 | A3 |
| B1 | A1 |
| B2 | A2, B1 |
| B3 | A3, B2 |
| B4 | A4, B3 |
| C1 | B1 |
| C2 | B2, C1 |
| C3 | B3, C2 |
| C4 | B4, C3 |
| D1 | C1 |
| D2 | C2, D1 |
| D3 | C3, D2 |
| D4 | C4, D3 |

## Diagrama de rede

Um planejador desatento montou a rede da Fig. 8.14A. Ela está *errada* porque a atividade C2 (assentamento de tubulação do segundo trecho) depende diretamente de A3 (locação do terceiro trecho) por meio da atividade-fantasma 50-60. Para resolver esse conflito, só mesmo "rompendo eventos" (Fig. 8.14B).

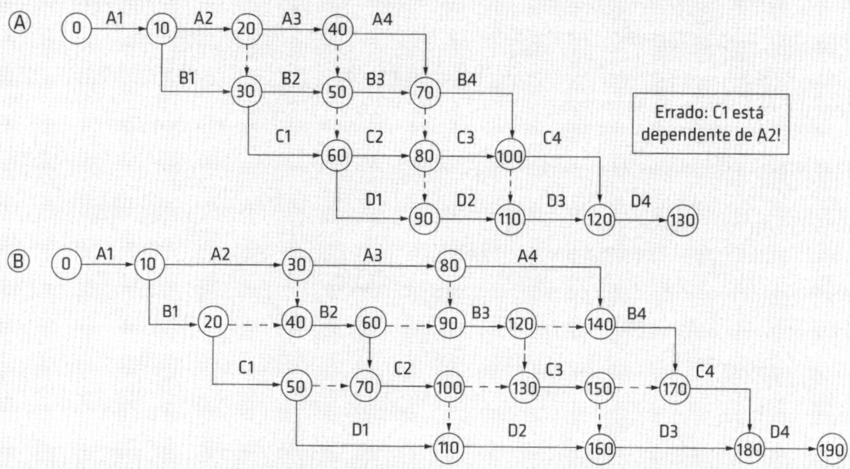


**FIG. 8.14** *Diagrama de flechas da rede de esgotamento sanitário: (A) com lógica incorreta e (B) com lógica correta*

### Exemplo passo a passo – Barragem Alegria

Montar o diagrama de flechas para o desvio do rio Alegria (Quadro 8.10).

**Quadro 8.10** Quadro de sequenciação

| Código | Atividade | Predecessoras |
|---|---|---|
| | Acessos | |
| A | Acesso ao túnel | - |
| B | Acesso à ensecadeira de montante | A |
| C | Acesso à ensecadeira de jusante | - |
| | Túnel | |
| D | Emboque do túnel | A |
| E | Escavação do túnel | D |
| | Ensecadeiras | |
| F | Construção da ensecadeira de montante | B, E |
| G | Construção da ensecadeira de jusante | C |
| | Fundação da barragem | |
| H | Esgotamento | F, G |
| I | Escavação para fundação da barragem | H |

A Fig. 8.15 mostra o diagrama resultante.

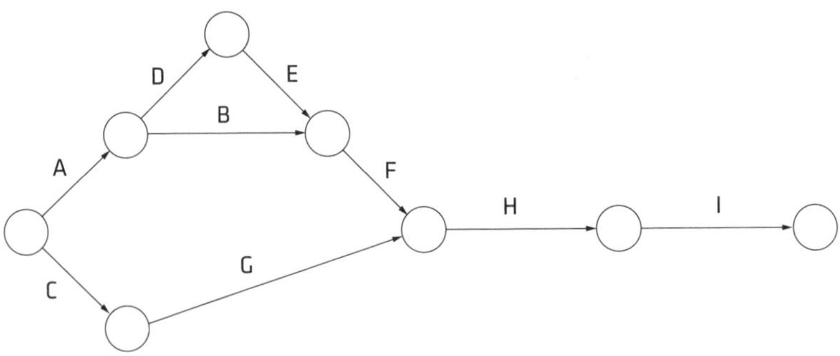


FIG. 8.15 *Diagrama de flechas do desvio do rio*

## 8.3.7 Outros tipos de dependência

No capítulo anterior vimos que há quatro tipos possíveis de ligação entre atividades:

* TI (término-início);
* II (início-início);
* IT (início-término);
* TT (término-término).

A essas ligações podem ser acrescentadas defasagens: TI + 7 dias, II + 1 semana, IT + 3 dias, TT – 1 dia etc.

No método das flechas *não* é possível ilustrar todas essas ligações, o que é um demérito. No caso de uma atividade A (10 dias) ter como sucessora B (6 dias) por meio de uma dependência II + 5 dias, por exemplo, uma saída (nada elegante) é "quebrar" a atividade em *fase I* (5 *dias*) e *fase II* (5 *dias restantes*) (Fig. 8.16).

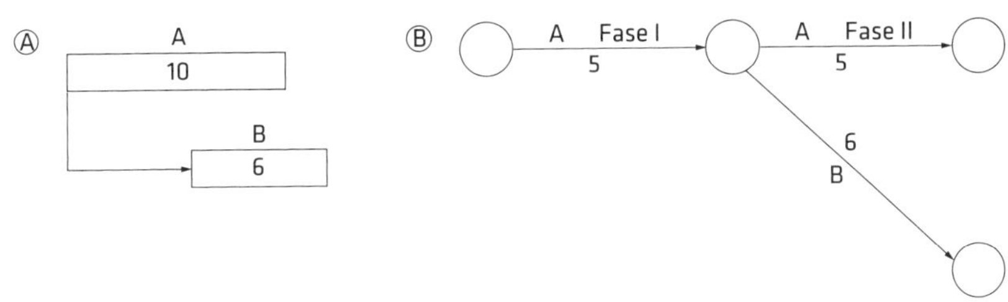


**Fig. 8.16** *Representação da ligação II + 5 dias entre A e B: (A) esquematicamente e (B) no diagrama de flechas (por meio de desmembramento de A)*

## 8.4 Método dos blocos

Pelo método dos blocos, cada atividade é representada em um bloco (ou caixa) (Fig. 8.17). As atividades são unidas entre si por setas que representam a ligação entre essas atividades. O comprimento das flechas não tem nenhum significado. Nesse método, *não há o conceito de evento*, que é fundamental no método das flechas. O Quadro 8.11 apresenta outras de suas denominações.

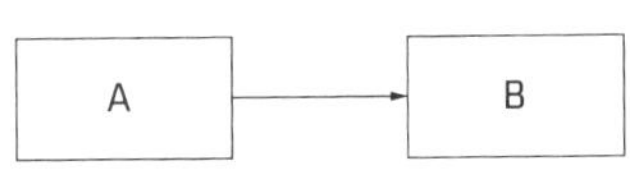


**Fig. 8.17** *Atividades no diagrama de blocos*

**Quadro 8.11** Outras denominações do método dos blocos

| |
|---|
| Diagrama de blocos |
| Diagrama de precedência |
| Método dos potenciais |
| Método francês |
| Método da atividade em nó |
| *Precedence diagramming method* (PDM)* |
| *Activity-on-node* (AON)* |

*Termos mais usuais.

### 8.4.1 Regras de traçado

Os passos para desenhar o diagrama são os seguintes:

1. A rede começa com uma *barra* vertical *de início*, desenhada à esquerda.

Essa barra de início é *opcional*. Ela pode, inclusive, ser substituída por uma atividade inicial, de duração nula, chamada de INÍCIO.

2. Da barra inicial partem as *atividades iniciais*, ou seja, aquelas que não têm predecessoras.

É fácil detectar as atividades iniciais por meio do quadro de sequenciação. Basta identificar as *atividades sem predecessoras*. Por não dependerem de nenhuma outra atividade, elas podem começar logo a partir do início do projeto. Toda atividade inicial nasce da barra de início.

3. Desenhar as *demais atividades* partindo de suas predecessoras.

Consultando o quadro de sequenciação, deve-se começar pelas atividades cujas predecessoras já tiverem sido desenhadas. Em cada bloco, chegam as setas vindas de suas predecessoras; se uma atividade X tiver três predecessoras, nela chegarão três flechas.

4. A rede termina em uma *barra* vertical *de fim*, desenhada na extremidade direita do diagrama.

Para a barra de fim convergem as atividades finais, que são aquelas *sem sucessoras*. Essa barra de fim é *opcional*. Ela pode, inclusive, ser substituída por uma atividade final, de duração nula, chamada de FIM.

## Exemplo 8.7

Montar o diagrama de rede por meio do método dos blocos para o exemplo do bloco de fundação visto anteriormente. O Quadro 8.12 reúne a sequenciação das atividades desse exemplo.

**Quadro 8.12** Quadro de sequenciação

| Código | Atividade | Predecessoras |
|---|---|---|
| A | Locação da fundação | - |
| B | Escavação da fundação | A |
| C | Montagem das fôrmas | B |
| D | Obtenção do aço | - |
| E | Preparação da armação | D |
| F | Colocação da armação | C, E |
| G | Mobilização da betoneira | - |
| H | Concretagem | F, G |

***Solução:***

Primeiro, desenha-se a barra de início e as atividades iniciais (sem predecessoras), que são A, D e G (Fig. 8.18A).

Em seguida, desenham-se B e E, atividades cujas predecessoras já estão no diagrama, e, então, C (Fig. 8.18B).

O bloco F é conectado a suas duas predecessoras (C e E), assim como H recebe setas que vêm de F e G. Finalmente, H é ligada à barra de fim (Fig. 8.18C).

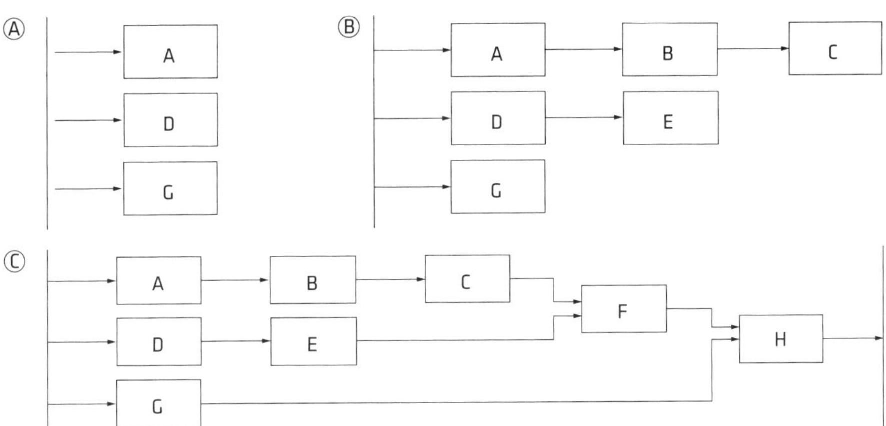


Fig. 8.18 *Montagem do diagrama de blocos passo a passo: (A) atividades iniciais; (B) atividades que dependem das iniciais; (C) diagrama completo*

| Dicas para o planejador |
|---|
| Ao traçar um diagrama de blocos, o planejador pode obter uma rede desordenada, feia, com setas que se cruzam. É recomendável melhorar a disposição dos blocos para obter alguma simetria no diagrama. Na hora dos cálculos, uma boa arrumação ajuda muito. |
| Deve-se checar sempre se todas as atividades estão ligadas. As atividades iniciais (sem predecessoras) devem ser conectadas à barra de início. As atividades finais (sem sucessoras) devem ser conectadas à barra de fim. |
| O planejador deve sempre checar as predecessoras de todas as atividades para verificar se o diagrama está correto. Errar no traçado é mais comum do que se pensa. |
| Não se deve traçar flechas apontadas para a esquerda. Além de não ser elegante visualmente, tem-se a sensação de que o projeto anda para trás. |

## Exemplo 8.8

Montar o diagrama de blocos do projeto exposto no Quadro 8.13.

**Quadro 8.13** Quadro de sequenciação

| Atividade | Predecessoras |
|---|---|
| A | – |
| B | A |
| C | A |
| D | B |
| E | C |
| F | D, E |
| G | B |
| H | F |
| I | D, E |
| J | I |
| K | G, H, J |

***Solução:***

O diagrama de blocos resultante é mostrado na Fig. 8.19.

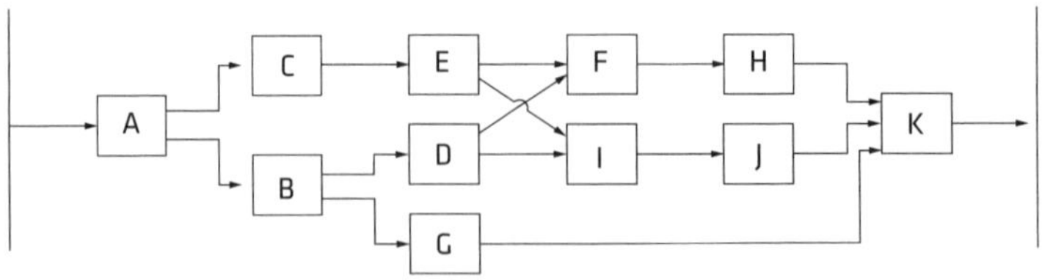


**Fig. 8.19** *Diagrama de blocos*

### 8.4.2 Atividades em série e em paralelo

Suponhamos três atividades: A, B e C. Diz-se que elas são realizadas *em série* (Fig. 8.20) quando uma é executada após a outra, ou seja, a execução de C depende da execução de B, que depende da conclusão de A. Em outras palavras, A é predecessora de B, que é predecessora de C. É uma cadeia linear.

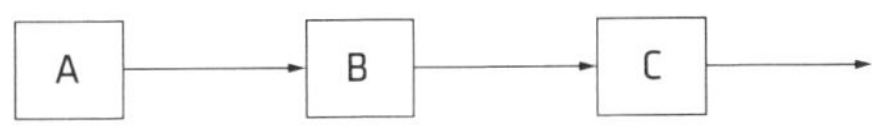


**FIG. 8.20** *Atividades em série*

Quando as atividades podem ocorrer simultaneamente, diz-se que estão *em paralelo* (Fig. 8.21), surgindo um ganho de tempo. Na representação esquemática a seguir, C não depende de A, nem de B, nem de D, nem de E, podendo ser realizada concomitantemente a elas.

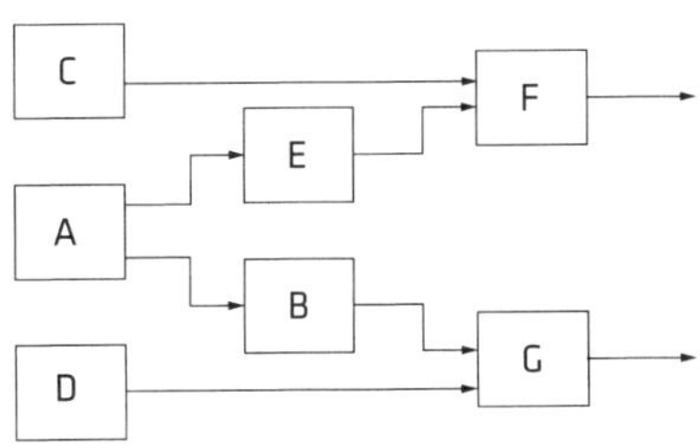


**FIG. 8.21** *Atividades em paralelo*

### 8.4.3 Condições do diagrama

A seguir estão as condições que devem ser satisfeitas em qualquer diagrama de blocos:

- a barra de início do diagrama é única;
- o início de uma atividade só pode ocorrer quando todas as atividades ligadas a ela tiverem sido concluídas;
- as flechas que saem de uma atividade levam a suas sucessoras e apenas a elas;
- a barra de fim do diagrama é única.

*Importante*: o método dos blocos *não* utiliza atividades-fantasma.

### Exemplo 8.9

Montar o diagrama de blocos para o quadro de sequenciação a seguir (Quadro 8.14).

**Quadro 8.14** Quadro de sequenciação

| Atividade | Predecessoras |
|---|---|
| A | – |
| B | A |
| C | A |
| D | B |
| E | A |
| F | C, D, E |

***Solução:***

O diagrama de blocos resultante é mostrado na Fig. 8.22.

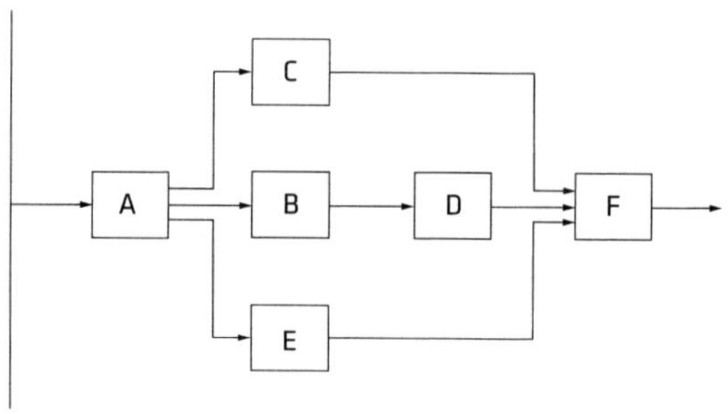


FIG. 8.22 *Diagrama de blocos*

Este mesmo exemplo foi visto anteriormente (Exemplo 8.3), quando tratamos do método das flechas. Lá, foi necessário introduzir uma atividade-fantasma para montar o diagrama. Já nesse método, não há a necessidade disso.

### Exemplo 8.10

Montar o diagrama para a rede exposta no Quadro 8.15.

**Quadro 8.15** Quadro de sequenciação

| Código | Atividade | Predecessoras |
|---|---|---|
| A | Comprar café | – |
| B | Comprar leite | – |
| C | Tomar café | A |
| D | Tomar café com leite | A, B |

***Solução:***

A Fig. 8.23 apresenta o diagrama de blocos resultante.

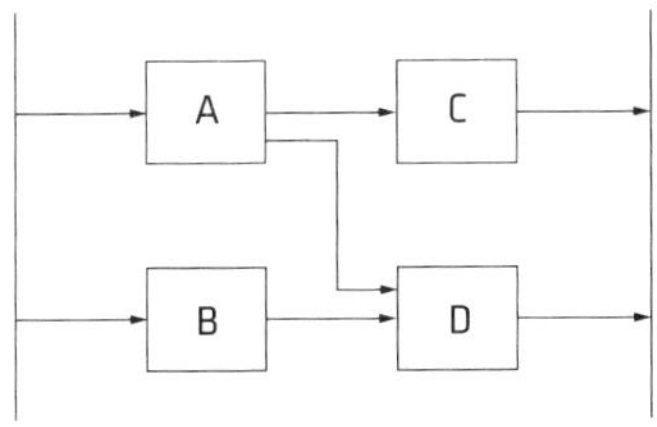


FIG. 8.23 *Diagrama de blocos*

Este mesmo exemplo foi visto anteriormente (Exemplo 8.4), quando tratamos do método das flechas. Lá, foi necessário introduzir uma atividade-fantasma.

---

## Exemplo 8.11

Montar o diagrama de blocos para a rede exposta no Quadro 8.16.

**Quadro 8.16** Quadro de sequenciação

| Código | Atividade | Predecessoras |
|---|---|---|
| A | Comprar café | – |
| B | Comprar leite | – |
| C | Tomar café | A |
| D | Tomar leite | B |
| E | Tomar café com leite | A, B |

***Solução:***

A Fig. 8.24 exibe o diagrama de blocos resultante.

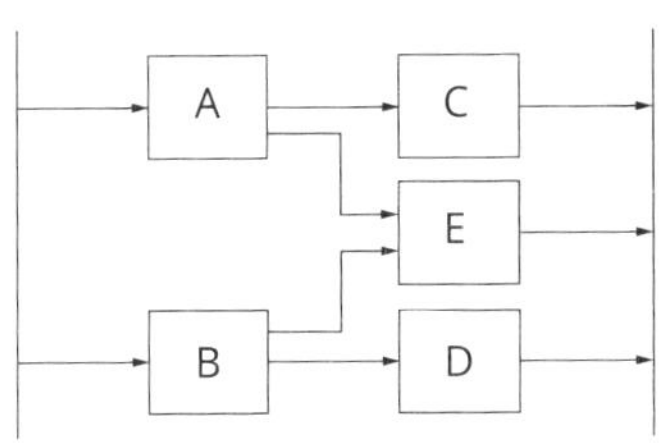


FIG. 8.24 *Diagrama de blocos*

Este mesmo exemplo foi visto anteriormente (Exemplo 8.5), quando tratamos do método das flechas. Lá, foi necessário introduzir duas atividades-fantasma.

## Estudo de caso 8.2 – rede de saneamento

Para a obra de saneamento básico analisada anteriormente com o método das flechas, a construção do diagrama de blocos é bem mais simples.

### Atividades (trechos 1, 2, 3, 4)

* *Locação*: A1, A2, A3 e A4.
* *Escavação*: B1, B2, B3 e B4.
* *Assentamento*: C1, C2, C3 e C4.
* *Reaterro*: D1, D2, D3 e D4.

A precedência está disposta no Quadro 8.17.

**Quadro 8.17** Quadro de sequenciação

| Atividade | Predecessoras |
|---|---|
| A1 | – |
| A2 | A1 |
| A3 | A2 |
| A4 | A3 |
| B1 | A1 |
| B2 | A2, B1 |
| B3 | A3, B2 |
| B4 | A4, B3 |
| C1 | B1 |
| C2 | B2, C1 |
| C3 | B3, C2 |
| C4 | B4, C3 |
| D1 | C1 |
| D2 | C2, D1 |
| D3 | C3, D2 |
| D4 | C4, D3 |

### Diagrama de rede

O diagrama de blocos resultante é apresentado na Fig. 8.25.

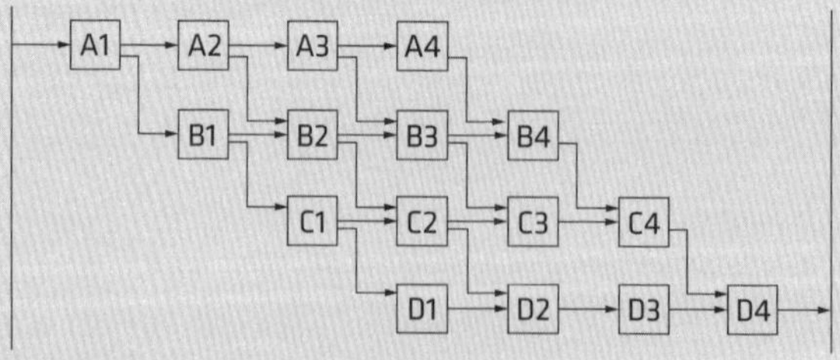


**Fig. 8.25** *Diagrama de blocos da rede de esgotamento sanitário*

### Exemplo passo a passo – Barragem Alegria

Montar o diagrama de blocos para o desvio do rio Alegria (Quadro 8.18).

**Quadro 8.18** Quadro de sequenciação

| Código | Atividade | Predecessoras |
|---|---|---|
| | Acessos | |
| A | Acesso ao túnel | – |
| B | Acesso à ensecadeira de montante | A |
| C | Acesso à ensecadeira de jusante | – |
| | Túnel | |
| D | Emboque do túnel | A |
| E | Escavação do túnel | D |
| | Ensecadeiras | |
| F | Construção da ensecadeira de montante | B, E |
| G | Construção da ensecadeira de jusante | C |
| | Fundação da barragem | |
| H | Esgotamento | F, G |
| I | Escavação para fundação da barragem | H |

A Fig. 8.26 mostra o diagrama resultante.

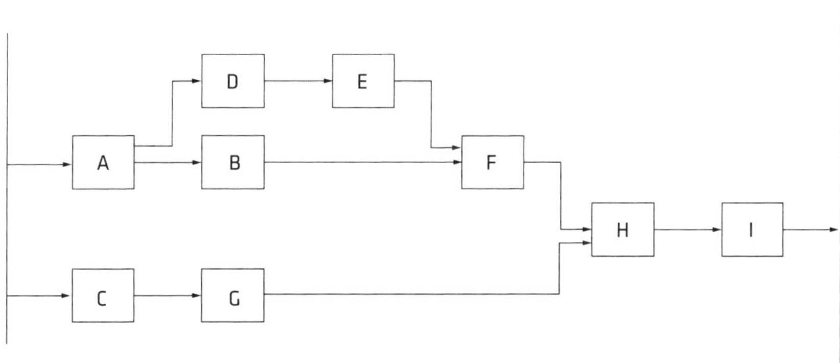


**Fig. 8.26** *Diagrama de blocos do desvio do rio*

## 8.4.4 Outros tipos de dependência

No capítulo anterior vimos que há quatro tipos possíveis de ligação entre atividades:

* TI (término-início);
* II (início-início);

* IT (início-término);
* TT (término-término).

A essas ligações podem ser acrescentadas defasagens: TI + 7 dias, II + 1 semana, IT + 3 dias, TT – 1 dia etc.

No método dos blocos, é possível ilustrar todas essas dependências, conforme ilustrado na Fig. 8.27.

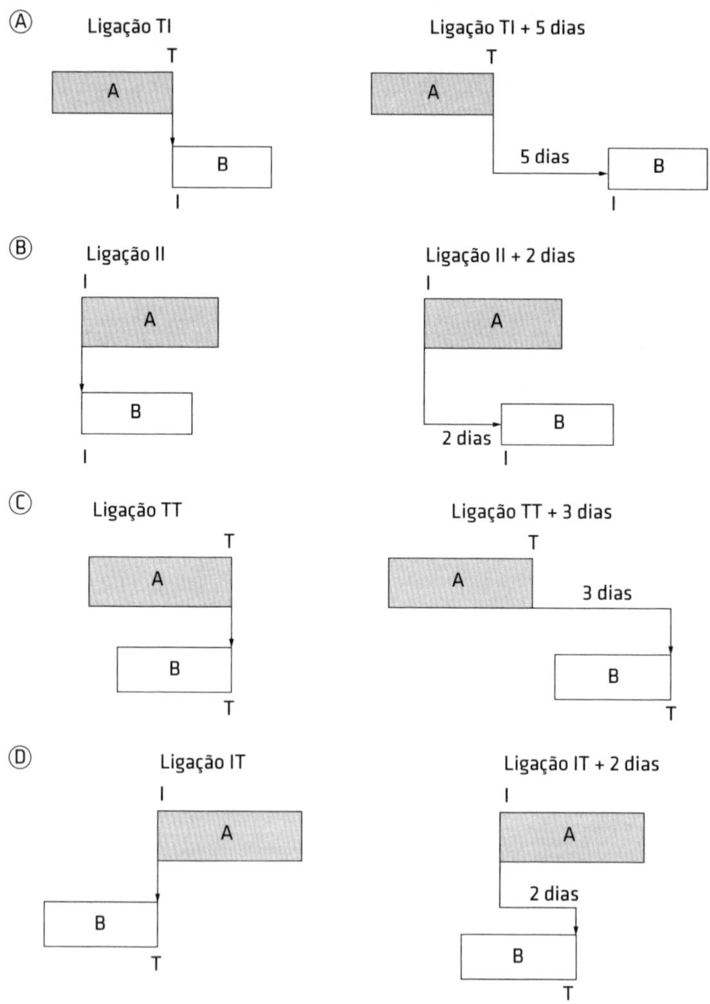


**Fig. 8.27** *Dependências no diagrama de blocos: (A) TI com e sem defasagem; (B) II com e sem defasagem; (C) TT com e sem defasagem; (D) IT com e sem defasagem*

## 8.5 Comparação entre os métodos

A Fig. 8.28 traz uma comparação entre alguns arranjos de atividades nos dois métodos.

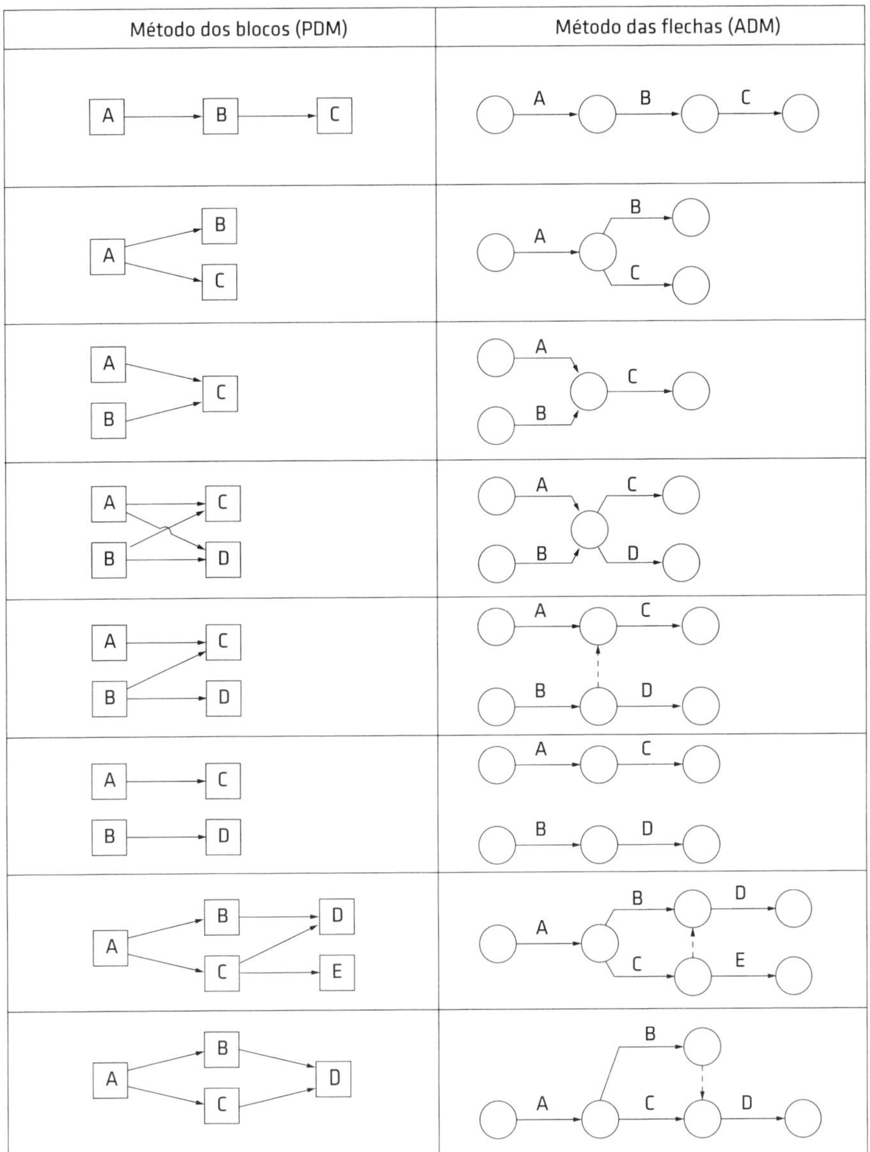


**Fig. 8.28** *Equivalência de arranjos ADM e PDM*

*Fonte: adaptado de Clough e Sears (1986).*

O Quadro 8.19 sintetiza os principais aspectos vistos até agora para os métodos das flechas e dos blocos.

**Quadro 8.19** Comparação entre os métodos

| Aspecto | Método das flechas | Método dos blocos |
|---|---|---|
| Atividade | Flecha | Bloco |
| Evento | Círculo (nó) | Não há |
| Atividade-fantasma | Há | Não há |
| Quantidade de atividades | Maior (pois tem fantasmas) | Menor |
| Ligações com defasagem | Não admite | Admite |
| Facilidade de traçar | Menor | Maior |
| Outras denominações | ADM, AOA | PDM, AON |

# nove

## Caminho crítico

Agora que já temos a rede montada com todas as atividades ligadas entre si, segundo uma lógica racional, e já dispomos da duração de cada atividade, o passo seguinte é calcular o prazo do projeto, ou seja, a duração total da obra.

Se todas as atividades estivessem em série, bastaria somar as durações de todas elas para encontrar a duração total; porém, como há paralelismo de atividades, a coisa não é tão imediata assim.

O leitor deve entender que não estamos falando aqui de prazo *contratual* ou duração *desejada*, mas do prazo total *calculado* de acordo com os dados de entrada do planejamento, que são precedência e durações.

Calcular a duração total impõe realizar algumas comparações entre tempos, como será exposto a seguir. Mais uma vez abordaremos a técnica mostrando os dois métodos de construção do diagrama de rede: método das flechas e método dos blocos. Ambos produzem o mesmo resultado, o que não poderia ser diferente; o que muda são as regras para efetuar os cálculos e a forma de registrar o tempo na rede.

### 9.1 Método das flechas

No método das flechas, a *duração da atividade é representada na própria flecha*. Para calcular o prazo total da rede, faz-se o cômputo do tempo total gasto até cada evento ser atingido. Por se tratar de uma sequência cronológica, as contas são feitas evento a evento.

Como exemplo didático, recorramos à rede simples da Fig. 9.1, elaborada a partir dos dados da Tab. 9.1.

**Tab. 9.1** Quadro de sequenciação com as durações

| Atividade | Predecessoras | Duração |
|---|---|---|
| A | – | 1 |
| B | A | 3 |
| C | A | 1 |
| D | B | 4 |
| E | C | 3 |
| F | D, E | 2 |

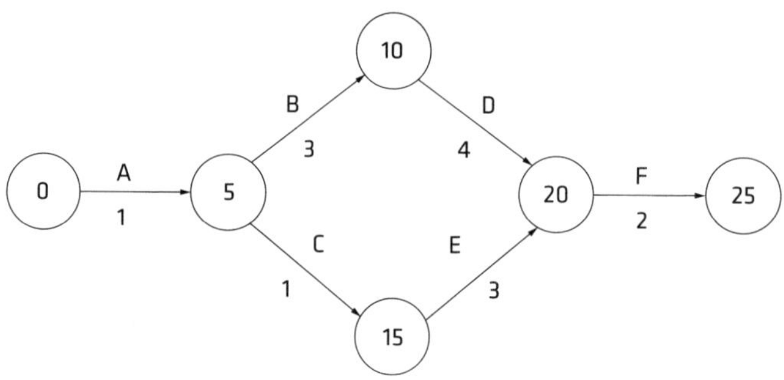


FIG. 9.1 *Diagrama de flechas com as durações*

É fácil constatar que a duração total do projeto não é a soma da duração das seis atividades porque há simultaneidade entre algumas delas. É preciso, então, buscar quem está "governando" o prazo da rede, qual é o caminho que "controla" o tempo total do projeto.

### 9.1.1 Tempo mais cedo do evento

Ao evento inicial do projeto, atribui-se a *data zero* ($Tc_0 = 0$), que é escrita na parte de baixo do círculo.

A partir daí, a regra é:

- O tempo em que o evento é alcançado é igual à duração da atividade que chega a ele somada ao tempo do evento de onde ela se origina.
- No caso de haver duas ou mais atividades que chegam a um mesmo evento, o tempo do evento é o *maior* entre as somas.

No exemplo, o tempo mais cedo de cada evento é (Fig. 9.2):

- Tempo do evento 5 ($Tc_5$) = tempo do evento 0 + duração de A = $Tc_5 + D_{0\text{-}5} = 0 + 1 = 1$.
- Tempo do evento 10 ($Tc_{10}$) = tempo do evento 5 + duração de B = $Tc_5 + D_{5\text{-}10} = 1 + 3 = 4$.
- Tempo do evento 15 ($Tc_{15}$) = tempo do evento 5 + duração de C = $Tc_5 + D_{5\text{-}15} = 1 + 1 = 2$.
- Para o tempo do evento 20 ($Tc_{20}$), como chegam a ele duas flechas (D e E), toma-se o *maior* dos seguintes totais:

$$\left.\begin{array}{l} Tc_{10} + \text{duração de D} = Tc_{10} + D_{10\text{-}20} = 4 + 4 = 8 \\ Tc_{15} + \text{duração de E} = Tc_{15} + D_{15\text{-}20} = 2 + 3 = 5 \end{array}\right\} \quad \text{Prevalece } Tc_{20} = 8$$

Basta pensar que o tempo do evento 20 determina quando F pode começar e, é claro, que ele não pode iniciar antes do dia 8, pois F depende da conclusão de D e E.

$$\text{Tempo do evento 25 } (Tc_{25}) = Tc_{20} + \text{duração de F} = Tc_{20} + D_{20\text{-}25} = 8 + 2 = 10$$

O prazo do projeto é de dez dias, portanto.

Os cálculos serviram para obter o *tempo mais cedo do evento* (Tc), que é a primeira data em que ele pode ser alcançado (Fig. 9.2). Por convenção, um evento só pode ser considerado atingido quando todas as atividades que chegam a ele tiverem sido completadas. É impossível a execução de uma atividade se qualquer uma das atividades que convergem para seu evento inicial estiver inacabada.

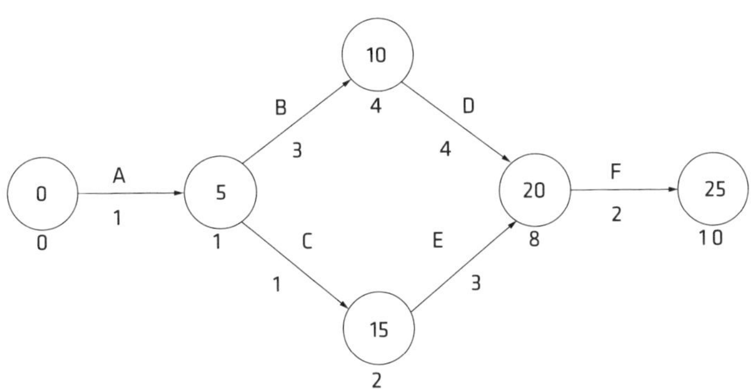


**FIG. 9.2** *Tempo mais cedo dos eventos*

No exemplo de estudo, F não pode começar antes que D e E estejam concluídas, e é por essa razão que o evento 20 tem como tempo mais cedo ($Tc_{20}$) o valor 8, e não 5. Generalizando:

O *tempo mais cedo de um evento* é o máximo valor obtido para a soma da duração das atividades que a ele chegam, com o tempo mais cedo de seus respectivos eventos de origem:

$$Tc_0 = 0$$

$$Tc = máx\,(Tc_{\text{EVENTO PREDECESSOR}} + D_{\text{ATIVIDADE PREDECESSORA}})$$

O cálculo do tempo mais cedo dos eventos é feito no sentido cronológico da rede, que é a ordem em que o projeto vai sendo executado. É o que se chama de *passada para frente* ou *direta* (ou *forward pass*). No caso de um exemplo simples, de poucas atividades, o próprio cálculo do tempo mais cedo já nos ajuda a detectar as atividades que comandam o prazo total, ou seja, o *caminho crítico*. Entretanto, quando passamos a analisar redes mais complexas, o caminho crítico só fica visível ao calcularmos também o tempo mais tarde dos eventos.

### 9.1.2 Tempo mais tarde do evento

Voltemos ao exemplo de estudo e nos esqueçamos do caminho crítico por uns instantes. Agora que o tempo mais cedo foi calculado para a rede, surge uma indagação: *quão tarde pode cada evento ocorrer? Até que ponto pode cada evento ser postergado sem que o prazo de conclusão do projeto se altere?*

É para resolver essa questão que surge a figura do *tempo mais tarde do evento* (*Tt*). Como sabemos que algumas atividades possuem folga, fica lógico que deve existir flexibilidade temporal em alguns pontos da rede.

Sua utilidade ficará mais nítida um pouco mais adiante, quando formos calcular a folga das atividades, um parâmetro de enorme importância.

Para calcular o tempo mais tarde do evento (Fig. 9.3), a conta é feita de trás para a frente, do fim para o começo da rede. Começamos, portanto, do evento finalíssimo e procedemos em ordem reversa, daí o nome de *passada reversa* (ou *backward pass*), que consiste em começar as contas pelo último evento e ir subtraindo as durações das atividades até chegar ao evento inicial da rede.

No exemplo, ao evento finalíssimo da rede atribui-se como tempo mais tarde o próprio tempo mais cedo, que é o prazo total do projeto: 10. Esse valor é escrito na parte superior do evento (nó). Em notação, $Tt_{25} = 10$.

De trás para a frente, o próximo evento é o evento 20, cujo tempo mais tarde é dado pela subtração da duração de F do tempo mais tarde do evento final, isto é, 10 – 2 = 8. Escrevendo de forma paramétrica:

Tempo mais tarde do evento 20 ($Tt_{20}$) = $Tt_{25}$ – duração de F = $Tt_{25} - D_{20\text{-}25} = 10 - 2 = 8$

Para o evento 15, a conta é simples:

$$Tt_{15} = Tt_{20} - \text{duração de E} = Tt_{20} - D_{15\text{-}20} = 8 - 3 = 5$$

Para o evento 10:

$$Tt_{10} = Tt_{20} - \text{duração de D} = Tt_{20} - D_{10\text{-}20} = 8 - 4 = 4$$

Para o evento 5, há que se prestar atenção que dele partem duas flechas (B e C) e, portanto, na passada reversa é preciso comparar dois valores, escolhendo-se o *menor* deles:

$$\left.\begin{array}{l} Tt_{10} - \text{duração de B} = Tt_{10} - D_{5\text{-}10} = 4 - 3 = 1 \\ Tt_{15} - \text{duração de C} = Tt_{15} - D_{5\text{-}15} = 5 - 1 = 4 \end{array}\right\} \text{Prevalece } Tt_5 = 1$$

Por quê? Porque se admitíssemos que o tempo mais tarde fosse 4, a rede autorizaria B a começar até t = 4, o que não é coerente, pois estouraria o prazo de dez dias. Deve-se tomar o *menor* tempo.

Para o evento 0 (inicial):

$$Tt_0 = Tt_5 - \text{duração de A} = Tt_5 - D_{0\text{-}5} = 1 - 1 = 0$$

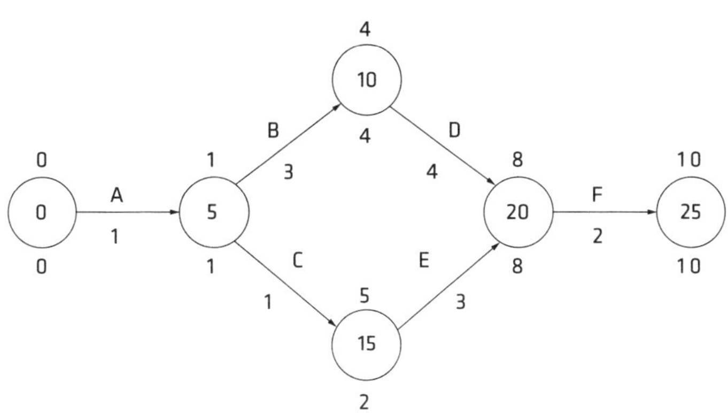


**Fig. 9.3** *Tempos mais cedo e mais tarde dos eventos*

Generalizando:

O *tempo mais tarde de um evento* é o mínimo valor obtido da subtração da duração das atividades que saem dele, do tempo mais tarde dos eventos a que elas se destinam:

$$Tt_{FINAL} = Tc_{FINAL}$$

$$Tt = mín\ (Tt_{EVENTO\ SUCESSOR} - D_{ATIVIDADE\ SUCESSORA})$$

### 9.1.3 Evento crítico

Os eventos cujos tempos mais cedo e mais tarde são idênticos são chamados de *eventos críticos.*

Evento crítico: tempo mais cedo = tempo mais tarde

No exemplo, os eventos críticos são 0, 5, 10, 20 e 25. A sequência de atividades que unem os eventos críticos é aquela que define o prazo total do projeto. A essas atividades se dá o nome de *atividades críticas*, e o caminho que as une constitui o *caminho crítico* (Fig. 9.4), representado por um traço mais forte ou duplo.

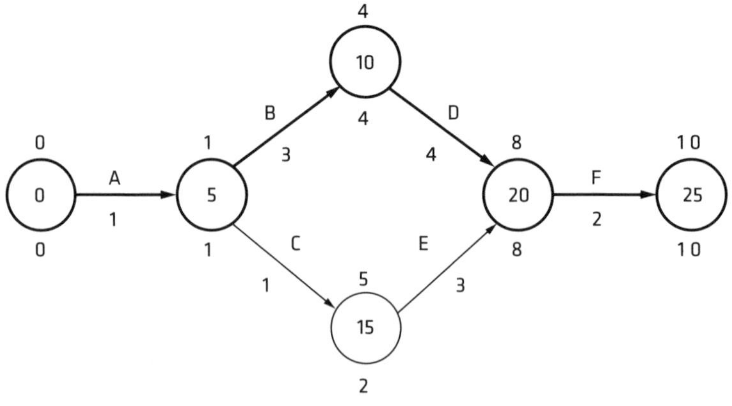


**FIG. 9.4** *Caminho crítico*

### 9.1.4 Caminho crítico

O caminho crítico é, portanto, A-B-D-F. Essa é a sequência de atividades que comanda o projeto do ponto de vista de tempo. É importante identificar o caminho crítico porque um atraso nele fatalmente significa um atraso no prazo de conclusão.

O caminho crítico é a sequência de atividades que concorrem para a determinação da duração total. Ele é o conjunto de atividades que define o prazo total da rede. Antes desse prazo, o projeto não pode ser concluído de acordo com os dados informados.

Uma conclusão importante que decorre disso é que o caminho crítico é justamente a sequência que une os eventos cujos tempos mais cedo e mais tarde são iguais. Portanto, sendo o tempo mais cedo igual ao tempo mais tarde, o evento não tem flexibilidade temporal (folga) e, se não for atingido exatamente naquele instante, atrasará o projeto todo.

A interpretação dessa rede nos leva a algumas conclusões:

* Se a duração de A for reduzida de 1 dia para 0,5 dia, o prazo total do projeto se reduz de 10 para 9,5 – isso porque A é crítica.
* Se a duração de B for reduzida de 3 para 2, o prazo total do projeto se reduz de 10 para 9 – isso porque B é crítica.
* Se a duração de D for reduzida de 4 para 3, o prazo total do projeto se reduz de 10 para 9 – isso porque D é crítica.
* Se a duração de F for reduzida de 2 para 1, o prazo total do projeto se reduz de 10 para 9 – isso porque F é crítica.
* De nada adianta reduzir a duração da atividade C, porque esse ganho de tempo não se transferirá ao prazo total, que continuará sendo 10 – isso porque C é não crítica.
* De nada adianta reduzir a duração da atividade E, porque esse ganho de tempo não se transferirá ao prazo total, que continuará sendo 10 – isso porque E é não crítica.
* Se a duração de C for ampliada para 2, o prazo total do projeto não será alterado.
* Se a duração de E for ampliada para 4, o prazo total do projeto não será alterado.
* Se a duração de C for aumentada para 5, o prazo do projeto será alterado, pois C passará a ser parte do caminho crítico.

No cronograma de barras, as atividades críticas devem ser mostradas em um padrão diferente: bordas mais grossas, cor destacada, hachuras etc. (Fig. 9.5).

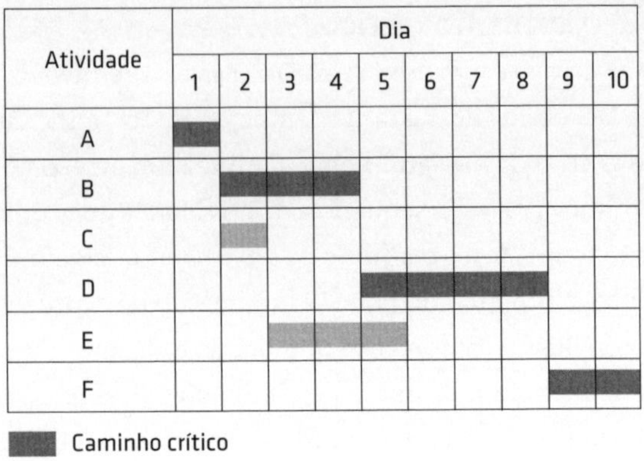


**FIG. 9.5** *Caminho crítico no cronograma*

Em suma:

* as atividades críticas unem os eventos críticos;
* o caminho crítico é o conjunto das atividades críticas;
* o caminho crítico é o caminho mais longo do início ao fim do projeto;
* qualquer atraso em uma atividade crítica atrasará o final do projeto na mesma quantidade de tempo;
* uma unidade de tempo poupada no caminho crítico antecipa em uma unidade de tempo o final do projeto;
* uma unidade de tempo poupada em uma atividade não crítica não reduz o prazo total do projeto;
* uma unidade de tempo aumentada em uma atividade não crítica não dilata o prazo total do projeto.

## Exemplo 9.1

Calcular os tempos mais cedo e mais tarde dos eventos e identificar o caminho crítico por meio do método das flechas para o bloco de fundação visto no Exemplo 8.1, ao qual foram agregadas algumas atividades (Tab. 9.2).

**Tab. 9.2** Quadro de sequenciação

| Código | Atividade | Predecessoras | Duração (dias) |
|---|---|---|---|
| A | Limpeza do terreno | – | 1 |
| B | Locação da fundação | A | 1 |
| C | Escavação da fundação | B | 3 |
| D | Montagem das fôrmas | C | 2 |
| E | Fornecimento do aço | – | 5 |
| F | Preparação da armação | E | 4 |

Tab. 9.2 (continuação)

| Código | Atividade | Predecessoras | Duração (dias) |
|---|---|---|---|
| G | Colocação da armação | D, F | 4 |
| H | Mobilização da betoneira | - | 6 |
| I | Instalação/teste da betoneira | A, H | 2 |
| J | Concretagem | G, I | 1 |

## *Solução:*

***Diagrama de flechas (Fig. 9.6)***

Nota-se que é necessário incluir a atividade-fantasma A'.

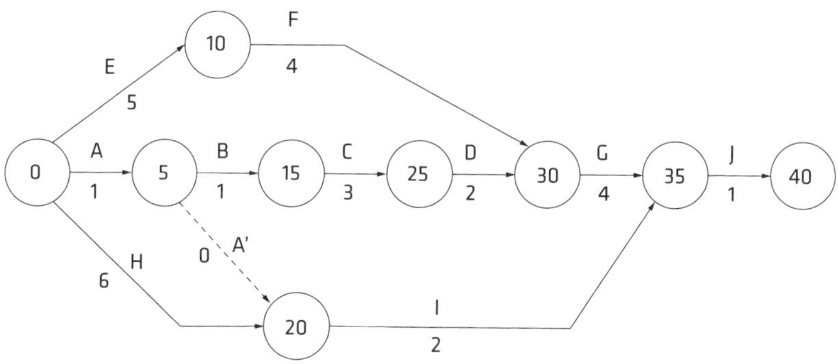


FIG. 9.6 *Diagrama de flechas*

***Tempo mais cedo (Fig. 9.7)***

$$\text{Evento inicial: } Tc_0 = 0$$
$$Tc_5 = 0 + 1 = 1$$
$$Tc_{10} = 0 + 5 = 5$$
$$Tc_{15} = 1 + 1 = 2$$

Como o evento 20 recebe duas atividades (H e A'), a comparação é:

– segundo a atividade H → $Tc_{20} = 0 + 6 = 6$
– segundo a atividade-fantasma A' → $Tc_{20} = 1 + 0 = 1$

} Prevalece o maior: $Tc_{20} = 6$

$$Tc_{25} = 2 + 3 = 5$$

Como o evento 30 recebe duas atividades (D e F), a comparação é:

– segundo a atividade D → $Tc_{30} = 5 + 2 = 7$
– segundo a atividade F → $Tc_{30} = 5 + 4 = 9$
Prevalece o maior: $Tc_{30} = 9$

Como o evento 35 recebe duas atividades (G e I), a comparação é:

– segundo a atividade G → $Tc_{35} = 9 + 4 = 13$
– segundo a atividade I → $Tc_{35} = 6 + 2 = 8$
Prevalece o maior: $Tc_{35} = 13$

$Tc_{40} = 13 + 1 = 14$ → este é o prazo ou a duração total do projeto

O leitor pode perceber que as atividades que "imperaram" na determinação do prazo total foram E, F, G e J, que são, portanto, as atividades críticas. O caminho crítico é E-F-G-J. Entretanto, vamos checar isso por meio da passada reversa da rede, calculando o tempo mais tarde dos eventos.

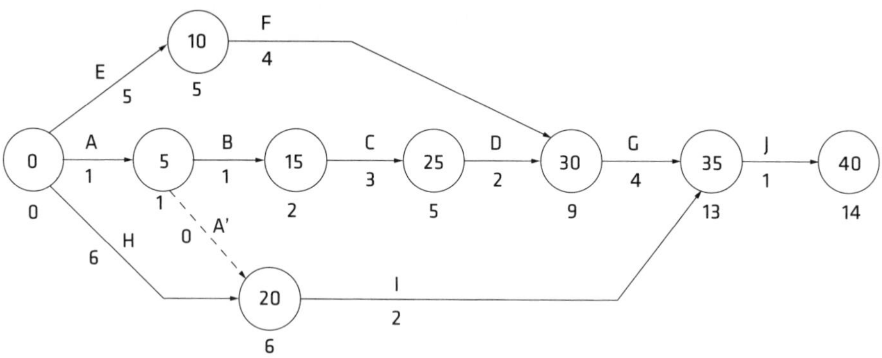


**Fig. 9.7** *Tempo mais cedo*

***Tempo mais tarde (Fig. 9.8)***

Evento final: $Tt_{40} = Tc_{40} = 14$

$Tt_{35} = 14 - 1 = 13$

$Tt_{30} = 13 - 4 = 9$

$Tt_{25} = 9 - 2 = 7$

$Tt_{20} = 13 - 2 = 11$

$Tt_{15} = 7 - 3 = 4$

$Tt_{10} = 9 - 4 = 5$

Como do evento 5 partem duas atividades (A' e B), a comparação é:

- segundo a atividade B → $Tt_5 = 4 - 1 = 3$
- segundo a atividade-fantasma A' → $Tt_5 = 11 - 0 = 11$

Prevalece o menor: $Tt_5 = 3$

Como do evento 0 partem três atividades (A, E e H), a comparação é:

- segundo a atividade A → $Tt_0 = 3 - 1 = 2$
- segundo a atividade E → $Tt_0 = 5 - 5 = 0$
- segundo a atividade H → $Tt_0 = 11 - 6 = 5$

Prevalece o menor: $Tt_0 = 0$

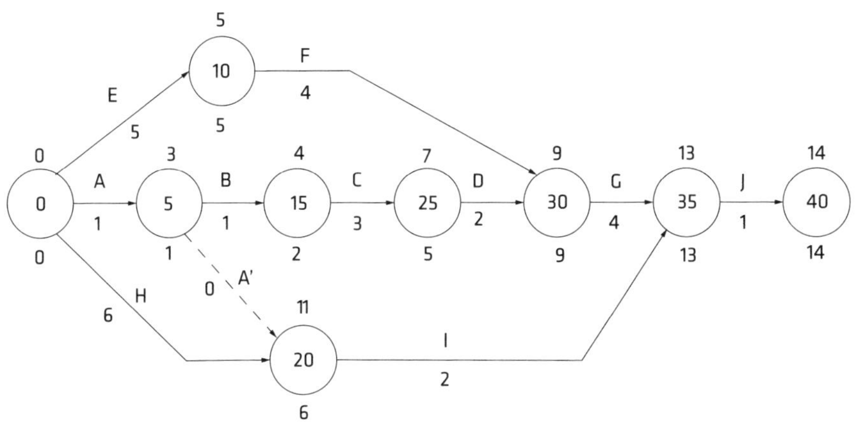

**Fig. 9.8** *Tempo mais tarde*

### *Caminho crítico*

Um evento situa-se no caminho crítico se seus tempos mais cedo e mais tarde forem iguais, pois ele terá folga nula e, portanto, qualquer demora em satisfazê-lo violará automaticamente o tempo de ocorrência mais tarde permissível e o projeto será consequentemente atrasado.

Os eventos para os quais o tempo mais cedo e o tempo mais tarde coincidem são: 0, 10, 30, 35 e 40. Esses são os eventos críticos. As atividades críticas são, então, as atividades que ligam esses eventos:

- atividade 0-10 = fornecimento de aço (E);
- atividade 10-30 = preparação da armação (F);
- atividade 30-35 = colocação da armação (G);
- atividade 35-40 = concretagem (J).

O caminho crítico é a sequência E-F-G-J (Fig. 9.9). Trata-se de um caminho contínuo do início ao fim do projeto.

A rede com o traço mais forte representando o caminho crítico é mostrada na Fig. 9.9 e o cronograma, na Fig. 9.10.

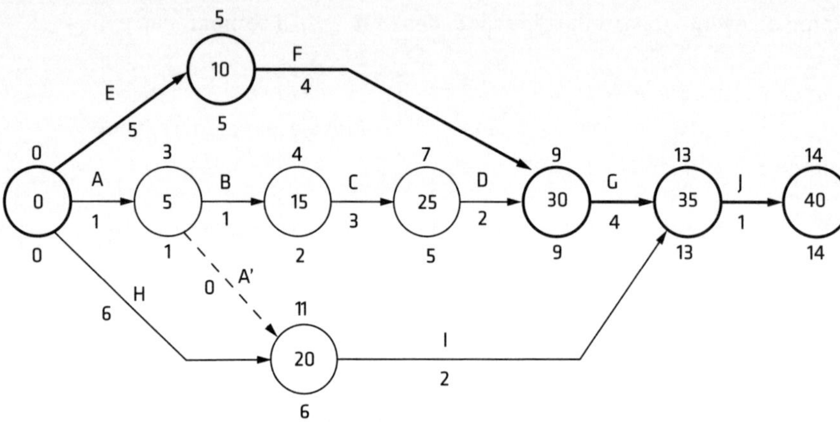


**Fig. 9.9** *Caminho crítico*

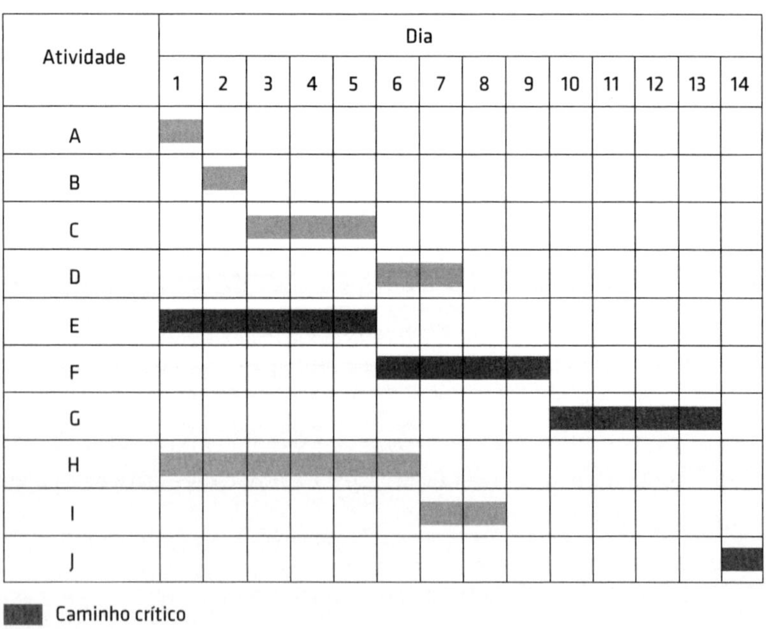


**Fig. 9.10** *Cronograma mais cedo*

*Observação*: a atividade-fantasma não integra o cronograma porque ela não representa um serviço fisicamente executável. Ela só serve para a montagem do diagrama de flechas.

### *Folgas*

O caminho crítico é formado pelas atividades críticas e define o prazo da obra. As atividades críticas não têm folga – um dia de atraso em uma delas atrasa em um dia o prazo total do projeto. Já as atividades não críticas têm folga.

Uma maneira de "ver" a folga é analisar o próprio cronograma de barras. Sabendo que as atividades críticas não podem variar de posição, procura-se identificar quanto cada uma das outras (A, B, C, D, H e I) pode "flutuar" no cronograma sem afetar a duração total.

Vindo do fim do projeto para o início, percebe-se que a atividade I pode "deslizar" cinco dias para a frente até "encostar" em J, pois I só abre caminho para J (I só é predecessora de J). Para H, o mesmo raciocínio: sua sucessora é I e, então, H pode avançar cinco dias até encostar em I (a partir daí, já passaria a atrasar o projeto). A atividade D tem como sucessora G, havendo uma margem de dois dias para atraso. Para C, B e A, aplica-se o mesmo procedimento, chegando-se à conclusão de que as três possuem dois dias de folga (Fig. 9.11).

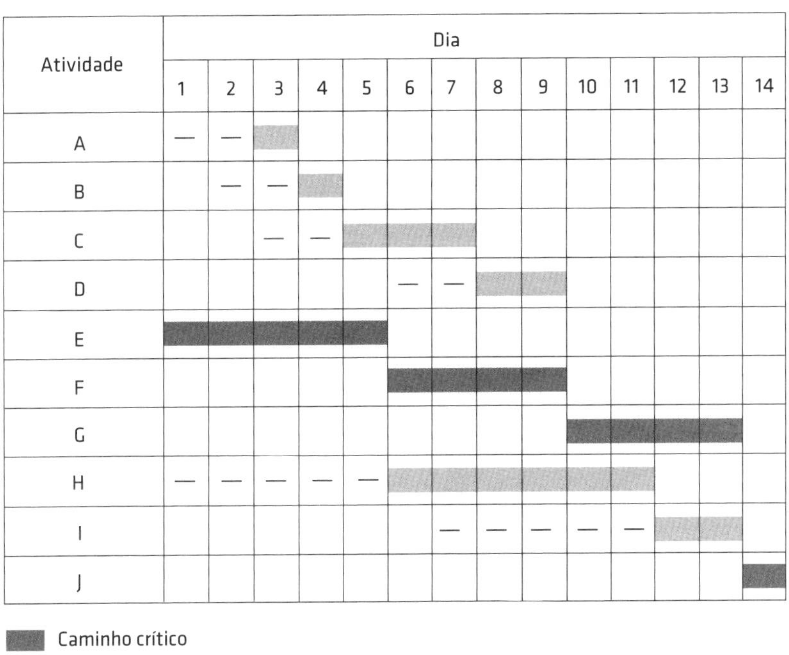


**Fig. 9.11** *Cronograma mais tarde*

***Interpretação do planejamento***

- O caminho crítico é composto prioritariamente de atividades ligadas ao serviço "armação".
- Um dia de atraso em qualquer das atividades críticas (E, F, G, J) atrasa o projeto.
- Um dia poupado em qualquer das atividades críticas (E, F, G, J) antecipa o projeto.
- Um dia de atraso em qualquer das atividades não críticas (A, B, C, D, H e I) *não* atrasa o projeto.
- Um dia poupado em qualquer das atividades não críticas (A, B, C, D, H e I) *não* antecipa o projeto.
- A atividade individualmente mais longa (H) não está no caminho crítico.
- Para reduzir o prazo de 14 dias, a solução está em eleger uma das atividades críticas e tentar ganhar um dia (ou mais) em sua duração. Algumas medidas plausíveis seriam:
  - ◊ procurar obter o aço de uma maneira mais rápida, seja por meio de um fornecedor mais expedito, seja por meio do empréstimo de barras de aço de alguma obra próxima;
  - ◊ estender em algumas horas a jornada diária do preparo da armação a fim de que a duração seja um dia menor;
  - ◊ criar mecanismos de aumento de produtividade para os armadores no preparo da armação – poderia ser instituído um prêmio por redução de duração dessa atividade, por exemplo;
  - ◊ dobrar a equipe de colocação da armação no interior das fôrmas para a redução do prazo original de quatro dias.
- Esforços para reduzir a duração de uma atividade não crítica não trariam nenhum benefício em termos de prazo final.
- Para reduzir o prazo da obra, são inócuas medidas como colocar todas as atividades em hora extra.
- Procurar acelerar a escavação com a colocação de mais recursos (pessoal ou equipamento) não acarreta redução de prazo da obra.
- A mobilização da betoneira (H) pode ser retardada em até cinco dias, situação na qual ela terminaria no dia 11 e I, no dia 13, coincidindo com o término de G. Os cinco dias são a folga de H. Um atraso de seis dias em H excederia a folga permissível e colocaria H no caminho crítico, atrasando o projeto.
- Se a atividade A não se iniciar no dia 1, nem tudo está perdido – ela tem dois dias de folga, podendo se iniciar até o dia 3 sem atrasar a obra.

* Se, por exemplo, a escavadeira não tiver chegado à obra até o dia 4, o gerente precisará tomar providências para iniciar a escavação no dia seguinte (5), pois este é o último dia em que C pode começar sem atrasar o projeto.
* Supondo que seja necessário fazer uma modificação no projeto das fôrmas e que a tarefa D se desenrole até o dia 9, isso pode ser perfeitamente acomodado – como D tem dois dias de folga, ela pode se delongar até o dia 9 sem impactar o prazo da obra.
* Se o gerente da obra for informado de que há falta de aço no mercado e o fornecedor só garante entrega para o dia 8, existe um indício de que a obra irá atrasar três dias. O gerente deverá, então, tomar providências para agilizar a obtenção do aço, a fim de garantir que, no mais tardar, dia 5 as barras estejam no canteiro.
* Se o gerente da obra for informado de que a betoneira que virá de outra obra não estará disponível na data marcada e sua mobilização levará oito dias em vez de seis, ele pode concluir que não haverá problemas de prazo, contanto que no máximo no dia 11 a betoneira esteja mobilizada e pronta para ser testada.

Vale ressaltar que algumas dessas medidas envolvem acréscimo de custo da obra. O benefício desse aumento de custo em troca da redução do prazo deve ser avaliado pelo gerente. Uma vantagem de reduzir o prazo de um projeto é a redução dos custos indiretos da obra.

---

Resumindo o que foi visto até agora, todo *evento* é qualificado por dois atributos:

*Tempo mais cedo* – é aquele a partir do qual as atividades que partem desse evento podem começar. Nenhuma atividade que "nasça" desse evento pode começar antes.
*Tempo mais tarde* – é aquele até o qual as atividades que chegam ao evento devem terminar. Se alguma das atividades for concluída após esse limite, o projeto atrasará na mesma medida.

Além disso, os *eventos críticos* são aqueles para os quais:

Tempo mais cedo = tempo mais tarde

As *atividades críticas* são aquelas que unem os eventos críticos. A sequência contínua de atividades críticas é o *caminho crítico.*

## Exemplo 9.2

Na rede da Fig. 9.12, calcular os tempos mais cedo e mais tarde e identificar o caminho crítico. Recomenda-se que o leitor tente encontrar a resposta sem olhar a resolução.

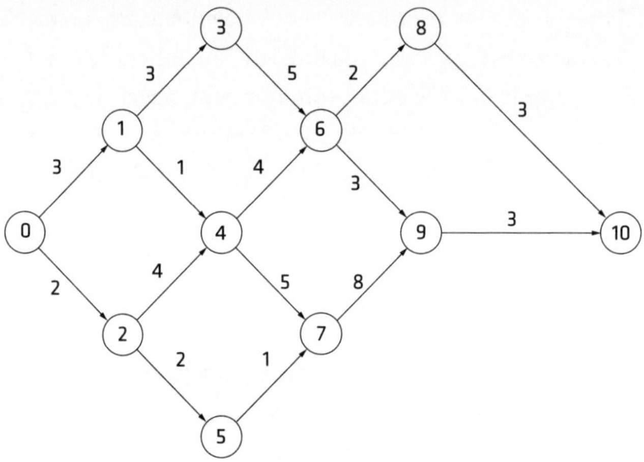


**Fig. 9.12** *Diagrama de rede*

### *Solução:*

***Tempo mais cedo dos eventos***

$$Tc_0 = 0$$

$$Tc_1 = 0 + 3 = 3$$

$$Tc_2 = 0 + 2 = 2$$

$$Tc_3 = 3 + 3 = 6$$

$$Tc_4 = \text{o maior entre } 3 + 1 = 4 \text{ e } 2 + 4 = 6$$

$$Tc_5 = 2 + 2 = 4$$

$$Tc_6 = \text{o maior entre } 6 + 5 = 11 \text{ e } 6 + 4 = 10$$

$$Tc_7 = \text{o maior entre } 6 + 5 = 11 \text{ e } 4 + 1 = 5$$

$$Tc_8 = 11 + 2 = 13$$

$$Tc_9 = \text{o maior entre } 11 + 3 = 14 \text{ e } 11 + 8 = 19$$

$$Tc_{10} = \text{o maior entre } 13 + 3 = 16 \text{ e } 19 + 3 = 22$$

***Tempo mais tarde dos eventos***

$$Tt_{10} = Tc_{10} = 22$$

$$Tt_9 = 22 - 3 = 19$$

$$Tt_8 = 22 - 3 = 19$$

$$Tt_7 = 19 - 8 = 11$$

$$Tt_6 = \text{o menor entre } 19 - 2 = 17 \text{ e } 19 - 3 = 16$$

$$Tt_5 = 11 - 1 = 10$$

$$Tt_4 = \text{o menor entre } 16 - 4 = 12 \text{ e } 11 - 5 = 6$$

$$Tt_3 = 16 - 5 = 11$$

$$Tt_2 = \text{o menor entre } 6 - 4 = 2 \text{ e } 10 - 2 = 8$$

$$Tt_1 = \text{o menor entre } 11 - 3 = 8 \text{ e } 6 - 1 = 5$$

$$Tt_0 = \text{o menor entre } 5 - 3 = 2 \text{ e } 2 - 2 = 0$$

***Caminho crítico (Fig. 9.13)***

Os eventos críticos ($Tc = Tt$) são: 0, 2, 4, 7, 9, 10. O caminho crítico é a sequência de atividades que unem os eventos críticos: 0-2, 2-4, 4-7, 7-9, 9-10.

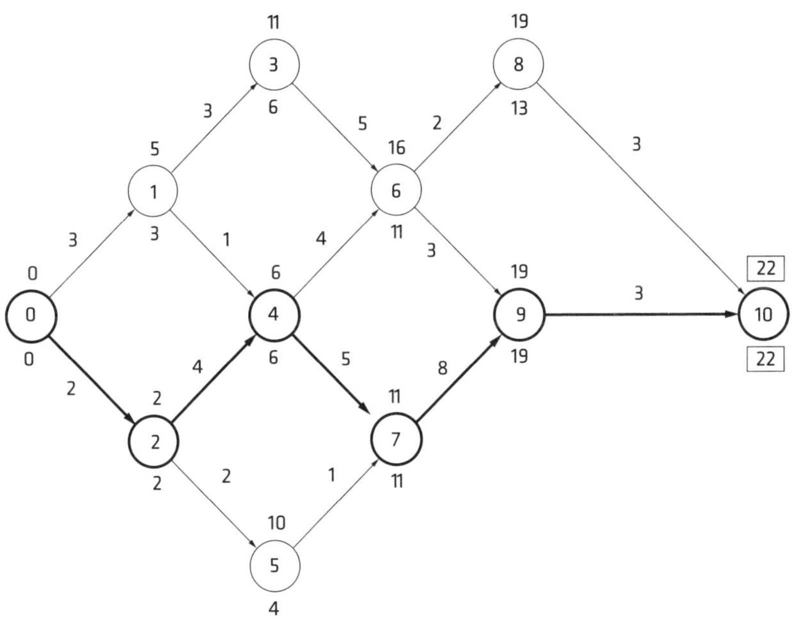


**Fig. 9.13** *Caminho crítico*

A seguir, algumas perguntas que um planejador pode fazer:

1. Uma atividade-fantasma pode estar no caminho crítico?
2. Uma rede pode ter um caminho crítico duplo?
3. Uma rede pode ter todas as atividades críticas?

As respostas para essas perguntas encontram-se no Exemplo 9.3.

## Exemplo 9.3

Calcular o caminho crítico para as redes da Fig. 9.14.

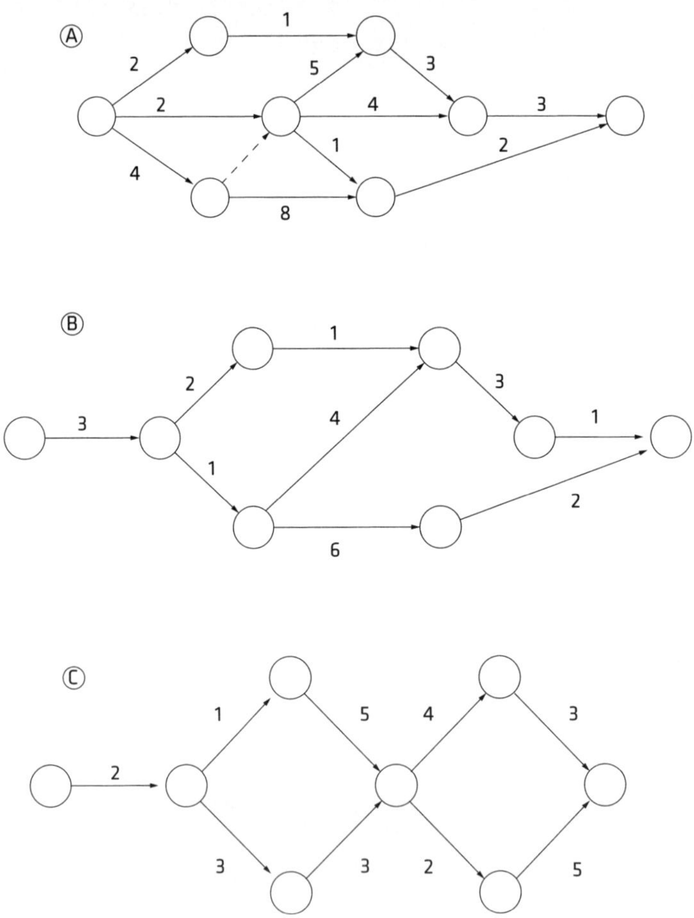


**FIG. 9.14** *Diagramas de flechas para o cálculo do caminho crítico*

***Solução:***

Como se pode ver na Fig. 9.15, uma *atividade-fantasma pode ser crítica.*

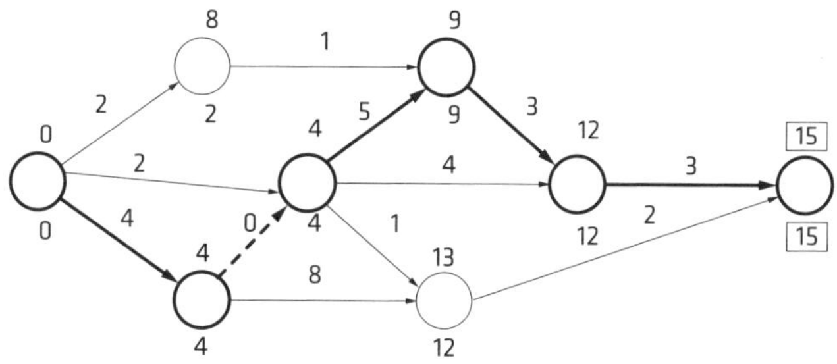


**Fig. 9.15** *Atividade-fantasma como crítica*

Como se pode ver na Fig. 9.16, uma rede pode ter *ramificações no caminho crítico.* Tudo é uma questão de aritmética.

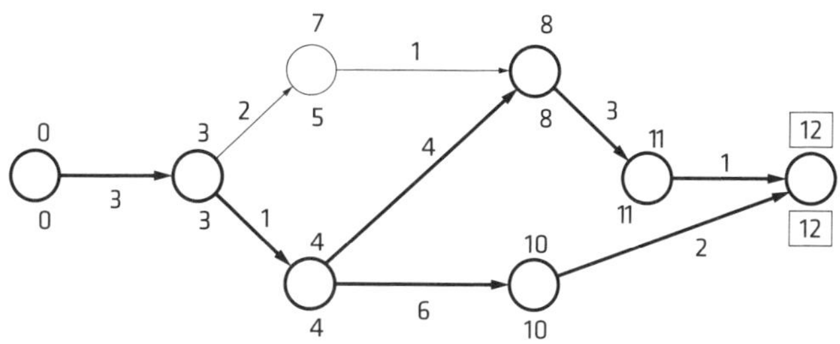


**Fig. 9.16** *Caminho crítico com ramificação*

Como se pode ver na Fig. 9.17, uma rede pode ter *todas as suas atividades críticas.* Isso é muito improvável de acontecer em uma rede longa, mas a matemática não impede.

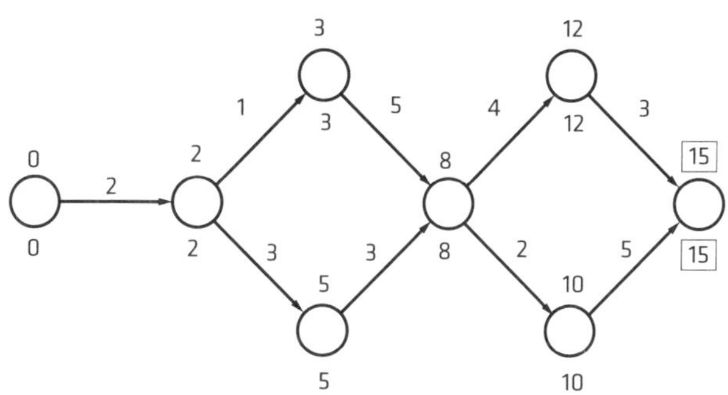


**Fig. 9.17** *Todas as atividades críticas*

Em síntese:

- uma atividade-fantasma pode ser crítica;
- o caminho crítico pode ter mais de um ramo;
- uma rede pode ter todas as suas atividades críticas (raríssimo).

## Exemplo passo a passo – Barragem Alegria

Calcular o prazo total e identificar o caminho crítico a partir do diagrama de flechas para o desvio do rio Alegria (Tab. 9.3).

**Tab. 9.3** Quadro de sequenciação

| Código | Atividade | Predecessoras | Duração (semanas) |
|---|---|---|---|
| | Acessos | | |
| A | Acesso ao túnel | - | 3 |
| B | Acesso à ensecadeira de montante | A | 1 |
| C | Acesso à ensecadeira de jusante | - | 2 |
| | Túnel | | |
| D | Emboque do túnel | A | 3 |
| E | Escavação | D | 10 |
| | Ensecadeiras | | |
| F | Construção da ensecadeira de montante | B, E | 5 |
| G | Construção da ensecadeira de jusante | C | 2 |
| | Fundação da barragem | | |
| H | Esgotamento | F, G | 7 |
| I | Escavação para fundação da barragem | H | 8 |

***Solução:***

A Fig. 9.18 apresenta o caminho crítico encontrado.

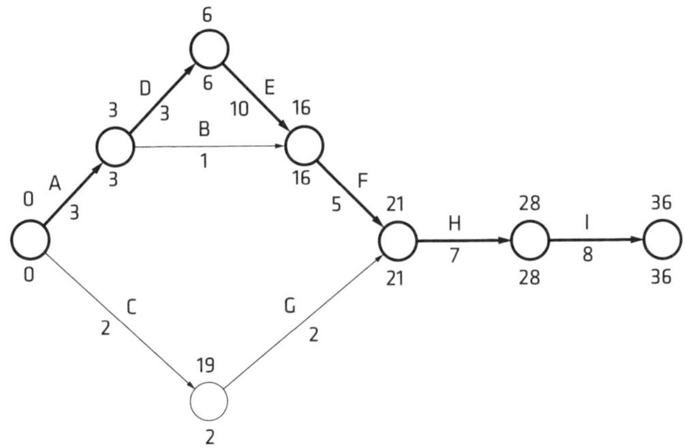


FIG. 9.18 *Caminho crítico*

## 9.2 MÉTODO DOS BLOCOS

O cálculo da rede no método dos blocos tem o registro dos tempos feito nos próprios blocos que representam as atividades. O arranjo que adotaremos para a atividade é o indicado na Fig. 9.19.

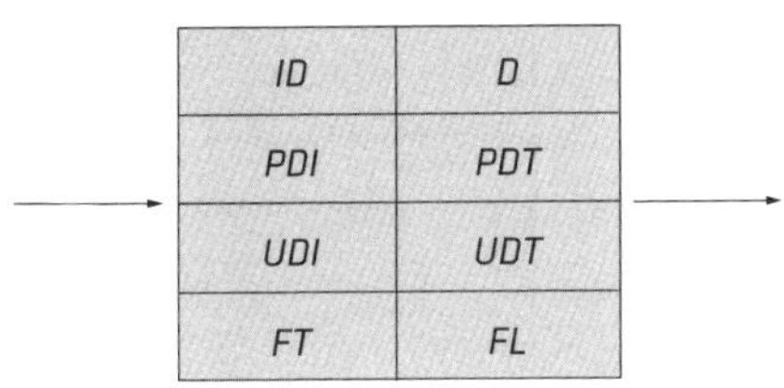


FIG. 9.19 *Informações contidas no bloco*

As siglas presentes na figura possuem os seguintes significados:

* *ID* = identificação (número ou descrição);
* *D* = duração;
* *PDI* = primeira data de início;
* *PDT* = primeira data de término;
* *UDI* = última data de início;
* *UDT* = última data de término;
* *FT* = folga total;
* *FL* = folga livre.

Para o cálculo da rede, os passos são:

1. Escreve-se o valor 0 (instante inicial do projeto) na parte inferior da barra de início. Esse valor é transferido para a quadrícula primeira data de início (*PDI*) das atividades iniciais (aquelas sem predecessoras).
2. Calcula-se a primeira data de término (*PDT*) dessas atividades iniciais por meio da fórmula:

$$PDT = PDI + D$$

3. A primeira data de início (*PDI*) de cada atividade é a primeira data de término (*PDT*) de sua predecessora. Em outras palavras, a *PDT* é transferida às sucessoras como *PDI*. No caso de uma atividade possuir mais de uma predecessora, adota-se o *maior* valor:

$$PDI = máx\,(PDT_{PREDECESSORA})$$

4. Calcula-se a *PDT* de cada atividade por meio da fórmula:

$$PDT = PDI + D$$

   O término mais cedo do projeto é anotado na parte inferior da barra de fim.
5. Faz-se a passada reversa da rede, percorrendo-a de trás para a frente. Atribui-se como término mais tarde do projeto a própria data do término mais cedo do projeto, anotando-o na parte superior da barra de fim. Esse valor é transferido para as atividades finais (aquelas sem sucessora) como última data de término (*UDT*).
6. A última data de início (*UDI*) das atividades finais é dada por:

$$UDI = UDT - D$$

7. A *UDI* é transferida para as predecessoras como *UDT*. Caso uma atividade tenha mais de uma sucessora, a *UDT* é a *menor* das *UDIs* das sucessoras, ou seja:

$$UDT = mín\,(UDI_{SUCESSORA})$$

8. Calcula-se a *UDI* de cada atividade por meio da fórmula:

$$UDI = UDT - D$$

   Ao final da passada reversa, anota-se o início mais tarde do projeto na parte superior da barra de início.

9. A folga total (*FT*) é calculada pela fórmula:

$$FT = UDI - PDI \text{ ou } FT = UDT - PDT$$

   A folga total representa quanto a atividade pode atrasar sem atrasar o prazo do projeto. O caminho crítico é a sequência de atividades de menor folga total (aqui, no caso, folga nula).

10. A folga livre (*FL*) é calculada pela fórmula:

$$FL = mín\ (PDI_{SUCESSORA} - PDT)$$

   A folga livre representa o quanto a atividade pode atrasar sem prejudicar o início mais cedo (*PDI*) de suas sucessoras. Para melhor entendimento dessa folga, consulte o próximo capítulo.

Como exemplo didático, vamos recorrer à rede simples já apresentada na Fig. 9.1 e na Tab. 9.1.

Montado o diagrama, seguimos este roteiro:

1. O valor 0 da barra de início é transferido para a quadrícula primeira data de início (*PDI*) da atividade inicial A (Fig. 9.20).

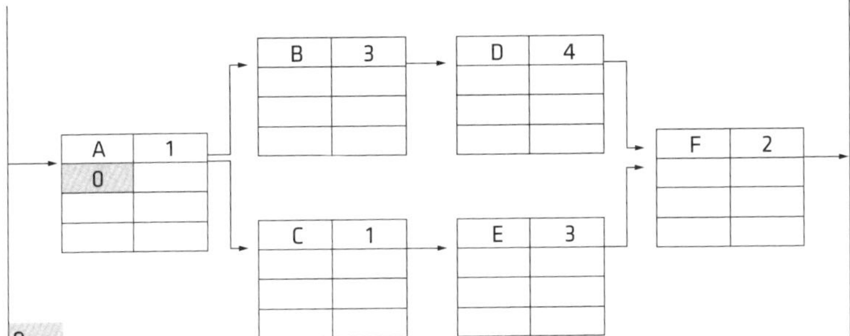


**Fig. 9.20** PDI *da atividade inicial*

2. Calcula-se a primeira data de término (*PDT*) de A por meio da fórmula *PDT* = *PDI* + *D* (Fig. 9.21).

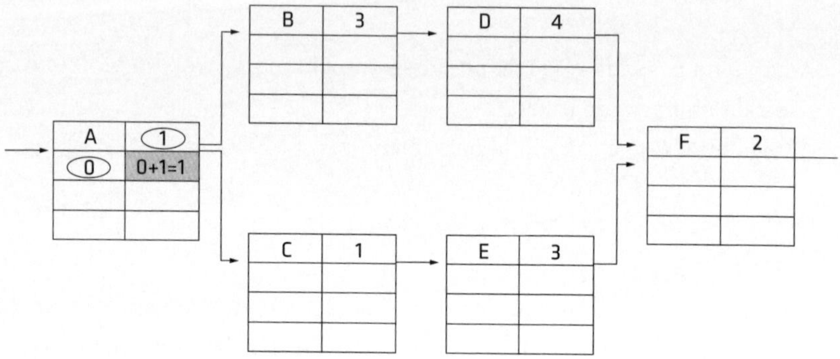


**FIG. 9.21** PDT *da atividade inicial (circuladas apenas as células envolvidas no cálculo)*

3. A *PDI* de B e C é justamente a *PDT* de A (Fig. 9.22).

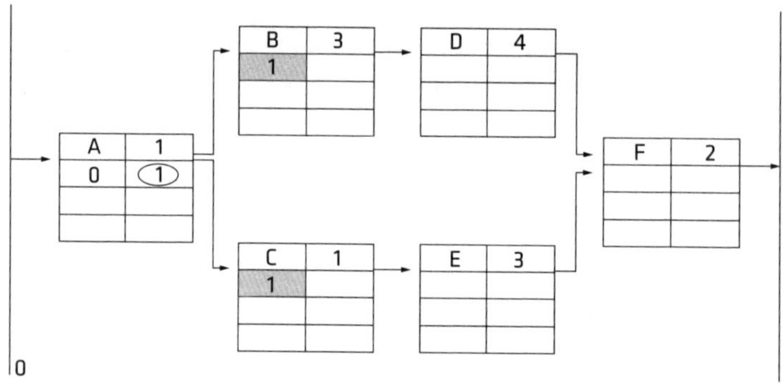


**FIG. 9.22** PDI *das atividades que dependem da inicial*

4. Para B e C, calcula-se *PDT* = *PDI* + *D*. A *PDT* de B é transferida como *PDI* de D. A *PDT* de C é transferida como *PDI* de E. Para D e E, calcula-se *PDT* = *PDI* + *D*. Finalmente, a *PDI* de F é o *maior* entre os valores de *PDT* de D e E (no caso, o maior entre 8 e 5) (Fig. 9.23).

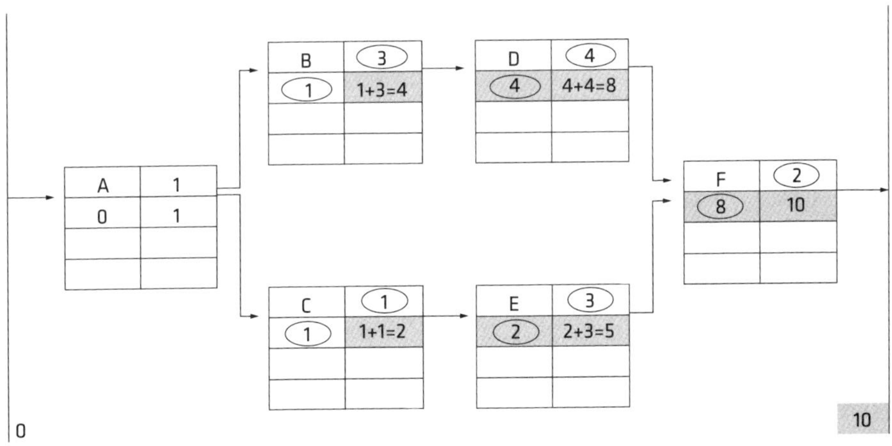


**Fig. 9.23** PDI e PDT *das atividades*

5. *Passada reversa*: atribui-se como término mais tarde do projeto o próprio valor 10, anotando-o na parte superior da barra de fim. Esse valor é transferido para a atividade final F como última data de término (*UDT*) (Fig. 9.24).

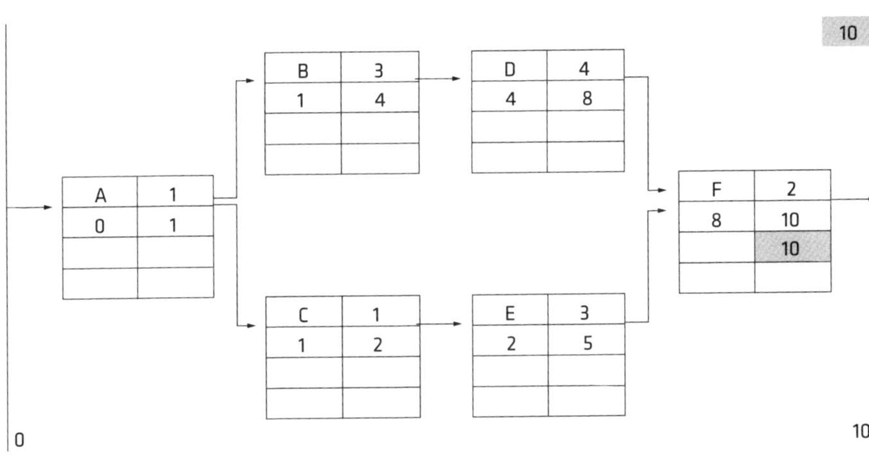


**Fig. 9.24** *Passada reversa:* UDT *da atividade final*

6. A última data de início (*UDI*) de F é dada pela subtração *UDI* = *UDT* – *D* (Fig. 9.25).

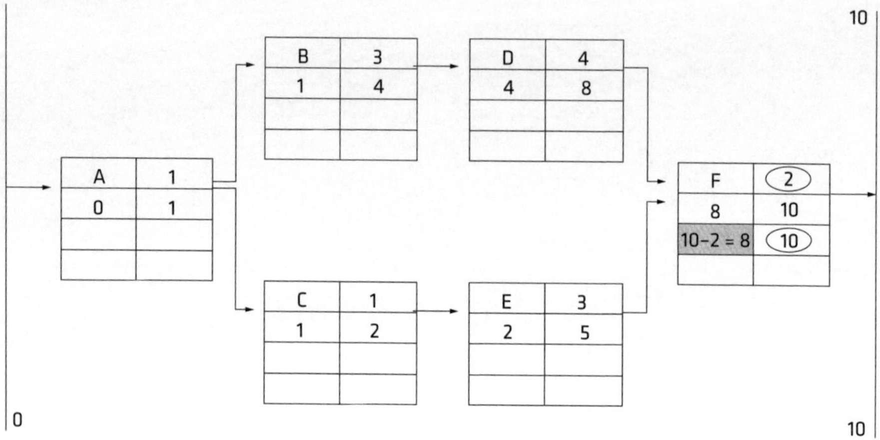


**FIG. 9.25** *Passada reversa:* UDI *da atividade final*

7. A *UDI* é transferida para as atividades predecessoras como *UDT* (Fig. 9.26).

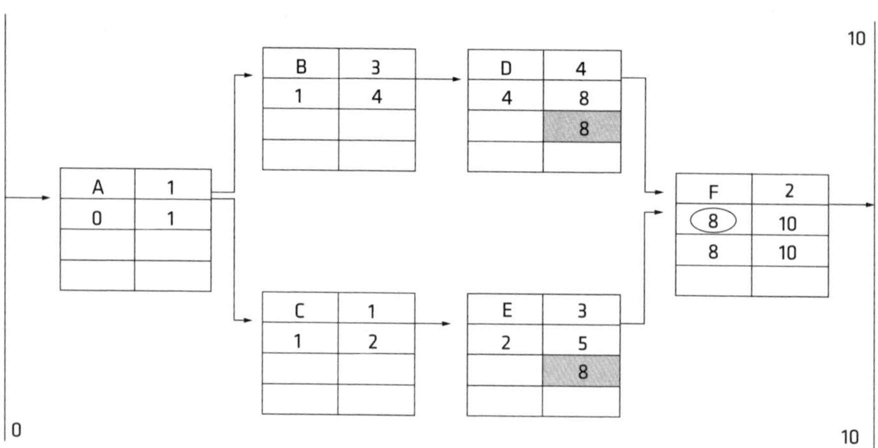


**FIG. 9.26** *Passada reversa:* UDI *das atividades*

8. A *UDT* de cada atividade é dada pela subtração *UDI* = *UDT* – *D*. Como A tem duas sucessoras (B e C), sua *UDT* será a *menor* entre as *UDI*s de B e C (no caso, a menor entre 1 e 4). O valor final obtido (0) é anotado no alto da barra de início (Fig. 9.27).

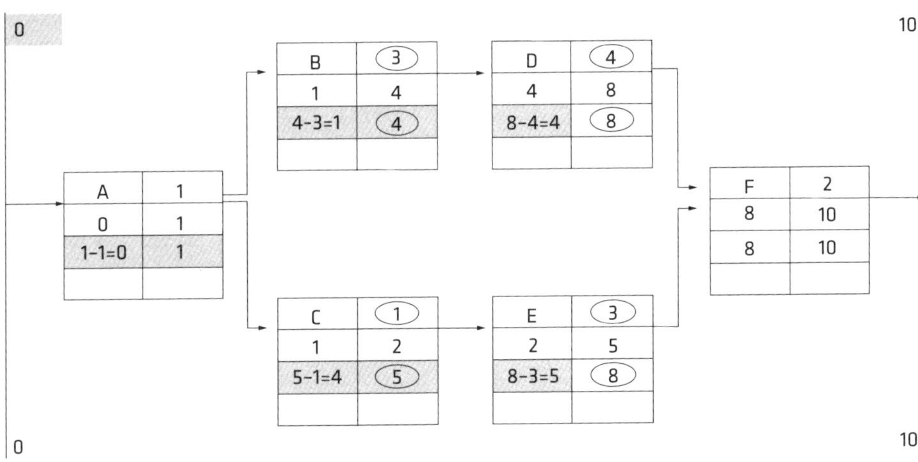


**FIG. 9.27** UDI *e* UDT *das atividades*

9. A folga total (*FT*) é obtida pela fórmula *FT* = *UDI* – *PDI* (ou *FT* = *UDT* – *PDT*) (Fig. 9.28). Ela representa a quantidade de dias que a atividade pode atrasar sem comprometer o prazo total da rede. O caminho crítico é a sequência de atividades de menor folga total (aqui, no caso, folga nula): A-B-D-F.

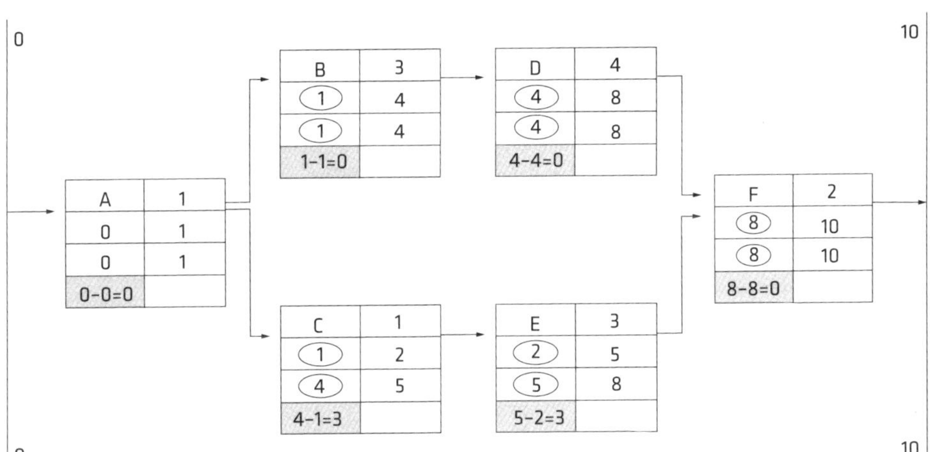


**FIG. 9.28** *Folga total*

10. A folga livre (*FL*) é calculada pela fórmula $UDI = mín\ (PDI_{SUCESSORA} - PDT)$ (Fig. 9.29). Ela representa a quantidade de dias que a atividade pode atrasar sem comprometer o início mais cedo de suas sucessoras.

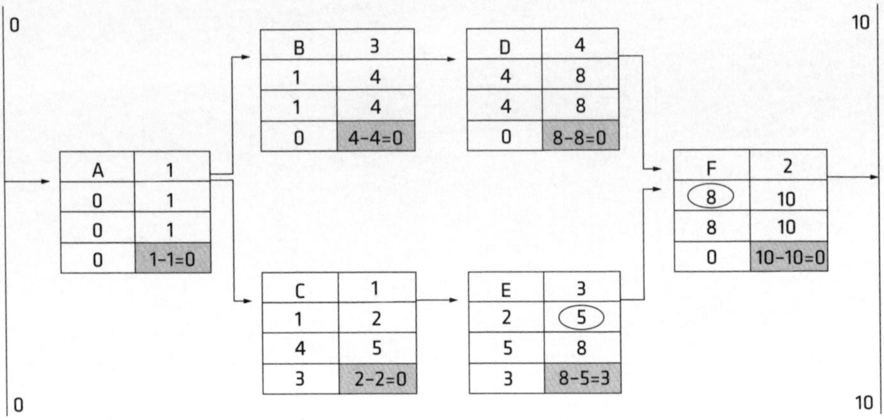


**FIG. 9.29** *Folga livre (circuladas somente as células envolvidas no cálculo da folga livre de E)*

## Exemplo 9.4

Identificar o caminho crítico por meio do método dos blocos para o bloco de fundação visto no Exemplo 9.1 (Tab. 9.4).

**Tab. 9.4** Quadro de sequenciação

| Código | Atividade | Predecessoras | Duração (dias) |
|---|---|---|---|
| A | Limpeza do terreno | – | 1 |
| B | Locação da fundação | A | 1 |
| C | Escavação da fundação | B | 3 |
| D | Montagem das fôrmas | C | 2 |
| E | Fornecimento do aço | – | 5 |
| F | Preparação da armação | E | 4 |
| G | Colocação da armação | D, F | 4 |
| H | Mobilização da betoneira | – | 6 |
| I | Instalação/teste da betoneira | A, H | 2 |
| J | Concretagem | G, I | 1 |

***Solução:***

***Diagrama de blocos (Fig. 9.30)***

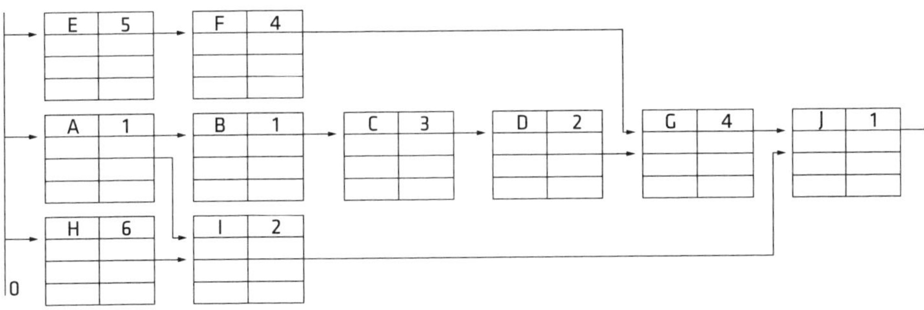

FIG. 9.30 *Diagrama de blocos*

***Início mais cedo* (PDI) *e término mais cedo* (PDT) *(Fig. 9.31)***

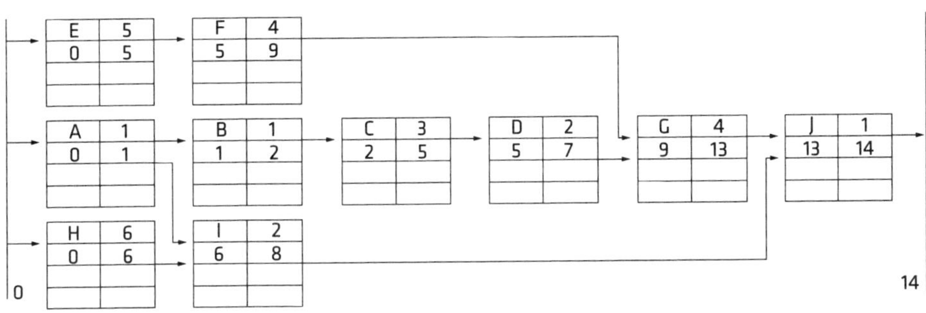

FIG. 9.31 *Diagrama de blocos com PDI e PDT*

***Término mais tarde* (UDT) *e início mais tarde* (UDI) *(Fig. 9.32)***

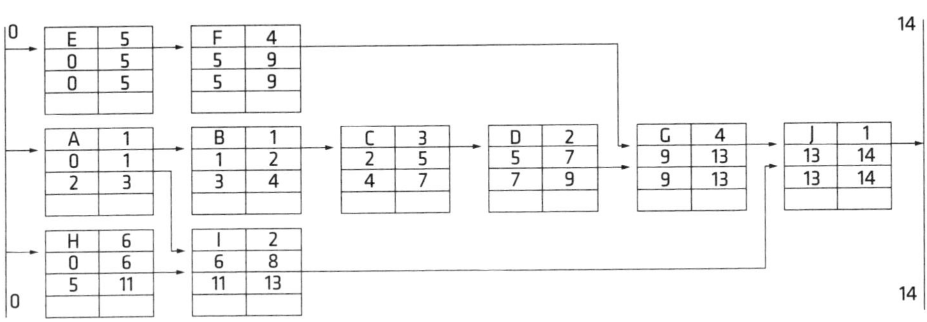

FIG. 9.32 *Diagrama de blocos com UDT e UDI*

***Folga total*** **(FT),** ***folga livre*** **(FL)** ***e caminho crítico (Fig. 9.33)***

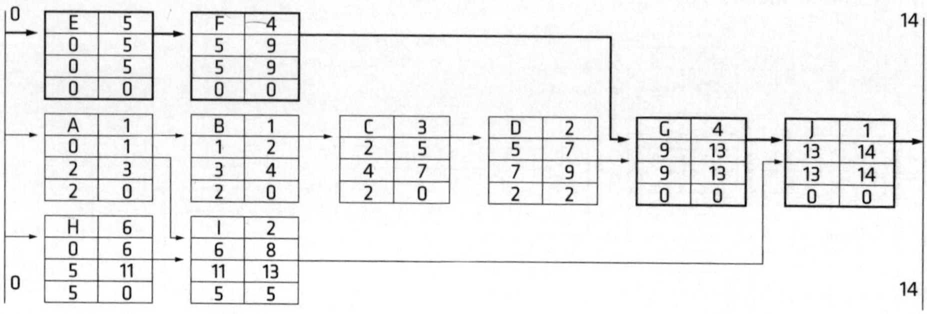

**Fig. 9.33** *Diagrama de blocos completo*

## Exemplo passo a passo – Barragem Alegria

Calcular o prazo total e identificar o caminho crítico a partir do diagrama de blocos para o desvio do rio Alegria (Tab. 9.5).

**Tab. 9.5** Quadro de sequenciação

| Código | Atividade | Predecessoras | Duração (semanas) |
|---|---|---|---|
| | Acessos | | |
| A | Acesso ao túnel | – | 3 |
| B | Acesso à ensecadeira de montante | A | 1 |
| C | Acesso à ensecadeira de jusante | – | 2 |
| | Túnel | | |
| D | Emboque do túnel | A | 3 |
| E | Escavação | D | 10 |
| | Ensecadeiras | | |
| F | Construção da ensecadeira de montante | B, E | 5 |
| G | Construção da ensecadeira de jusante | C | 2 |
| | Fundação da barragem | | |
| H | Esgotamento | F, G | 7 |
| I | Escavação para fundação da barragem | H | 8 |

***Solução:***

A Fig. 9.34 mostra o caminho crítico resultante.

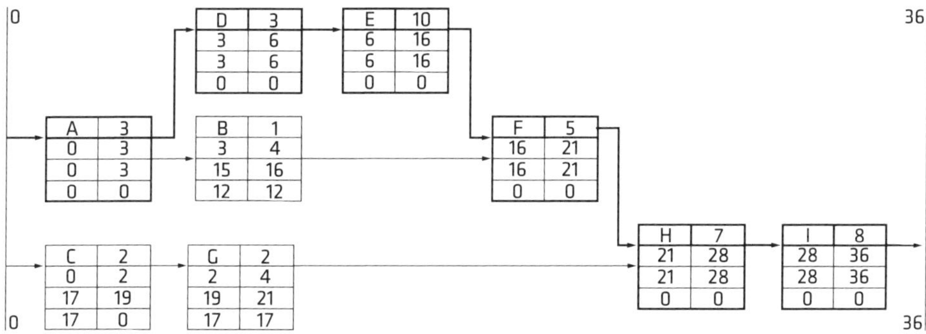


**FIG. 9.34** *Caminho crítico*

## 9.3 OUTROS TIPOS DE DEPENDÊNCIA

Nos capítulos anteriores vimos que duas atividades podem estar relacionadas por um dos quatro tipos de ligação a seguir, com ou sem defasagem (retardo):

* TI (término-início);
* II (início-início);
* IT (início-término);
* TT (término-término).

Como seria o cálculo da rede com esses tipos de vínculo? O exemplo a seguir (Tab. 9.6) é praticamente o mesmo apresentado no início do capítulo, com a ressalva de que agora há uma ligação II + 2:

**Tab. 9.6** Quadro de sequenciação com ligação II + 2

| Atividade | Predecessora | Duração |
|---|---|---|
| A | - | 5 |
| B | A | 6 |
| C | A | 8 |
| D | B (II + 2) | 10 |

Na passada direta, o cálculo da rede é bastante simples para A, B e C. Para a atividade D, é preciso levar em conta que seu início (*PDI*) é condicionado pelo início de B, ou seja, $PDI_D = PDI_B$ + retardo = 5 + 2 = 7. O resto segue igual, chegando-se a uma duração total de 17 dias.

Na passada inversa, começamos por D e preenchemos suas datas. A "sacada" é entender como calcular B. Pelo diagrama, vemos que B não tem sucessora a partir de seu término, isto é, ela se comunica com o final do projeto e, portanto, $UDT_B = 17$. Para obtermos $UDI_B$, aí sim usamos $UDI_D$ – retardo = 7 – 2 = 5 (Fig. 9.35).

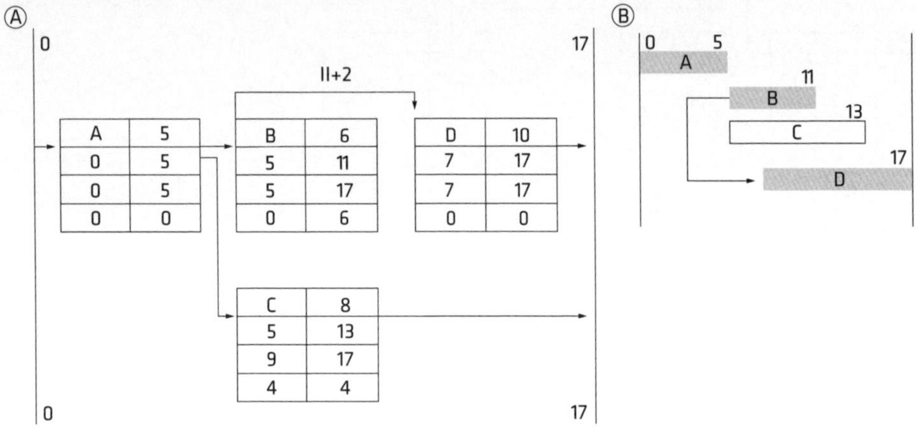


**Fig. 9.35** *Cálculo da rede com vínculo II: (A) diagrama de blocos e (B) cronograma*

O resultado curioso é que, para a atividade B, $UDI - PDI \neq UDT - PDT$. É como se B tivesse uma folga de início nula e uma folga de fim igual a 6. A atividade B não pode ter seu início atrasado porque impacta em D e, com isso, estoura o prazo do projeto, mas, após dois dias (período suficiente para o início de D), B pode se atrasar em até seis dias. Pelo cronograma fica fácil perceber que o início de B condiciona o início de D, sendo a situação "crítica pelo início", embora B tenha folga pelo fim. A rigor, em vez de apontarmos o caminho crítico como A-B-D, o mais correto seria: A; dois dias de B; D.

**Dicas para o planejador**

Para evitar trabalhar com o conceito de folga de início e folga de término, alguns *softwares* adotam a menor dessas duas folgas, enquanto outros transformam ligações II com retardo em ligações TI com retardo negativo.

No exemplo anterior, a ligação entre B e D seria alterada para TI – 4. O planejador deve entender que essa simplificação ocorre apenas por conveniência computacional, pois o resultado não é necessariamente o mesmo (B passa a não ter folga alguma).

## 9.4 Prazo imposto

Em todos os exemplos vistos até agora, fizemos a passada reversa da rede considerando o prazo mais tarde como o prazo mais cedo do projeto. No método das flechas, repetimos o tempo do evento finalíssimo na parte superior do nó; no método dos blocos, repetimos o prazo na barra de fim.

Entretanto, pode haver projetos em que o prazo final seja *imposto*. Surgem então três possibilidades:

### 9.4.1 Tarde = cedo

Foram os exemplos tratados até aqui. O exemplo da Fig. 9.36 mostra que o prazo de 30 dias é mantido como prazo total. A conclusão é que, para os eventos críticos, a folga é nula (tempo mais tarde equivale ao tempo mais cedo) e, portanto, as atividades críticas têm folga nula.

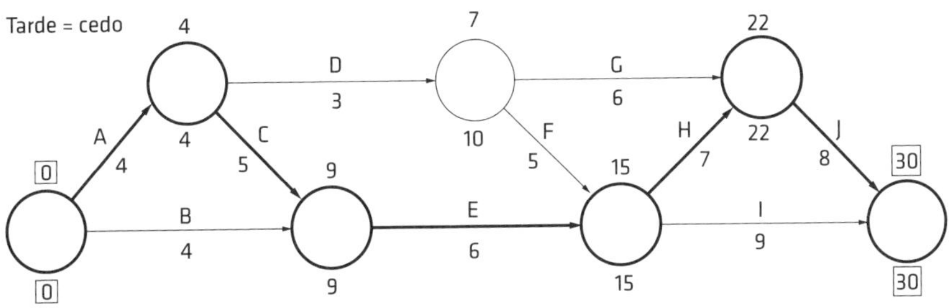


**FIG. 9.36** *Rede calculada para prazo de 30 dias*

### 9.4.2 Tarde < cedo

No exemplo ilustrado na Fig. 9.37, suponhamos que exista a imposição de realizar a obra em 27 dias. O tempo tarde do evento finalíssimo é então imposto como 27, e a partir daí se faz a passada reversa da rede. A conclusão é que o caminho crítico é aquele que une os eventos cujas folgas são iguais e as menores entre as obtidas. Portanto, as atividades críticas são aquelas com a menor folga total (folga negativa).

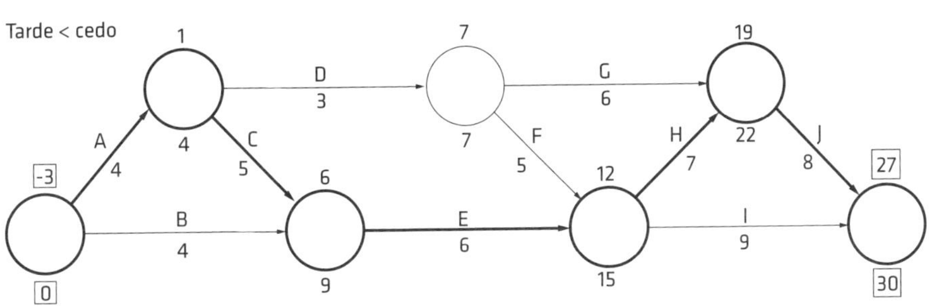


**FIG. 9.37** *Rede calculada para prazo imposto de 27 dias*

Em casos assim, a saída é identificar o caminho crítico e buscar formas de reduzir a duração das atividades críticas, de maneira que o *deficit* de prazo possa ser atenuado. Eis a importância de o planejador dominar os fundamentos da teoria PERT/CPM.

### 9.4.3 Tarde > cedo

No exemplo da Fig. 9.38, suponhamos que exista a imposição de realizar a obra em 33 dias. O tempo tarde do evento finalíssimo é então imposto como 33, e a partir daí se faz a passada reversa da rede. A conclusão é que o caminho crítico é aquele em que as folgas são todas iguais e as menores entre as obtidas e, portanto, as atividades críticas são aquelas com a menor folga total (folga positiva).

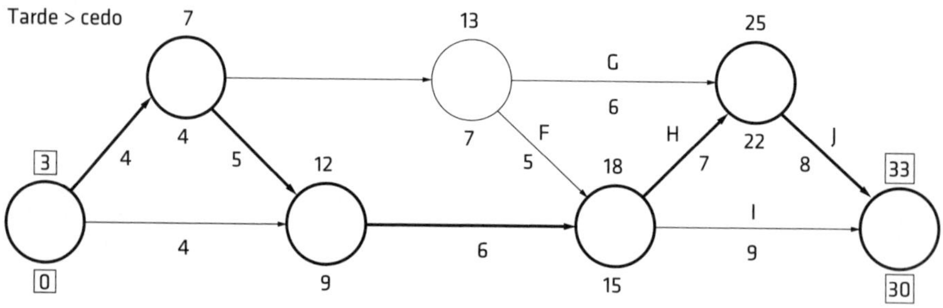


**FIG. 9.38** *Rede calculada para prazo imposto de 33 dias*

Em casos assim, o planejador deve reestudar o planejamento para verificar a possibilidade de obter algum ganho financeiro pela desaceleração de algumas atividades.

Em suma, pode-se generalizar que:

* as atividades críticas são aquelas de menor folga total (e de valor idêntico);
* o caminho crítico reúne as atividades de menor folga total;
* não havendo prazo imposto, ou impondo tarde = cedo, o caminho crítico terá folga nula;
* se o prazo imposto for menor que o calculado (tarde < cedo), o caminho crítico terá folga negativa;
* se o prazo imposto for maior que o calculado (tarde > cedo), o caminho crítico terá folga positiva.

## 9.5 Características do caminho crítico

As principais características do caminho crítico são:

- o caminho crítico é a sequência de atividades que determinam o prazo total do projeto;
- o caminho crítico é o maior caminho entre o início e o fim do projeto;
- o caminho crítico é composto pelas atividades de menor folga total (atividades críticas);
- o aumento de uma unidade de tempo na duração de uma atividade crítica aumenta o prazo total do projeto em uma unidade de tempo;
- a atividade mais longa do projeto não necessariamente integra o caminho crítico;
- a atividade mais cara do projeto não necessariamente integra o caminho crítico;
- a atividade de execução mais complexa do projeto não necessariamente integra o caminho crítico;
- a atividade que requer mais recursos do projeto não necessariamente integra o caminho crítico;
- a redução de uma unidade de tempo na duração de uma atividade crítica reduz o prazo total do projeto em uma unidade de tempo;
- o aumento de uma unidade de tempo na duração de uma atividade não crítica não atrasa o prazo total do projeto – ela pode até entrar no caminho crítico, mas não afetará o prazo total;
- a redução da duração de uma atividade não crítica não afeta o prazo total do projeto;
- atividades críticas têm as datas mais cedo iguais às datas mais tarde (a não ser que haja prazo imposto);
- atividades não críticas têm as datas mais cedo diferentes das datas mais tarde;
- a folga total representa quanto tempo uma atividade pode atrasar sem impactar no prazo total do projeto;
- uma atividade não crítica pode atrasar uma quantidade de dias equivalente à sua folga total sem afetar o prazo total do projeto;
- se uma atividade não crítica atrasar mais do que sua folga total, o prazo do projeto será aumentado;
- uma atividade não crítica torna-se crítica se sua folga for consumida;
- quanto menor a folga total, maior a probabilidade de essa atividade se tornar crítica (diz-se que ela é subcrítica);

* a folga livre representa quanto tempo uma atividade pode atrasar sem atrasar o início mais cedo de suas sucessoras;
* se a folga livre da atividade for consumida, suas sucessoras não poderão iniciar na data mais cedo.

# dez

# Folgas

Já é plenamente sabido que o caminho crítico reúne aquelas atividades cujo atraso se comunica diretamente com o prazo total do projeto. Já é sabido também que as atividades não críticas possuem alguma margem de tempo que lhes garante determinada flexibilidade. Essa margem é a *folga total* (ou apenas *folga*).

Pelo método das flechas (ADM), as folgas são calculadas posteriormente à identificação do caminho crítico, valendo-se dos tempos cedo e tarde dos eventos. Geralmente a folga não é representada na atividade em si, mas em um quadro à parte.

Pelo método dos blocos (PDM), as folgas são calculadas concomitantemente com o cálculo da rede, sendo o valor registrado no próprio "bloco" da atividade. Os exemplos vistos no Cap. 9 abordaram o cálculo das folgas total e livre.

Neste capítulo, enfatizamos a importância de entender o significado da folga e o proveito que o gerente pode tirar dela na condução diária das atividades de campo. Os exemplos são mostrados em diagrama de flechas, mas o entendimento do assunto vale para ambos os métodos.

## 10.1 Datas cedo e tarde da atividade

No diagrama de flechas, toda atividade *i-j* de duração *D* está limitada entre dois eventos *i* e *j*, cada um deles com seu tempo mais cedo (*Tc*) e mais tarde (*Tt*) (Fig. 10.1).

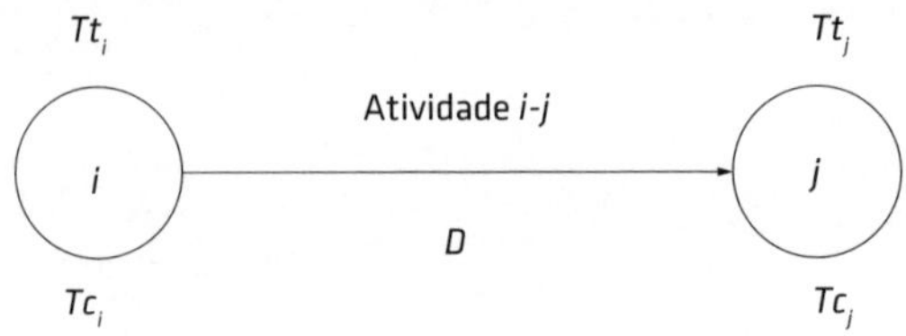


**FIG. 10.1** *Elementos característicos de uma atividade genérica*

Vimos que a margem de tempo permitida para a atividade será cerceada pelas datas cedo e tarde dos eventos aos quais ela se prende:

- A atividade *i-j não pode* começar antes de $Tc_i$.
- A atividade *i-j não deve* terminar depois de $Tt_j$ para não atrasar o projeto.

Outras decorrências importantes são delineadas a seguir, usando como exemplo a rede da Fig. 10.2.

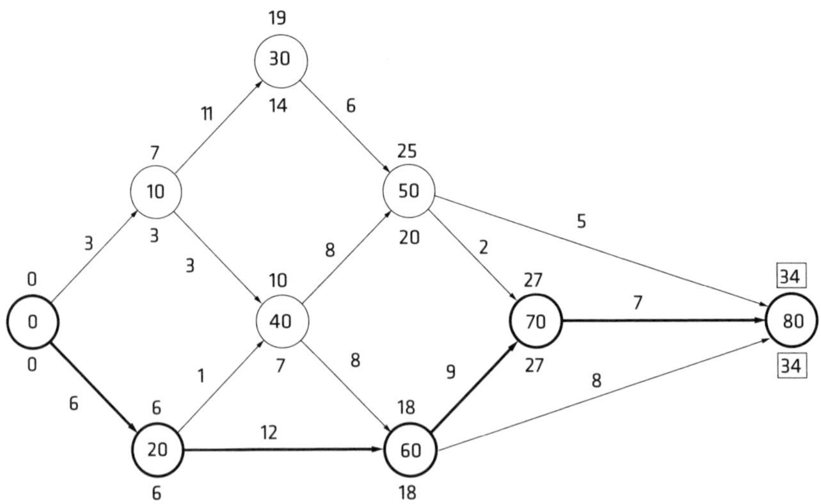


**FIG. 10.2** *Rede PERT/CPM com caminho crítico identificado*

### 10.1.1 Folga total

Vamos analisar a atividade 40-50, que chamaremos de atividade X (Fig. 10.3).

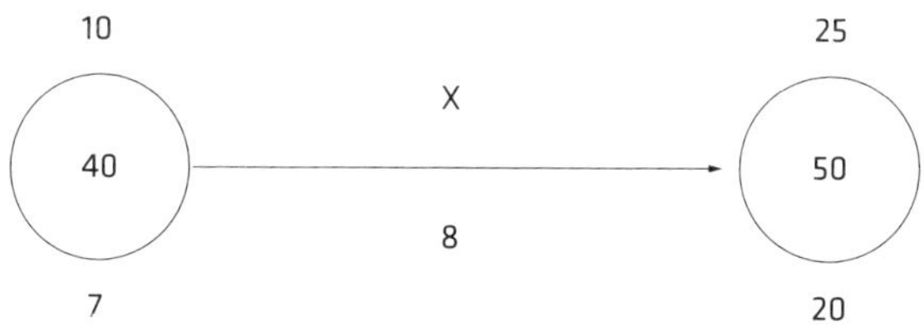


**Fig. 10.3** *Elementos da atividade 40-50*

Algumas constatações podem ser feitas:

* *Data mais cedo de início* ($Tc_i$) = $Tc_{40}$ = 7 – é a data mais cedo em que as atividades que nascem no evento *i* podem ser iniciadas, ou seja, é a data de início mais cedo da atividade X.

  A primeira chance de realizar X é, portanto: iniciar depois de decorridos sete dias e terminar no dia 7 + 8 = 15; 7 e 15 seriam, respectivamente, a primeira data de início (*PDI*) e a primeira data de término (*PDT*) da atividade (Fig. 10.4).
* *Data mais tarde de fim* ($Tt_j$) = $Tt_{50}$ = 25 – é a data mais tarde em que as atividades que chegam ao evento *j* podem terminar, ou seja, é a data de término mais tarde da atividade X. Se X for além do dia 25, o projeto atrasará.

  A última chance de realizar X é, portanto: terminar no dia 25, o que significa começar em 25 – 8 = 17; 17 e 25 seriam, respectivamente, a última data de início (*UDI*) e a última data de término (*UDT*) da atividade.
* A atividade X tem um tempo disponível (*TD*) de 18 dias (entre 7 e 25) para sua completa realização. Uma vez que sua duração é de 8 dias, conclui-se que existe uma folga total (*FT*) de 10 dias.

Podemos ilustrar os dois casos extremos no cronograma (Fig. 10.4). A escala desse cronograma é mostrada de duas formas diferentes. Na primeira, cada dia aparece referenciado a duas datas; na segunda, a afirmativa de que *PDI* = 7 significa que a primeira data de início ocorre após sete dias, ou seja, no oitavo dia.

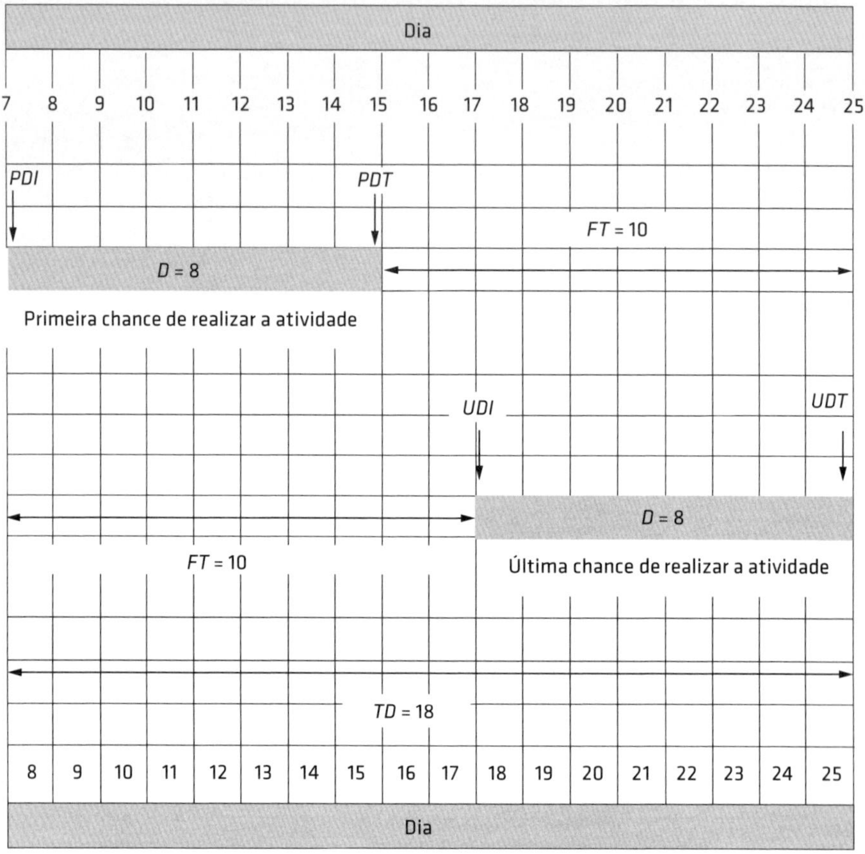


FIG. 10.4 *Tempo disponível* (TD) *e folga total* (FT) *da atividade* X

*Importante:* se o evento de início tem a data mais cedo igual a *N*, a atividade começa no dia *N* + 1! Isso porque se assume que o evento terá sido atingido no final do dia *N*, e, portanto, a atividade pode começar na primeira hora do dia *N* + 1. É por esse motivo que a *PDI* é 7 no exemplo apresentado, mas a atividade aparece registrada no cronograma no dia 8 (olhando a escala de tempo inferior).

Algumas conclusões podem ser tiradas:

- Se a atividade for realizada na *primeira chance*, a folga total ficará armazenada após a atividade, representando uma margem de manobra (pulmão).
- Se a atividade for realizada na *última chance*, a folga total ficará alocada antes da atividade e será consumida integralmente antes de sua execução, e a atividade torna-se crítica.

*Importante:* qualquer situação intermediária entre a primeira e a última chance de ocorrência é admissível, contanto que a atividade transcorra no intervalo de seu tempo disponível. Por opção da equipe executora da obra, a atividade pode até ser "espichada" em sua duração, porém dentro do tempo disponível.

Vamos, então, parametrizar tudo para uma atividade genérica *i-j*:

$$PDI = Tc_i$$
$$UDT = Tt_j$$
$$PDT = PDI + D$$
$$UDI = UDT - D$$
$$FT = UDT - PDI - D = UDT - PDT = UDI - PDI = Tt_j - Tc_i - D$$

**Dica para o planejador**

As únicas duas datas que saem direto do diagrama de flechas são *PDI* e *UDT*. As outras duas (*PDT* e *UDI*) são obtidas indiretamente (Fig. 10.5).

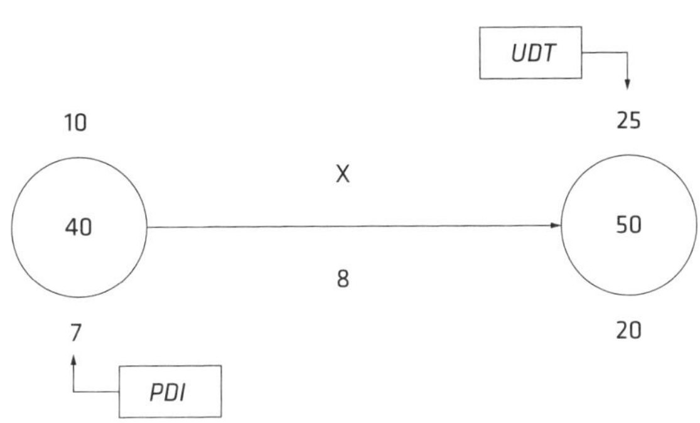


**Fig. 10.5** *PDI e UDT da atividade 40-50*

Voltando ao exemplo que vem nos guiando, o cálculo da folga total das atividades pode ser tabulado como mostrado na Tab. 10.1. É fácil montar uma planilha eletrônica para computar as seis colunas numeradas.A linha realçada é a atividade mostrada na explicação do texto. As atividades em negrito são críticas.

Tab. 10.1 Cálculo de caminho crítico e folgas

| Ordem de cálculo → | | | | 1 | 2 | 4 | 3 | 5 | 6 |
|---|---|---|---|---|---|---|---|---|---|
| Ativ. | Evento | | *D* | *PDI* | *PDT* | *UDI* | *UDT* | *FT* | Crítica |
| | $Tc_i$ | $Tt_j$ | | $= Tc_i$ | $= PDI + D$ | $= UDT - D$ | $= Tt_j$ | $= UDI - PDI$ | $FT = 0$ |
| 0-10 | 0 | 7 | 3 | 0 | 3 | 4 | 7 | 4 | |
| **0-20** | 0 | 6 | 6 | 0 | 6 | 0 | 6 | 0 | CR |
| 10-30 | 3 | 19 | 11 | 3 | 14 | 8 | 19 | 5 | |
| 10-40 | 3 | 10 | 3 | 3 | 6 | 7 | 10 | 4 | |
| 20-40 | 6 | 10 | 1 | 6 | 7 | 9 | 10 | 3 | |
| **20-60** | 6 | 18 | 12 | 6 | 18 | 6 | 18 | 0 | CR |
| 30-50 | 14 | 25 | 6 | 14 | 20 | 19 | 25 | 5 | |
| 40-50 | 7 | 25 | 8 | 7 | 15 | 17 | 25 | 10 | |
| 40-60 | 7 | 18 | 8 | 7 | 15 | 10 | 18 | 3 | |
| 50-70 | 20 | 27 | 2 | 20 | 22 | 25 | 27 | 5 | |
| 50-80 | 20 | 34 | 5 | 20 | 25 | 29 | 34 | 9 | |
| **60-70** | 18 | 27 | 9 | 18 | 27 | 18 | 27 | 0 | CR |
| 60-80 | 18 | 34 | 8 | 18 | 26 | 26 | 34 | 8 | |
| **70-80** | 27 | 34 | 7 | 27 | 34 | 27 | 34 | 0 | CR |

O cronograma do projeto mostra as atividades na primeira e na última chance de ocorrência (Fig. 10.6). O leitor pode perceber a quantidade de informação veiculada no cronograma.

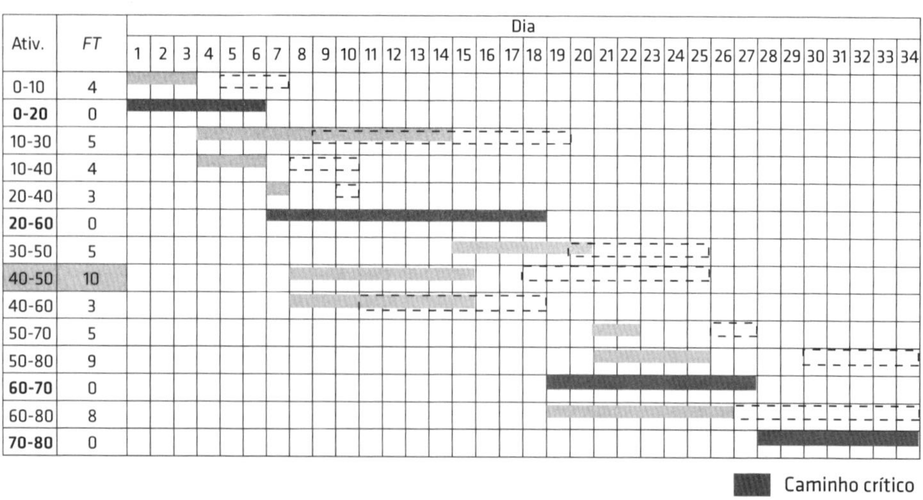


FIG. 10.6 *Cronograma mostrando caminho crítico e folgas*

### 10.1.2 Folga livre

Ainda analisando a atividade 40-50, nota-se que ela tem duas sucessoras: 50-70 e 50-80. Essas duas atividades possuem, como data de início mais cedo, o cedo do evento 50, que é 20 (= $Tc_{50}$).

Nossa atividade 40-50 tem uma folga total de dez dias, podendo então terminar até 25 (= *UDT*). Ora, se toda essa folga for consumida, as sucessoras 50-70 e 50-80 já não poderão começar em sua data mais cedo. Há um ponto a partir do qual a atividade passa a atrasar o início de suas sucessoras, embora não atrase o prazo do projeto. É nisso que reside o conceito de *folga livre* (*FL*).

Se a atividade 40-50 se estender até o dia 20, ainda assim suas sucessoras 50-70 e 50-80 poderão começar em seu início mais cedo. Se 40-50 for além do dia 20, o início das sucessoras fica comprometido, embora o prazo total do projeto ainda não sofra atraso (o prazo total só será alterado se 40-50 for além do dia 25).

Indo até os dias 21, 22, 23, 24 ou 25, a atividade 40-50 não afeta o prazo total do projeto (= 34), mas compromete o início mais cedo de suas sucessoras. Estas não conseguirão começar em sua data mais cedo. A atividade 40-50 tem, então, folga livre de cinco dias (Fig. 10.7). Dos dez dias de folga total, cinco são de folga livre.

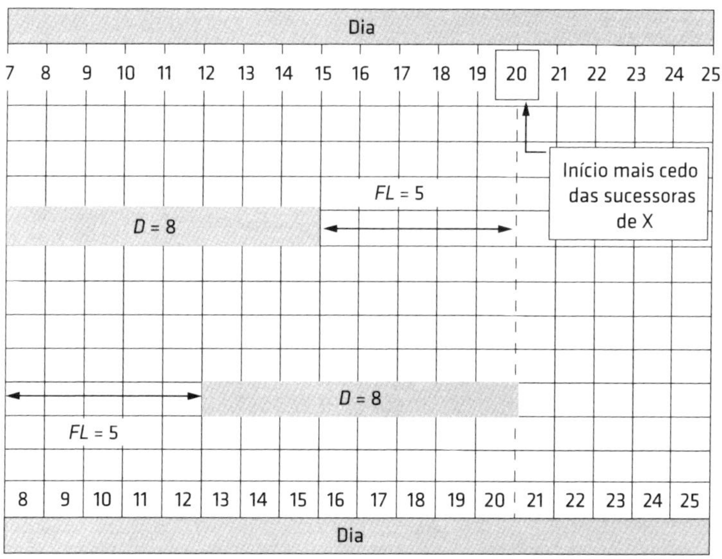


**Fig. 10.7** *Folga livre (FL) da atividade X*

A folga livre é, portanto, a quantidade de dias que uma atividade pode atrasar sem afetar o início mais cedo de suas sucessoras.

É bom comparar esse conceito com o de folga total, que não tem a ver com as sucessoras, mas com o prazo total do projeto.

> Se a *folga total* for ultrapassada, o *projeto* atrasará.
> Se a *folga livre* for ultrapassada, as *sucessoras* atrasarão.

Sob a forma paramétrica:

$$FL = Tc_j - (Tc_i + D)$$

Para a atividade 40-50:

$$FL = Tc_{50} - (Tc_{40} + D) = 20 - (7 + 8) = 5 \text{ dias}$$

Para a atividade 10-40, o raciocínio é de que seu começo mais cedo é 3, terminando em 3 + 3 = 6. Como suas sucessoras 40-50 e 40-60 têm início mais cedo igual a 7, há uma folga livre de 7 – 6 = 1.

Analiticamente:

$$FL = Tc_{40} - (Tc_{10} + D) = 7 - (3 + 3) = 1$$

Para a atividade 10-30:

$$FL = Tc_{30} - (Tc_{10} + D) = 14 - (11 + 3) = 0$$

Esse resultado mostra que essa atividade tem folga livre nula, embora sua folga total seja igual a 5. Isso porque, se ela "deslizar" um dia no cronograma, sua sucessora 30-50 não poderá começar em sua data mais cedo.

Conclusões importantes:

* $FL \leq FT$ (a folga livre é sempre inferior ou igual à folga total);
* para as atividades críticas, *FL* é nula;
* toda atividade crítica tem *FL* nula, mas nem toda atividade que tem *FL* nula é crítica.

O cálculo da folga livre de todas as atividades é mostrado na Tab. 10.2.

Tab. 10.2 Folgas

| Ordem de cálculo → | | | | | | 1 | 2 | 4 | 3 | 5 | 7 |
|---|---|---|---|---|---|---|---|---|---|---|---|
| Ativ. | Evento | | | | D | PDI | PDT | UDI | UDT | FT | FL |
| | $Tc_i$ | $Tt_i$ | $Tc_j$ | $Tt_j$ | | $= Tc_i$ | $= PDI + D$ | $= UDT - D$ | $= Tt_j$ | $= UDI - PDI$ | $= Tc_j - (Tc_i + D)$ |
| 0-10 | 0 | 0 | 3 | 7 | 3 | 0 | 3 | 4 | 7 | 4 | 0 |
| **0-20** | 0 | 0 | 6 | 6 | 6 | 0 | 6 | 0 | 6 | 0 | 0 |
| 10-30 | 3 | 7 | 14 | 19 | 11 | 3 | 14 | 8 | 19 | 5 | 0 |
| 10-40 | 3 | 7 | 7 | 10 | 3 | 3 | 6 | 7 | 10 | 4 | 1 |
| 20-40 | 6 | 6 | 7 | 10 | 1 | 6 | 7 | 9 | 10 | 3 | 0 |
| **20-60** | 6 | 6 | 18 | 18 | 12 | 6 | 18 | 6 | 18 | 0 | 0 |
| 30-50 | 14 | 19 | 20 | 25 | 6 | 14 | 20 | 19 | 25 | 5 | 0 |
| 40-50 | 7 | 10 | 20 | 25 | 8 | 7 | 15 | 17 | 25 | 10 | 5 |
| 40-60 | 7 | 10 | 18 | 18 | 8 | 7 | 15 | 10 | 18 | 3 | 3 |
| 50-70 | 20 | 25 | 27 | 27 | 2 | 20 | 22 | 25 | 27 | 5 | 5 |
| 50-80 | 20 | 25 | 34 | 34 | 5 | 20 | 25 | 29 | 34 | 9 | 9 |
| **60-70** | 18 | 18 | 27 | 27 | 9 | 18 | 27 | 18 | 27 | 0 | 0 |
| 60-80 | 18 | 18 | 34 | 34 | 8 | 18 | 26 | 26 | 34 | 8 | 8 |
| **70-80** | 27 | 27 | 34 | 34 | 7 | 27 | 34 | 27 | 34 | 0 | 0 |

O cronograma com *FT* e *FL* é apresentado na Fig. 10.8.

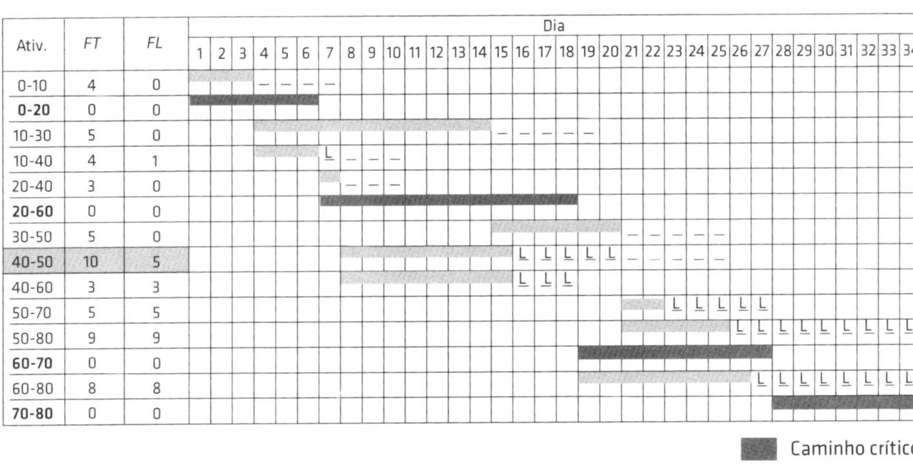


Fig. 10.8 *Cronograma mostrando folga total* (FT) *e folga livre* (FL)

### 10.1.3 Folga dependente

Define-se como *folga dependente* (FD) o prazo de que se dispõe, a partir do tarde do evento inicial de uma atividade, para realizá-la e concluí-la até, no máximo, o tarde de seu evento final.

Sob a forma paramétrica:

$$FD = (Tt_j - Tt_i) - D$$

Para a atividade 40-50:

$$FD = (Tt_{50} - Tt_{40}) - D = (25 - 10) - 8 = 7$$

A interpretação é a seguinte: se a atividade 40-50 se iniciar no tarde de seu evento de início, após a atividade ainda restarão sete dias até o limite para o início mais tarde de suas sucessoras 50-70 e 50-80 (Fig. 10.9). Ou seja, mesmo começando no *início tarde*, ainda há sete dias de folga até que o *término tarde* seja alcançado.

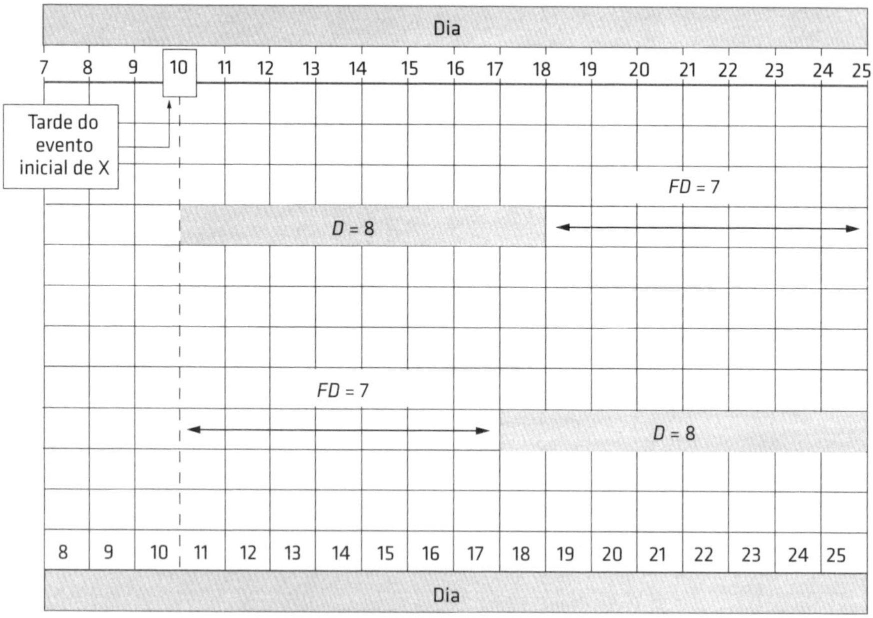


**FIG. 10.9** *Cronograma mostrando folga dependente* (FD)

### 10.1.4 Folga independente

Define-se como *folga independente* (*FI*) o prazo de que se dispõe, a partir do tarde do evento inicial de uma atividade, para realizá-la e concluí-la até, no máximo, o cedo de seu evento final.

Sob a forma paramétrica:

$$FI = (Tc_j - Tt_i) - D$$

Para a atividade 40-50:

$$FI = (Tc_{50} - Tt_{40}) - D = (20 - 10) - 8 = 2$$

A interpretação é a seguinte: se a atividade 40-50 se iniciar no tarde de seu evento de início, após a atividade ainda restarão dois dias até o início mais cedo de suas sucessoras 50-70 e 50-80 (Fig. 10.10). Ou seja, mesmo começando no *início tarde*, ainda há dois dias de folga até que se atinja o *início cedo* de suas sucessoras.

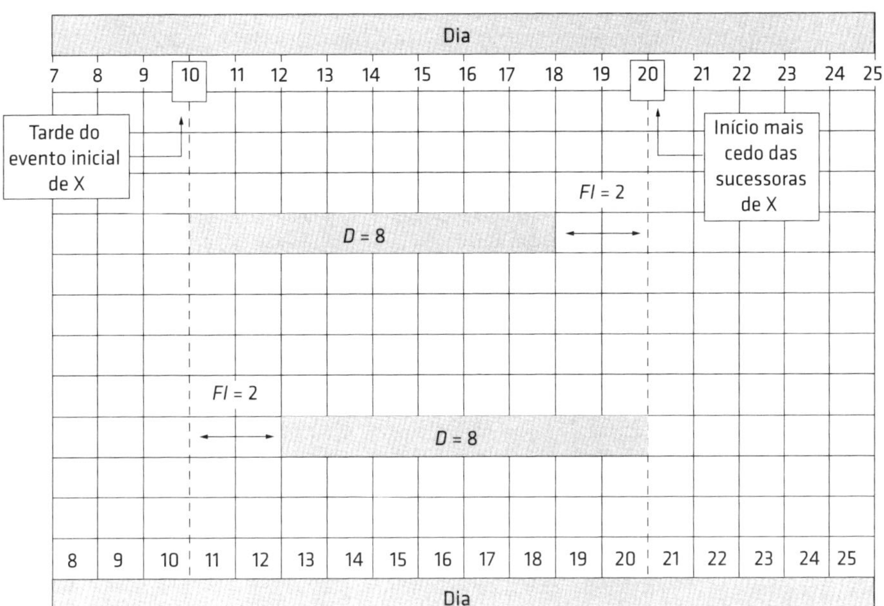


**FIG. 10.10** *Cronograma mostrando folga independente* (FI)

A equação da folga independente pode gerar valores negativos. Nesse caso, *FI* é assumida como igual a zero.

## 10.2 Relação entre as folgas

O Quadro 10.1 sintetiza o significado das folgas.

**Quadro 10.1** Folgas e seu significado

| Folga | Significado |
|---|---|
| Total | Atraso máximo que não altera a data final do projeto. |
| Livre | Atraso máximo que não altera o cedo das sucessoras. |
| Dependente | Atraso, a partir do tarde do evento inicial, que não atrasa as sucessoras. |
| Independente | Atraso, a partir do tarde do evento inicial, que não altera o cedo das sucessoras. |

As folgas dependente e independente também podem ser registradas no diagrama de blocos, bastando ao planejador criar mais duas quadrículas na "ficha" da atividade.

| Dicas para o planejador |
|---|
| Quando utilizado isoladamente, o termo *folga* geralmente se refere à *folga total.* |
| A folga livre não pode ser superior à folga total *(FL ≤ FT).* |
| As folgas dependente e independente têm mais interesse acadêmico do que prático. A maior parte dos livros e dos programas de planejamento sequer as contempla. |

A relação entre as folgas de uma atividade é apresentada a seguir:

$$\left.\begin{aligned} FT &= Tt_j - Tc_i - D \\ FL &= Tc_j - (Tc_i + D) \end{aligned}\right\} \quad FT - FL = Tt_j - Tc_j$$

$$\left.\begin{aligned} FD &= (Tt_j - Tt_i) - D \\ FI &= (Tc_j - Tt_i) - D \end{aligned}\right\} \quad FD - FI = Tt_j - Tc_j$$

$$\rightarrow \quad FT - FL = FD - FI$$

Escrita de outra maneira:

$$FT + FI = FL + FD$$

### Exemplo 10.1

Calcular o caminho crítico e as folgas (*FT*, *FL*, *FD* e *FI*) e desenhar o cronograma da rede mostrada na Fig. 10.11.

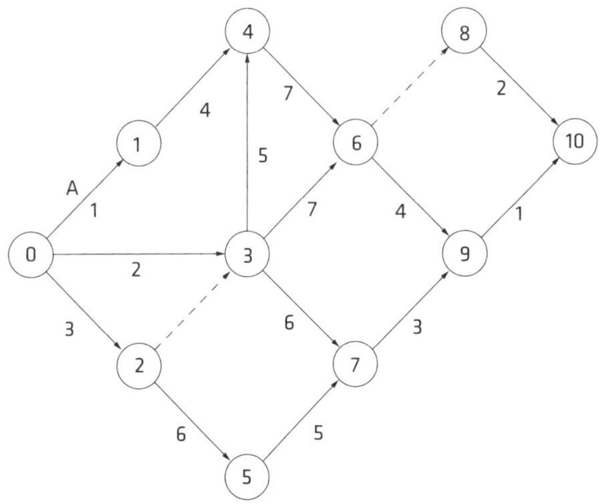


**Fig. 10.11** *Diagrama*

***Solução:***

***Caminho crítico (Fig. 10.12)***

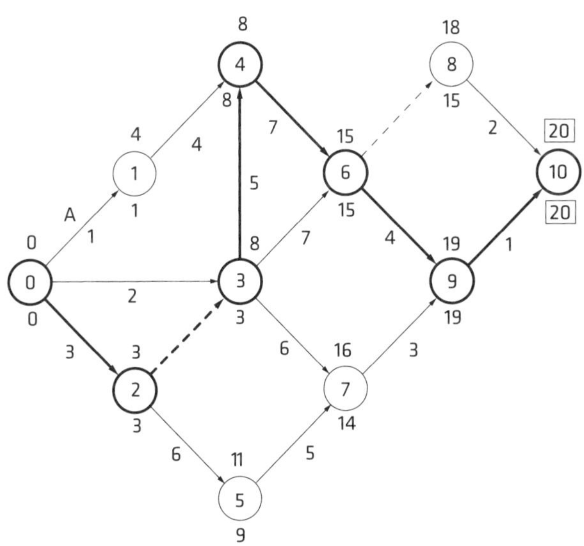


**Fig. 10.12** *Diagrama com caminho crítico*

*Tabela de folgas (Tab. 10.3)*

Tab. 10.3 Tabela de folgas

| Ativ. | Evento | | | | $D$ | $PDI$ | $PDT$ | $UDI$ | $UDT$ | $FT$ | $FL$ | $FD$ | $FI$ |
|---|---|---|---|---|---|---|---|---|---|---|---|---|---|
| | $Tc_i$ | $Tt_i$ | $Tc_j$ | $Tt_j$ | | $= Tc_i$ | $= PDI + D$ | $= UDT - D$ | $= Tt_j$ | $= UDT - PDT$ | $= Tt_j - (Tc_i + D)$ | $= (Tt_j - Tc_i) - D$ | $= (Tt_j - Tc_i) - D$ |
| 0-1 | 0 | 0 | 1 | 4 | 1 | 0 | 1 | 3 | 4 | 3 | 0 | 3 | 0 |
| 0-2 | 0 | 0 | 3 | 3 | 3 | 0 | 3 | 0 | 3 | 0 | 0 | 0 | 0 |
| 0-3 | 0 | 0 | 3 | 3 | 2 | 0 | 2 | 1 | 3 | 1 | 1 | 1 | 1 |
| 1-4 | 1 | 4 | 8 | 8 | 4 | 1 | 5 | 4 | 8 | 3 | 3 | 0 | 0 |
| 2-5 | 3 | 3 | 9 | 11 | 6 | 3 | 9 | 5 | 11 | 2 | 0 | 2 | 0 |
| 3-4 | 3 | 3 | 8 | 8 | 5 | 3 | 8 | 3 | 8 | 0 | 0 | 0 | 0 |
| 3-6 | 3 | 3 | 15 | 15 | 7 | 3 | 10 | 8 | 15 | 5 | 5 | 5 | 5 |
| 3-7 | 3 | 3 | 14 | 16 | 6 | 3 | 9 | 10 | 16 | 7 | 5 | 7 | 5 |
| 4-6 | 8 | 8 | 15 | 15 | 7 | 8 | 15 | 8 | 15 | 0 | 0 | 0 | 0 |
| 5-7 | 9 | 11 | 14 | 16 | 5 | 9 | 14 | 11 | 16 | 2 | 0 | 0 | -2 |
| 6-9 | 15 | 15 | 19 | 19 | 4 | 15 | 19 | 15 | 19 | 0 | 0 | 0 | 0 |
| 7-9 | 14 | 16 | 19 | 19 | 3 | 14 | 17 | 16 | 19 | 2 | 2 | 0 | 0 |
| 8-10 | 15 | 18 | 20 | 20 | 2 | 15 | 17 | 18 | 20 | 3 | 3 | 0 | 0 |
| 9-10 | 19 | 19 | 20 | 20 | 1 | 19 | 20 | 19 | 20 | 0 | 0 | 0 | 0 |

*Cronograma (Fig. 10.13)*

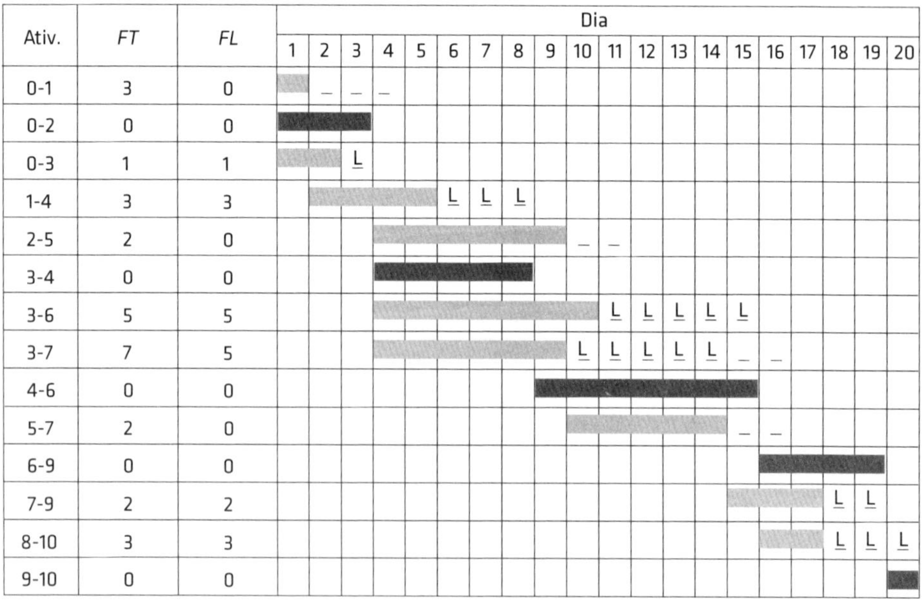


FIG. 10.13 *Cronograma*

onze

# Cronograma

O cronograma que resulta do planejamento conforme preconizamos é o produto de um método bem definido, e não um conjunto de barras desenhadas a esmo. O cronograma integrado leva em conta as premissas adotadas e materializa graficamente o resultado dos cálculos efetuados segundo o PERT/CPM.

A técnica de planejamento exposta nos capítulos anteriores mostrou que a prática de produzir cronogramas meramente "puxando barras" é errada e repudiável, pois incorpora alta dose de empirismo.

O cronograma é, por excelência, o instrumento do planejamento no dia a dia da obra e é com base nele que o gerente e sua equipe devem tomar as seguintes providências:

- programar as atividades das equipes de campo;
- instruir as equipes;
- fazer pedidos de compra;
- alugar equipamentos;
- recrutar operários;
- aferir o progresso das atividades;
- monitorar atrasos ou adiantamentos das atividades;
- replanejar a obra;
- pautar reuniões.

## 11.1 Cronograma de Gantt

A visualização das atividades com suas datas de início e fim pode ser conseguida lançando-se mão do recurso gráfico chamado de *cronograma de Gantt*, assim batizado em homenagem ao engenheiro norte-americano Henry Gantt, que introduziu o cronograma de barras como ferramenta de controle de produção de atividades, sobretudo na construção de navios cargueiros no início do século XX.

O cronograma de Gantt é um gráfico simples: à esquerda figuram as atividades e à direita, suas respectivas barras desenhadas em uma escala de tempo. O comprimento da barra representa a duração da atividade, cujas datas de início e fim podem ser lidas nas subdivisões da escala de tempo. Um exemplo simples é mostrado na Fig. 11.1.

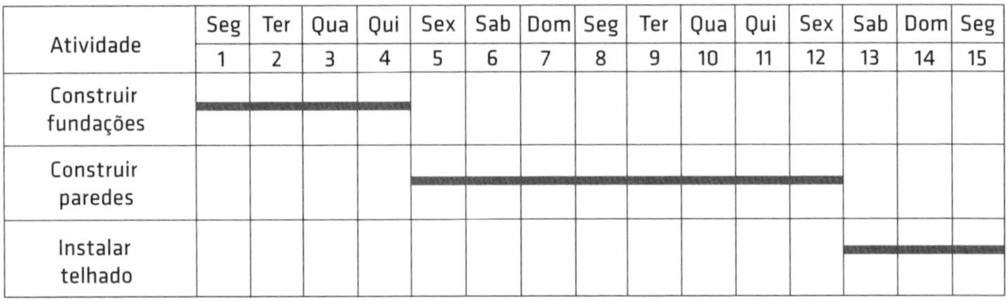


**FIG. 11.1** *Cronograma de barras*

O cronograma de Gantt constitui uma importante ferramenta de controle, porque é visualmente atraente e fácil de ser lido e apresenta de maneira simples e imediata a posição relativa das atividades ao longo do tempo. Qualquer pessoa com um mínimo de instrução pode manusear um cronograma e dele extrair informação sem dificuldade.

O cronograma de barras, como originalmente concebido, tem a deficiência de não possibilitar a visualização da ligação entre as atividades, não levar em conta as folgas e não mostrar o caminho crítico. A fim de suprir essas limitações, planejadores criaram uma versão aprimorada do cronograma de Gantt, na qual introduziram dados tirados da rede PERT/CPM. A versão final recebe o nome de *cronograma integrado Gantt-PERT/CPM*.

Outro nome que se dá é *cronograma Gantt-PERT/CPM-Roy*, em homenagem ao estudioso francês B. Roy.

## 11.2 Cronograma integrado Gantt-Pert/CPM

O cronograma integrado pode apresentar, adicionalmente ao cronograma de Gantt, várias informações, como indicado no Quadro 11.1.

**Quadro 11.1** Informações que podem ser inseridas no cronograma integrado

| Informação | Como aparece no cronograma |
|---|---|
| Numeração das atividades | De acordo com a rede |
| Sequenciação | Pequenas setas que mostram a sequência das atividades |
| Datas mais cedo e mais tarde de início e de fim | *PDI, UDI, PDT, UDT* |
| Folgas | Pode se limitar à folga total (*FT*) ou abranger todas (*FT, FL, FD, FI*) |
| Atividades críticas | Hachuradas ou com traço mais forte |
| Realizado | Situação atual (real) do projeto |

Em todos os exemplos que abordamos até agora, os dias foram numerados em sequência (1, 2, 3, 4, ...), sem preocupação com a data real de início previsto para o projeto. Foi utilizado sempre o dia 1 como inicial, independentemente de ele ser 14 de abril ou 6 de junho. Além disso, fins de semana e feriados não foram levados em conta na representação gráfica.

## 11.3 Marcos

*Marcos* são pontos notáveis que se destacam em um cronograma. Representam um instante particular que define o início ou o final de uma etapa do projeto, ou o cumprimento de algum requisito contratual. O termo inglês *milestone* também é utilizado.

Eles são pontos de controle. Representá-los no cronograma ajuda na rápida visualização da data em que o projeto alcança esses instantes. Do ponto de vista do planejamento, o marco é uma atividade de duração zero, inserido no cronograma unicamente para fins de referência.

Os marcos podem ser *de planejamento* (definidos pelo planejador e cujas datas são calculadas a partir da rede) ou *contratuais* (datas impostas, que deverão ser atendidas).

O Quadro 11.2 mostra alguns marcos que podem ser incorporados a um cronograma.

**Quadro 11.2** Alguns marcos de planejamento e contratuais

| De planejamento | Contratuais |
|---|---|
| Início da obra | Ordem de serviço |
| Final da terraplenagem | Entrega do primeiro trecho da estrada |
| Estrutura concluída | Liberação da primeira parcela de recursos |
| Liberação de área | Reunião de coordenação com o cliente |
| Pavimentação OK | Inauguração da obra |

No caso dos marcos contratuais, as datas não são calculadas, mas impostas. Cabe ao gerente do projeto verificar se o planejamento da obra atende a essas datas e tomar as providências necessárias para que as etapas sejam cumpridas em tempo hábil.

A Fig. 11.2 ilustra um cronograma com marcos de planejamento e contratuais.

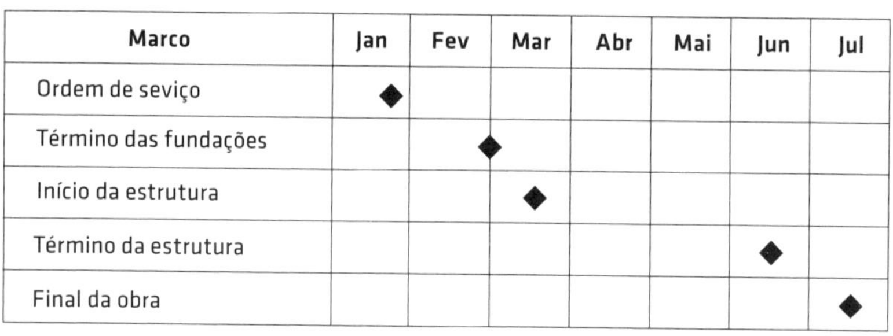


**Fig. 11.2** *Cronograma de marcos*

## 11.4 Dias úteis e dias corridos

A técnica PERT/CPM é toda fundamentada em dias úteis, ou seja, em dias de trabalho (ou semanas ou meses etc.). Os cálculos não levam em conta dias de calendário, mas dias sequenciais. A contagem dos dias independe de fins de semana e feriados. O cronograma com dias de calendário nada mais é do que um passo posterior, apenas para a associação dos dias parametrizados com datas no tempo real.

Então, para a rede simples da Fig. 11.3, tem-se o cronograma em dias úteis (sequenciais) mostrado na Fig. 11.4.

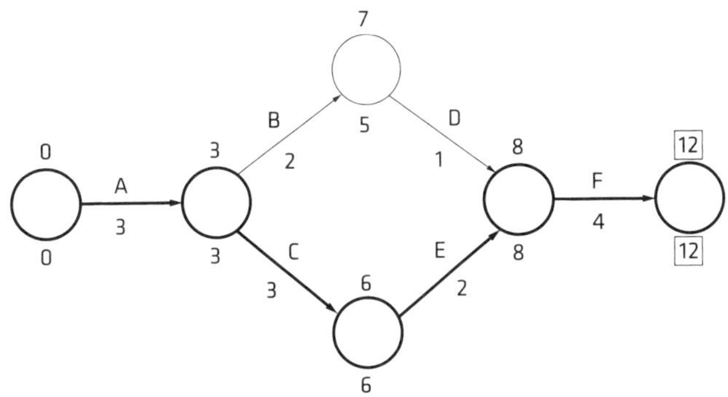


FIG. 11.3 *Diagrama de rede*

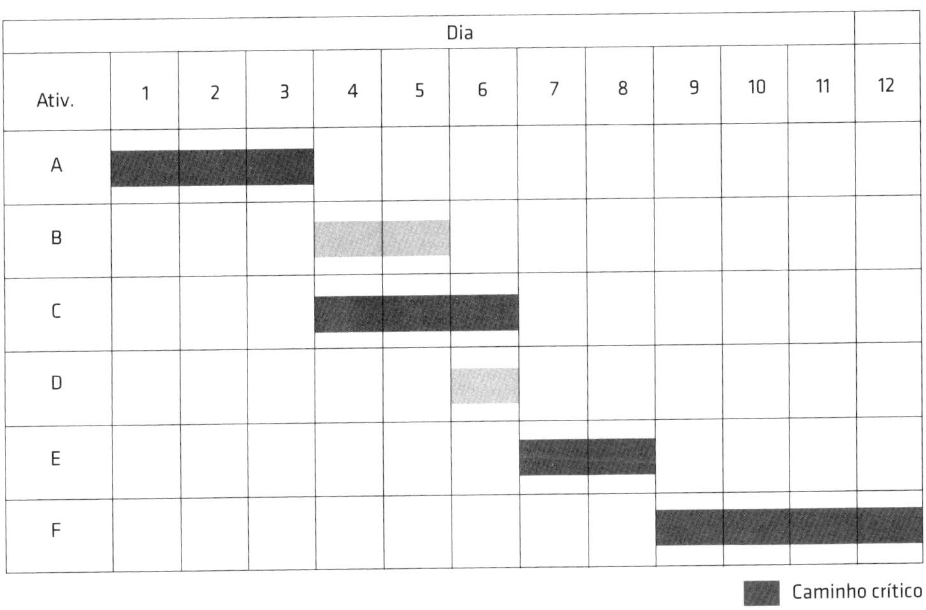


FIG. 11.4 *Cronograma paramétrico (dias sequenciais)*

Supondo que a data de início prevista é 14 de abril de 2010, que a obra não trabalha nos fins de semana e que há um feriado no dia 21 de abril, o cronograma integrado assume a forma indicada na Fig. 11.5.

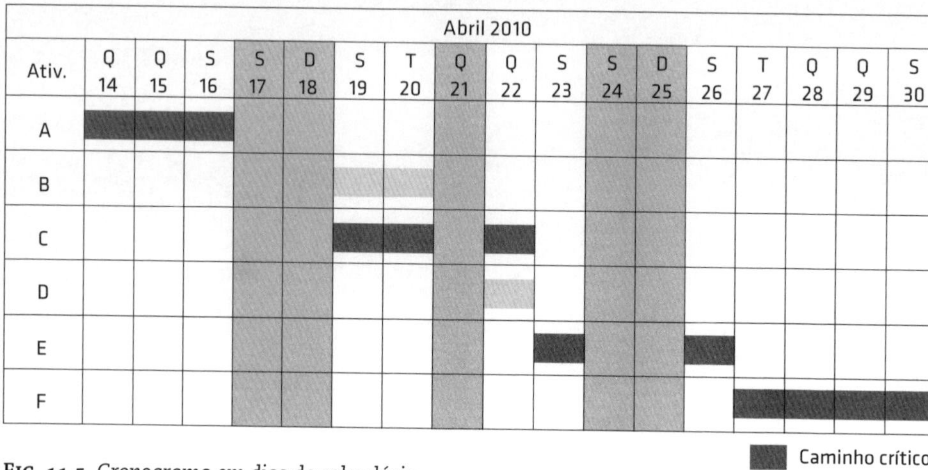


**Fig. 11.5** *Cronograma em dias de calendário*

Pode-se notar que as atividades C e E são interrompidas pelos dias não úteis, mas sua duração total em dias de trabalho permanece a mesma.

**Dicas para o planejador**

No cronograma integrado, o projeto parece mais longo que no cronograma simples (numeração sequencial paramétrica), porém a quantidade de dias úteis é a mesma. O que muda é que a quantidade de dias corridos é maior que a de dias úteis.

Em toda rede PERT/CPM, o que se calcula é sempre a duração total trabalhada, isto é, a quantidade de dias úteis.

O planejador precisa estar atento para a diferença entre dias úteis e dias corridos, sobretudo quando calcula a rede em dias úteis e tem de cumprir um prazo contratual estabelecido em dias de calendário. Um prazo calculado de 110 dias úteis, por exemplo, pode extrapolar um prazo contratual de 120 corridos.

No exemplo que norteou o raciocínio do Cap. 10 (Fig. 10.2), a rede calculada levou ao cronograma da Fig. 11.6.

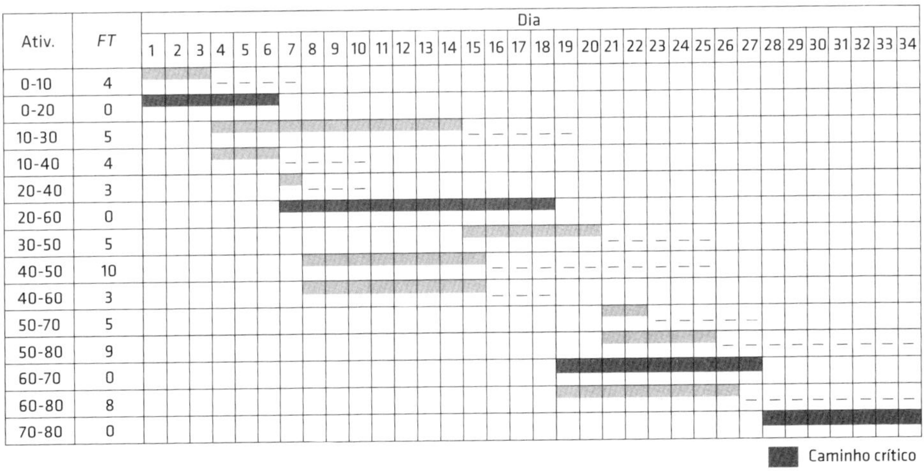


**Fig. 11.6** *Cronograma simples*

Supondo que o início do projeto ocorreu em 1° de dezembro de 2009 e que houve férias coletivas entre Natal e Ano Novo, o cronograma integrado é o mostrado na Fig. 11.7.

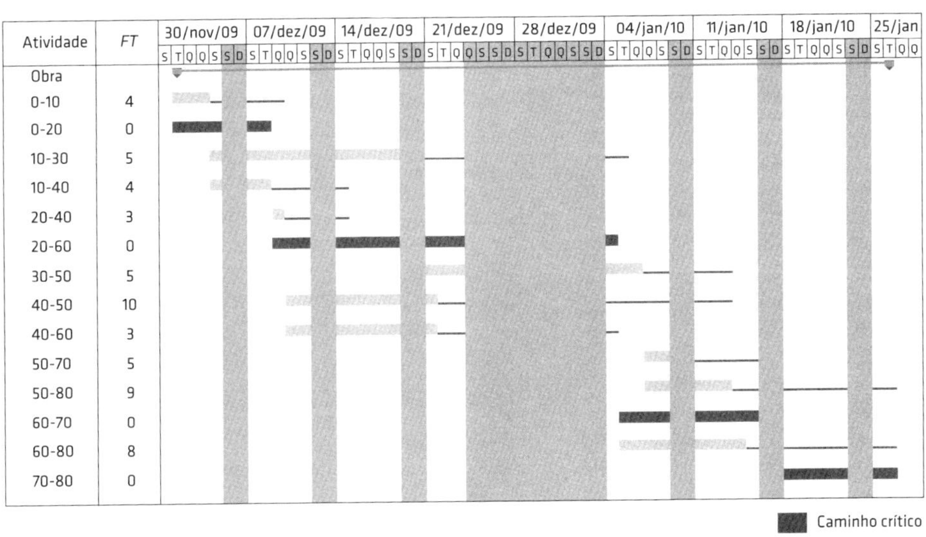


**Fig. 11.7** *Cronograma integrado com dias de calendário*

## 11.5 Vantagens e desvantagens do cronograma

Os pontos positivos e negativos da representação de uma rede sob a forma de cronograma integrado Gantt-PERT/CPM são mostrados no Quadro 11.3.

**Quadro 11.3** Vantagens e desvantagens do cronograma integrado

| Vantagens | Desvantagens |
|---|---|
| Sua apresentação é simples e de fácil assimilação | A sequência lógica é mais bem compreendida no diagrama de rede |
| Facilita o entendimento do significado da folga | Fica difícil perceber como o atraso ou o adiantamento de uma atividade afeta a rede como um todo |
| É a base para a alocação dos recursos | Não elimina o recálculo da rede para a atualização do programa |
| É a base para o cronograma físico--financeiro | |
| É ótima ferramenta de monitoramento e controle | |
| Serve para a geração das programações periódicas e a distribuição de tarefas aos responsáveis | |
| Serve para mostrar o progresso das atividades | |

# doze

# Abordagem probabilística

A teoria do caminho crítico foi construída até este ponto a partir de *durações determinísticas*, que foi como se desenvolveu o CPM. Para cada atividade foi atribuída uma duração única, um valor determinado.

Entretanto, o processo de definição das durações é um exercício de previsão, uma vez que o planejador não conhece de antemão seu valor preciso. Mesmo que ele disponha de dados de obras similares, é inevitável que haja uma margem de erro, uma imprecisão. É para atenuar esse inconveniente que entra em cena o conceito de *duração probabilística*. Foi nessa linha que se construiu o PERT.

## 12.1 Durações probabilísticas

A construção da técnica CPM baseou-se em durações determinísticas – um valor único –, enquanto o PERT foi desenvolvido com base em durações probabilísticas, também chamadas de *estocásticas*. Isso significa assumir que toda duração tem uma margem de variabilidade associada e que arbitrar um valor único não é muito prudente ou confiável.

A abordagem probabilística recorre à noção de três durações: a otimista, a pessimista e a mais provável. É o que se chama de *estimativa de três pontos*.

Ao trabalhar com três durações, a técnica permite ao planejador gerar parâmetros estatísticos para avaliar o grau de confiabilidade do prazo total calculado para o projeto.

### 12.1.1 Duração otimista

A *duração otimista* (O) de uma atividade é aquela que uma atividade terá se todas as condições para sua realização forem ideais. É a duração relativa ao melhor cenário. Em outras palavras, refere-se ao tempo que a atividade levará se tudo correr muito bem, fato que não é tão comum de acontecer.

### 12.1.2 Duração pessimista

A *duração pessimista* (P) de uma atividade é aquela que ocorre quando existem adversidades e as coisas não andam como foram idealizadas. É a duração relativa ao pior cenário. Como o nome já diz, refere-se ao tempo que a atividade levará se tudo correr muito mal, fato que não é tão comum de acontecer.

### 12.1.3 Duração mais provável

A *duração mais provável* (M) de uma atividade é aquela mais plausível levando-se em conta as circunstâncias em que ela ocorre. É a duração que, em tese, aconteceria mais comumente se a atividade fosse repetida um grande número de vezes.

Essa duração é a melhor aposta do planejador. Ela é fundamentada na experiência, ou em registros de projetos passados, e atribuída de acordo com a qualidade da equipe, o conhecimento do serviço, as condições de suprimento, o grau de supervisão, as condições de acesso etc.

| Dicas para o planejador |
| --- |
| A duração mais provável é justamente a duração utilizada na abordagem determinística. |
| É muito importante balizar bem os pontos *O*, *P* e *M* para que não sejam tendenciosos. Eles devem ser livres de influência. Há uma tendência natural de as pessoas carregarem muito na duração pessimista e, com isso, aumentarem desnecessariamente a duração esperada. |

### 12.1.4 Duração esperada

Denominando as durações otimista, pessimista e mais provável de O, P e M, respectivamente, define-se a *duração esperada* (E) por meio de:

$$E = \frac{O + 4M + P}{6}$$

Essa fórmula representa uma média ponderada, em que o peso da duração mais provável é 4 e o peso das durações otimista e pessimista é 1. É compreensível que a duração mais provável tenha um peso maior que as demais, pois sua chance de ocorrência é mais alta.

As durações podem ser representadas graficamente por meio de uma *distribuição beta*, conforme exibido na Fig. 12.1.

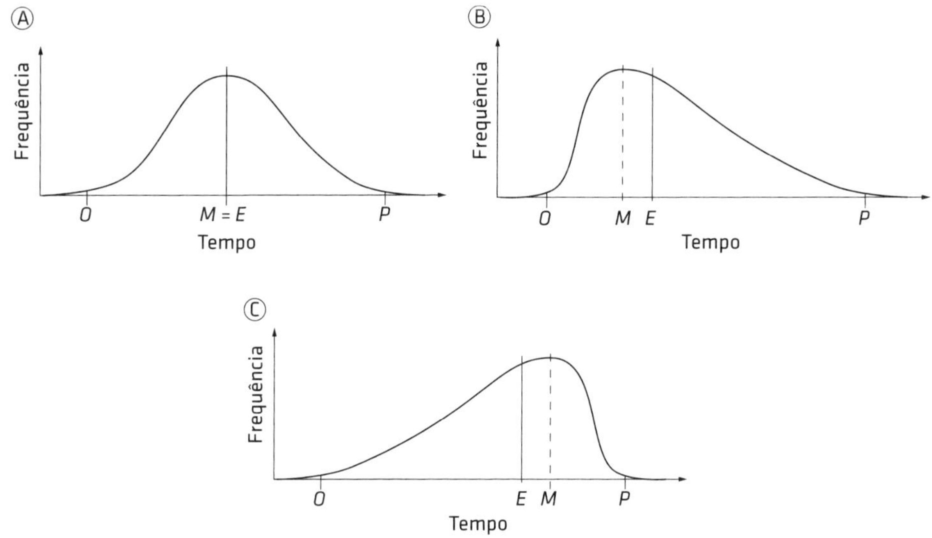


**FIG. 12.1** *Distribuição beta: (A) simétrica; (B) assimétrica distorcida para a direita; (C) assimétrica distorcida para a esquerda*

A distribuição beta mostrada nesses casos é uma distribuição de probabilidade contínua, representada em um gráfico que relaciona a variável duração (tempo) à frequência (probabilidade) de ocorrência. A curva representa a probabilidade de cada intervalo de tempo ser atingido, e daí decorre que a área total sob a curva é igual a 1 (ou 100%).

> *Importante*: quando se diz que a probabilidade de uma duração *D* é *X*%, isso significa que há *X*% de chance de a duração ficar igual ou abaixo de *D*, e 100% – *X*% de a duração superar *D*.

Por exemplo, se uma duração de nove dias tem uma probabilidade de 60%, isso significa que há 60% de chance de a atividade durar nove dias ou menos, e 40% de chance de ultrapassar nove dias.

A seguir, apresenta-se uma interpretação das três curvas:

- *Distribuição simétrica*: ocorre quando as durações otimista (O) e pessimista (P) são equidistantes da duração mais provável (M). Pela fórmula, a duração esperada coincide com a mais provável (E = M). A duração esperada E tem uma probabilidade de ocorrência de 50%, ou seja, divide a área do gráfico em duas partes iguais. Demonstra-se que a distribuição beta simétrica pode ser vista como uma distribuição normal.
- *Distribuição assimétrica distorcida para a direita*: ocorre quando a duração pessimista (P) está mais afastada da duração mais provável (M) do que a otimista (O). Pela fórmula, E > M. Também aqui a duração esperada E tem uma probabilidade de ocorrência de 50%, ou seja, divide a área do gráfico em duas partes iguais.
- *Distribuição assimétrica distorcida para a esquerda*: ocorre quando a duração otimista (O) está mais afastada da duração mais provável (M) do que a pessimista (P). Pela fórmula, E < M. Também aqui a duração esperada E tem uma probabilidade de ocorrência de 50%, ou seja, divide a área do gráfico em duas partes iguais.

O Quadro 12.1 resume as conclusões.

**Quadro 12.1** Durações probabilísticas na distribuição beta

| Distribuição beta | Durações | Duração estimada (*E*) |
|---|---|---|
| Simétrica (distribuição normal) | $M - O = P - M$ | $E = M$ |
| Assimétrica distorcida para a direita | $P - M > M - O$ | $E > M$ |
| Assimétrica distorcida para a esquerda | $M - O > P - M$ | $E < M$ |

Nota: em todos os casos, *E* tem 50% de probabilidade de ser atingida.

## Exemplo 12.1

Para a pintura de uma casa, calcular a duração esperada (E) com base nas durações dadas a seguir:

- duração otimista (O): seis dias (tempo bom, disponibilidade de pintores, sem interferência de outros serviços, sem retrabalho);
- duração pessimista (P): 12 dias (tempo chuvoso, interrupções do trabalho, ineficiências eventuais);
- duração mais provável (M): dez dias (experiência de outras obras).

***Solução:***

$$E = \frac{O + 4M + P}{6} = \frac{6 + (4 \times 10) + 12}{6} = 9{,}7\,\text{dias}$$

Há uma probabilidade de 50% de a tarefa ser concluída em até 9,7 dias (Fig. 12.2).

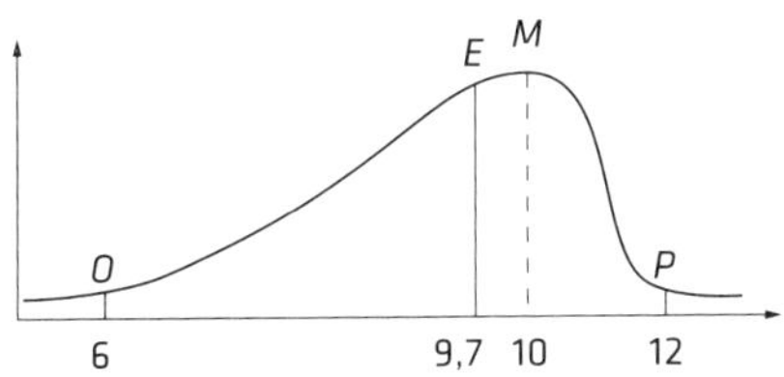


**FIG. 12.2** *Durações O, P, M e E*

## Exemplo 12.2

Para o planejamento das fundações de uma edificação, não havendo sondagens do terreno, calcular a duração esperada (E) a partir das seguintes durações adotadas pelo planejador:

- duração otimista (O): 50 dias (condições ideais, tempo bom, ausência de lençol freático, fundações superficiais);
- duração pessimista (P): 90 dias (solo com certa umidade, interferência do lençol freático, fundações profundas);
- duração mais provável (M): 60 dias (condições mais plausíveis de ocorrer).

***Solução:***

$$E = \frac{O + 4M + P}{6} = \frac{50 + (4 \times 60) + 90}{6} = 63{,}3\ \text{dias}$$

Há 50% de chance de a tarefa ser concluída em até 63,3 dias (Fig. 12.3).

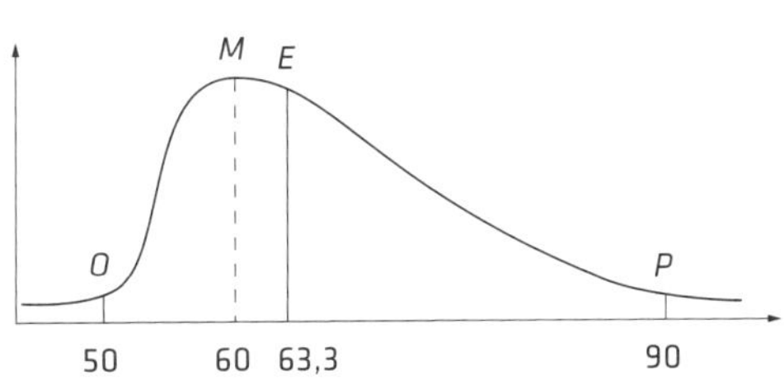


**FIG. 12.3** *Durações O, P, M e E*

**Estudo de caso 12.1 – escavação de solo**

Para o serviço de escavação com transporte para bota-fora, cujo total é de 14.400 m³, a duração esperada (*E*) foi calculada com base nas informações dadas a seguir (assume-se um caminhão de 5 m³ e turno de 8 horas):

* *produtividade otimista*: 36 viagens por hora (posicionamento ideal dos caminhões em relação à escavadeira, material seco e trajeto dos caminhões desimpedido);
* *produtividade pessimista*: 18 viagens por hora (dificuldade de posicionamento dos caminhões, material muito úmido e trânsito no trajeto dos caminhões);
* *produtividade mais provável*: 30 viagens por hora (bom posicionamento dos caminhões, material com baixa umidade e boa velocidade dos caminhões).

**Cálculo das durações**

Duração otimista (O) = 14.400 m³/(36 viagens/hora × 5 m³/viagem × 8 h/dia) = 10 dias

Duração pessimista (P) = 14.400/(18 × 5 × 8) = 20 dias

Duração mais provável (M) = 14.400/(30 × 5 × 8) = 12 dias

$$E = \frac{O + 4M + P}{6} = \frac{10 + (4 \times 12) + 20}{6} = 13 \text{ dias}$$

### 12.1.5 Desvio-padrão da duração

Duas grandezas estatísticas são importantes na análise probabilística das atividades: o desvio-padrão e a variância.

O *desvio-padrão* ($\sigma$) é a medida mais comum da dispersão estatística. Ele dá uma ideia da variabilidade dos valores em torno da média aritmética, ou seja, é uma medida do grau de dispersão dos dados numéricos em torno de um valor médio. No caso das durações, portanto, o desvio-padrão dá uma noção de quão afastadas do tempo esperado as diversas durações estão.

Para a distribuição de três pontos (beta), demonstra-se, por meio de uma simplificação matemática, que o desvio-padrão é dado por:

$$\sigma = \frac{P - O}{6}$$

em que P e O são as durações pessimista e otimista, respectivamente.

A interpretação da fórmula nos revela que a duração otimista (O) dista seis desvios-padrão da duração pessimista (P). Além disso, o desvio-padrão somente será nulo quando essas durações forem idênticas.

| Dicas para o planejador |
|---|
| O desvio-padrão é um número não negativo. |
| O desvio-padrão tem a mesma unidade que os dados – no caso das durações, sua unidade é tempo (dias, semanas, meses). |
| Quanto maior o desvio-padrão, maior a incerteza. Como ele mede a diferença entre *P* e *O*, um grande afastamento entre elas resulta em um desvio-padrão alto e, consequentemente, maior risco. |

Na distribuição normal, o desvio-padrão tem as características da Fig. 12.4.

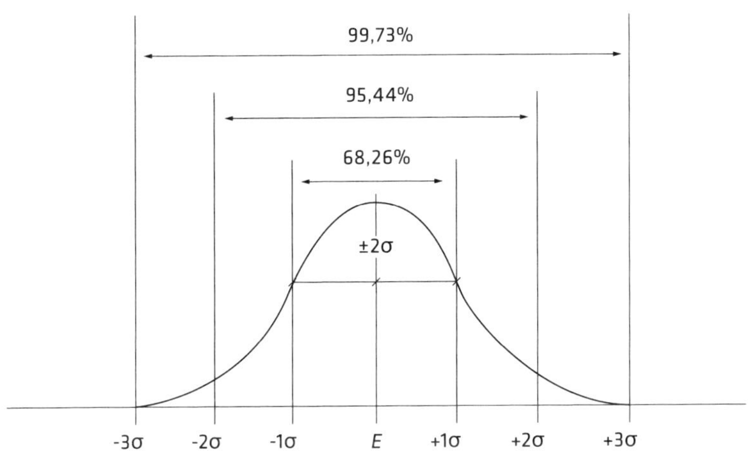


**Fig. 12.4** *Desvio-padrão*

- 68,26% dos valores encontram-se a menos de um desvio-padrão em relação à média.
- 95,44% dos valores encontram-se a menos de dois desvios-padrão em relação à média.
- 99,73% dos valores encontram-se a menos de três desvios-padrão em relação à média.

## Exemplo 12.3

Analisar a dispersão dos valores em torno da duração esperada, nos seguintes casos:

1. O = 6 dias, P = 12 dias e M = 10 dias (Exemplo 12.1);
2. O = 38 dias, P = 77 dias e M = 45 dias.

***Solução:***

1.

$$E = \frac{O + 4M + P}{6} = \frac{6 + (4 \times 10) + 12}{6} = 9{,}7 \text{ dias}$$

$$\sigma = \frac{P - O}{6} = \frac{12 - 6}{6} = 1 \text{ dia}$$

- Há uma probabilidade de 68% de que a duração da atividade fique no intervalo entre E – 1σ e E + 1σ, ou seja, 68% de chance de estar entre 8,7 e 10,7 dias (Fig. 12.5).
- Há uma probabilidade de 95% de que a duração da atividade fique no intervalo entre E – 2σ e E + 2σ, ou seja, 95% de chance de estar entre 7,7 e 11,7 dias (Fig. 12.5).
- Há uma probabilidade de 99,7% de que a duração da atividade fique no intervalo entre E – 3σ e E + 3σ, ou seja, 99,7% de chance de estar entre 6,7 e 12,7 dias (Fig. 12.5).

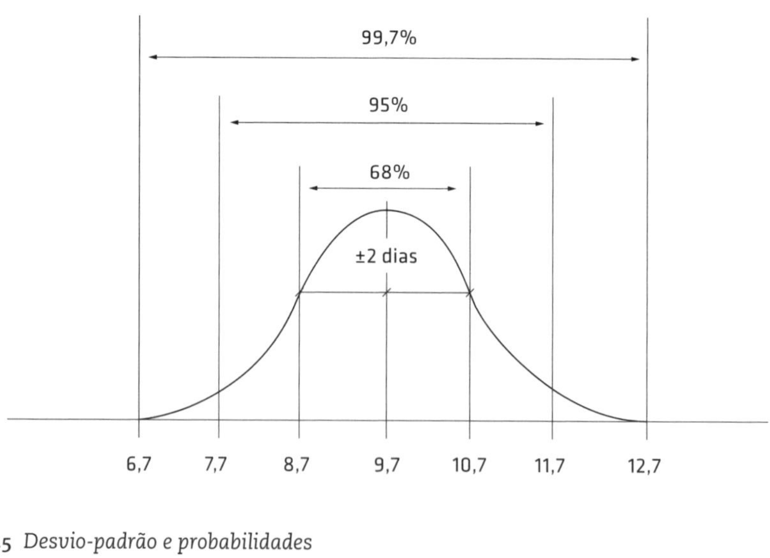


FIG. 12.5 *Desvio-padrão e probabilidades*

2.

$$E = \frac{O + 4M + P}{6} = \frac{38 + (4 \times 45) + 77}{6} = 49{,}16 \text{ dias}$$

$$\sigma = \frac{P - O}{6} = \frac{77 - 38}{6} = 6{,}5 \text{ dias}$$

* Probabilidade de 68% de a duração da atividade ficar entre $E - 1\sigma$ e $E + 1\sigma$, ou seja, entre 42,66 e 55,66 dias.
* Probabilidade de 95% de a duração da atividade ficar entre $E - 2\sigma$ e $E + 2\sigma$, ou seja, entre 36,16 e 62,16 dias.
* Probabilidade de 99,7% de a duração da atividade ficar entre $E - 3\sigma$ e $E + 3\sigma$, ou seja, entre 29,66 e 68,66 dias.

---

### 12.1.6 Variância da duração

A *variância* ($\sigma^2$) é definida como o quadrado do desvio-padrão:

$$\text{Variância} = \sigma^2$$

Tal como o desvio-padrão, a variância também dá uma ideia do grau de incerteza dos valores em torno da média.

Para que então utilizar desvio-padrão e variância? Quando desenvolvermos logo a seguir a teoria probabilística do caminho crítico, eles vão nortear o cálculo da precisão que se tem na duração total do projeto.

Diante do exposto, conclui-se que usar a regra dos três pontos – durações otimista, pessimista e mais provável – para cada atividade permite ao planejador ter mais segurança no cálculo do cronograma e na geração do prazo total da obra. Na análise determinística, isso não se verifica, uma vez que há a atribuição de uma única duração para a atividade.

## 12.2 Caminho crítico probabilístico

A identificação do caminho crítico é feita da mesma maneira que para atividades com duração determinística. Utiliza-se nos cálculos a duração esperada de cada atividade. A única diferença é que, quando se trabalha com probabilidades, a duração total do caminho crítico também tem seu desvio-padrão, ou seja, sua faixa de incerteza.

Utilizaremos um exemplo simples para ilustrar o que se passa com as probabilidades. O diagrama é dado na Fig. 12.6. As durações otimista (O), mais provável (M), pessimista (P) e esperada (E), em dias, são mostradas na Tab. 12.1, assim como o desvio-padrão (σ) e a variância (σ²).

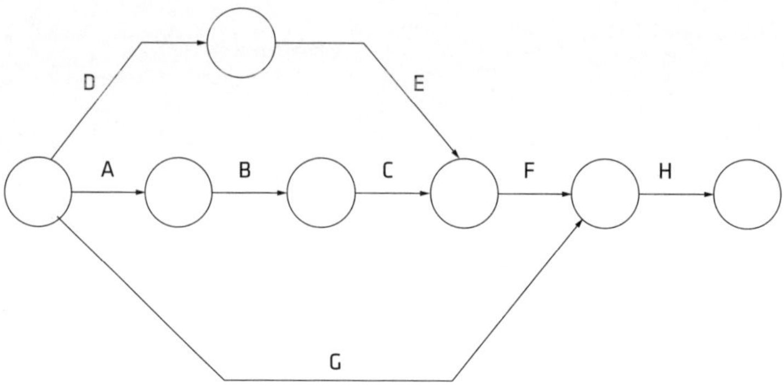


FIG. 12.6 *Diagrama de rede*

Tab. 12.1 Cálculo da duração esperada, do desvio-padrão e da variância

| Ativ. | *O* | *M* | *P* | *E* = (*O* + 4*M* + *P*)/6 | σ = (*P* – *O*)/6 | σ² |
|---|---|---|---|---|---|---|
| A | 2 | 6 | 10 | 6 | 1,33 | 1,78 |
| B | 1 | 3 | 4 | 2,83 | 0,50 | 0,25 |
| C | 4 | 8 | 9 | 7,5 | 0,83 | 0,69 |
| D | 3 | 3 | 3 | 3 | 0 | 0 |
| E | 5 | 6 | 8 | 6,17 | 0,50 | 0,25 |
| F | 3 | 7 | 11 | 7 | 1,33 | 1,78 |
| G | 6 | 11 | 14 | 10,67 | 1,33 | 1,78 |
| H | 3 | 4 | 9 | 4,67 | 1 | 1 |

A determinação do caminho crítico é feita com as durações esperadas. O maior caminho da rede é, portanto, A-B-C-F-H, totalizando um prazo (T) de 28 dias (Fig. 12.7).

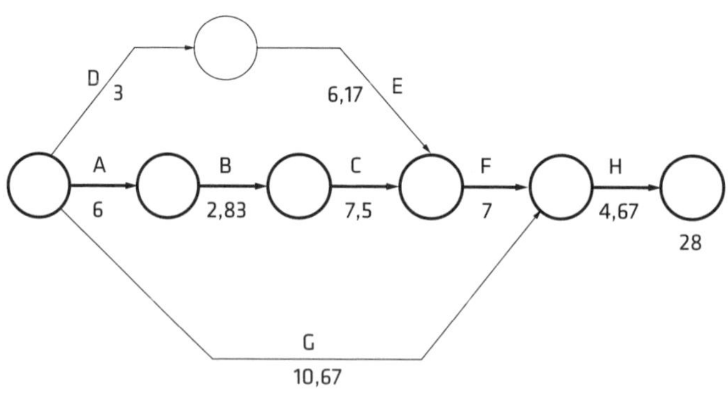


FIG. 12.7 *Caminho crítico a partir das durações esperadas*

Tal como a duração de cada atividade, o prazo de 28 dias tem sua incerteza. A variância do prazo total é dada pela soma das variâncias das atividades críticas:

$$\sigma^2 = \sigma_A{}^2 + \sigma_B{}^2 + \sigma_C{}^2 + \sigma_F{}^2 + \sigma_H{}^2 = 1{,}78 + 0{,}25 + 0{,}69 + 1{,}78 + 1 = 5{,}5$$

Por fim, o desvio-padrão da duração do projeto é a raiz quadrada da variância:

$$\sigma = \sqrt{\sigma^2} = \sqrt{5{,}5} = 2{,}35 \text{ dias}$$

Relembrando-nos das propriedades do desvio-padrão:

* há 68% de probabilidade de o projeto terminar entre $T - 1\sigma$ e $T + 1\sigma$, isto é, entre 25,65 e 30,35 dias;
* há 95% de probabilidade de o projeto terminar entre $T - 2\sigma$ e $T + 2\sigma$, isto é, entre 23,31 e 32,69 dias;
* há 99,7% de probabilidade de o projeto terminar entre $T - 3\sigma$ e $T + 3\sigma$, isto é, entre 20,96 e 35,04 dias.

Esses dados são apresentados esquematicamente na Fig. 12.8.

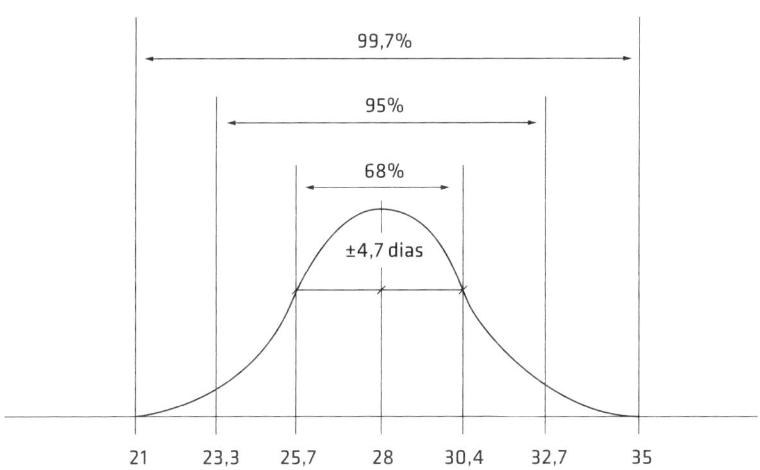


**FIG. 12.8** *Desvio-padrão e probabilidades*

O desvio-padrão do prazo total é maior que o desvio-padrão de cada atividade crítica, pois a incerteza se propaga.

## 12.3 Probabilidade de um prazo qualquer

Resumindo o que foi visto até este ponto, o planejamento chegou a um prazo calculado $T$ que foi determinado em função da lógica de execução do projeto e da duração das atividades. Trabalhando-se com durações probabilísticas, esse prazo $T$ possui uma incerteza associada, que é traduzida pelo desvio-padrão $\sigma$. A probabilidade de o prazo do projeto ficar entre $T - 1\sigma$ e $T + 1\sigma$ é de 68%, entre $T - 2\sigma$ e $T + 2\sigma$ é de 95%, e entre $T - 3\sigma$ e $T + 3\sigma$ é de 99,7%.

Agora a pergunta que fazemos é: qual é a probabilidade de o projeto não extrapolar $x$ dias? Para responder a essa questão, é preciso recorrer à teoria da distribuição de probabilidades. Demonstra-se que:

$$K = \frac{x - T}{\sigma}$$

em que $K$ é o fator de probabilidade, $x$ é o prazo cuja probabilidade de ocorrência se quer obter, $T$ é o prazo calculado da rede e $\sigma$ é o desvio-padrão.

De posse de $K$, entra-se na Tab. 12.2 e obtém-se a probabilidade de ocorrência de $x$, ou seja, a probabilidade de o projeto terminar *em até* $x$ dias (Fig. 12.9).

**Tab. 12.2** Fator de probabilidade

| *K* | Probabilidade (%) | *K* | Probabilidade (%) |
|---|---|---|---|
| < -3,0 | 0,00 | 0,1 | 53,98 |
| -3,0 | 0,13 | 0,2 | 57,93 |
| -2,9 | 0,19 | 0,3 | 61,79 |
| -2,8 | 0,26 | 0,4 | 65,54 |
| -2,7 | 0,35 | 0,5 | 69,15 |
| -2,6 | 0,47 | 0,6 | 72,57 |
| -2,5 | 0,62 | 0,7 | 75,80 |
| -2,4 | 0,82 | 0,8 | 78,81 |
| -2,3 | 1,07 | 0,9 | 81,59 |
| -2,2 | 1,39 | 1,0 | 84,13 |
| -2,1 | 1,79 | 1,1 | 86,43 |
| -2,0 | 2,28 | 1,2 | 88,49 |
| -1,9 | 2,87 | 1,3 | 90,32 |
| -1,8 | 3,59 | 1,4 | 91,92 |
| -1,7 | 4,46 | 1,5 | 93,32 |
| -1,6 | 5,48 | 1,6 | 94,52 |
| -1,5 | 6,68 | 1,7 | 95,54 |
| -1,4 | 8,08 | 1,8 | 96,41 |
| -1,3 | 9,68 | 1,9 | 97,13 |

Tab. 12.2 (continuação)

| *K* | Probabilidade (%) | *K* | Probabilidade (%) |
|---|---|---|---|
| -1,2 | 11,51 | 2,0 | 97,72 |
| -1,1 | 13,57 | 2,1 | 98,21 |
| -1,0 | 15,87 | 2,2 | 98,61 |
| -0,9 | 18,41 | 2,3 | 98,93 |
| -0,8 | 21,19 | 2,4 | 99,18 |
| -0,7 | 24,20 | 2,5 | 99,38 |
| -0,6 | 27,43 | 2,6 | 99,53 |
| -0,5 | 30,85 | 2,7 | 99,65 |
| -0,4 | 34,46 | 2,8 | 99,74 |
| -0,3 | 38,21 | 2,9 | 99,81 |
| -0,2 | 42,07 | 3,0 | 99,87 |
| -0,1 | 46,02 | > 3,0 | 100,00 |
| 0,0 | 50,00 | | |

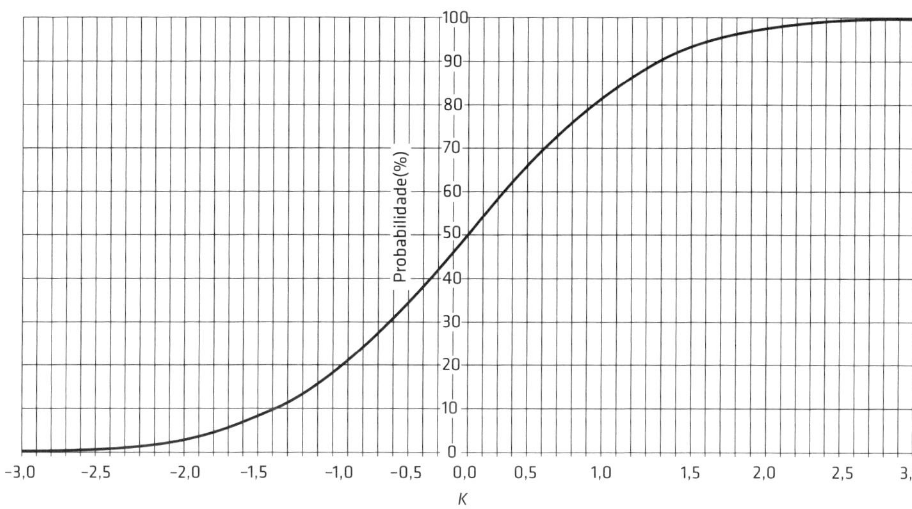


**Fig. 12.9** *Fator de probabilidade*

Alguns resultados conhecidos decorrem do gráfico da Fig. 12.9:

* ao prazo de $T + 1\sigma$ corresponde uma probabilidade de 84,13% (pois $K$ seria igual a 1,0); ao prazo de $T - 1\sigma$ corresponde uma probabilidade de 15,87%; conclui-se, portanto, que a probabilidade de o projeto terminar entre $T - 1\sigma$ e $T + 1\sigma$ é de 68,26%;
* analogamente, a probabilidade de o projeto terminar entre $T - 2\sigma$ e $T + 2\sigma$ é de 95,44%;

* analogamente, a probabilidade de o projeto terminar entre $T - 3\sigma$ e $T + 3\sigma$ é de 99,74%;
* a probabilidade de o projeto terminar até T é de 50% – há 50% de chance de o prazo real do projeto ultrapassar o prazo calculado.

## Exemplo 12.4

Com base no último exemplo visto (prazo calculado de 28 dias e desvio-padrão de 2,35 dias), calcular:

1. a probabilidade de o projeto terminar em até 24 dias;
2. a probabilidade de o projeto terminar em até 33 dias;
3. a probabilidade de o projeto terminar em até 35 dias;
4. a probabilidade de não se cumprir o prazo de 30 dias;
5. o prazo que tem 70% de certeza de ser cumprido;
6. o prazo que tem 50% de certeza de ser cumprido.

***Solução:***

$$K = \frac{x - T}{\sigma} = \frac{24 - 28}{2,35} = -1,70$$

1. $K = \frac{x - T}{\sigma} = \frac{24 - 28}{2,35} = -1,70 \rightarrow$ probabilidade = 4,46%.
2. K = (33 – 28)/2,35 = 2,1 → probabilidade = 98,21%.
3. K = (35 – 28)/2,35 = 3,0 → probabilidade = 99,87% (há uma certeza quase absoluta de que o prazo não passará dos 35 dias).
4. K = (30 – 28)/2,35 = 0,85 → probabilidade = 80% (por interpolação).
   Essa é a chance de a obra terminar em até 30 dias e, portanto, há uma probabilidade de 20% de esse prazo ser excedido.
5. Na Tab. 12.2, procura-se 70% e, por interpolação, chega-se a K = 0,52. Pela fórmula,

$$x = K \cdot \sigma + T = 0,52 \times 2,35 + 28 = 29,2 \text{ dias}$$

6. Na Tab. 12.2, procura-se 50% e chega-se a K = 0. Pela fórmula, x = T = 28 dias. Esse resultado é esperado, pois o prazo calculado tem exatamente 50% de chance de ser atingido.

## Exemplo 12.5

Na rede da Fig. 12.10, com base nas durações otimista, mais provável e pessimista das atividades (Tab. 12.3), calcular:

1. a probabilidade de o projeto ser concluído em até 20 dias;
2. a probabilidade de o projeto ser concluído em até 22 dias;
3. a probabilidade de o projeto ser concluído em até 25 dias;
4. o prazo associado a uma confiança de 100%.

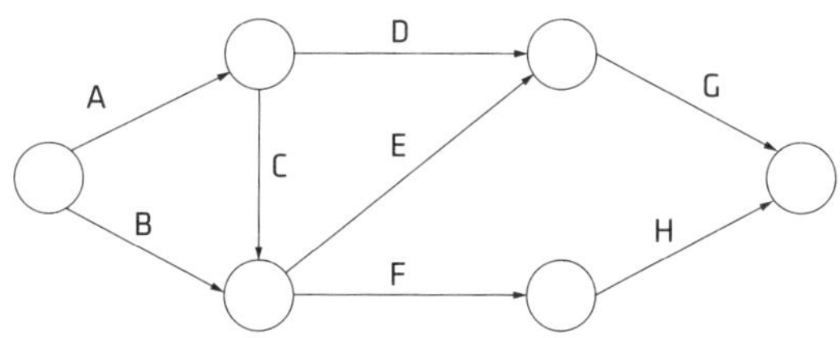


FIG. 12.10 *Diagrama de rede*

Tab. 12.3 Durações

| Atividade | *O* | *M* | *P* |
|---|---|---|---|
| A | 6 | 7 | 14 |
| B | 8 | 10 | 12 |
| C | 2 | 3 | 4 |
| D | 6 | 7 | 8 |
| E | 5 | 5,5 | 9 |
| F | 5 | 7 | 9 |
| G | 4 | 6 | 8 |
| H | 2,5 | 3 | 3,5 |

***Solução:***

Calculando a duração esperada das atividades, o planejador chega ao caminho crítico (Fig. 12.11).

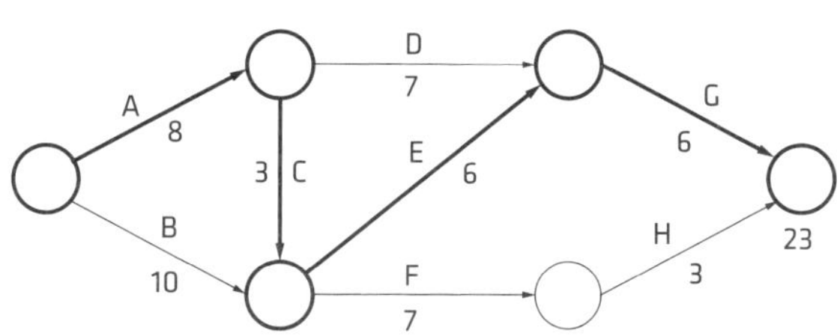


FIG. 12.11 *Durações esperadas e caminho crítico*

O desvio-padrão é obtido a partir da variância das atividades críticas:

$$\sigma^2 = \sigma_A{}^2 + \sigma_C{}^2 + \sigma_E{}^2 + \sigma_G{}^2 = 1{,}78 + 0{,}11 + 0{,}44 + 0{,}44 = 2{,}77$$

$$\sigma = \sqrt{\sigma^2} = \sqrt{2{,}77} = 1{,}67 \text{ dia}$$

1. Prazo de 20 dias: $K = (x - T)/\sigma = (20 - 23)/1{,}67 = -1{,}8 \rightarrow 3{,}6\%$
2. Prazo de 22 dias: $K = (22 - 23)/1{,}67 = -0{,}6 \rightarrow 27{,}4\%$
3. Prazo de 25 dias: $K = (25 - 23)/1{,}67 = 1{,}2 \rightarrow 88{,}5\%$
4. Confiança de 100% $\rightarrow K = 3 \rightarrow x = K \cdot \sigma + T = 3 \times 1{,}67 + 23 = 28$ dias

# treze

## Recursos

Os gerentes de obra costumam se deparar com situações em que recursos, sejam eles humanos, materiais ou equipamentos, representam uma restrição ao planejamento. Isso ocorre, por exemplo, quando o cronograma mostra duas atividades que acontecem em uma mesma época, mas a quantidade de recursos requeridos não consegue ser suprida para a realização simultânea daquelas atividades. Situações assim são bastante comuns e levam à conclusão de que planejar as atividades considerando apenas o fator tempo nem sempre resolve todos os problemas.

Nos capítulos anteriores, a elaboração do planejamento assumiu implicitamente uma oferta ilimitada de recursos. Neste capítulo, a teoria do PERT/CPM será enriquecida com a alocação de recursos nas atividades. Com a introdução desse elemento na rede, pode-se gerar um histograma que mostra a quantidade de recursos requerida em cada momento do projeto e avaliar se é possível atender a essa demanda. É comum que o histograma apresente oscilação na quantidade de recursos e que haja oscilações com grandes picos e vales, as quais podem ser atenuadas pela noção de nivelamento de recursos, uma interessante operação pela qual algumas atividades são deslocadas dentro do limite de suas folgas, reduzindo o pico de recursos necessários sem alterar o prazo do projeto.

## 13.1 Alocação de recursos

Dá-se o nome de *recurso* aos insumos necessários à realização de uma atividade. Os recursos podem ser de diversas categorias, como exemplificado no Quadro 13.1.

**Quadro 13.1** Categorias de recurso

| Categoria | Exemplo |
|---|---|
| Mão de obra | Carpinteiro, pedreiro, soldador, montador, projetista, desenhista, João, Maria |
| Material | Concreto, madeira, chapa de aço, perfil metálico, material para aterro, cabo |
| Equipamento | Caminhão, trator, carregadeira, máquina de solda, bate-estacas |
| Dinheiro | Reais (R$) |

Um recurso pode aparecer em uma ou várias tarefas. A *alocação de recursos* consiste na atribuição de recursos às diversas atividades do planejamento. A alocação tanto é qualitativa (pedreiro, trator, perfil metálico) quanto quantitativa (três pedreiros, dois tratores, 50 t de perfil metálico).

## 13.2 Relação recurso-duração

No Cap. 6, vimos que há uma relação intrínseca entre a quantidade de recursos alocados a uma atividade e sua duração. Variando-se a disponibilidade de recursos, altera-se inversamente a duração. Na forma de equação:

$$\text{Duração} = \frac{\text{Quantidade}}{\text{Produtividade} \cdot \text{quantidade de recursos} \cdot \text{jornada}}$$

Por exemplo, se uma atividade requer 160 Hh de operário para sua realização, ela pode ser planejada com qualquer uma das combinações da Tab. 13.1, adotando-se 8 h/dia.

**Tab. 13.1** Duração da atividade em função da quantidade de operários

| Quantidade de operários | Duração (dias) |
|---|---|
| 1 | 20 |
| 2 | 10 |
| 3 | 6,7 |
| 4 | 5 |
| 5 | 4 |

Logicamente, há algumas limitações a essa proporcionalidade por motivos de espaço físico (dificuldade de acomodar muitos recursos na mesma frente de serviço), logística, segurança, capacidade de supervisão etc.

**Dicas para o planejador**

Na Tab. 13.1, optando-se por alocar três operários à atividade, a duração obtida seria de 6,7 dias. Em casos assim, o planejador deve arredondar para sete dias.

Há quem utilize ½ dia como a menor unidade de tempo – o arredondamento poderia ser, então, para 6,5 dias.

## 13.3 Histograma de recursos

Seja o cronograma simples ilustrado na Fig. 13.1A, que mostra a rede programada para início mais cedo, com as folgas e a quantidade diária de pedreiro em cada atividade (anotada sob a barra). A linha inferior contém o total acumulado de dias de pedreiro.

O *histograma do recurso* é o gráfico de colunas que representa a quantidade requerida do recurso por unidade de tempo. O histograma correspondente ao cronograma mais cedo é mostrado na Fig. 13.1B. O pico (máximo) é de 11 pedreiros nos dias 5 e 6. A demanda mínima é de um pedreiro entre os dias 7 e 10. O total de dias de pedreiro é 48. O histograma mais cedo apresenta grande oscilação na quantidade requerida do recurso.

Ⓐ

| Ativ. | Dia | | | | | | | | | | |
|---|---|---|---|---|---|---|---|---|---|---|---|
| | 1 | 2 | 3 | 4 | 5 | 6 | 7 | 8 | 9 | 10 | 11 |
| **0-10** | 2 | 2 | | | | | | | | | |
| 10-20 | | | 2 | 2 | — | — | — | — | | | |
| **10-30** | | | 6 | 6 | 6 | 6 | | | | | |
| 20-40 | | | | | 5 | 5 | — | — | — | — | |
| **30-40** | | | | | | | 1 | 1 | 1 | 1 | |
| **40-50** | | | | | | | | | | | 2 |
| Pedreiros | 2 | 2 | 8 | 8 | 11 | 11 | 1 | 1 | 1 | 1 | 2 |
| Acumulado | 2 | 4 | 12 | 20 | 31 | 42 | 43 | 44 | 45 | 46 | 48 |

▇ Caminho crítico

Fig. 13.1 *(A) Cronograma*

Ⓑ

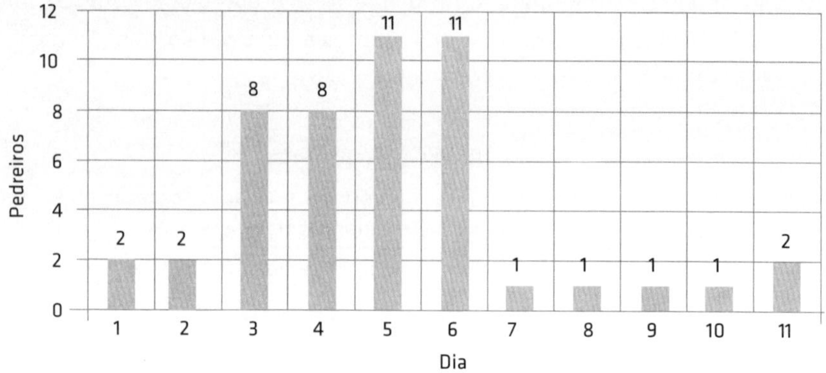


**Fig. 13.1** *(cont.) (B) Histograma de recurso*

Relembrando a teoria vista até agora, as atividades não críticas podem se deslocar no período permitido por sua respectiva folga sem afetar o prazo total do projeto. Com o intuito de melhorar a condição de altos e baixos do histograma, o planejador pode tirar partido das folgas e deslizar algumas atividades, suavizando as flutuações do histograma. É o que se vê no cronograma da Fig. 13.2, em que a atividade B foi deslocada dois dias para a frente, assim como a atividade D, o que resulta em uma redução do pico do histograma para oito pedreiros, mantido o prazo original de 11 dias.

Ⓐ

| Ativ. | Dia | | | | | | | | | | |
|---|---|---|---|---|---|---|---|---|---|---|---|
| | 1 | 2 | 3 | 4 | 5 | 6 | 7 | 8 | 9 | 10 | 11 |
| **0-10** | 2 | 2 | | | | | | | | | |
| 10-20 | | | — | — | 2 | 2 | — | — | | | |
| **10-30** | | | 6 | 6 | 6 | 6 | | | | | |
| 20-40 | | | | | — | — | 5 | 5 | — | — | |
| **30-40** | | | | | | | 1 | 1 | 1 | 1 | |
| **40-50** | | | | | | | | | | | 2 |
| Pedreiros | 2 | 2 | 6 | 6 | 8 | 8 | 6 | 6 | 1 | 1 | 2 |
| Acumulado | 2 | 4 | 10 | 16 | 24 | 32 | 38 | 44 | 45 | 46 | 48 |

Caminho crítico

**Fig. 13.2** *(A) Cronograma*

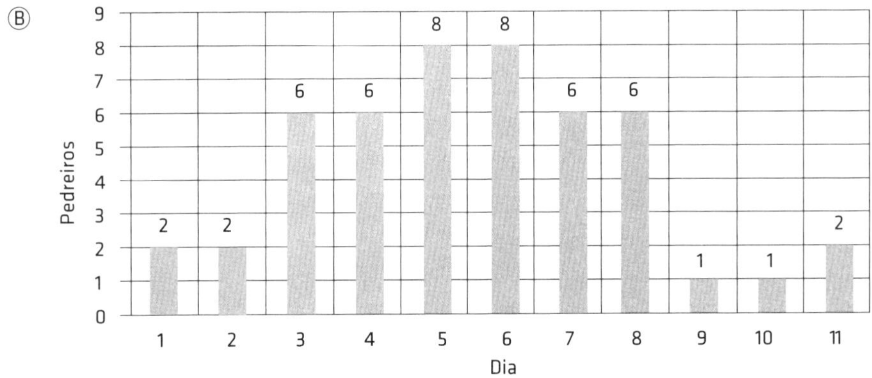


FIG. 13.2 *(cont.) (B) Histograma suavizado*

Seja agora a rede ilustrada no diagrama de flechas (ADM) da Fig. 13.3. Os recursos são alocados na rede de acordo com a Tab. 13.2.

**Tab. 13.2** Atividade e número de operários

| Atividade | Número de operários |
|---|---|
| 10-20 | 10 |
| 10-30 | 8 |
| 10-40 | 5 |
| 20-50 | 15 |
| 30-60 | 6 |
| 40-60 | 3 |
| 40-70 | 4 |
| 50-70 | 8 |
| 60-70 | 7 |

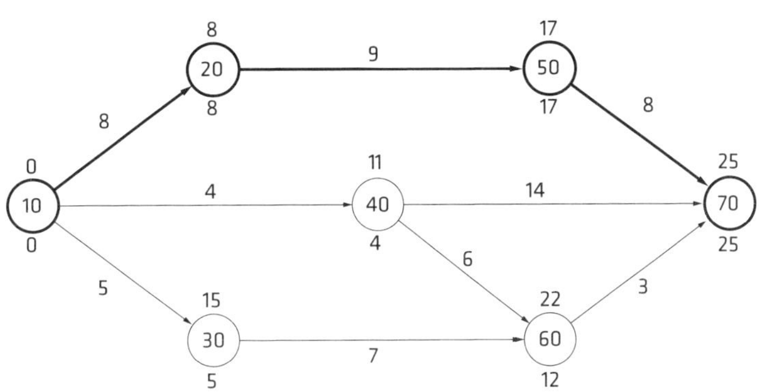

FIG. 13.3 *Diagrama de flechas*

A Fig. 13.4 traz a rede programada para início mais cedo de todas as atividades e seu respectivo histograma de recurso. A linha inferior contém o total acumulado de dias de operário. Há um pico de 28 operários nos dias 9 e 10, enquanto a menor demanda é de oito operários nos sete últimos dias da obra. O total de dias de operários é 476. Superposta ao histograma está a curva de recurso acumulado.

Para a mesma rede, a Fig. 13.5 mostra o cronograma mais tarde de todas as atividades e o histograma de operário correspondente. No cronograma mais tarde, que tem o mesmo prazo de 25 dias, as folgas são consumidas antes do início das atividades. Coincidentemente, o pico é também de 28 operários (dias 11 e 17), mas a distribuição do recurso ao longo da obra é distinta. O efetivo mínimo requerido é de dez operários nos primeiros sete dias da obra. O total de dias de operários é 476, mesmo resultado do cronograma mais cedo. Aliás, esse resultado era esperado, porque a carga de trabalho nas duas circunstâncias é igual – o que muda é a distribuição do recurso no tempo.

O início mais cedo e o início mais tarde são apenas duas possíveis combinações de aplicação de recursos. A existência de folgas nas atividades não críticas permite ainda múltiplas possibilidades de programação.

## 13.4 Curva S e curva banana

A cada uma das curvas individuais de uso acumulado do recurso se dá o nome de *curva* S, em razão de seu formato. A curva S, que é sempre crescente, mostra como o total acumulado do recurso (em recurso-dia ou em custo, se o recurso for expresso por sua tarifa horária ou mensal) se constrói ao longo do tempo. Obviamente a ordenada mais alta da curva é o total geral de uso do recurso (em recurso-dia ou em custo).

Para o exemplo anterior, pode-se plotar em um mesmo gráfico as duas curvas S de uso do recurso: a referente ao cronograma mais cedo e a referente ao cronograma mais tarde. O aspecto final do gráfico com as duas curvas de recursos acumulados assemelha-se a uma banana – daí o termo *curva banana* (Fig. 13.6).

A interpretação dos gráficos mostra que o programa mais cedo acarreta uma alocação mais intensa de recursos nos primeiros dias e, por conseguinte, um investimento inicial maior. Pode-se afirmar que manter intactas as folgas como medida de segurança é uma conquista adquirida a um custo inicial grande.

O programa de início mais tarde, por outro lado, permite um investimento inicial reduzido, porém com considerável aumento nas épocas finais do projeto. A baixa proporção inicial de custos tem como contrapartida a eliminação de todas as folgas e o consequente risco de atraso da rede como um todo, uma vez que todas as atividades se transformaram em críticas em virtude do consumo integral de suas folgas.

Ⓐ

| Ativ. | Dur. | Folga FT | Folga FL | Dia 1 | 2 | 3 | 4 | 5 | 6 | 7 | 8 | 9 | 10 | 11 | 12 | 13 | 14 | 15 | 16 | 17 | 18 | 19 | 20 | 21 | 22 | 23 | 24 | 25 |
|---|---|---|---|---|---|---|---|---|---|---|---|---|---|---|---|---|---|---|---|---|---|---|---|---|---|---|---|---|
| **10-20** | 8 | 0 | 0 | 10 | 10 | 10 | 10 | 10 | 10 | 10 | 10 | | | | | | | | | | | | | | | | | |
| 10-30 | 5 | 10 | 0 | 8 | 8 | 8 | 8 | 8 | — | — | — | — | — | — | — | — | — | — | | | | | | | | | | |
| 10-40 | 4 | 7 | 0 | 5 | 5 | 5 | 5 | — | — | — | — | — | — | — | | | | | | | | | | | | | | |
| **20-50** | 9 | 0 | 0 | | | | | | | | | 15 | 15 | 15 | 15 | 15 | 15 | 15 | 15 | 15 | | | | | | | | |
| 30-60 | 7 | 10 | 0 | | | | | | 6 | 6 | 6 | 6 | 6 | 6 | 6 | — | — | — | — | — | — | — | — | — | — | | | |
| 40-60 | 6 | 12 | 2 | | | | | 3 | 3 | 3 | 3 | 3 | 3 | L | L | — | — | — | — | — | — | — | — | — | — | | | |
| 40-70 | 14 | 7 | 7 | | | | | 4 | 4 | 4 | 4 | 4 | 4 | 4 | 4 | 4 | 4 | 4 | 4 | 4 | 4 | L | L | L | L | L | L | L |
| **50-70** | 8 | 0 | 0 | | | | | | | | | | | | | | | | | | 8 | 8 | 8 | 8 | 8 | 8 | 8 | 8 |
| 60-70 | 3 | 10 | 10 | | | | | | | | | | | | | 7 | 7 | 7 | L | L | L | L | L | L | L | L | L | L |
| Operários | | | | 23 | 23 | 23 | 23 | 25 | 23 | 23 | 23 | **28** | **28** | 25 | 25 | 26 | 26 | 26 | 19 | 19 | 12 | 8 | 8 | 8 | 8 | 8 | 8 | 8 |
| Acumulado | | | | 23 | 46 | 69 | 92 | 117 | 140 | 163 | 186 | 214 | 242 | 267 | 292 | 318 | 344 | 370 | 389 | 408 | 420 | 428 | 436 | 444 | 452 | 460 | 468 | 476 |

Caminho crítico

Ⓑ

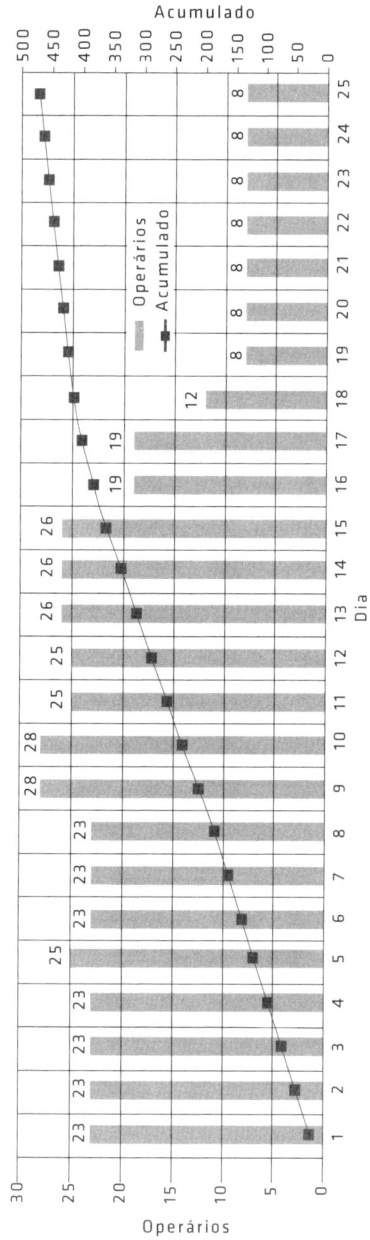


**Fig. 13.4** *(A) Cronograma mais cedo e (B) histograma de operário (leitura no eixo vertical esquerdo) e quantidade acumulada (eixo vertical direito)*

(A)

| Ativ. | Dur. | Folga FT | Folga FL | 1 | 2 | 3 | 4 | 5 | 6 | 7 | 8 | 9 | 10 | 11 | 12 | 13 | 14 | 15 | 16 | 17 | 18 | 19 | 20 | 21 | 22 | 23 | 24 | 25 |
|---|---|---|---|---|---|---|---|---|---|---|---|---|---|---|---|---|---|---|---|---|---|---|---|---|---|---|---|---|
| **10-20** | 8 | 0 | 0 | 10 | 10 | 10 | 10 | 10 | 10 | 10 | 10 | | | | | | | | | | | | | | | | | |
| 10-30 | 5 | 10 | 0 | — | — | — | — | — | — | — | — | — | — | 8 | 8 | 8 | 8 | 8 | | | | | | | | | | |
| 10-40 | 4 | 7 | 0 | — | — | — | — | — | — | — | 5 | 5 | 5 | 5 | | | | | | | | | | | | | | |
| **20-50** | 9 | 0 | 0 | | | | | | | | | 15 | 15 | 15 | 15 | 15 | 15 | 15 | 15 | 15 | | | | | | | | |
| 30-60 | 7 | 10 | 0 | | | | | | — | — | — | — | — | — | — | — | — | — | 6 | 6 | 6 | 6 | 6 | 6 | 6 | | | |
| 40-60 | 6 | 12 | 2 | | | | | L | L | — | — | — | — | — | — | — | — | — | — | 3 | 3 | 3 | 3 | 3 | 3 | | | |
| 40-70 | 14 | 7 | 7 | | | | | L | L | L | L | L | L | L | 4 | 4 | 4 | 4 | 4 | 4 | 4 | 4 | 4 | 4 | 4 | 4 | 4 | 4 |
| **50-70** | 8 | 0 | 0 | | | | | | | | | | | | | | | | | | 8 | 8 | 8 | 8 | 8 | 8 | 8 | 8 |
| 60-70 | 3 | 10 | 10 | | | | | | | | | | | | | L | L | L | L | L | L | L | L | L | L | 7 | 7 | 7 |
| Operários | | | | 10 | 10 | 10 | 10 | 10 | 10 | 10 | 15 | 20 | 20 | **28** | 27 | 27 | 27 | 27 | 25 | **28** | 21 | 21 | 21 | 21 | 21 | 19 | 19 | 19 |
| Acumulado | | | | 10 | 20 | 30 | 40 | 50 | 60 | 70 | 85 | 105 | 125 | 153 | 180 | 207 | 234 | 261 | 286 | 314 | 335 | 356 | 377 | 398 | 419 | 438 | 457 | 476 |

Caminho crítico

(B)

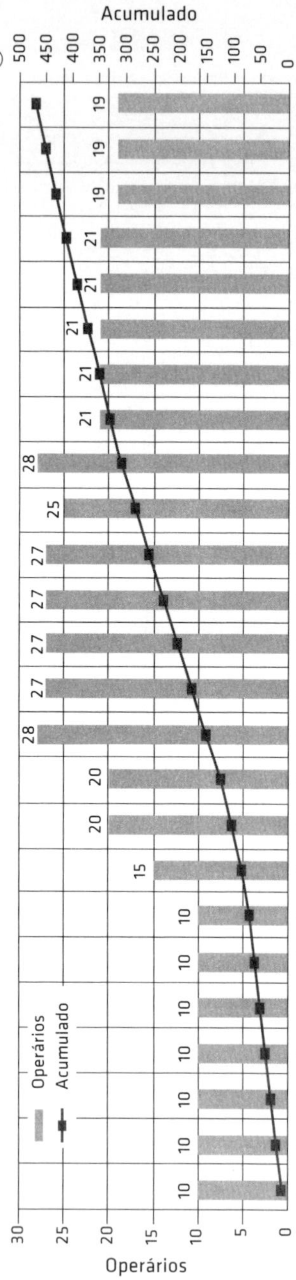


FIG. 13.5 *(A) Cronograma mais tarde e (B) histograma de operário e quantidade acumulada*

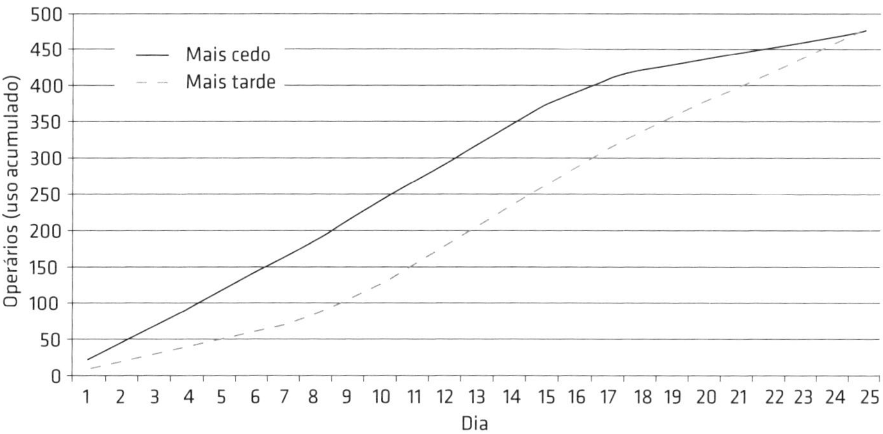


FIG. 13.6 *Curva banana*

Como o cronograma mais cedo e o mais tarde são os extremos de ocorrência das atividades, podemos concluir que muitas são as combinações possíveis de histograma de recurso, bastando "deslizar" as atividades dentro do limite permitido de suas folgas. As soluções intermediárias produzirão curvas compreendidas na região interna da "banana".

Esse raciocínio será mais explorado na seção 13.5.

## Exemplo 13.1

Gerar a curva banana de uso do recurso da rede mostrada na Fig. 13.7.

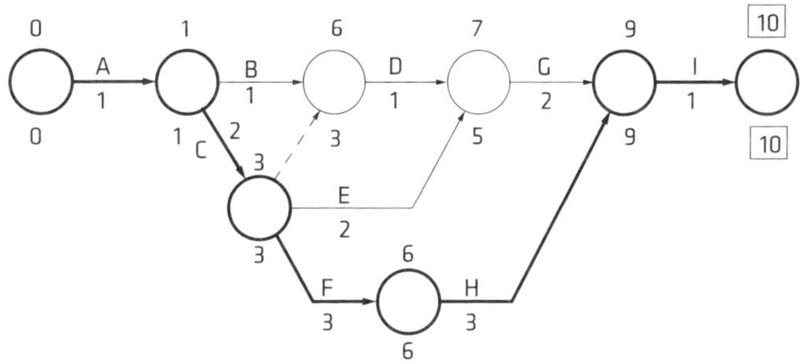

FIG. 13.7 *Diagrama de flechas com caminho crítico*

Os recursos de cada atividade estão dispostos na Tab. 13.3.

Tab. 13.3 Quantidade de recursos por atividade

| Atividade | A | B | C | D | E | F | G | H | I |
|---|---|---|---|---|---|---|---|---|---|
| Recursos | 2 | 2 | 3 | 2 | 2 | 2 | 2 | 2 | 4 |

***Solução:***

As Figs. 13.8 a 13.10 apresentam os gráficos resultantes.

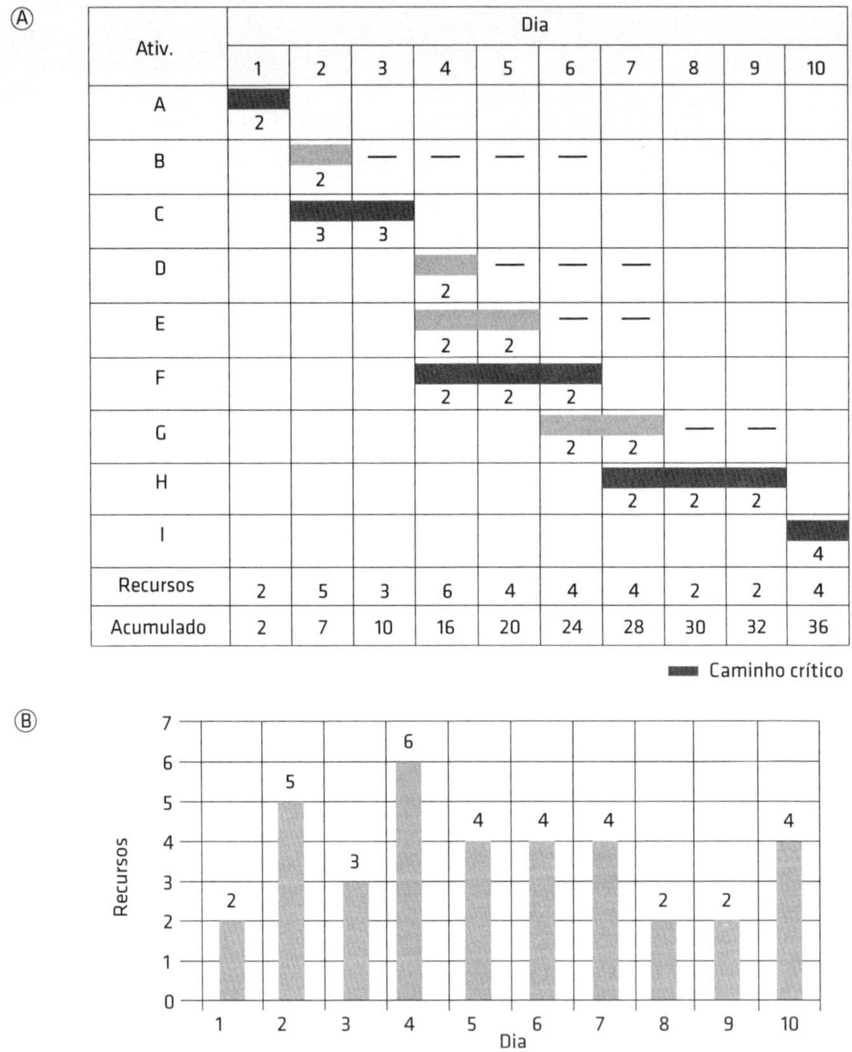


Fig. 13.8 *(A) Cronograma mais cedo e (B) histograma mais cedo*

Ⓐ

| Ativ. | Dia | | | | | | | | | |
|---|---|---|---|---|---|---|---|---|---|---|
| | 1 | 2 | 3 | 4 | 5 | 6 | 7 | 8 | 9 | 10 |
| A | 2 | | | | | | | | | |
| B | | — | — | — | — | 2 | | | | |
| C | | 3 | 3 | | | | | | | |
| D | | | | — | — | — | 2 | | | |
| E | | | | | | 2 | 2 | | | |
| F | | | | 2 | 2 | 2 | | | | |
| G | | | | | | — | — | 2 | 2 | |
| H | | | | | | | 2 | 2 | 2 | |
| I | | | | | | | | | | 4 |
| Recursos | 2 | 3 | 3 | 2 | 2 | 6 | 6 | 4 | 4 | 4 |
| Acumulado | 2 | 5 | 8 | 10 | 12 | 18 | 24 | 28 | 32 | 36 |

Caminho crítico

Ⓑ

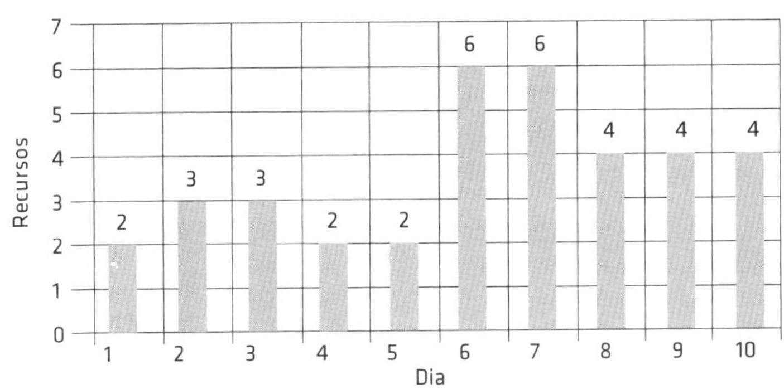


FIG. 13.9 *(A) Cronograma mais tarde e (B) histograma mais tarde*

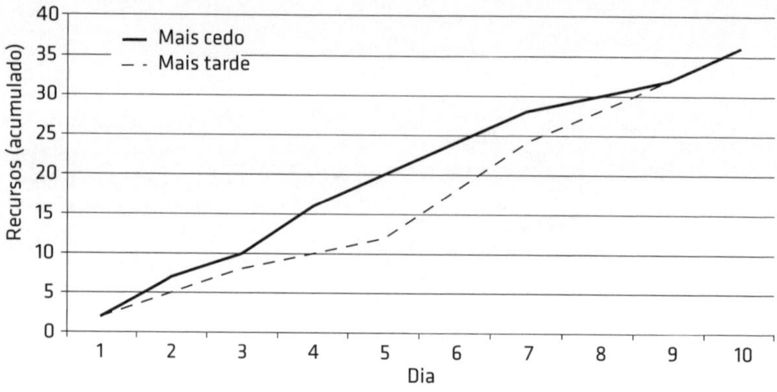


**Fig. 13.10** *Curva banana*

Quanto mais atividades o projeto tiver e mais longo ele for, maior a similaridade do gráfico com uma banana.

## 13.5 Nivelamento de recursos

Uma solução ideal entre os dois extremos apresentados deve ser buscada para distribuir mais razoavelmente os investimentos e otimizar a quantidade de recursos alocados. O desenvolvimento dessa solução é conhecido como *nivelamento de recursos*.

O nivelamento de recursos é o processo de suavização do histograma, que gera uma distribuição mais uniforme. Busca-se, por meio do nivelamento, atenuar grandes oscilações no histograma, tornando-o mais plano.

Flutuações na quantidade requerida de um recurso são uma ocorrência normal, mas constituem um incômodo do ponto de vista gerencial, pois impõem sucessivas mobilizações e desmobilizações. Pensando em uma obra em local remoto, a alternância de picos e vales no histograma atrapalha a logística e o controle operacional.

O procedimento básico do nivelamento é intuitivo e direto – consiste em "deslizar" as atividades não críticas dentro de seu limite de folga e buscar a condição de melhor uniformidade da quantidade de recursos requeridos em cada instante.

Se relembrarmos que as atividades críticas não têm folga, fica lógico entender que o processo de nivelamento de recursos se apoia nas não críticas, que podem ocorrer a qualquer tempo dentro das limitações da folga disponível. Sendo assim, é possível atenuar os picos de recursos simplesmente "jogando" com as folgas.

Para o planejamento do exemplo principal que vinha nos guiando (Fig. 13.3), pode-se nivelar o cronograma por meio de algumas operações (Fig. 13.11):

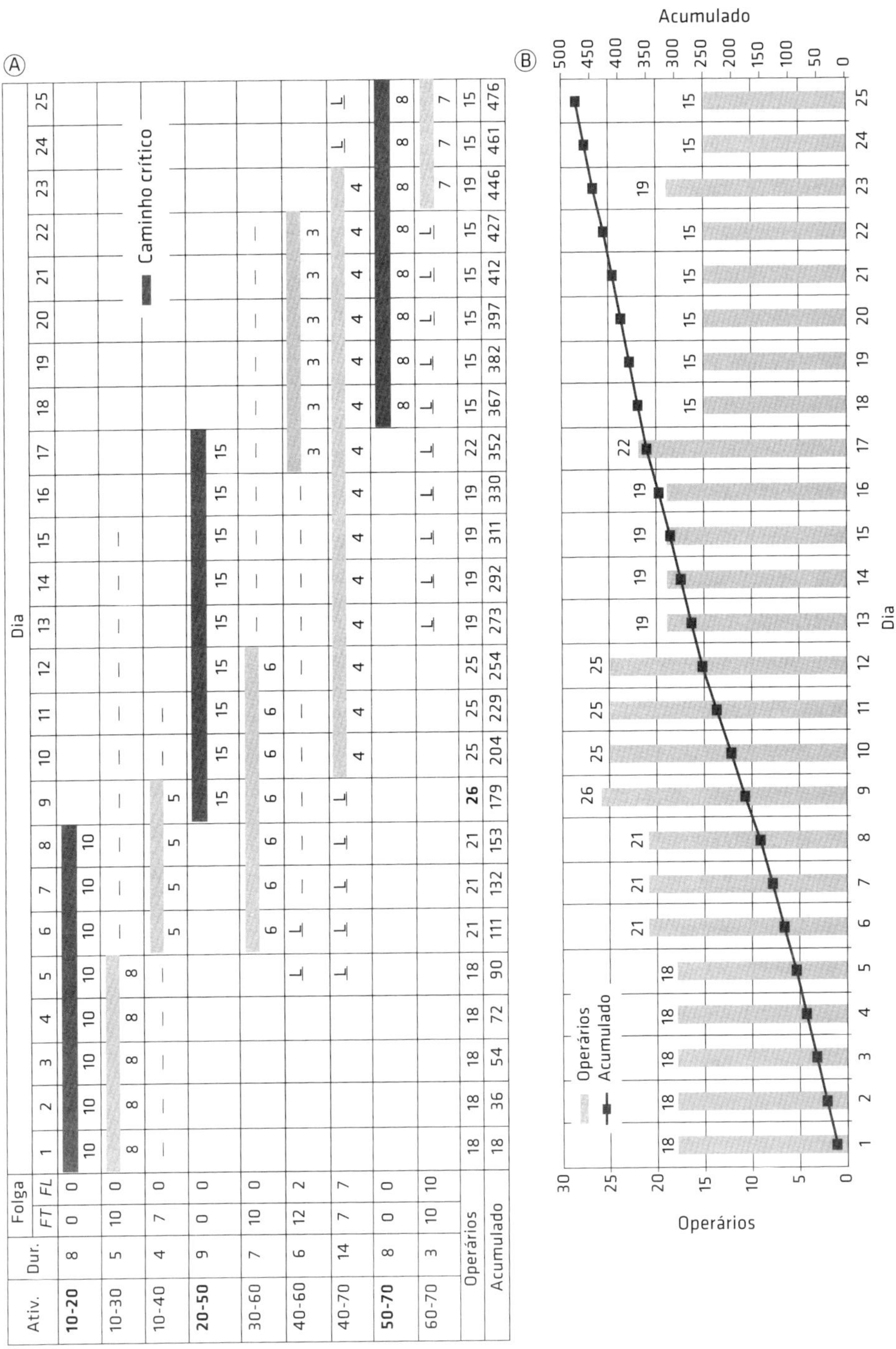


FIG. 13.11 *(A) Cronograma nivelado e (B) histograma nivelado*

- deslocando a atividade 10-40 para o período entre os dias 6 e 9;
- deslocando a atividade 40-60 para sua data mais tarde (entre os dias 17 e 22);
- deslocando a atividade 40-70 para o período entre os dias 10 e 23.

O nivelamento registrou uma redução do pico do histograma para 26 operários. Percebe-se uma maior regularidade na alocação do recurso. Supondo que a equipe disponível no canteiro de obras seja de exatos 26 operários, os cronogramas mais cedo e mais tarde (pico de 28 operários) seriam ambos impraticáveis por falta de mão de obra. Com o nivelamento, contudo, conseguiu-se baixar a quantidade máxima requerida sem alterar o trabalho total e sem afetar a data de conclusão do projeto.

Em uma análise mais aprofundada, se o planejador decidir que a atividade 30-60 pode ser realizada de maneira descontínua, isto é, em duas etapas não consecutivas, o histograma fica ainda mais nivelado, com um pico de apenas 22 operários (Fig. 13.12).

Uma comparação entre as curvas S dos quatro casos abordados é mostrada na Fig. 13.13.

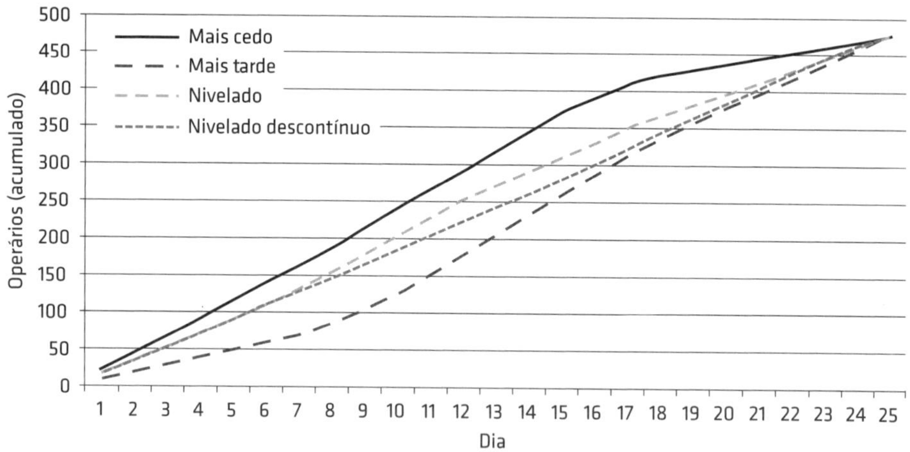


**Fig. 13.13** *Curvas S: cronograma mais cedo, cronograma mais tarde, cronograma nivelado e cronograma nivelado com atividade descontínua*

## Exemplo 13.2

Para o cronograma da Fig. 13.14, em que trator é o recurso em questão, nivelar o recurso para que a obra possa ser feita com apenas quatro tratores.

(A)

| Ativ. | Dur. | Folga FT | Folga FL | 1 | 2 | 3 | 4 | 5 | 6 | 7 | 8 | 9 | 10 | 11 | 12 | 13 | 14 | 15 | 16 | 17 | 18 | 19 | 20 | 21 | 22 | 23 | 24 | 25 |
|---|---|---|---|---|---|---|---|---|---|---|---|---|---|---|---|---|---|---|---|---|---|---|---|---|---|---|---|---|
| **10-20** | 8 | 0 | 0 | 10 | 10 | 10 | 10 | 10 | 10 | 10 | 10 | | | | | | | | | | | | | | | | | |
| 10-30 | 5 | 10 | 0 | 8 | 8 | 8 | 8 | 8 | — | — | — | — | — | — | — | — | — | — | | | | | | | | | | |
| 10-40 | 4 | 7 | 0 | — | — | — | — | — | 5 | 5 | 5 | 5 | — | — | | | | | | | | | | | | | | |
| **20-50** | 9 | 0 | 0 | | | | | | | | | 15 | 15 | 15 | 15 | 15 | 15 | 15 | 15 | 15 | | | | | | | | |
| 30-60 | 7 | 10 | 0 | | | | | | 6 | 6 | — | — | — | — | — | — | — | — | — | — | 6 | 6 | 6 | 6 | 6 | | | |
| 40-60 | 6 | 12 | 2 | | | | | L | L | — | — | — | — | — | — | — | — | — | — | 3 | 3 | 3 | 3 | 3 | 3 | | | |
| 40-70 | 14 | 7 | 7 | | | | | L | L | L | L | L | 4 | 4 | 4 | 4 | 4 | 4 | 4 | 4 | 4 | 4 | 4 | 4 | 4 | 4 | L | L |
| **50-70** | 8 | 0 | 0 | | | | | | | | | | | | | | | | | | 8 | 8 | 8 | 8 | 8 | 8 | 8 | 8 |
| 60-70 | 3 | 10 | 10 | | | | | | | | | | | | | L | L | L | L | L | L | L | L | L | L | 7 | 7 | 7 |
| Operários | | | | 18 | 18 | 18 | 18 | 18 | 21 | 21 | 15 | 20 | 19 | 19 | 19 | 19 | 19 | 19 | 19 | **22** | 21 | 21 | 21 | 21 | 21 | 19 | 15 | 15 |
| Acumulado | | | | 18 | 36 | 54 | 72 | 90 | 111 | 132 | 147 | 167 | 186 | 205 | 224 | 243 | 262 | 281 | 300 | 322 | 343 | 364 | 385 | 406 | 427 | 446 | 461 | 476 |

■ Caminho crítico

(B)

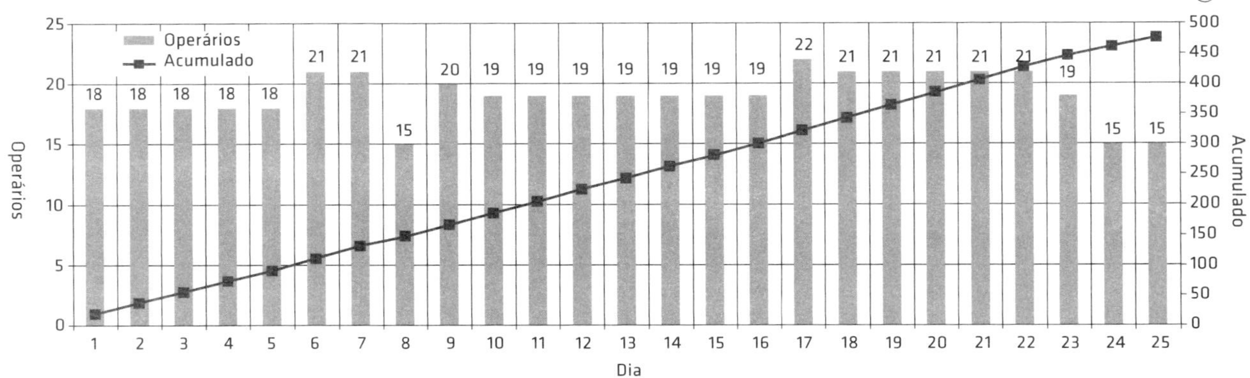


**FIG. 13.12** *(A) Cronograma nivelado com atividade descontínua e (B) histograma*

(A)

| Ativ. | Predec. | Semana | | | | | | | | | |
|---|---|---|---|---|---|---|---|---|---|---|---|
| | | 1 | 2 | 3 | 4 | 5 | 6 | 7 | 8 | 9 | 10 |
| A | – | 2 | | | | | | | | | |
| B | A | | 2 | — | — | — | — | — | | | |
| C | A | | 3 | 3 | | | | | | | |
| D | B,C | | | | 2 | — | — | — | — | | |
| E | C | | | | 2 | 2 | — | — | — | | |
| F | C | | | | 2 | 2 | 2 | | | | |
| G | D,E | | | | | | 2 | — | — | — | |
| H | A | | | | | | | 2 | 2 | 2 | |
| I | G,H | | | | | | | | | | 3 |
| Tratores | | 2 | 5 | 3 | **6** | 4 | 4 | 2 | 2 | 2 | 3 |
| Acumulado | | 2 | 7 | 10 | 16 | 20 | 24 | 26 | 28 | 30 | 33 |

■ Caminho crítico

(B)

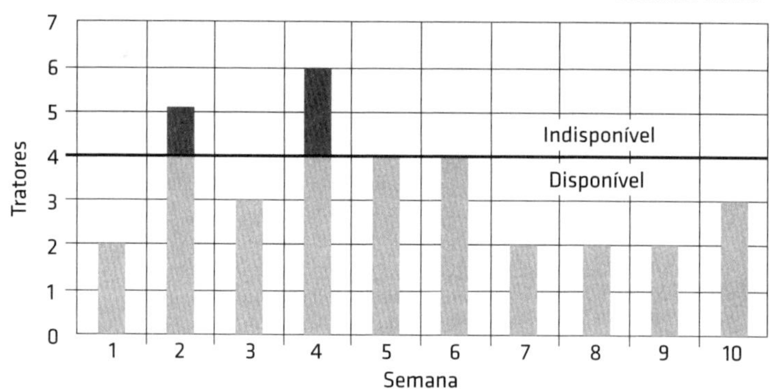


**Fig. 13.14** *(A) Cronograma mais cedo e (B) histograma do recurso trator*

A linha horizontal define o limite de quatro tratores. Nos trechos em que o histograma ultrapassa esse limite, o recurso é dito *superalocado*, ou seja, são os períodos em que a quantidade de recursos disponíveis é insuficiente.

O nivelamento adequado ocorre quando as atividades B, D, E e G são deslocadas alguns dias dentro do limite de suas respectivas folgas (Fig. 13.15). Vale notar que essas são atividades não críticas e, portanto, têm folga para consumir no esforço de atenuar a superalocação. A atividade D precisou deslizar mais do que a E. As atividades críticas permaneceram no lugar original. Com o mesmo prazo total de dez semanas, o cronograma agora não tem nenhum momento com demanda superior aos quatro tratores disponíveis.

O nivelamento suavizou a quantidade de trator ao longo de toda a extensão do projeto. O leitor pode perceber que a área de ambos os gráficos é igual e equivalente a 33 semanas de trator (trabalho total do recurso).

Ⓐ

| Ativ. | Predec. | Semana | | | | | | | | | |
|---|---|---|---|---|---|---|---|---|---|---|---|
| | | 1 | 2 | 3 | 4 | 5 | 6 | 7 | 8 | 9 | 10 |
| A | – | 2 | | | | | | | | | |
| B | A | | — | — | 2 | — | — | — | | | |
| C | A | | 3 | 3 | | | | | | | |
| D | B,C | | | | — | — | — | 2 | — | | |
| E | C | | | | — | 2 | 2 | — | — | | |
| F | C | | | | 2 | 2 | 2 | | | | |
| G | D,E | | | | | | — | — | 2 | — | |
| H | A | | | | | | | 2 | 2 | 2 | |
| I | G,H | | | | | | | | | | 3 |
| Tratores | | 2 | 3 | 3 | **4** | **4** | **4** | **4** | **4** | 2 | 3 |
| Acumulado | | 2 | 5 | 8 | 12 | 16 | 20 | 24 | 28 | 30 | 33 |

Caminho crítico

Ⓑ

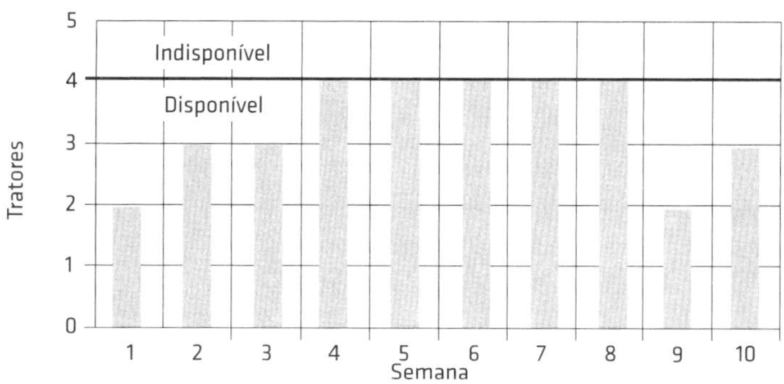


FIG. 13.15 *(A) Cronograma nivelado e (B) histograma nivelado*

A grande utilidade do nivelamento é que possibilita ao planejador trabalhar com um número relativamente uniforme de recursos por dia. Empregar dez carpinteiros por um dia, depois cair para quatro e logo em seguida subir para 12 é impraticável.

Isso é traumático para o projeto e exige complicada administração de recursos. Em se tratando de equipamento, o cenário piora. Basta pensar no grande e dispendioso trabalho de logística que é mobilizar e desmobilizar equipamentos sucessivas vezes.

Muitas são as vantagens em nivelar o uso dos recursos:

* estando continuamente na obra, um recurso requer menor gerenciamento – é mais fácil trabalhar com um operário "permanente" e, no caso de equipamentos, manter um estoque de peças de reposição;
* do ponto de vista moral, o entra e sai de recursos gera desconfiança e insegurança na equipe;
* ao nivelar o recurso, nivela-se também o custo, uniformizando o aporte de dinheiro requerido, facilitando as previsões de remessa e melhorando o fluxo de caixa da obra.

| Dicas para o planejador |
|---|
| O nivelamento é uma operação útil para quase todos os projetos. Para redes pequenas e com poucos recursos, é possível fazer um nivelamento manual. Para redes longas e com múltiplos recursos, é preciso recorrer a *softwares* que utilizam técnicas de programação linear para chegar ao resultado ótimo. |
| O nivelamento preserva a lógica da rede. Se a atividade Y depende da atividade X, um eventual deslocamento de X faz com que Y seja empurrada, a fim de que a precedência seja mantida. |
| Quando há mais de um recurso, a complexidade reside em analisar todos simultaneamente, porque, ao tentar nivelar um, desnivela-se outro. A solução ideal para um recurso nem sempre coincide com a mais adequada para outro, e assim cabe ao planejador identificar qual o recurso mais crítico (em geral, aquele cuja quantidade está mais "estourada") e optar por uma ou outra solução. |
| Alguns *softwares* permitem ao usuário definir a prioridade de cada recurso no nivelamento. |

## 13.6 Limitação de recursos

O nivelamento de recursos presta-se não somente a suavizar a curva de demanda de determinado recurso, mas também a ajustar o cronograma de tal forma que a necessidade desse recurso não ultrapasse a quantidade disponível para a obra. Em outras palavras, se a obra só dispõe de *n* unidades de determinado recurso, o planejamento deve ser feito de tal modo que a necessidade seja sempre igual ou inferior a *n* (de preferência igual).

Quando a quantidade requerida de um recurso é muito mais alta do que a quantidade disponível, às vezes a única saída é alterar a duração do projeto. Se o projeto tiver uma margem de segurança de prazo, isso não é problema. Contudo, se houver multas ou penalidades por descumprimento do prazo, essa punição é o preço a ser pago pela insuficiência de recursos na obra.

Seja um empreendimento de terraplenagem em um local remoto, de difícil acesso e logística complicada, cuja rede PERT/CPM inicialmente montada para o projeto (com as durações em meses) é apresentada na Fig. 13.16, com uma data mais tarde de término estabelecida em 16 meses (prazo-limite dado pelo contratante da obra).

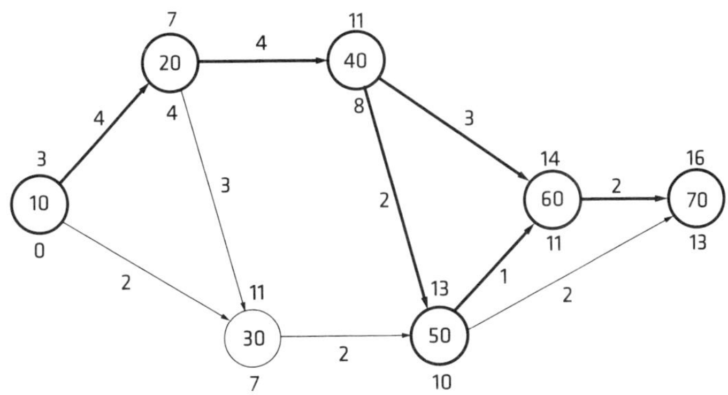


**FIG. 13.16** *Diagrama com término mais tarde igual a 16 meses (prazo máximo permitido pelo cliente)*

O recurso em questão é caminhão fora de estrada e sua alocação é dada na Tab. 13.4.

**Tab. 13.4** Quantidade de caminhões por atividade

| Atividade | Caminhões |
|---|---|
| 10-20 | 6 |
| 10-30 | 3 |
| 20-30 | 4 |
| 20-40 | 3 |
| 30-50 | 5 |
| 40-50 | 6 |
| 40-60 | 1 |
| 50-60 | 2 |
| 50-70 | 3 |
| 60-70 | 3 |

O cronograma integrado Gantt-PERT/CPM com as atividades em suas datas mais cedo, folgas e quantidade de caminhões mês a mês está mostrado na Fig. 13.17A. A necessidade de caminhões tem grande variação entre meses consecutivos, o que é complicado de administrar em uma obra.

Supondo que a construtora só dispõe de seis caminhões para fazer a obra, nota-se que há superalocação de recurso (demanda > oferta) em boa parte do tempo. O leitor pode observar que "jogar" com as folgas não adiantará tanto, porque não se consegue baixar muito o total mensal de caminhões. Como último recurso, surge a extensão do prazo.

Se estendermos o projeto para os 16 meses (acréscimo de três meses sobre o programa original), os seis caminhões passam a atender às necessidades da obra (Fig. 3.17B). No último mês, três caminhões podem ser desmobilizados, pois os outros três bastam para concluir o serviço. É possível perceber que algumas atividades foram "esticadas", porém sempre mantendo o total de uso do recurso constante, como se vê na última coluna do cronograma. Uma vez que o prazo de 16 meses é aceito pelo contratante da obra, não haverá pagamento de penalidade.

Ⓐ

| Ativ. | Dur. | Eventos | | | | Folga | | Mês | | | | | | | | | | | | | | | | Total da atividade |
|---|---|---|---|---|---|---|---|---|---|---|---|---|---|---|---|---|---|---|---|---|---|---|---|---|
| | | Inicial | | Final | | | | | | | | | | | | | | | | | | | | |
| | | $Tc_i$ | $Tt_i$ | $Tc_j$ | $Tt_j$ | *FT* | *FL* | 1 | 2 | 3 | 4 | 5 | 6 | 7 | 8 | 9 | 10 | 11 | 12 | 13 | 14 | 15 | 16 | |
| **10-20** | 4 | 0 | 3 | 4 | 7 | 3 | 0 | 6 | 6 | 6 | 6 | – | – | – | | | | | | | | | | 24 |
| 10-30 | 2 | 0 | 3 | 7 | 11 | 9 | 5 | 3 | 3 | L | L | L | L | L | – | – | – | – | | | | | | 6 |
| 20-30 | 3 | 4 | 7 | 7 | 11 | 4 | 0 | | | | | 4 | 4 | 4 | – | – | – | – | | | | | | 12 |
| **20-40** | 4 | 4 | 7 | 8 | 11 | 3 | 0 | | | | | 3 | 3 | 3 | 3 | – | – | – | | | | | | 12 |
| 30-50 | 2 | 7 | 11 | 10 | 13 | 4 | 1 | | | | | | | | 5 | 5 | L | – | – | – | | | | 10 |
| **40-50** | 2 | 8 | 11 | 10 | 13 | 3 | 0 | | | | | | | | | 6 | 6 | – | – | – | | | | 12 |
| **40-60** | 3 | 8 | 11 | 11 | 14 | 3 | 0 | | | | | | | | | 1 | 1 | 1 | – | – | – | | | 3 |
| **50-60** | 1 | 10 | 13 | 11 | 14 | 3 | 0 | | | | | | | | | | | 2 | – | – | – | | | 2 |
| 50-70 | 2 | 10 | 13 | 13 | 16 | 4 | 1 | | | | | | | | | | | 3 | 3 | | – | – | – | 6 |
| **60-70** | 2 | 11 | 14 | 13 | 16 | 3 | 0 | | | | | | | | | | | | 3 | 3 | – | – | – | 6 |
| Caminhões | | | | | | | | **9** | **9** | 6 | 6 | **7** | **7** | **7** | **8** | **12** | **7** | 6 | 6 | 3 | 0 | 0 | 0 | 93 |
| Acumulado | | | | | | | | 9 | 18 | 24 | 30 | 37 | 44 | 51 | 59 | 71 | 78 | 84 | 90 | 93 | 93 | 93 | 93 | |

Ⓑ

| Ativ. | Dur. | Eventos | | | | Folga | | Mês | | | | | | | | | | | | | | | | Total da atividade |
|---|---|---|---|---|---|---|---|---|---|---|---|---|---|---|---|---|---|---|---|---|---|---|---|---|
| | | Inicial | | Final | | | | | | | | | | | | | | | | | | | | |
| | | $Tc_i$ | $Tt_i$ | $Tc_j$ | $Tt_j$ | *FT* | *FL* | 1 | 2 | 3 | 4 | 5 | 6 | 7 | 8 | 9 | 10 | 11 | 12 | 13 | 14 | 15 | 16 | |
| **10-20** | 4 | 0 | 3 | 4 | 7 | 3 | 0 | 6 | 6 | 6 | 6 | – | – | – | | | | | | | | | | 24 |
| 10-30 | 2 | 0 | 3 | 7 | 11 | 9 | 5 | L | L | L | L | L | – | – | – | 3 | 3 | – | | | | | | 6 |
| 20-30 | 3 | 4 | 7 | 7 | 11 | 4 | 0 | | | | | 3 | 3 | 3 | 3 | – | – | – | | | | | | 12 |
| **20-40** | 4 | 4 | 7 | 8 | 11 | 3 | 0 | | | | | 3 | 3 | 3 | 3 | – | – | – | | | | | | 12 |
| 30-50 | 2 | 7 | 11 | 10 | 13 | 4 | 1 | | | | | | | L | – | – | – | 4 | 3 | 3 | | | | 10 |
| **40-50** | 2 | 8 | 11 | 10 | 13 | 3 | 0 | | | | | | | | | 3 | 3 | 2 | 2 | 2 | | | | 12 |
| **40-60** | 3 | 8 | 11 | 11 | 14 | 3 | 0 | | | | | | | | | – | – | – | 1 | 1 | 1 | | | 3 |
| **50-60** | 1 | 10 | 13 | 11 | 14 | 3 | 0 | | | | | | | | | | | – | – | – | 2 | | | 2 |
| 50-70 | 2 | 10 | 13 | 13 | 16 | 4 | 1 | | | | | | | | | | | L | – | – | 3 | 3 | – | 6 |
| **60-70** | 2 | 11 | 14 | 13 | 16 | 3 | 0 | | | | | | | | | | | | – | – | – | 3 | 3 | 6 |
| Caminhões | | | | | | | | 6 | 6 | 6 | 6 | 6 | 6 | 6 | 6 | 6 | 6 | 6 | 6 | 6 | 6 | 6 | 3 | 93 |
| Acumulado | | | | | | | | 6 | 12 | 18 | 24 | 30 | 36 | 42 | 48 | 54 | 60 | 66 | 72 | 78 | 84 | 90 | 93 | |

■ Caminho crítico

**Fig. 13.17** *Cronograma: (A) com 13 meses (tem superalocação) e (B) com 16 meses (não tem superalocação)*

## Estudo de caso 13.1 – seleção de central de concreto

Para uma obra de estrutura, o gerente precisa escolher o modelo da central de concreto a ser mobilizada. Antes de optar pelo tipo de equipamento, ele aguardou o planejamento para ter noção da produção diária de concreto requerida. De olho no cronograma, decidiu analisar três situações e comparar os prazos e os custos envolvidos:

1. Sem limitação de recursos (tamanho da central não será problema – custo de mobilização e desmobilização de R$ 20.000,00 e aluguel diário de R$ 1.000,00).
2. Com limitação de 50 m³ de concreto por dia (central de médio porte – custo de mobilização e desmobilização de R$ 15.000,00 e aluguel diário de R$ 800,00).
3. Com limitação de 30 m³ de concreto por dia (central de pequeno porte – custo de mobilização e desmobilização de R$ 12.000,00 e aluguel diário de R$ 600,00).

Os cronogramas das três opções são mostrados na Fig. 13.18.

(A)

| Ativ. | Predec. | Dia 1 | 2 | 3 | 4 | 5 | 6 | 7 | 8 | 9 | 10 | 11 | 12 | 13 | 14 | 15 |
|---|---|---|---|---|---|---|---|---|---|---|---|---|---|---|---|---|
| A | – | 20 | 20 | | | | | | | | | | | | | |
| B | A | | | 30 | 30 | 30 | 30 | | | | | | | | | |
| C | A | | | 20 | 20 | 20 | | | | | | | | | | |
| D | B | | | | | | | 20 | 20 | | | | | | | |
| E | C | | | | | | 30 | 30 | 30 | 30 | | | | | | |
| F | D,E | | | | | | | | | | 20 | 20 | | | | |
| G | E,F | | | | | | | | | | | | 30 | 30 | 30 | 30 |
| Concreto | | 20 | 20 | 50 | 50 | 50 | 60 | 50 | 50 | 30 | 20 | 20 | 30 | 30 | 30 | 30 |
| Acumulado | | 20 | 40 | 90 | 140 | 190 | 250 | 300 | 350 | 380 | 400 | 420 | 450 | 480 | 510 | 540 |

■ Caminho crítico

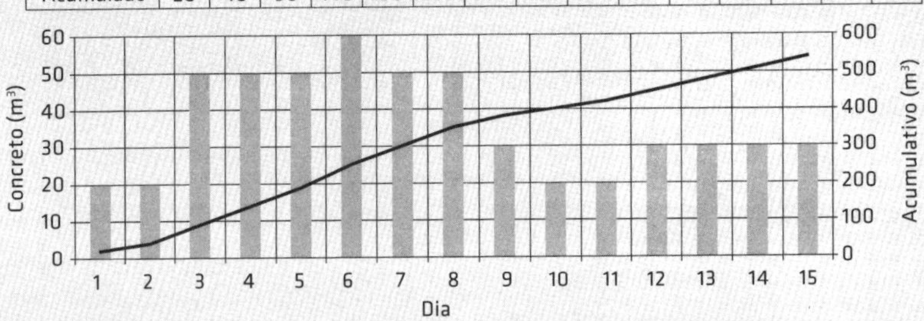


**FIG. 13.18** *Cronograma: (A) sem limitação de recursos*

(B)

| Ativ. | Predec. | 1 | 2 | 3 | 4 | 5 | 6 | 7 | 8 | 9 | 10 | 11 | 12 | 13 | 14 | 15 | 16 |
|---|---|---|---|---|---|---|---|---|---|---|---|---|---|---|---|---|---|
| A | – | 20 | 20 | | | | | | | | | | | | | | |
| B | A | | | 30 | 30 | 30 | 30 | | | | | | | | | | |
| C | A | | | 20 | 20 | 20 | | | | | | | | | | | |
| D | B | | | | | | | 20 | 20 | | | | | | | | |
| E | C | | | | | | | 30 | 30 | 30 | 30 | | | | | | |
| F | D,E | | | | | | | | | | | 20 | 20 | | | | |
| G | E,F | | | | | | | | | | | | | 30 | 30 | 30 | 30 |
| Concreto | | 20 | 20 | 50 | 50 | 50 | 30 | 50 | 50 | 30 | 30 | 20 | 20 | 30 | 30 | 30 | 30 |
| Acumulado | | 20 | 40 | 90 | 140 | 190 | 220 | 270 | 320 | 350 | 380 | 400 | 420 | 450 | 480 | 510 | 540 |

Caminho crítico

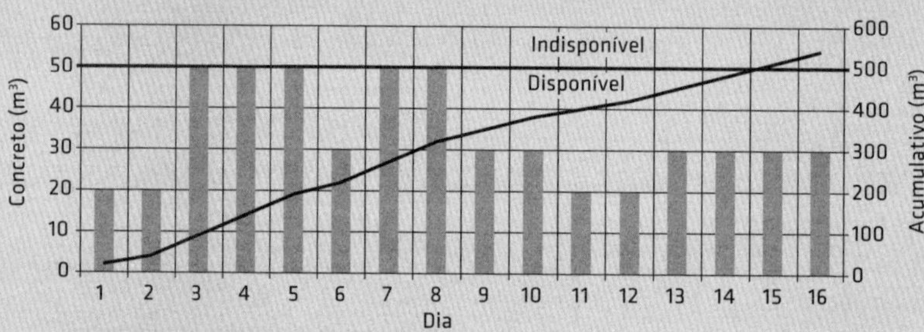


(C)

| Ativ. | Predec. | 1 | 2 | 3 | 4 | 5 | 6 | 7 | 8 | 9 | 10 | 11 | 12 | 13 | 14 | 15 | 16 | 17 | 18 | 19 | 20 | 21 |
|---|---|---|---|---|---|---|---|---|---|---|---|---|---|---|---|---|---|---|---|---|---|---|
| A | – | 20 | 20 | | | | | | | | | | | | | | | | | | | |
| B | A | | | | | | 30 | 30 | 30 | 30 | | | | | | | | | | | | |
| C | A | | | 20 | 20 | 20 | | | | | | | | | | | | | | | | |
| D | B | | | | | | | | | | | | | | 20 | 20 | | | | | | |
| E | C | | | | | | | | | | 30 | 30 | 30 | 30 | | | | | | | | |
| F | D,E | | | | | | | | | | | | | | | | 20 | 20 | | | | |
| G | E,F | | | | | | | | | | | | | | | | | | 30 | 30 | 30 | 30 |
| Concreto | | 20 | 20 | 20 | 20 | 20 | 30 | 30 | 30 | 30 | 30 | 30 | 30 | 30 | 20 | 20 | 20 | 20 | 30 | 30 | 30 | 30 |
| Acumulado | | 20 | 40 | 60 | 80 | 100 | 130 | 160 | 190 | 220 | 250 | 280 | 310 | 340 | 360 | 380 | 400 | 420 | 450 | 480 | 510 | 540 |

Caminho crítico

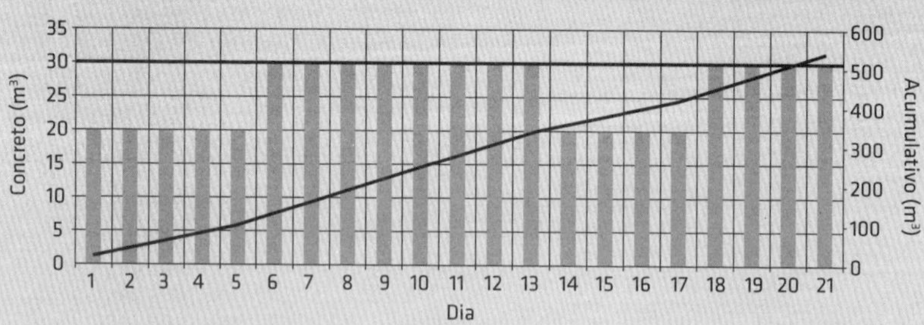


FIG. 13.18 *(cont.) (B) limitado a 50 m³/dia e (C) limitado a 30 m³/dia*

O prazo é de 15 dias no caso de não haver restrição de recurso. Com limitação de 50 m³ de concreto por dia, é preciso estender o prazo da obra para 16 dias, e com limitação de 30 m³ por dia o prazo sobe para 21 dias.

Comparação de custo:

* cronograma de 15 dias → R$ 20.000 + 15 × R$ 1.000 = R$ 35.000,00;
* cronograma de 16 dias → R$ 15.000 + 16 × R$ 800 = R$ 27.800,00;
* cronograma de 21 dias → R$ 12.000 + 21 × R$ 600 = R$ 24.600,00.

*Conclusão:* do ponto de vista do custo, é mais vantajoso alugar a central de concreto menor (30 m³/dia) e realizar o serviço em 21 dias.

Quando o cronograma é restringido pela quantidade de recursos disponíveis, diz-se *com restrição de recursos* (*resource-constrained schedule*).

Quando a quantidade de recursos é adaptada para um determinado prazo, diz-se *com restrição de tempo* (*time-constrained schedule*).

## 13.7 Limitação de recursos financeiros

Outra situação possível é quando se impõe um limite máximo de custo mensal, seja por determinação da área financeira, seja por disponibilidade de caixa. Se o custo for maior que o limite, a obra "entra no vermelho".

O controle do saldo corrente do projeto é importante porque valores negativos geralmente acarretam a necessidade de empréstimos e o pagamento de juros, além de reduzir o capital de giro da empresa. Deslocando-se criteriosamente as atividades dentro dos limites de sua folga, uma situação de saldo positivo pode muitas vezes ser obtida.

No exemplo da Fig. 13.19, a obra dispõe de R$ 100.000,00 por mês. A tabela de custo de cada atividade é apresentada na Tab. 13.5.

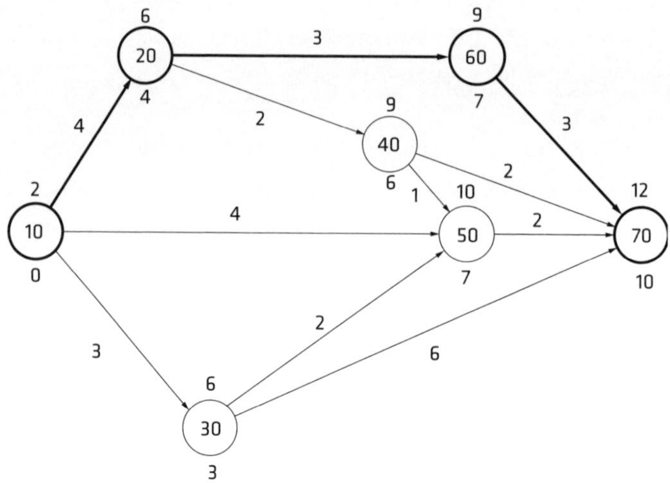


**Fig. 13.19** *Diagrama de flechas*

**Tab. 13.5** Custo de cada atividade

| Atividade | Custo (R$) |
|---|---|
| 10-20 | 120.000 |
| 10-30 | 90.000 |
| 10-50 | 200.000 |
| 20-40 | 40.000 |
| 20-60 | 90.000 |
| 30-50 | 60.000 |
| 30-70 | 225.000 |
| 40-50 | 60.000 |
| 40-70 | 40.000 |
| 50-70 | 60.000 |
| 60-70 | 60.000 |

O cronograma mais cedo permite ao planejador visualizar que essa situação é inadequada: o saldo se mantém negativo durante quase a totalidade do projeto, só se tornando positivo nos últimos meses (Fig. 13.20).

| Ativ. | Dur. | Eventos: Inicial $Tc_i$ | $Tt_i$ | Final $Tc_j$ | $Tt_j$ | Folga: FT | FL | Mês 1 | 2 | 3 | 4 | 5 | 6 | 7 | 8 | 9 | 10 | 11 | 12 | Total da atividade |
|---|---|---|---|---|---|---|---|---|---|---|---|---|---|---|---|---|---|---|---|---|
| **10-20** | 4 | 0 | 2 | 4 | 6 | 2 | 0 | 30 | 30 | 30 | 30 | — | — | | | | | | | 120 |
| 10-30 | 3 | 0 | 2 | 3 | 6 | 3 | 0 | 30 | 30 | 30 | — | — | — | | | | | | | 90 |
| 10-50 | 4 | 0 | 2 | 7 | 10 | 6 | 3 | 50 | 50 | 50 | 50 | L | L | L | — | — | — | | | 200 |
| 20-40 | 2 | 4 | 6 | 6 | 9 | 3 | 0 | | | | | 20 | 20 | — | — | — | | | | 40 |
| **20-60** | 3 | 4 | 6 | 7 | 9 | 2 | 0 | | | | | 30 | 30 | 30 | — | — | | | | 90 |
| 30-50 | 2 | 3 | 6 | 7 | 10 | 5 | 2 | | | | 30 | 30 | L | L | — | — | — | | | 60 |
| 30-70 | 6 | 3 | 6 | 10 | 12 | 3 | 1 | | | | 50 | 50 | 50 | 25 | 25 | 25 | L | — | — | 225 |
| 40-50 | 1 | 6 | 9 | 7 | 10 | 3 | 0 | | | | | | | 60 | — | — | — | | | 60 |
| 40-70 | 2 | 6 | 9 | 10 | 12 | 4 | 2 | | | | | | | 20 | 20 | L | L | — | — | 40 |
| 50-70 | 2 | 7 | 10 | 10 | 12 | 3 | 1 | | | | | | | | 30 | 30 | L | — | — | 60 |
| **60-70** | 3 | 7 | 9 | 10 | 12 | 2 | 0 | | | | | | | | 20 | 20 | 20 | — | — | 60 |
| Fundos requeridos | | | | | | | | 110 | 110 | 110 | 160 | 130 | 100 | 135 | 95 | 75 | 20 | 0 | 0 | 1.045 |
| Fundos disponíveis | | | | | | | | 100 | 100 | 100 | 100 | 100 | 100 | 100 | 100 | 100 | 100 | 100 | 100 | 1.200 |
| Saldo | | | | | | | | -10 | -20 | -30 | -90 | -120 | -120 | -155 | -150 | -125 | -45 | 55 | 155 | **155** |

■ Caminho crítico

**Fig. 13.20** *Cronograma com custo mês a mês e saldo*

O saneamento financeiro só é possível com uma extensão de dois meses e com o deslocamento das atividades não críticas no intervalo condicionado pelas folgas (Fig. 13.21). (Nesse exemplo simples, não levamos em conta o efeito dos juros.)

| Ativ. | Dur. | Eventos: Inicial $Tc_i$ | $Tt_i$ | Final $Tc_j$ | $Tt_j$ | Folga: FT | FL | Mês 1 | 2 | 3 | 4 | 5 | 6 | 7 | 8 | 9 | 10 | 11 | 12 | Total da atividade |
|---|---|---|---|---|---|---|---|---|---|---|---|---|---|---|---|---|---|---|---|---|
| **10-20** | 4 | 0 | 0 | 4 | 4 | 0 | 0 | 30 | 30 | 30 | 30 | | | | | | | | | 120 |
| 10-30 | 3 | 0 | 0 | 3 | 4 | 1 | 0 | 30 | 30 | 30 | | | | | | | | | | 90 |
| 10-50 | 4 | 0 | 0 | 7 | 8 | 4 | 3 | | | | 50 | 50 | 50 | 50 | | | | | | 200 |
| 20-40 | 2 | 4 | 4 | 6 | 7 | 1 | 0 | | | | | 20 | 20 | | | | | | | 40 |
| **20-60** | 3 | 4 | 4 | 7 | 7 | 0 | 0 | | | | | 30 | 30 | 30 | | | | | | 90 |
| 30-50 | 2 | 3 | 4 | 7 | 8 | 3 | 2 | | | | | 30 | 30 | | | | | | | 60 |
| 30-70 | 6 | 3 | 4 | 10 | 10 | 1 | 1 | | | | | | | 50 | 50 | 50 | 25 | 25 | 25 | 225 |
| 40-50 | 1 | 6 | 7 | 7 | 8 | 1 | 0 | | | | | | | | | | 60 | | | 60 |
| 40-70 | 2 | 6 | 7 | 10 | 10 | 2 | 2 | | | | | | | | 20 | 20 | | | | 40 |
| 50-70 | 2 | 7 | 8 | 10 | 10 | 1 | 1 | | | | | | | | | | | 30 | 30 | 60 |
| **60-70** | 3 | 7 | 7 | 10 | 10 | 0 | 0 | | | | | | | | 20 | 20 | 20 | | | 60 |
| Fundos requeridos | | | | | | | | 60 | 60 | 60 | 80 | 130 | 130 | 130 | 90 | 90 | 105 | 55 | 55 | 1.045 |
| Fundos disponíveis | | | | | | | | 100 | 100 | 100 | 100 | 100 | 100 | 100 | 100 | 100 | 100 | 100 | 100 | 1.200 |
| Saldo | | | | | | | | 40 | 80 | 120 | 140 | 110 | 80 | 50 | 60 | 70 | 65 | 110 | 155 | **155** |

■ Caminho crítico

**Fig. 13.21** *Cronograma com extensão de prazo – o saldo passa a ser positivo*

# catorze

## Curva S

No mundo real, os projetos são longos e contêm muitas atividades, englobando recursos de várias especialidades e consumindo vultosas somas de dinheiro. Para o planejador e para o gerente do projeto, é necessário balizar o avanço da obra ao longo do tempo.

Como fica impraticável somar o andamento das atividades em termos de seus quantitativos (pois não é possível somar metro quadrado de alvenaria com metro cúbico de concreto), deve-se recorrer a um parâmetro que permita colocar o avanço das atividades em um mesmo referencial, por exemplo, *trabalho* (homem-hora) ou *custo* (dinheiro).

A evolução de um projeto, particularmente na construção civil, não se desenvolve de modo linear no que tange à aplicação dos recursos. O comportamento é geralmente lento-rápido-lento.

O nível de atividade de um projeto típico assemelha-se a uma distribuição normal, ou seja, uma *curva de Gauss* (Fig. 14.1): o trabalho executado geralmente começa em ritmo lento, com poucas atividades simultâneas; passa progressivamente a um ritmo mais intenso, com várias atividades ocorrendo paralelamente; e, quando o projeto se aproxima do fim, a quantidade de trabalho começa a decrescer. Esse mesmo aspecto lento-rápido-lento é verificado com o custo ao longo do andamento da obra.

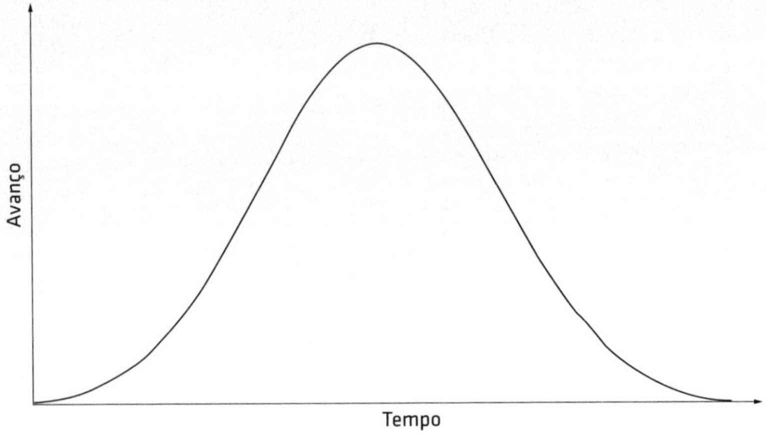


**Fig. 14.1** *Curva de Gauss genérica*

Pensemos agora no trabalho acumulado ou no custo acumulado. Se qualquer um desses parâmetros for plotado em um gráfico em função do tempo, a curva apresentará a forma aproximada de uma letra S — daí o nome *curva* S (Fig. 14.2).

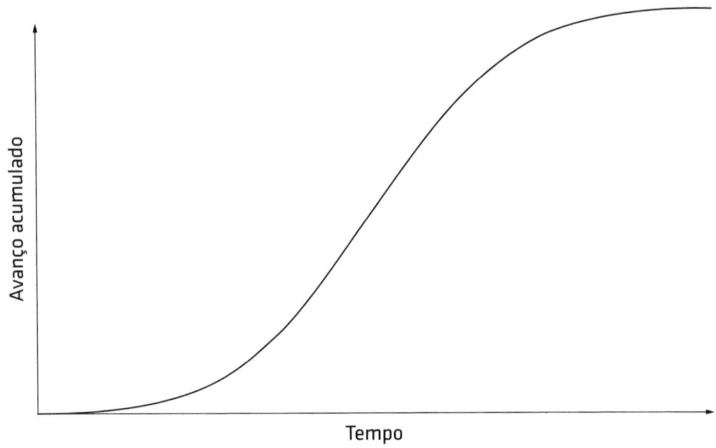


**Fig. 14.2** *Curva S genérica*

- A curva acumulada de uma curva de Gauss é uma curva S.
- Ao ponto máximo da curva de Gauss corresponde o ponto de inflexão (mudança de concavidade) da curva S.
- A curva de Gauss é também chamada de gaussiana ou curva "sino".

A curva S é uma curva totalizadora, acumulada, da distribuição percentual, parcial, relativa à alocação de determinado fator de produção ao longo do tempo (Lara, 2002).

Ao montar o planejamento de sua obra, o planejador obtém o cronograma e, como decorrência, a curva S, seja ela de avanço físico ou monetário. Essa curva geralmente reflete o progresso lento-rápido-lento do projeto e, portanto, adquire seu aspecto sinuoso.

Obviamente, o formato da curva S de um projeto não necessariamente coincide com o de outro projeto. O aspecto da curva vai depender da sequência das atividades e de sua quantidade de homem-hora ou valor monetário, bem como da duração total do projeto. Várias são as configurações possíveis para a curva, indo de levemente ondulada (quase linear) até um S com duas concavidades opostas e bem nítidas (Fig. 14.3).

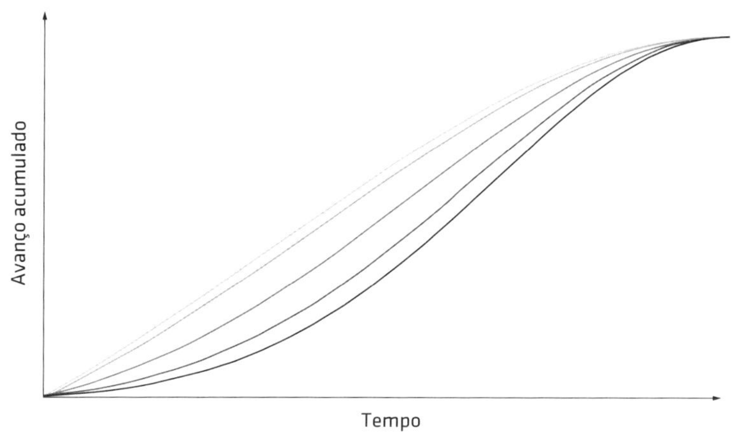


**Fig. 14.3** *Curvas S de diferentes formatos*

## 14.1 Curva S de trabalho

Quando se tem um cronograma com atividades tão díspares quanto escavação de vala e colocação de forro de gesso, fica complicado somar a produção dos dois serviços, pois são de natureza distinta e não podem ser medidos na mesma unidade. Para avaliar o progresso da obra até determinado ponto, é preciso referenciar as atividades a um parâmetro comum: trabalho (homem-hora) ou custo.

A curva S é gerada depois de ter sido montada a rede. O planejador elege o parâmetro que será acompanhado e, a partir do cronograma, acumula os valores a cada unidade de tempo. Os valores acumulados são então plotados em um gráfico avanço acumulado × tempo.

O cronograma exibido na Fig. 14.4A exemplifica o método de obtenção da curva S de trabalho, representado por homem-hora (Hh). Na Fig. 14.4B são ilustrados o total de homem-hora mensal (na forma de histograma, com valores lidos no eixo da esquerda) e o homem-hora acumulado (que é a curva S, com valores lidos no eixo da direita).

Ⓐ

| Atividade | Recurso | Mês | | | | | | | | | | | |
|---|---|---|---|---|---|---|---|---|---|---|---|---|---|
| | | 1 | 2 | 3 | 4 | 5 | 6 | 7 | 8 | 9 | 10 | 11 | 12 |
| Terraplenagem | 5S | 1.000 | | | | | | | | | | | |
| Fundação | 3P+6S | | 1.800 | 1.800 | | | | | | | | | |
| Estrutura | 3P+2C+8S | | | | 2.600 | 2.600 | 2.600 | | | | | | |
| Instalações | 2E+2P+5S | | | | | | 1.800 | 1.800 | 1.800 | | | | |
| Acabamento | 3P+6S | | | | | | | 1.200 | 1.200 | 1.200 | 1.200 | | |
| Fachada | 2P+2S | | | | | | | | | | | 800 | |
| Limpeza final | 3S | | | | | | | | | | | | 600 |
| Total Hh (*) | 0 | 1.000 | 1.800 | 1.800 | 2.600 | 2.600 | 4.400 | 3.000 | 3.000 | 1.200 | 1.200 | 800 | 600 |
| Acumulado | | 1.000 | 2.800 | 4.600 | 7.200 | 9.800 | 14.200 | 17.200 | 20.200 | 21.400 | 22.600 | 23.400 | 24.000 |

S = servente
P = pedreiro
C = carpinteiro
E = eletricista
(*) adotadas 200 horas de trabalho por mês

Ⓑ

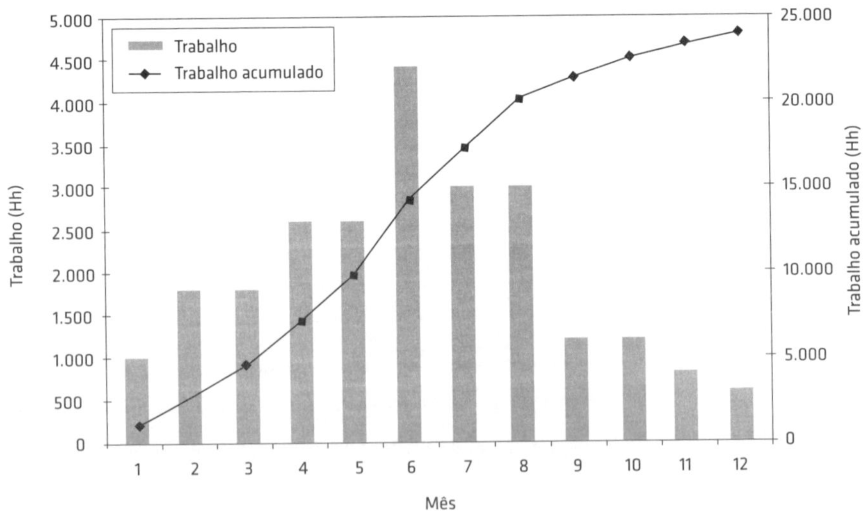


**FIG. 14.4** *(A) Cronograma com homem-hora mês a mês e acumulado e (B) histograma de homem--hora e trabalho acumulado*

O cálculo de homens-horas mensais é simples: é a quantidade de operários da equipe multiplicada por 200 horas mensais. Para a atividade *fundação*, por exemplo, que demanda três pedreiros e seis serventes, o total mensal de homem-hora é (3 + 6) × 200 = 1.800 Hh. Por simplicidade, consideramos o trabalho como a soma de horas de operários independentemente de sua categoria profissional.

O histograma possui a forma aproximada de uma curva de Gauss, enquanto a curva acumulada tem o padrão de uma letra S. Se o trabalho (homem-hora) mensal fosse igual todos os meses, o que não é comum em nenhum tipo de projeto, a curva S seria uma linha reta ascendente.

## 14.2 Curva S de custo

Para obter a curva S de custo, o processo é idêntico. A única diferença é que o parâmetro de cálculo agora é o valor monetário de cada atividade, considerando mão de obra, material e equipamento.

O método é mostrado para o mesmo cronograma visto anteriormente. Por simplicidade didática, foi assumida uma distribuição linear do custo das atividades (Fig. 14.5).

Ⓐ

| Atividade | Custo (× R$ 1.000) | Mês | | | | | | | | | | | |
|---|---|---|---|---|---|---|---|---|---|---|---|---|---|
| | | 1 | 2 | 3 | 4 | 5 | 6 | 7 | 8 | 9 | 10 | 11 | 12 |
| Terraplenagem | 20 | 20 | | | | | | | | | | | |
| Fundação | 60 | | 30 | 30 | | | | | | | | | |
| Estrutura | 150 | | | | 50 | 50 | 50 | | | | | | |
| Instalações | 60 | | | | | | 20 | 20 | 20 | | | | |
| Acabamento | 160 | | | | | | | 40 | 40 | 40 | 40 | | |
| Fachada | 30 | | | | | | | | | | | 30 | |
| Limpeza final | 20 | | | | | | | | | | | | 20 |
| Total | 500 | 20 | 30 | 30 | 50 | 50 | 70 | 60 | 60 | 40 | 40 | 30 | 20 |
| Acumulado | | 20 | 50 | 80 | 130 | 180 | 250 | 310 | 370 | 410 | 450 | 480 | 500 |

**Fig. 14.5** *(A) Cronograma com custo mês a mês e acumulado*

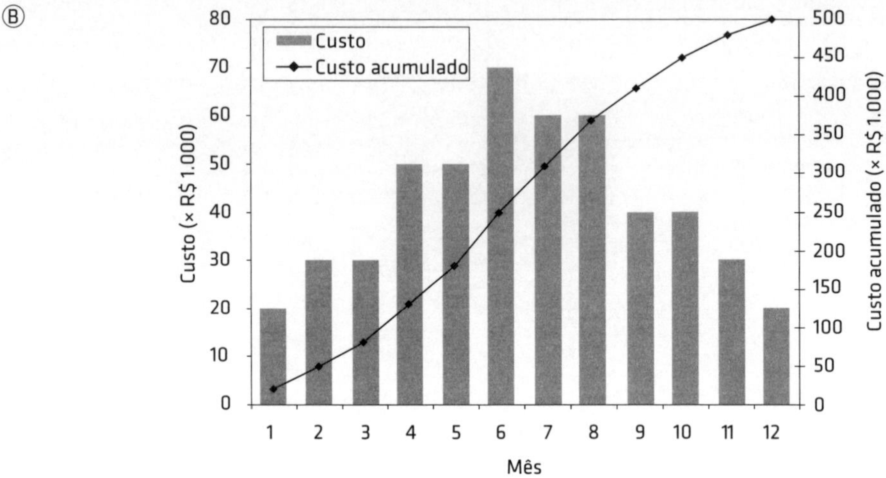


**FIG. 14.5** *(cont.) (B) Histograma de custo e custo acumulado*

Algumas conclusões:

- A curva S de trabalho *não* é idêntica à curva S de custo, pelo simples fato de que homem-hora e custo da atividade não necessariamente andam na mesma proporção – é possível haver uma atividade de 60 Hh que custe R$ 10.000,00 e uma de 20 Hh que custe R$ 100.000,00. Basta lembrar que não é só homem-hora que compõe o custo de uma atividade – entram na conta também material e equipamento.
- Ao montar uma curva S de custo, o planejador está plotando a curva de avanço econômico, que leva em conta o momento em que o custo é incorrido, sem considerar quando o desembolso será efetivamente realizado.

**Dica para o planejador**

O caso clássico de deslocamento entre as curvas S de trabalho (avanço físico) e de custo é a construção de uma casa com uma fechadura de ouro que represente metade do custo da casa e 1% do homem-hora total, e que seja colocada no último dia da obra. Imediatamente antes da colocação da fechadura, a obra já terá 99% de avanço físico, porém somente 50% de avanço em termos de custo.

**Dicas para o planejador**

É importante fazer a distinção entre *econômico* e *financeiro*. Quando o construtor compra mil tijolos para pagar 30 dias depois, o custo é incorrido naquele ato (econômico), apesar de o desembolso (financeiro) só vir a ocorrer no mês seguinte.

A curva S de custo obtida do cronograma é, portanto, de avanço econômico. Para obter o avanço financeiro, o processo é trabalhoso, pois o planejador precisa saber exatamente as condições de pagamento das parcelas do custo de cada atividade.

Projetos muito curtos tendem a ter curvas S deformadas. Um projeto curto não permite o pleno desenvolvimento de uma perfeita curva de Gauss de homem-hora e, portanto, a curva acumulada (curva S) termina não tendo o aspecto característico de duas concavidades bem definidas.

Projetos longos, com grande quantidade de atividades, tendem a ter curva de avanço com a configuração característica de um S bem delineado.

## 14.3 Curva S padrão

Na falta de dados reais de projetos similares, ou quando o planejamento ainda é preliminar, é sempre interessante gerar uma curva S padrão (ou teórica) para fins de estimativa de avanço. Chamamos de curva S padrão aquela proveniente de uma equação matemática, correspondendo a um comportamento ideal.

Outra situação em que uma curva S padrão se faz oportuna é quando o planejador quer comparar a curva S do projeto com um parâmetro teórico. Cotejando as duas curvas, ele pode constatar quão distante o avanço previsto para o projeto está em relação a um avanço ideal perfeitamente equilibrado.

Analisemos cinco opções de curva S padrão (Fig. 14.6):

1. o projeto atinge 50% do avanço (homem-hora ou custo) em 50% do prazo total;
2. o projeto atinge 40% do avanço (homem-hora ou custo) em 50% do prazo total;
3. o projeto atinge 60% do avanço (homem-hora ou custo) em 50% do prazo total;
4. o projeto atinge 50% do avanço (homem-hora ou custo) em 40% do prazo total;
5. o projeto atinge 50% do avanço (homem-hora ou custo) em 60% do prazo total.

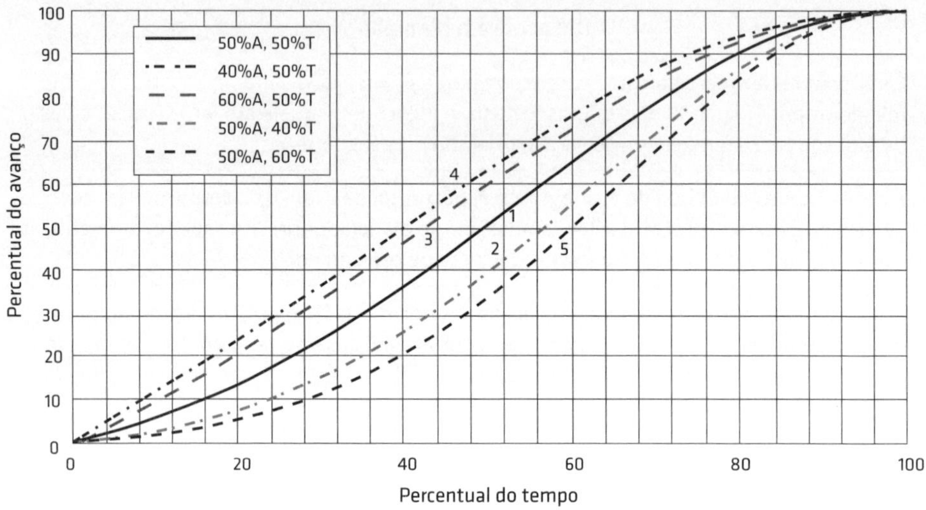


**FIG. 14.6** *Curva S: 50% do avanço em 50% do prazo; 40% do avanço em 50% do prazo; 60% do avanço em 50% do prazo; 50% do avanço em 40% do prazo; 50% do avanço em 60% do prazo*

A curva 1 é a mais simétrica de todas. A curva 4 é a que se eleva mais cedo, pois há uma concentração maior de esforço no início do projeto. A curva 5 é a que se eleva mais tarde, pois há uma concentração maior de esforço no final do projeto.

Demonstra-se que a equação geral da curva S é dada por:

$$\%_{acum}(n) = 1 - \left[1 - \left(\frac{n}{N}\right)^{\log I}\right]^{s} \tag{14.1}$$

em que:

$\%_{acum}(n)$ = avanço acumulado (em %) até o período $n$;

$n$ = número de ordem do período;

N = prazo (número total de períodos);

$I$ = ponto de inflexão (mudança de concavidade da curva);

s = coeficiente de forma (depende do ritmo e da particularidade da obra).

O *coeficiente I* é o percentual do prazo total no qual a curva de Gauss apresenta sua ordenada máxima. É nesse instante que a curva S muda de concavidade. Por exemplo, I = 60 em um projeto de 15 meses significa que o uso máximo do recurso ocorrerá no nono mês (= 60% × 15) e é nesse mês que a curva S muda de concavidade – é a curva S a 60%.

*Observação:* o coeficiente *I* não entra na fórmula como percentual, mas como inteiro. Por exemplo, se o ponto de inflexão está a 45% do prazo total, *I* = 45, e não 0,45.

A Fig. 14.7 ilustra a relação entre a curva de Gauss e a curva S para um projeto de 20 meses com I = 45, ou seja, curva S a 45%.

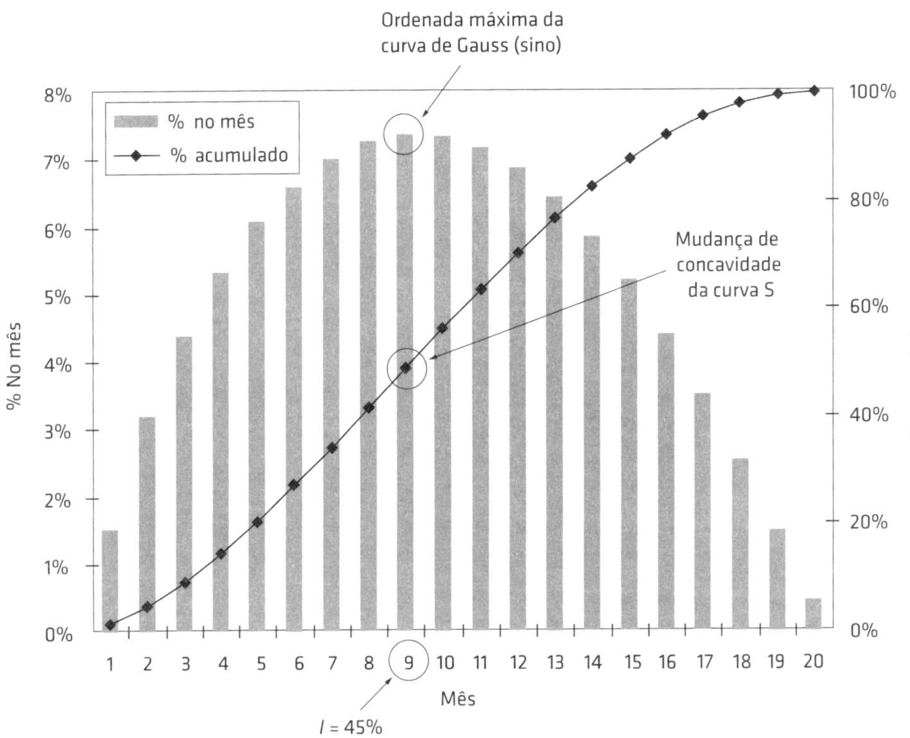


**Fig. 14.7** *Curva de Gauss e curva S para projeto de 20 meses,* I = 45 *e* s = 2,15

O *coeficiente* s baliza o formato mais ou menos "fechado" da curva. Os valores mais comuns ficam em torno de 2.

Para alguns valores de I e de s podem ocorrer distorções no comportamento da curva, o que leva o planejador a restringir o espectro ideal de trabalho (Lara, 2002), conforme mostra o Quadro 14.1.

**Quadro 14.1** Limites de utilização dos coeficientes *I* e *s*

| *s* \ *I* | 30 | 40 | 50 | 60 | 70 |
|---|---|---|---|---|---|
| 1,1 | X | X | | A | A |
| 1,5 | X | A | | A | A |
| 2 | A | | | | |
| 2,5 | | | | | |
| 3 | A | A | | | |
| 3,3 | A | A | A | | A |

em que:

▒ = valores precisos;

A = valores aproximados;

X = valores distorcidos;

▭ = linha de contorno dos valores mais usados.

**Dica para o planejador**

O correto é a designação *curva S a 60%* para a curva cujo ponto de mudança de concavidade está a 60% do prazo total (*I* = 60), ou seja, o pico de utilização do recurso se dá a 60% do prazo total.

Entretanto, ouve-se também *curva S a 60%* para a curva que atinge 50% de avanço em 60% do prazo, embora essa nomenclatura não seja tecnicamente correta.

Por via das dúvidas, quando o leitor se deparar com o termo, é bom inquirir a que conceito se refere o interlocutor. É melhor ser bem explícito para não incorrer em erro de interpretação.

## Exemplo 14.1

Para um projeto de 12 meses, pede-se (usando a Eq. 14.1):

1. estabelecer a curva S (adotar I = 40 e s = 2,5);
2. comparar o formato da curva S para I = 30, 50 e 70 e s = 2,5;
3. comparar o formato da curva S para I = 50 e s = 1,5; 2; 3.

***Solução:***

1. Curva S a 40% e s = 2,5

$$\text{Mês 1} \rightarrow \%_{acum}(1) = 1 - \left[1 - \left(\frac{1}{12}\right)^{\log 40}\right]^{2,5} = 0,046 = 4,6\%$$

$$\text{Mês 2} \rightarrow \%_{acum}(2) = 1 - \left[1 - \left(\frac{2}{12}\right)^{\log 40}\right]^{2,5} = 0,136 = 13,6\%$$

$$\text{Mês } 3 \rightarrow \%_{acum}(3) = 1 - \left[1 - \left(\frac{3}{12}\right)^{\log 40}\right]^{2,5} = 0{,}250 = 25{,}0\% \text{ etc.}$$

A sequência completa está exposta na Tab. 14.1.

**Tab. 14.1** Percentual acumulado por mês

| Mês | 1 | 2 | 3 | 4 | 5 | 6 | 7 | 8 | 9 | 10 | 11 | 12 |
|---|---|---|---|---|---|---|---|---|---|---|---|---|
| % acum. | 4,6 | 13,6 | 25,0 | 37,6 | 50,6 | 63,2 | 74,6 | 84,2 | 91,7 | 96,8 | 99,4 | 100,0 |

Os percentuais mensais da curva de Gauss podem ser obtidos diretamente por meio da subtração dos valores acumulados consecutivos (Fig. 14.8).

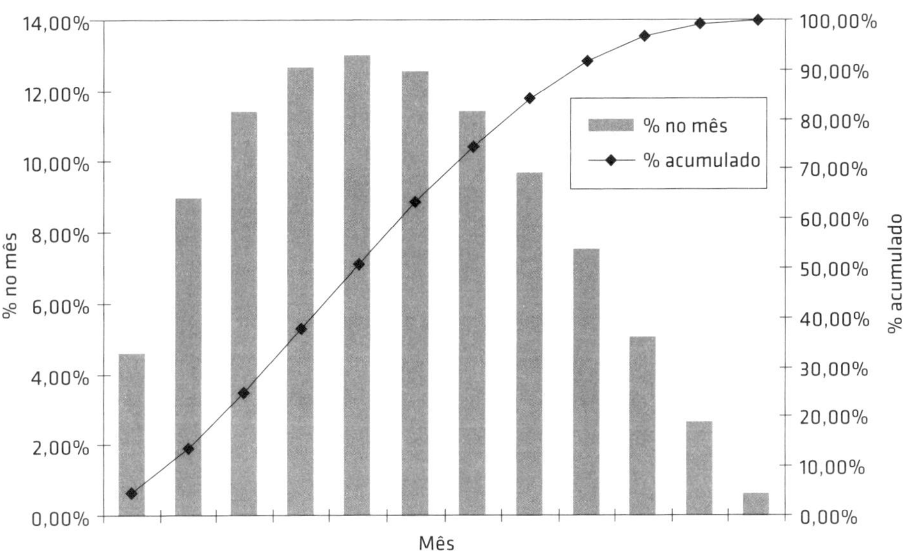


**Fig. 14.8** *Curvas de Gauss e S para 12 meses, I = 40 e s = 2,5*

2. Curva S para I = 30, 50 e 70 e s = 2,5 (Fig. 14.9)

- A curva S para I = 30% é a que cresce mais rápido, pois o avanço (% acumulado) está mais concentrado no início do projeto.
- Para prazos pequenos, não há grande diferença entre as curvas. Para prazos grandes, as curvas se "descolam" mais umas das outras.

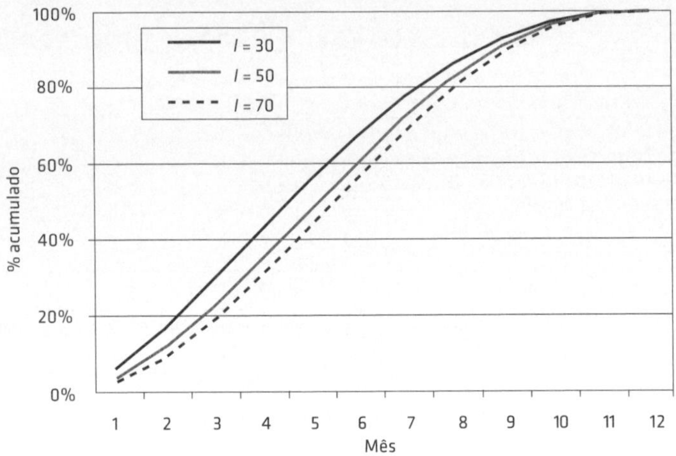


FIG. 14.9 *Curvas S para diferentes valores de I*

3. Curva S a 50% com s = 1,5; 2; 3 (Fig. 14.10)

* As três curvas têm o ponto de inflexão a 50% do avanço.
* Uma variação no coeficiente s altera bastante a curvatura do S.
* Quanto maior o coeficiente s, mais íngreme é a curva S.
* A curva S é mais sensível à variação do coeficiente s do que à variação do coeficiente I.

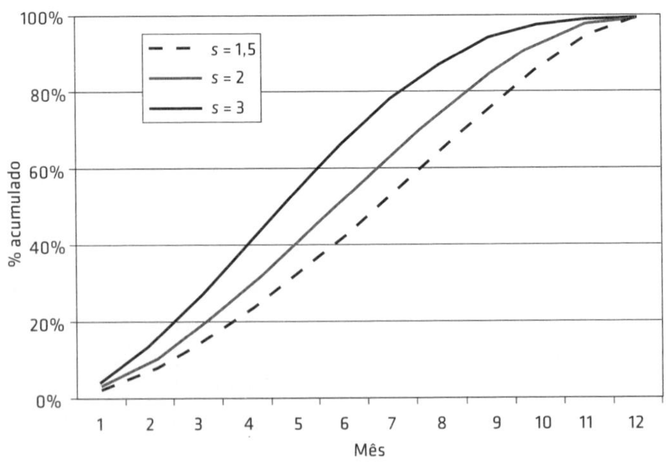


FIG. 14.10 *Curvas S para diferentes valores de s*

A Tab. 14.2 contém os valores discretos da curva de Gauss (percentual de avanço por período) e da curva S (percentual acumulado até o período) para o caso particular de $I = 50$ e de $s = 2$, calculados a partir da Eq. 14.1.

Não custa relembrar que essas não são as únicas combinações possíveis. Essas curvas devem ser utilizadas para simular um comportamento esperado (teórico) do empreendimento na ausência da curva efetivamente calculada, ou quando se deseja compará-las com a curva obtida para o caso concreto.

## Exemplo 14.2

Pelo orçamento da montagem da estrutura metálica de uma indústria, sabe-se que são requeridos 30.000 Hh em dez meses. Qual é a distribuição teórica de homem-hora por mês?

### *Solução:*

Multiplicando-se os valores mensais da Tab. 14.2 pelas 30.000 Hh, chega-se ao trabalho mês a mês e acumulado (Fig. 14.11).

(A)

| Mês | % no mês | Hh no mês |
|---|---|---|
| 1 | 4,0% | 1.200 |
| 2 | 8,6% | 2.580 |
| 3 | 11,6% | 3.480 |
| 4 | 13,5% | 4.050 |
| 5 | 14,4% | 4.320 |
| 6 | 14,2% | 4.260 |
| 7 | 13,0% | 3.900 |
| 8 | 10,7% | 3.210 |
| 9 | 7,3% | 2.190 |
| 10 | 2,7% | 810 |
| Total | 100,0% | 30.000 |

(B)

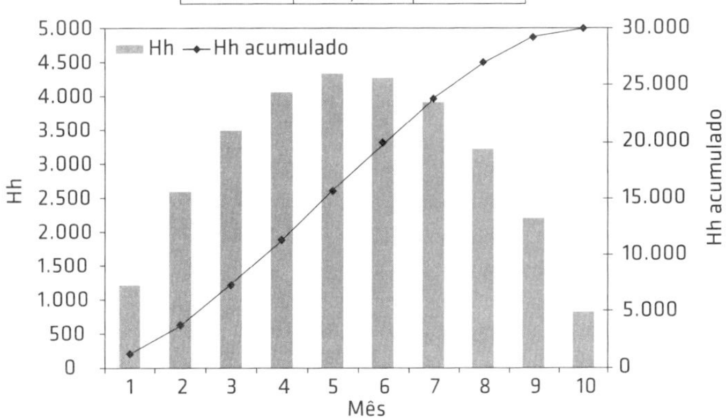


FIG. 14.11 *(A) Homem-hora mensal e (B) histograma de homem-hora e curva S*

Tab. 14.2 Percentual de avanço por período (*P*) e acumulado (*A*), para *I* = 50 e *s* = 2

| Mês | 1 | | 2 | | 3 | | 4 | | 5 | | 6 | | 7 | | 8 | | 9 | | 10 | | 11 | | 12 | | 13 | | 14 | |
|---|---|---|---|---|---|---|---|---|---|---|---|---|---|---|---|---|---|---|---|---|---|---|---|---|---|---|---|---|
| | P | A | P | A | P | A | P | A | P | A | P | A | P | A | P | A | P | A | P | A | P | A | P | A | P | A | P | A |
| 1 | 100,0 | 100,0 | 52,1 | 52,1 | 28,5 | 28,5 | 18,1 | 18,1 | 12,6 | 12,6 | 9,3 | 9,3 | 7,2 | 7,2 | 5,8 | 5,8 | 4,7 | 4,7 | 4,0 | 4,0 | 3,4 | 3,4 | 2,9 | 2,9 | 2,5 | 2,5 | 2,2 | 2,2 |
| 2 | - | - | 47,9 | 100,0 | 46,7 | 75,2 | 34,0 | 52,1 | 25,2 | 37,7 | 19,2 | 28,5 | 15,2 | 22,4 | 12,3 | 18,1 | 10,2 | 14,9 | 8,6 | 12,6 | 7,4 | 10,7 | 6,4 | 9,3 | 5,6 | 8,1 | 5,0 | 7,2 |
| 3 | - | - | - | - | 24,8 | 100,0 | 32,9 | 85,1 | 28,6 | 66,3 | 23,6 | 52,1 | 19,4 | 41,8 | 16,1 | 34,2 | 13,6 | 28,5 | 11,6 | 24,2 | 10,0 | 20,8 | 8,8 | 18,1 | 7,7 | 15,9 | 6,9 | 14,1 |
| 4 | - | - | - | - | - | - | 14,9 | 100,0 | 23,7 | 90,0 | 23,1 | 75,2 | 20,6 | 62,4 | 17,9 | 52,1 | 15,5 | 44,1 | 13,5 | 37,7 | 11,9 | 32,6 | 10,5 | 28,5 | 9,3 | 25,2 | 8,3 | 22,4 |
| 5 | - | - | - | - | - | - | - | - | 10,0 | 100,0 | 17,7 | 92,9 | 18,7 | 81,0 | 17,6 | 69,7 | 16,0 | 60,1 | 14,4 | 52,1 | 12,9 | 45,5 | 11,5 | 40,1 | 10,4 | 35,6 | 9,4 | 31,8 |
| 6 | - | - | - | - | - | - | - | - | - | - | 7,1 | 100,0 | 13,6 | 94,7 | 15,3 | 85,1 | 15,1 | 75,2 | 14,2 | 66,3 | 13,1 | 58,7 | 12,0 | 52,1 | 11,0 | 46,5 | 10,0 | 41,8 |
| 7 | - | - | - | - | - | - | - | - | - | - | - | - | 5,3 | 100,0 | 10,8 | 95,9 | 12,7 | 87,9 | 13,0 | 79,3 | 12,6 | 71,3 | 11,9 | 64,0 | 11,1 | 57,7 | 10,3 | 52,1 |
| 8 | - | - | - | - | - | - | - | - | - | - | - | - | - | - | 4,1 | 100,0 | 8,8 | 96,7 | 10,7 | 90,0 | 11,3 | 82,5 | 11,2 | 75,2 | 10,8 | 68,4 | 10,2 | 62,4 |
| 9 | - | - | - | - | - | - | - | - | - | - | - | - | - | - | - | - | 3,3 | 100,0 | 7,3 | 97,3 | 9,1 | 91,7 | 9,8 | 85,1 | 10,0 | 78,4 | 9,8 | 72,1 |
| 10 | - | - | - | - | - | - | - | - | - | - | - | - | - | - | - | - | - | - | 2,7 | 100,0 | 6,1 | 97,8 | 7,9 | 92,9 | 8,7 | 87,1 | 8,9 | 81,0 |
| 11 | - | - | - | - | - | - | - | - | - | - | - | - | - | - | - | - | - | - | - | - | 2,2 | 100,0 | 5,2 | 98,1 | 6,8 | 93,9 | 7,7 | 88,7 |
| 12 | - | - | - | - | - | - | - | - | - | - | - | - | - | - | - | - | - | - | - | - | - | - | 1,9 | 100,0 | 4,5 | 98,4 | 6,0 | 94,7 |
| 13 | - | - | - | - | - | - | - | - | - | - | - | - | - | - | - | - | - | - | - | - | - | - | - | - | 1,6 | 100,0 | 3,9 | 98,6 |
| 14 | - | - | - | - | - | - | - | - | - | - | - | - | - | - | - | - | - | - | - | - | - | - | - | - | - | - | 1,4 | 100,0 |
| 15 | - | - | - | - | - | - | - | - | - | - | - | - | - | - | - | - | - | - | - | - | - | - | - | - | - | - | - | - |
| 16 | - | - | - | - | - | - | - | - | - | - | - | - | - | - | - | - | - | - | - | - | - | - | - | - | - | - | - | - |
| 17 | - | - | - | - | - | - | - | - | - | - | - | - | - | - | - | - | - | - | - | - | - | - | - | - | - | - | - | - |
| 18 | - | - | - | - | - | - | - | - | - | - | - | - | - | - | - | - | - | - | - | - | - | - | - | - | - | - | - | - |
| 19 | - | - | - | - | - | - | - | - | - | - | - | - | - | - | - | - | - | - | - | - | - | - | - | - | - | - | - | - |
| 20 | - | - | - | - | - | - | - | - | - | - | - | - | - | - | - | - | - | - | - | - | - | - | - | - | - | - | - | - |
| 21 | - | - | - | - | - | - | - | - | - | - | - | - | - | - | - | - | - | - | - | - | - | - | - | - | - | - | - | - |
| 22 | - | - | - | - | - | - | - | - | - | - | - | - | - | - | - | - | - | - | - | - | - | - | - | - | - | - | - | - |
| 23 | - | - | - | - | - | - | - | - | - | - | - | - | - | - | - | - | - | - | - | - | - | - | - | - | - | - | - | - |
| 24 | - | - | - | - | - | - | - | - | - | - | - | - | - | - | - | - | - | - | - | - | - | - | - | - | - | - | - | - |
| 25 | - | - | - | - | - | - | - | - | - | - | - | - | - | - | - | - | - | - | - | - | - | - | - | - | - | - | - | - |
| 26 | - | - | - | - | - | - | - | - | - | - | - | - | - | - | - | - | - | - | - | - | - | - | - | - | - | - | - | - |
| 27 | - | - | - | - | - | - | - | - | - | - | - | - | - | - | - | - | - | - | - | - | - | - | - | - | - | - | - | - |
| 28 | - | - | - | - | - | - | - | - | - | - | - | - | - | - | - | - | - | - | - | - | - | - | - | - | - | - | - | - |
| 29 | - | - | - | - | - | - | - | - | - | - | - | - | - | - | - | - | - | - | - | - | - | - | - | - | - | - | - | - |
| 30 | - | - | - | - | - | - | - | - | - | - | - | - | - | - | - | - | - | - | - | - | - | - | - | - | - | - | - | - |
| 31 | - | - | - | - | - | - | - | - | - | - | - | - | - | - | - | - | - | - | - | - | - | - | - | - | - | - | - | - |
| 32 | - | - | - | - | - | - | - | - | - | - | - | - | - | - | - | - | - | - | - | - | - | - | - | - | - | - | - | - |
| 33 | - | - | - | - | - | - | - | - | - | - | - | - | - | - | - | - | - | - | - | - | - | - | - | - | - | - | - | - |
| 34 | - | - | - | - | - | - | - | - | - | - | - | - | - | - | - | - | - | - | - | - | - | - | - | - | - | - | - | - |
| 35 | - | - | - | - | - | - | - | - | - | - | - | - | - | - | - | - | - | - | - | - | - | - | - | - | - | - | - | - |
| 36 | - | - | - | - | - | - | - | - | - | - | - | - | - | - | - | - | - | - | - | - | - | - | - | - | - | - | - | - |
| 37 | - | - | - | - | - | - | - | - | - | - | - | - | - | - | - | - | - | - | - | - | - | - | - | - | - | - | - | - |
| 38 | - | - | - | - | - | - | - | - | - | - | - | - | - | - | - | - | - | - | - | - | - | - | - | - | - | - | - | - |
| 39 | - | - | - | - | - | - | - | - | - | - | - | - | - | - | - | - | - | - | - | - | - | - | - | - | - | - | - | - |
| 40 | - | - | - | - | - | - | - | - | - | - | - | - | - | - | - | - | - | - | - | - | - | - | - | - | - | - | - | - |
| 41 | - | - | - | - | - | - | - | - | - | - | - | - | - | - | - | - | - | - | - | - | - | - | - | - | - | - | - | - |
| 42 | - | - | - | - | - | - | - | - | - | - | - | - | - | - | - | - | - | - | - | - | - | - | - | - | - | - | - | - |
| 43 | - | - | - | - | - | - | - | - | - | - | - | - | - | - | - | - | - | - | - | - | - | - | - | - | - | - | - | - |
| 44 | - | - | - | - | - | - | - | - | - | - | - | - | - | - | - | - | - | - | - | - | - | - | - | - | - | - | - | - |
| 45 | - | - | - | - | - | - | - | - | - | - | - | - | - | - | - | - | - | - | - | - | - | - | - | - | - | - | - | - |
| 46 | - | - | - | - | - | - | - | - | - | - | - | - | - | - | - | - | - | - | - | - | - | - | - | - | - | - | - | - |
| 47 | - | - | - | - | - | - | - | - | - | - | - | - | - | - | - | - | - | - | - | - | - | - | - | - | - | - | - | - |
| 48 | - | - | - | - | - | - | - | - | - | - | - | - | - | - | - | - | - | - | - | - | - | - | - | - | - | - | - | - |
| 49 | - | - | - | - | - | - | - | - | - | - | - | - | - | - | - | - | - | - | - | - | - | - | - | - | - | - | - | - |
| 50 | - | - | - | - | - | - | - | - | - | - | - | - | - | - | - | - | - | - | - | - | - | - | - | - | - | - | - | - |
| 51 | - | - | - | - | - | - | - | - | - | - | - | - | - | - | - | - | - | - | - | - | - | - | - | - | - | - | - | - |
| 52 | - | - | - | - | - | - | - | - | - | - | - | - | - | - | - | - | - | - | - | - | - | - | - | - | - | - | - | - |
| 53 | - | - | - | - | - | - | - | - | - | - | - | - | - | - | - | - | - | - | - | - | - | - | - | - | - | - | - | - |
| 54 | - | - | - | - | - | - | - | - | - | - | - | - | - | - | - | - | - | - | - | - | - | - | - | - | - | - | - | - |
| 55 | - | - | - | - | - | - | - | - | - | - | - | - | - | - | - | - | - | - | - | - | - | - | - | - | - | - | - | - |
| 56 | - | - | - | - | - | - | - | - | - | - | - | - | - | - | - | - | - | - | - | - | - | - | - | - | - | - | - | - |
| 57 | - | - | - | - | - | - | - | - | - | - | - | - | - | - | - | - | - | - | - | - | - | - | - | - | - | - | - | - |
| 58 | - | - | - | - | - | - | - | - | - | - | - | - | - | - | - | - | - | - | - | - | - | - | - | - | - | - | - | - |
| 59 | - | - | - | - | - | - | - | - | - | - | - | - | - | - | - | - | - | - | - | - | - | - | - | - | - | - | - | - |
| 60 | - | - | - | - | - | - | - | - | - | - | - | - | - | - | - | - | - | - | - | - | - | - | - | - | - | - | - | - |

Tab. 14.2 (continuação)

| 15 | | 16 | | 17 | | 18 | | 19 | | 20 | | 21 | | 22 | | 23 | | 24 | | 30 | | 36 | | 48 | | 60 | |
|---|---|---|---|---|---|---|---|---|---|---|---|---|---|---|---|---|---|---|---|---|---|---|---|---|---|---|---|
| P | A | P | A | P | A | P | A | P | A | P | A | P | A | P | A | P | A | P | A | P | A | P | A | P | A | P | A |
| 2,0 | 2,0 | 1,8 | 1,8 | 1,6 | 1,6 | 1,5 | 1,5 | 1,3 | 1,3 | 1,2 | 1,2 | 1,1 | 1,1 | 1,0 | 1,0 | 1,0 | 1,0 | 0,9 | 0,9 | 0,6 | 0,6 | 0,5 | 0,5 | 0,3 | 0,3 | 0,2 | 0,2 |
| 4,4 | 6,4 | 4,0 | 5,8 | 3,6 | 5,2 | 3,3 | 4,7 | 3,0 | 4,3 | 2,7 | 4,0 | 2,5 | 3,6 | 2,3 | 3,4 | 2,2 | 3,1 | 2,0 | 2,9 | 1,4 | 2,0 | 1,0 | 1,5 | 0,6 | 0,9 | 0,4 | 0,6 |
| 6,2 | 12,6 | 5,5 | 11,3 | 5,0 | 10,2 | 4,6 | 9,3 | 4,2 | 8,5 | 3,8 | 7,8 | 3,5 | 7,2 | 3,3 | 6,7 | 3,1 | 6,2 | 2,8 | 5,8 | 2,0 | 4,0 | 1,4 | 2,9 | 0,9 | 1,8 | 0,6 | 1,2 |
| 7,5 | 20,1 | 6,8 | 18,1 | 6,2 | 16,4 | 5,6 | 14,9 | 5,2 | 13,7 | 4,8 | 12,6 | 4,4 | 11,6 | 4,1 | 10,7 | 3,8 | 10,0 | 3,5 | 9,3 | 2,5 | 6,4 | 1,8 | 4,7 | 1,1 | 2,9 | 0,8 | 2,0 |
| 8,5 | 28,5 | 7,7 | 25,8 | 7,1 | 23,4 | 6,5 | 21,4 | 6,0 | 19,6 | 5,5 | 18,1 | 5,1 | 16,7 | 4,7 | 15,5 | 4,4 | 14,4 | 4,1 | 13,4 | 2,9 | 9,3 | 2,1 | 6,9 | 1,3 | 4,2 | 0,9 | 2,9 |
| 9,2 | 37,7 | 8,4 | 34,2 | 7,7 | 31,2 | 7,1 | 28,5 | 6,6 | 26,2 | 6,1 | 24,2 | 5,7 | 22,4 | 5,3 | 20,8 | 5,0 | 19,4 | 4,6 | 18,1 | 3,3 | 12,6 | 2,4 | 9,3 | 1,5 | 5,8 | 1,0 | 4,0 |
| 9,6 | 47,3 | 8,9 | 43,1 | 8,2 | 39,4 | 7,6 | 36,2 | 7,1 | 33,3 | 6,6 | 30,8 | 6,2 | 28,5 | 5,8 | 26,5 | 5,4 | 24,7 | 5,1 | 23,1 | 3,6 | 16,2 | 2,7 | 12,0 | 1,7 | 7,4 | 1,2 | 5,1 |
| 9,6 | 56,9 | 9,0 | 52,1 | 8,5 | 47,9 | 7,9 | 44,1 | 7,4 | 40,7 | 6,9 | 37,7 | 6,5 | 35,0 | 6,1 | 32,6 | 5,7 | 30,5 | 5,4 | 28,5 | 3,9 | 20,1 | 2,9 | 14,9 | 1,9 | 9,3 | 1,3 | 6,4 |
| 9,4 | 66,3 | 9,0 | 61,1 | 8,5 | 56,4 | 8,0 | 52,1 | 7,6 | 48,3 | 7,2 | 44,9 | 6,7 | 41,8 | 6,4 | 39,0 | 6,0 | 36,5 | 5,7 | 34,2 | 4,1 | 24,2 | 3,1 | 18,1 | 2,0 | 11,3 | 1,4 | 7,8 |
| 8,9 | 75,2 | 8,7 | 69,7 | 8,3 | 64,7 | 8,0 | 60,1 | 7,6 | 55,9 | 7,2 | 52,1 | 6,9 | 48,7 | 6,5 | 45,5 | 6,2 | 42,7 | 5,9 | 40,1 | 4,3 | 28,5 | 3,3 | 21,4 | 2,1 | 13,4 | 1,5 | 9,3 |
| 8,0 | 83,2 | 8,1 | 77,8 | 8,0 | 72,7 | 7,8 | 67,9 | 7,5 | 63,4 | 7,2 | 59,3 | 6,9 | 55,6 | 6,6 | 52,1 | 6,3 | 49,0 | 6,0 | 46,1 | 4,5 | 33,1 | 3,5 | 24,9 | 2,3 | 15,7 | 1,6 | 10,9 |
| 6,8 | 90,0 | 7,2 | 85,1 | 7,4 | 80,1 | 7,3 | 75,2 | 7,2 | 70,6 | 7,0 | 66,3 | 6,8 | 62,4 | 6,6 | 58,7 | 6,3 | 55,3 | 6,0 | 52,1 | 4,7 | 37,7 | 3,6 | 28,5 | 2,4 | 18,1 | 1,7 | 12,6 |
| 5,3 | 95,3 | 6,1 | 91,2 | 6,6 | 86,6 | 6,7 | 82,0 | 6,8 | 77,4 | 6,7 | 73,1 | 6,6 | 68,9 | 6,4 | 65,1 | 6,2 | 61,5 | 6,0 | 58,1 | 4,8 | 42,5 | 3,8 | 32,3 | 2,5 | 20,6 | 1,8 | 14,3 |
| 3,4 | 98,8 | 4,7 | 95,9 | 5,5 | 92,1 | 6,0 | 87,9 | 6,2 | 83,6 | 6,3 | 79,3 | 6,3 | 75,2 | 6,2 | 71,3 | 6,1 | 67,5 | 5,9 | 64,0 | 4,8 | 47,3 | 3,9 | 36,2 | 2,6 | 23,1 | 1,8 | 16,2 |
| 1,2 | 100,0 | 3,0 | 98,9 | 4,2 | 96,3 | 5,0 | 92,9 | 5,4 | 89,1 | 5,7 | 85,1 | 5,8 | 81,0 | 5,9 | 77,1 | 5,8 | 73,3 | 5,7 | 69,7 | 4,8 | 52,1 | 3,9 | 40,1 | 2,7 | 25,8 | 1,9 | 18,1 |
| - | - | 1,1 | 100,0 | 2,7 | 99,0 | 3,8 | 96,7 | 4,5 | 93,6 | 5,0 | 90,0 | 5,3 | 86,3 | 5,4 | 82,5 | 5,5 | 78,8 | 5,5 | 75,2 | 4,8 | 56,9 | 4,0 | 44,1 | 2,7 | 28,5 | 2,0 | 20,1 |
| - | - | - | - | 1,0 | 100,0 | 2,4 | 99,1 | 3,4 | 97,0 | 4,1 | 94,2 | 4,6 | 90,9 | 4,9 | 87,4 | 5,0 | 83,9 | 5,1 | 80,3 | 4,8 | 61,7 | 4,0 | 48,1 | 2,8 | 31,3 | 2,0 | 22,1 |
| - | - | - | - | - | - | 0,9 | 100,0 | 2,2 | 99,2 | 3,1 | 97,3 | 3,8 | 94,7 | 4,2 | 91,7 | 4,5 | 88,4 | 4,7 | 85,1 | 4,7 | 66,3 | 4,0 | 52,1 | 2,9 | 34,2 | 2,1 | 24,2 |
| - | - | - | - | - | - | - | - | 0,8 | 100,0 | 2,0 | 99,3 | 2,9 | 97,6 | 3,5 | 95,1 | 3,9 | 92,3 | 4,2 | 89,3 | 4,5 | 70,9 | 4,0 | 56,1 | 2,9 | 37,1 | 2,2 | 26,3 |
| - | - | - | - | - | - | - | - | - | - | 0,7 | 100,0 | 1,8 | 99,4 | 2,6 | 97,8 | 3,2 | 95,5 | 3,6 | 92,9 | 4,3 | 75,2 | 4,0 | 60,1 | 3,0 | 40,1 | 2,2 | 28,5 |
| - | - | - | - | - | - | - | - | - | - | - | - | 0,6 | 100,0 | 1,7 | 99,4 | 2,4 | 97,9 | 3,0 | 95,9 | 4,1 | 79,3 | 3,9 | 64,0 | 3,0 | 43,1 | 2,2 | 30,8 |
| - | - | - | - | - | - | - | - | - | - | - | - | - | - | 0,6 | 100,0 | 1,5 | 99,5 | 2,2 | 98,1 | 3,9 | 83,2 | 3,8 | 67,9 | 3,0 | 46,1 | 2,3 | 33,1 |
| - | - | - | - | - | - | - | - | - | - | - | - | - | - | - | - | 0,5 | 100,0 | 1,4 | 99,5 | 3,6 | 86,8 | 3,7 | 71,6 | 3,0 | 49,1 | 2,3 | 35,4 |
| - | - | - | - | - | - | - | - | - | - | - | - | - | - | - | - | - | - | 0,5 | 100,0 | 3,2 | 90,0 | 3,6 | 75,2 | 3,0 | 52,1 | 2,3 | 37,7 |
| - | - | - | - | - | - | - | - | - | - | - | - | - | - | - | - | - | - | - | - | 2,9 | 92,9 | 3,5 | 78,7 | 3,0 | 55,1 | 2,4 | 40,1 |
| - | - | - | - | - | - | - | - | - | - | - | - | - | - | - | - | - | - | - | - | 2,4 | 95,3 | 3,3 | 82,0 | 3,0 | 58,1 | 2,4 | 42,5 |
| - | - | - | - | - | - | - | - | - | - | - | - | - | - | - | - | - | - | - | - | 2,0 | 97,3 | 3,1 | 85,1 | 3,0 | 61,1 | 2,4 | 44,9 |
| - | - | - | - | - | - | - | - | - | - | - | - | - | - | - | - | - | - | - | - | 1,5 | 98,8 | 2,9 | 87,9 | 2,9 | 64,0 | 2,4 | 47,3 |
| - | - | - | - | - | - | - | - | - | - | - | - | - | - | - | - | - | - | - | - | 0,9 | 99,7 | 2,6 | 90,5 | 2,9 | 66,9 | 2,4 | 49,7 |
| - | - | - | - | - | - | - | - | - | - | - | - | - | - | - | - | - | - | - | - | 0,3 | 100,0 | 2,4 | 92,9 | 2,8 | 69,7 | 2,4 | 52,1 |
| - | - | - | - | - | - | - | - | - | - | - | - | - | - | - | - | - | - | - | - | - | - | 2,1 | 95,0 | 2,8 | 72,5 | 2,4 | 54,5 |
| - | - | - | - | - | - | - | - | - | - | - | - | - | - | - | - | - | - | - | - | - | - | 1,7 | 96,7 | 2,7 | 75,2 | 2,4 | 56,9 |
| - | - | - | - | - | - | - | - | - | - | - | - | - | - | - | - | - | - | - | - | - | - | 1,4 | 98,1 | 2,6 | 77,8 | 2,4 | 59,3 |
| - | - | - | - | - | - | - | - | - | - | - | - | - | - | - | - | - | - | - | - | - | - | 1,0 | 99,1 | 2,5 | 80,3 | 2,4 | 61,7 |
| - | - | - | - | - | - | - | - | - | - | - | - | - | - | - | - | - | - | - | - | - | - | 0,6 | 99,8 | 2,4 | 82,8 | 2,3 | 64,0 |
| - | - | - | - | - | - | - | - | - | - | - | - | - | - | - | - | - | - | - | - | - | - | 0,2 | 100,0 | 2,3 | 85,1 | 2,3 | 66,3 |
| - | - | - | - | - | - | - | - | - | - | - | - | - | - | - | - | - | - | - | - | - | - | - | - | 2,2 | 87,2 | 2,3 | 68,6 |
| - | - | - | - | - | - | - | - | - | - | - | - | - | - | - | - | - | - | - | - | - | - | - | - | 2,0 | 89,3 | 2,2 | 70,9 |
| - | - | - | - | - | - | - | - | - | - | - | - | - | - | - | - | - | - | - | - | - | - | - | - | 1,9 | 91,2 | 2,2 | 73,1 |
| - | - | - | - | - | - | - | - | - | - | - | - | - | - | - | - | - | - | - | - | - | - | - | - | 1,7 | 92,9 | 2,1 | 75,2 |
| - | - | - | - | - | - | - | - | - | - | - | - | - | - | - | - | - | - | - | - | - | - | - | - | 1,6 | 94,5 | 2,1 | 77,3 |
| - | - | - | - | - | - | - | - | - | - | - | - | - | - | - | - | - | - | - | - | - | - | - | - | 1,4 | 95,9 | 2,0 | 79,3 |
| - | - | - | - | - | - | - | - | - | - | - | - | - | - | - | - | - | - | - | - | - | - | - | - | 1,2 | 97,1 | 2,0 | 81,3 |
| - | - | - | - | - | - | - | - | - | - | - | - | - | - | - | - | - | - | - | - | - | - | - | - | 1,0 | 98,1 | 1,9 | 83,2 |
| - | - | - | - | - | - | - | - | - | - | - | - | - | - | - | - | - | - | - | - | - | - | - | - | 0,8 | 98,9 | 1,8 | 85,1 |
| - | - | - | - | - | - | - | - | - | - | - | - | - | - | - | - | - | - | - | - | - | - | - | - | 0,6 | 99,5 | 1,8 | 86,8 |
| - | - | - | - | - | - | - | - | - | - | - | - | - | - | - | - | - | - | - | - | - | - | - | - | 0,4 | 99,9 | 1,7 | 88,5 |
| - | - | - | - | - | - | - | - | - | - | - | - | - | - | - | - | - | - | - | - | - | - | - | - | 0,1 | 100,0 | 1,6 | 90,0 |
| - | - | - | - | - | - | - | - | - | - | - | - | - | - | - | - | - | - | - | - | - | - | - | - | - | - | 1,5 | 91,5 |
| - | - | - | - | - | - | - | - | - | - | - | - | - | - | - | - | - | - | - | - | - | - | - | - | - | - | 1,4 | 92,9 |
| - | - | - | - | - | - | - | - | - | - | - | - | - | - | - | - | - | - | - | - | - | - | - | - | - | - | 1,3 | 94,2 |
| - | - | - | - | - | - | - | - | - | - | - | - | - | - | - | - | - | - | - | - | - | - | - | - | - | - | 1,2 | 95,3 |
| - | - | - | - | - | - | - | - | - | - | - | - | - | - | - | - | - | - | - | - | - | - | - | - | - | - | 1,0 | 96,4 |
| - | - | - | - | - | - | - | - | - | - | - | - | - | - | - | - | - | - | - | - | - | - | - | - | - | - | 0,9 | 97,3 |
| - | - | - | - | - | - | - | - | - | - | - | - | - | - | - | - | - | - | - | - | - | - | - | - | - | - | 0,8 | 98,1 |
| - | - | - | - | - | - | - | - | - | - | - | - | - | - | - | - | - | - | - | - | - | - | - | - | - | - | 0,7 | 98,8 |
| - | - | - | - | - | - | - | - | - | - | - | - | - | - | - | - | - | - | - | - | - | - | - | - | - | - | 0,5 | 99,3 |
| - | - | - | - | - | - | - | - | - | - | - | - | - | - | - | - | - | - | - | - | - | - | - | - | - | - | 0,4 | 99,7 |
| - | - | - | - | - | - | - | - | - | - | - | - | - | - | - | - | - | - | - | - | - | - | - | - | - | - | 0,2 | 99,9 |
| - | - | - | - | - | - | - | - | - | - | - | - | - | - | - | - | - | - | - | - | - | - | - | - | - | - | 0,1 | 100,0 |

Nota: os valores da tabela foram arredondados.

## Exemplo 14.3

Para o cronograma da Fig. 14.12, comparar a curva S do projeto com a curva S padrão.

| Ativ. | Hh | Mês | | | | | | | | | | |
|---|---|---|---|---|---|---|---|---|---|---|---|---|
| | | 1 | 2 | 3 | 4 | 5 | 6 | 7 | 8 | 9 | 10 | 11 |
| A | 200 | 200 | | | | | | | | | | |
| B | 1.800 | | 600 | 600 | 600 | | | | | | | |
| C | 1.600 | | | | | 1.600 | | | | | | |
| D | 1.600 | 200 | 400 | 400 | 400 | 200 | | | | | | |
| E | 2.800 | | | | | | 1.400 | 1.400 | | | | |
| F | 3.200 | | | | | | | | 800 | 800 | 800 | 800 |
| G | 3.800 | 600 | 800 | 800 | 800 | 800 | | | | | | |

**FIG. 14.12** *Cronograma e trabalho (homem-hora) mensal*

### *Solução:*

No próprio cronograma, adicionamos as linhas de homem-hora mensal e acumulado, assim como os percentuais mensais da curva S padrão (Fig. 14.13A). A curva S do projeto e a curva S padrão são mostradas na Fig. 14.13B. O projeto tem, em relação à curva padrão, maior incidência de homem-hora nos primeiros meses. Ele se inicia com um ritmo mais rápido do que o comportamento teórico e somente no oitavo mês é que as duas curvas se tocam.

Ⓐ

| Ativ. | Hh | Mês | | | | | | | | | | |
|---|---|---|---|---|---|---|---|---|---|---|---|---|
| | | 1 | 2 | 3 | 4 | 5 | 6 | 7 | 8 | 9 | 10 | 11 |
| A | 200 | 200 | | | | | | | | | | |
| B | 1.800 | | 600 | 600 | 600 | | | | | | | |
| C | 1.600 | | | | | 1.600 | | | | | | |
| D | 1.600 | 200 | 400 | 400 | 400 | 200 | | | | | | |
| E | 2.800 | | | | | | 1.400 | 1.400 | | | | |
| F | 3.200 | | | | | | | | 800 | 800 | 800 | 800 |
| G | 3.800 | 600 | 800 | 800 | 800 | 800 | | | | | | |
| Total | Hh | 1.000 | 1.800 | 1.800 | 1.800 | 2.600 | 1.400 | 1.400 | 800 | 800 | 800 | 800 |
| Acum. | Hh | 1.000 | 2.800 | 4.600 | 6.400 | 9.000 | 10.400 | 11.800 | 12.600 | 13.400 | 14.200 | 15.000 |
| S padrão | % | 3 | 11 | 21 | 33 | 46 | 59 | 71 | 83 | 92 | 98 | 100 |
| | Hh | 506 | 1.611 | 3.118 | 4.897 | 6.829 | 8.800 | 10.690 | 12.381 | 13.748 | 14.665 | 15.000 |

**FIG. 14.13** *(A) Trabalho acumulado e coeficientes da curva S padrão*

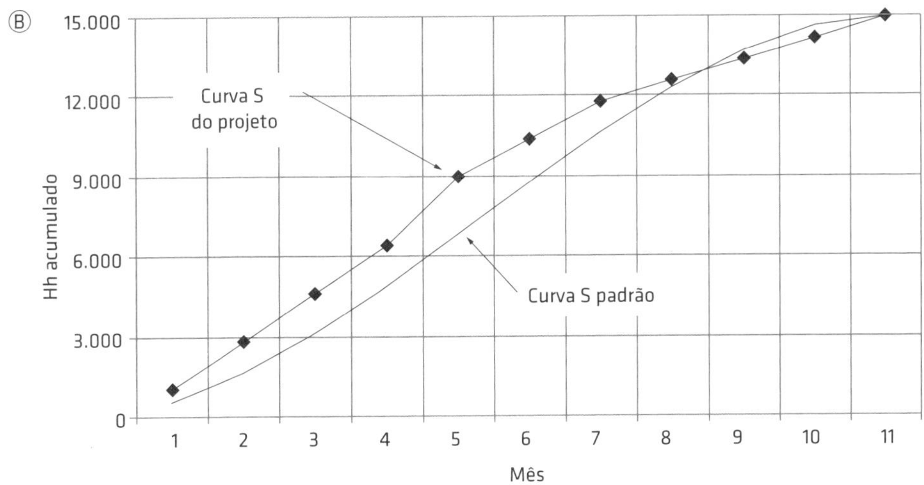


**Fig. 14.13** *(cont.) (B) Comparação entre as curvas S do projeto e padrão*

---

**Dicas para o planejador**

Se a curva do projeto ficar à esquerda da curva padrão (teórica), isso é sinal de que o cronograma tem alta concentração de atividades na etapa inicial do projeto. Por exemplo: a obra foi planejada com várias frentes de trabalho simultâneas desde o início. Nessas circunstâncias, o custo/trabalho se acumula mais no início do que no final do cronograma.

Se a curva do projeto ficar à direita da teórica, isso é sinal de que o cronograma tem alta concentração de atividades na etapa final do projeto. Por exemplo: a obra tem um "gargalo" inicial que retarda a ocorrência de várias frentes de trabalho simultâneas. Nessas circunstâncias, o custo/trabalho se acumula mais no final do que no início do cronograma.

Em ambos os casos vistos, o planejador pode tentar replanejar algumas etapas da obra a fim de aproximar a curva S da teórica e, assim, equilibrar melhor o esforço do projeto.

Um cronograma com nivelamento de recursos tende a produzir uma curva S mais linearizada do que um cronograma sem nivelamento.

Um indício de planejamento deficiente é a curva S apresentar degraus (pontos de angulação súbita).

## Estudo de caso 14.1 – barragem

Um órgão da Administração Pública está estudando a viabilidade técnica e econômica da construção de uma barragem na Bahia. Primeiramente será desenvolvido o projeto executivo, com valor estimado em R$ 12 milhões e prazo de 15 meses, com início previsto para agosto de 2009. A obra, orçada em R$ 400 milhões, deve durar quatro anos, com início previsto para março de 2010. Essa premissa mostra que a obra será iniciada com o projeto avançado, porém ainda não totalmente concluído.

Tendo em vista que o órgão precisa garantir os recursos no orçamento federal para custear a obra, é necessário fazer uma estimativa prévia do custo do empreendimento ano a ano. Ainda não dispondo de um cronograma detalhado, a equipe do estudo de viabilidade decidiu adotar uma distribuição padrão dos custos ao longo da duração do empreendimento.

O projeto executivo dura de agosto de 2009 a outubro de 2010. Há uma pequena simultaneidade de projeto executivo e obra entre os meses de março de 2010 e outubro de 2010.

### *Projeto executivo (15 meses)*

- *2009 – 1º ao 5º mês (agosto a dezembro) (ver Tab. 14.2):*

  Custo = 28,5% × R$ 12M = R$ 3,4M
- *2010 – 6º ao 15º mês (janeiro a outubro):*

  Custo = (100% – 28,5%) × R$ 12M = R$ 8,6M

### *Obra (quatro anos = 48 meses)*

- *2010 – 1º ao 10º mês (março a dezembro):*

  Custo = 13,4% × R$ 400M = R$ 53,6M
- *2011 – 11º ao 22º mês:*

  Custo = (46,1% – 13,4%) × R$ 400M = R$ 130,8M
- *2012 – 23º ao 34º mês:*

  Custo = (80,3% – 46,1%) × R$ 400M = R$ 136,8M
- *2013 – 35º ao 46º mês:*

  Custo = (99,5% – 80,3%) × R$ 400M = R$ 76,8M
- *2014 – 47º ao 48º mês:*

  Custo = (100,0% – 99,5%) × R$ 400M = R$ 2,0M

Totalizando ano a ano, chega-se aos custos da Tab. 14.3 (em milhões de reais).

**Tab. 14.3** Custo anual do empreendimento

| Ano | Projeto executivo | Obra | Total |
|---|---|---|---|
| 2009 | 3,4 | - | 3,4 |
| 2010 | 8,6 | 53,6 | 62,2 |
| 2011 | - | 130,8 | 130,8 |
| 2012 | - | 136,8 | 136,8 |
| 2013 | - | 76,8 | 76,8 |
| 2014 | - | 2,0 | 2,0 |
| Total | 12,0 | 400,0 | 412,0 |

As curvas de avanço (em custo) do projeto executivo e da obra são mostradas na Fig. 14.14.

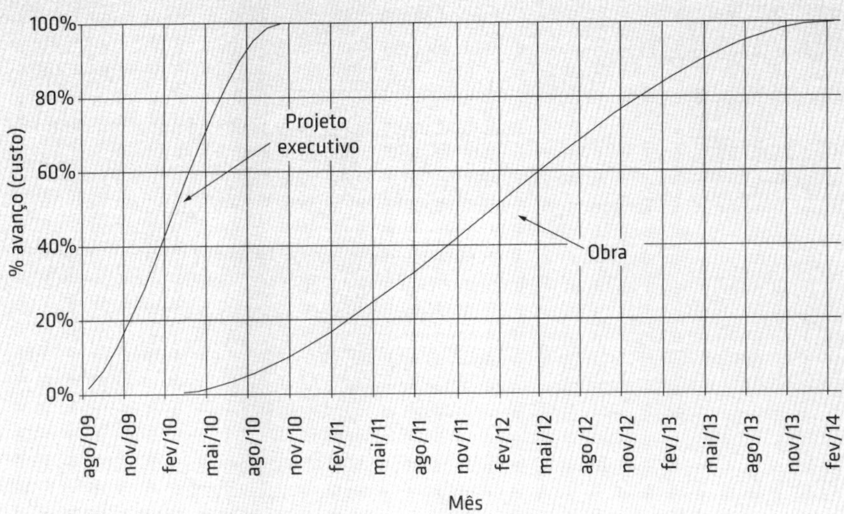


**Fig. 14.14** *Curvas S: projeto executivo e obra*

### Dicas para o planejador

Para um mesmo empreendimento, é normal que o coeficiente *s* de engenharia de projeto seja maior que o da execução da obra (Lara, 2002). Esse autor indica coeficientes *s* de 2,15 e 1,65, respectivamente, para projeto e obra. Para o coeficiente *I*, os valores recomendados seriam na faixa de 42% e 56%, respectivamente.

A experiência mostra que um empreendimento complexo, bem planejado e conduzido sem grandes percalços desenvolve-se de acordo com uma curva de Gauss, com o pico das atividades a cerca de 60% do tempo total previsto. Para que isso ocorra, deve-se planejar conforme uma curva de 50% para se obter uma execução a 60% (Dinsmore, 1992).

## Estudo de caso 14.2 – linha de transmissão

O prazo total da construção de uma linha de distribuição de energia elétrica foi estimado em 16 meses de obra. Uma vez iniciados os serviços de campo, o criterioso engenheiro da obra anotou o avanço da linha mês a mês (aqui, por simplicidade, consideramos a obra como um único serviço), como mostrado na Tab. 14.4.

Tab. 14.4 Avanço mensal real e acumulado

| Mês | 1 | 2 | 3 | 4 | 5 | 6 |
|---|---|---|---|---|---|---|
| Avanço real (%) | 1 | 1 | 5 | 6 | 7 | 9 |
| Avanço acum. (%) | 1 | 2 | 7 | 13 | 20 | 29 |

Lembrando-se de que a curva S é uma maneira prática e rápida de avaliar quantitativa e qualitativamente o desempenho da obra, o engenheiro agregou à tabela o avanço segundo a curva S padrão (Fig. 14.15).

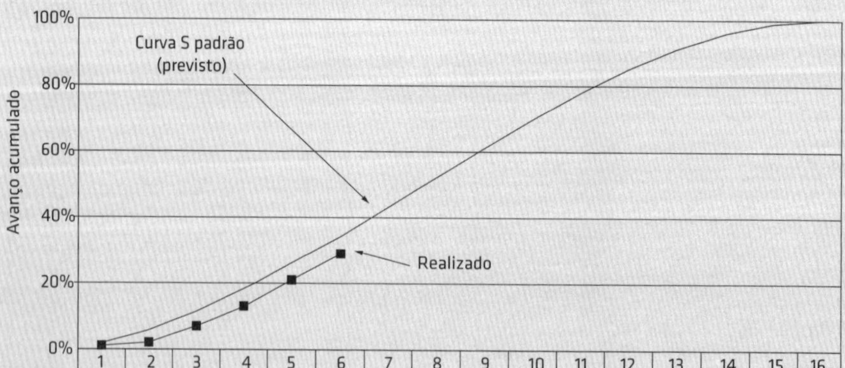


| | 1 | 2 | 3 | 4 | 5 | 6 | 7 | 8 | 9 | 10 | 11 | 12 | 13 | 14 | 15 | 16 |
|---|---|---|---|---|---|---|---|---|---|---|---|---|---|---|---|---|
| S padrão | 2% | 6% | 11% | 18% | 26% | 34% | 43% | 52% | 61% | 70% | 78% | 85% | 91% | 96% | 99% | 100% |
| Realizado | 1% | 2% | 7% | 13% | 21% | 29% | | | | | | | | | | |

Fig. 14.15 *Avanço previsto (teórico) e realizado*

*Conclusão do engenheiro*: a obra vem se atrasando desde o início e, ao cabo dos seis meses, o atraso é de cinco pontos percentuais. Pela Tab. 14.2, um progresso de 29% em seis meses corresponde a um projeto de 18 meses. É como se a obra estivesse se comportando como um projeto de 18 meses, e não de 16.

Duas são as medidas que podem ser adotadas para o caso: reprogramar a obra para 18 meses (tendência) ou reprogramar a obra para terminá-la nos 16 meses originais (eliminação do atraso). Cada uma delas é mostrada a seguir.

## Reprogramar a obra para 18 meses

Ao optar por essa solução, o engenheiro decide seguir a tendência do progresso realizado, incorporando os dois meses de atraso verificados até a data.

A reprogramação é feita da seguinte forma: para os 12 meses restantes (7° ao 18°), usam-se os percentuais de avanço referentes ao prazo de 18 meses (Fig. 14.16).

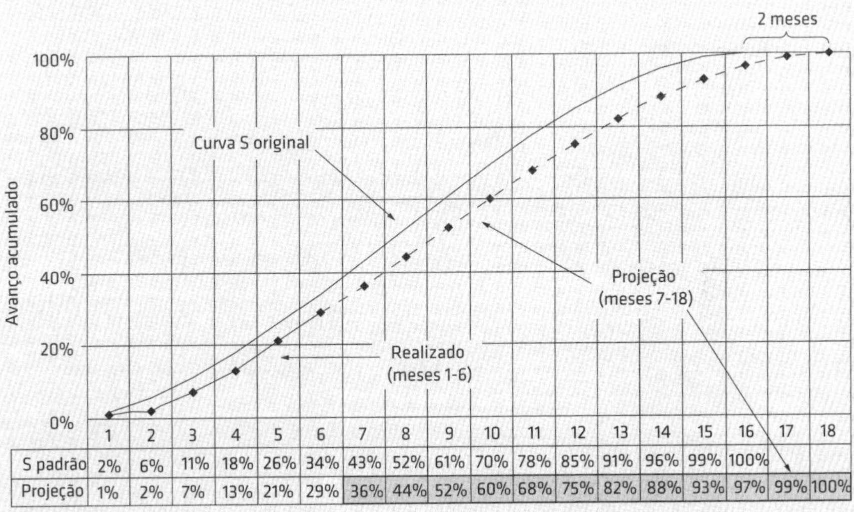


| | 1 | 2 | 3 | 4 | 5 | 6 | 7 | 8 | 9 | 10 | 11 | 12 | 13 | 14 | 15 | 16 | 17 | 18 |
|---|---|---|---|---|---|---|---|---|---|---|---|---|---|---|---|---|---|---|
| S padrão | 2% | 6% | 11% | 18% | 26% | 34% | 43% | 52% | 61% | 70% | 78% | 85% | 91% | 96% | 99% | 100% | | |
| Projeção | 1% | 2% | 7% | 13% | 21% | 29% | 36% | 44% | 52% | 60% | 68% | 75% | 82% | 88% | 93% | 97% | 99% | 100% |

Mês

**Fig. 14.16** *Programação da obra para 18 meses (mantida tendência de atraso de dois meses)*

## Reprogramar a obra para 16 meses

Ao optar por essa solução, o engenheiro decide eliminar o atraso ao longo dos dez meses que restam. A reprogramação diluirá o atraso atual ao longo do período remanescente. Em outras palavras, à distribuição do trabalho original nos dez meses remanescentes o planejador deverá somar a distribuição dos cinco pontos percentuais de atraso – esses são distribuídos como um "projeto" de dez meses. Assim, o acréscimo adicional de trabalho em cada mês é (segundo a Tab. 14.2):

* 7º mês → 4,0% de 5% = 0,2%;
* 8º mês → 8,6% de 5% = 0,4%;
* 9º mês → 11,6% de 5% = 0,6% etc.

Esses percentuais serão somados aos percentuais da curva original de 16 meses (ver Tab. 14.5 e Fig. 14.17):

* no 7º mês, o trabalho será 8,9% + 0,2%;
* no 8º mês: 9,0% + 0,4%;
* no 9º mês: 9,0% + 0,6%.

Tab. 14.5 Reprogramação da obra para 16 meses (recuperação do atraso)

| Mês | 7 | 8 | 9 | 10 | 11 | 12 | 13 | 14 | 15 | 16 |
|---|---|---|---|---|---|---|---|---|---|---|
| Avanço no mês (%) | 8,9 | 9,0 | 9,0 | 8,7 | 8,1 | 7,2 | 6,1 | 4,7 | 3,0 | 1,1 |
| Distribuição do atraso de 5% | 0,2 | 0,4 | 0,6 | 0,7 | 0,7 | 0,7 | 0,7 | 0,5 | 0,4 | 0,1 |
| Avanço acum. total (%) | 38 | 48 | 57 | 66 | 75 | 83 | 90 | 95 | 99 | 100 |

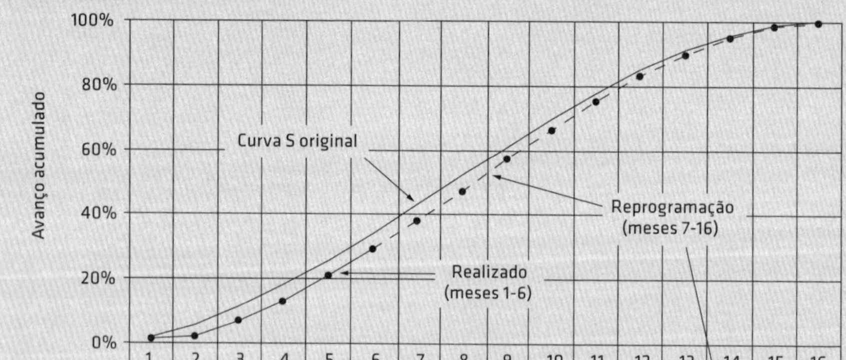


| | 1 | 2 | 3 | 4 | 5 | 6 | 7 | 8 | 9 | 10 | 11 | 12 | 13 | 14 | 15 | 16 |
|---|---|---|---|---|---|---|---|---|---|---|---|---|---|---|---|---|
| S padrão | 2% | 6% | 11% | 18% | 26% | 34% | 43% | 52% | 61% | 70% | 78% | 85% | 91% | 96% | 99% | 100% |
| Reprogramação | 1% | 2% | 7% | 13% | 21% | 29% | 38% | 48% | 57% | 66% | 75% | 83% | 90% | 95% | 99% | 100% |

Mês

Fig. 14.17 *Reprogramação da obra para 16 meses (recuperação do atraso)*

As duas soluções podem ser visualizadas em um mesmo gráfico (Fig. 14.18).

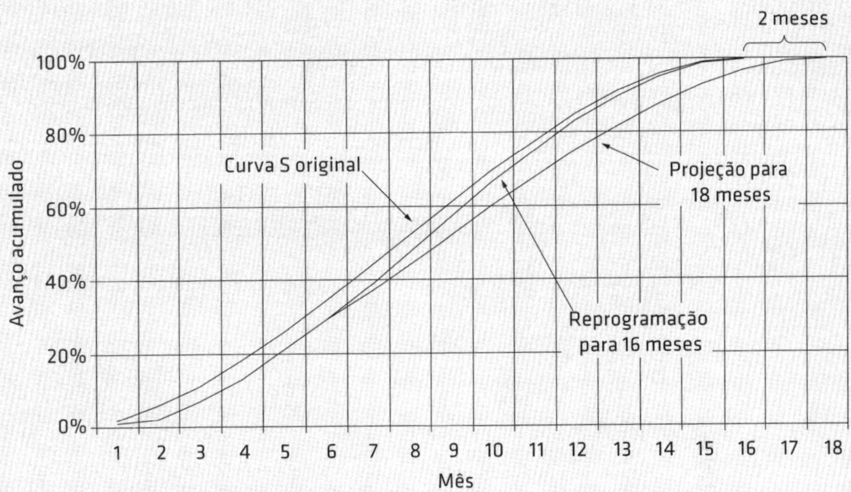


**Fig. 14.18** *Comparação das duas soluções*

## 14.4 Benefícios da curva S

Do ponto de vista do controle, trabalhar com a curva S é uma prática que traz muitos benefícios para o gerente do projeto:

* é uma curva única que mostra o desenvolvimento do projeto do começo ao fim;
* é aplicável de projetos simples e pequenos a empreendimentos complexos e extensos;
* permite visualizar o parâmetro acumulado (trabalho ou custo) em qualquer época do projeto;
* aplica-se o detalhamento de engenharia por homem-hora, quantidade de serviço executado, uso de recurso ou valores monetários;
* é uma ótima ferramenta de controle previsto × realizado;
* é de fácil leitura e permite apresentação rápida da evolução do projeto;
* serve para decisões gerenciais sobre desembolsos e fluxo de caixa;
* de acordo com o formato do S, pode-se constatar se há grande (ou pequena) concentração de atividades no começo (ou no fim) da obra.

## 14.5 Resumo do capítulo

* A curva S representa o avanço do projeto ao longo do tempo.
* A curva S pode ser referente a trabalho (homem-hora) ou custo.
* A curva S é sempre crescente, pois seus valores são acumulados.
* A curva S padrão é usada para simular um comportamento ideal na falta de valores reais.
* Existem várias possibilidades de curva S para um mesmo prazo de projeto.

# quinze

# Acompanhamento

O planejamento de uma obra não se esgota na preparação do cronograma inicial. É preciso monitorar o avanço das atividades e averiguar se o cronograma é obedecido ou se há variação entre o que foi previsto e o que vem sendo realizado no campo.

De nada vale planejar uma obra com critério e boa técnica se o planejamento for desprovido do acompanhamento, pois o construtor precisa comparar permanentemente o previsto com o realizado para saber se sua pretensão inicial de prazos está sob controle ou se são necessárias medidas corretivas.

Rememorando o *ciclo PDCA*, o acompanhamento corresponde ao terceiro quadrante: C – checar (ou controlar). Nessa fase, após determinado período de tempo, afere-se o progresso das atividades e se compara o desempenho planejado com o efetivamente conseguido. Depois do quadrante C vem então o A – atuar (ou agir), quando medidas corretivas e preventivas serão tomadas pelo gerente do empreendimento para recolocar o planejamento de volta nos trilhos – ou mantê-lo, caso não tenham ocorrido grandes distorções.

## 15.1 Razões para o acompanhamento

Se planejamento fosse uma ciência exata, o cronograma inicial seria preciso o bastante para gerenciar a obra, dispensando a tarefa de monitoramento e controle. No entanto, sendo dinâmico por natureza e possuindo uma dose de imprevisibilidade, o planejamento impõe ao planejador o *acompanhamento* da obra.

O acompanhamento físico de uma obra é a identificação do andamento das atividades e a posterior atualização do cronograma. Ao requerer informações de campo para sua atualização, o planejamento contínuo e criterioso torna-se dependente do acompanhamento da situação real das atividades por várias razões:

* as atividades nem sempre são iniciadas na data prevista;
* as atividades nem sempre são concluídas na data prevista;
* ocorrem alterações de projeto que impactam a execução das tarefas;
* ocorrem flutuações de produtividade que alteram a duração das atividades;
* a equipe decide mudar o plano de ataque da obra;
* a equipe decide mudar a sequência executiva de alguns serviços;
* a equipe decide mudar o método construtivo de alguma parte da obra;
* ocorrem fatores que, embora previsíveis, não são mostrados de maneira precisa no cronograma, como chuvas, cheias etc.;
* ocorrem fatores imprevisíveis que interferem na execução de serviços: greves, paralisações, interferências de terceiros, acidentes etc.;
* ocorrem atrasos no fornecimento de material;
* o planejador descobre que faltam atividades no planejamento (escopo incompleto), ou que há atividades a mais (escopo incorreto).

## 15.2 Linha de base

Ao planejamento inicial concluído e aprovado pela equipe executora da obra dá-se o nome de *planejamento referencial* ou *linha de base* (*baseline*). Ele é, por assim dizer, o ideal a ser perseguido pela equipe do projeto, pois contém todas as atividades, reflete a lógica executiva, mostra os recursos alocados e identifica o caminho crítico.

A linha de base tem uma múltipla importância:

* por representar o consenso da equipe que realizará a obra, constitui um plano de trabalho presumivelmente válido, factível, racional e de uso comum;
* é com relação à linha de base que o andamento real do projeto será comparado (previsto × realizado), servindo de parâmetro para a detecção de atrasos e adiantamentos;
* serve para a avaliação de desvios e a imputação de responsabilidades, no caso de resolução de disputas, pleitos contratuais (*claims*), auditorias, arbitragem, mediação etc.

Ela funciona como um farol para o planejador durante o processo de acompanhamento da obra. Quanto mais próxima da linha de base a obra se desenrolar, melhor, pois menos variações terão ocorrido. Só monitorando os desvios é que o planejador poderá alertar a equipe da obra para tomar as medidas corretivas necessárias.

A linha de base pode ser a mesma até o final do projeto ou ser alterada no meio do caminho – tudo dependerá de quão próximo o realizado estiver do previsto. Se os desvios ao longo da obra não forem muito graves, pode-se manter a linha de base original como referência. Contudo, se o desenvolvimento do projeto mostrar que o planejamento inicial estava muito equivocado em durações, lógica ou escopo, pode ser interessante replanejar completamente o restante da obra, eliminando-se a primeira linha de base e definindo-se uma nova.

**Dicas para o planejador**

Mesmo no caso de o planejador optar por estabelecer uma nova linha de base a meio caminho, é interessante guardar a linha de base original para fins de avaliação do que deu errado. É parte daquilo que se chama de "lições aprendidas".

Muitos planejadores sentem-se frustrados ao verem a obra se distanciar da linha de base. O importante, contudo, é que o planejador detecte os desvios a tempo de tomar medidas corretivas e recolocar a obra no rumo. É no esforço de acompanhamento e replanejamento que ele pode se sobressair. Planejamento inicial 100% correto simplesmente não existe.

## 15.3 Etapas do acompanhamento

O acompanhamento obedece a três etapas sucessivas, como mostrado no Quadro 15.1.

**Quadro 15.1** Etapas do acompanhamento

| | |
|---|---|
| Aferição do progresso das atividades | Nessa etapa, o progresso das atividades é aferido no campo para posterior comparação com o que havia sido planejado para aquele período. Nessa fase, a equipe registra o avanço de cada tarefa em quantidade ($m^3$, t, kg) ou percentual. |
| Atualização do planejamento | Nessa etapa, os dados de campo são cotejados com o planejamento referencial – comparação previsto × realizado. O cronograma é então recalculado de acordo com o que falta ser feito. Em função do progresso real das atividades, o caminho crítico pode ter se alterado, tendo migrado para outro ramo. |
| Interpretação do desempenho | A atualização do planejamento deve ser acompanhada de uma avaliação crítica da tendência de atraso ou adiantamento da obra. Nessa etapa, o planejador e a equipe da obra analisam as causas de desvio do cronograma e inferem se as discrepâncias ocorreram por um motivo pontual ou se representam uma tendência. |

## 15.4 Progresso das atividades

A situação de avanço de uma atividade em um determinado momento é também denominada *status* – por extensão, *data de status* é o instante a que se refere o tal progresso. A data de *status* é a data de referência para o acompanhamento.

O acompanhamento começa pela aferição do progresso das atividades do planejamento na data de *status*. A esse trabalho de obtenção de dados de campo dá-se o nome de *apropriação*.

A *aferição do progresso* consiste na mensuração do avanço das atividades, isto é, na determinação de quanto foi feito em cada atividade até a data em questão.

É o progresso de cada atividade até a data de *status* que será cotejado com o progresso previsto na linha de base.

Nas obras, a apropriação do avanço das atividades pode ser feita de distintas maneiras, dependendo da natureza do trabalho, como indicado no Quadro 15.2.

**Quadro 15.2** Formas de apropriação do avanço das atividades

| Forma de apropriação | Aplicação |
|---|---|
| Unidades físicas | Quando a atividade é mensurável por unidades de trabalho e a quantidade realizada pode ser aferida de maneira exata no campo. Essa é a forma preferível de apropriação.<br>Por exemplo: escavação ($m^3$), concreto ($m^3$), pintura ($m^2$), cabeamento de linha de transmissão (m), assentamento de tubulação (m), armação (kg). |
| Rateio (percentual) | Quando a atividade não é facilmente mensurável em unidades físicas e o planejador se baseia em uma estimativa percentual.<br>Por exemplo: cura do concreto (% de tempo decorrido), instalação elétrica, acabamento, enchimento do reservatório de uma barragem. |
| Marcos ponderados | Quando a atividade é composta de vários serviços, e o planejador atribui um peso para cada tarefa componente do serviço, que passa a ser um marco de controle (*milestone*).<br>Por exemplo: instalação de coletor de esgoto – pesos: 30% para escavação da vala, 40% para assentamento do tubo, 15% para reaterro e 15% para pavimentação. |
| Por data (nível de esforço) | Quando a atividade se baseia em prazo de entrega.<br>Por exemplo: fornecimento de materiais de longa espera (elevador, turbina, comporta, tubulação especial etc.) – o melhor a fazer é checar a data de entrega do insumo e calcular que percentagem da duração da atividade já foi decorrida. |

Os dados apresentados no Quadro 15.3 podem ser apropriados para fins de atualização do planejamento.

Quadro 15.3 Dados de apropriação

| Dado | Observação |
|---|---|
| Início real | Data em que a atividade foi efetivamente iniciada. Permite ao planejador documentar o cronograma real (*as-built* ou como construído). |
| Término real | Data em que a atividade foi efetivamente terminada. Obviamente, só se aplica a atividades 100% concluídas. |
| Percentual concluído | Percentual mensurado (quando calculado por unidades físicas) ou estimado (por duração ou julgamento do planejador). |
| Duração remanescente | Quantidade de tempo de que a atividade ainda precisa para sua conclusão. É a quantidade de dias (ou semanas, horas etc.) que falta para a atividade terminar. Esse é um excelente dado para a atualização do planejamento, conforme será mostrado mais adiante. |
| Homens-horas consumidas | O total de homem-hora gasto por categoria profissional é importante para o planejador acompanhar a rede e construir o histórico de produtividade. |
| Estágio de entrega de materiais | Percentual calculado em função do prazo de entrega do fornecedor. |

**Dicas para o planejador**

O processo de investigação do progresso das atividades pode parecer uma empreitada complicada e extremamente trabalhosa, mas não é bem assim – mesmo que o planejamento envolva milhares de atividades, não mais do que poucas delas se desenrolam simultaneamente.

Nas construtoras, o responsável pela apropriação do avanço das tarefas pode ser o planejador ou um técnico da produção. O importante é que haja a sistemática de anotar o progresso das atividades ao final de cada período de controle.

Anotar o *status* de uma atividade *não* é anotar quanto foi feito no período de observação, mas o total executado até aquela data (data de *status*), pois o que importa para o planejamento é o percentual acumulado até o momento.

Gráficos e curvas de acompanhamento devem ser espelhados pelo canteiro de obras de modo que envolvam todo o contingente de trabalhadores nos objetivos do projeto. De nada adianta o gerente saber que a alvenaria de blocos está atrasada se ele não comunicar isso a seus liderados e estipular novas metas ou até mesmo definir novos métodos executivos.

## 15.5 Linha de progresso

Na etapa de aferição do progresso da obra, a *linha de progresso* (ou *linha de status*) é uma ferramenta muito atraente para apontar as atividades que estão atrasadas, as que estão em dia e as que estão adiantadas.

A linha de progresso é uma sucessão de segmentos de reta desenhados no cronograma a partir da escala de tempo, de cima para baixo. Dependendo do *status* de cada atividade, a linha vai fazendo um zigue-zague. O comportamento da linha permite à equipe avaliar rapidamente o estágio de avanço do projeto.

Para cada atividade, define-se um ponto dentro da barra do cronograma correspondente ao percentual de avanço (*status*) até a data de *status* – por exemplo, se o *status* da atividade for de 60%, marca-se um ponto a 60% do comprimento da barra. Feito isso para todas as atividades, é só ligar os pontos por meio de segmentos de reta, obtendo-se, então, a linha de progresso.

O exemplo seguinte ilustra esse processo. Seja o cronograma da obra mostrado na Fig. 15.1. Na semana 4 (data de *status*), o progresso foi apropriado no campo e informado tal como consta na Tab. 15.1.

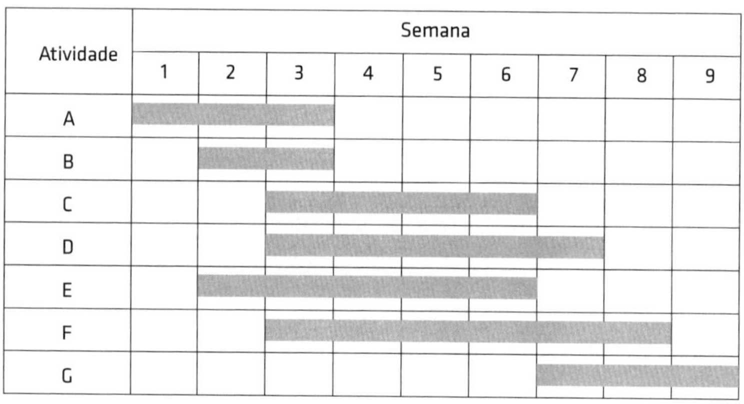


**Fig. 15.1** *Cronograma da obra (em semanas)*

**Tab. 15.1** *Status* das atividades na semana 4

| Atividade | Realizado | Previsto* |
|---|---|---|
| A | 100% | 100% |
| B | 100% | 100% |
| C | 60% | 50% |
| D | 40% | 40% |
| E | 30% | 60% |
| F | 0 | 33% |
| G | 0 | 0 |

*Assumido progresso linear das atividades ao longo das semanas.

A linha de progresso pode, então, ser traçada como se vê na Fig. 15.2. Visualmente, percebe-se que C está adiantada, D está em dia, E e F estão atrasadas. Para A e B, a linha é dispensável, pois essas atividades já foram concluídas. Para G, como ela ainda não se iniciou, a linha de progresso também é dispensável.

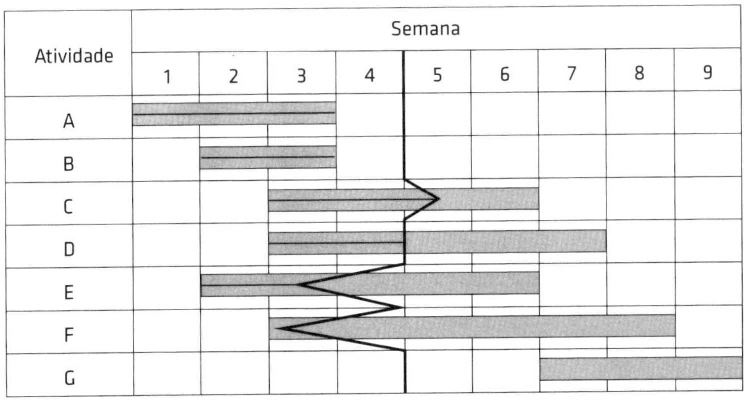


**Fig. 15.2** *Cronograma com linha de progresso referente à semana 4*

No mesmo cronograma, supondo que na semana 6 o progresso seja o mostrado na Tab. 15.2, a linha de progresso terá uma nova configuração, exibida na Fig. 15.3.

**Tab. 15.2** *Status* das atividades na semana 6

| Atividade | Realizado | Previsto |
|---|---|---|
| A | 100% | 100% |
| B | 100% | 100% |
| C | 100% | 100% |
| D | 60% | 80% |
| E | 80% | 100% |
| F | 83% | 67% |
| G | 20% | 0 |

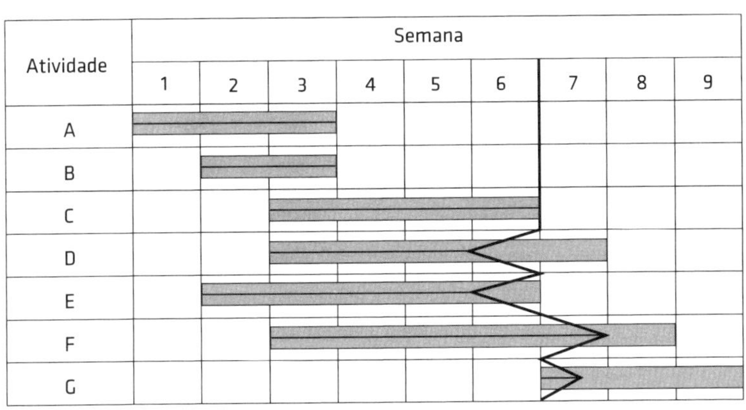


**Fig. 15.3** *Cronograma com linha de progresso referente à semana 6*

Infere-se que C foi terminada nessa última atualização, D e E estão atrasadas, F e G estão adiantadas. A atividade F apresentou grande recuperação, pois na atualização anterior estava atrasada, mas agora está adiantada em relação à linha de base do planejamento.

## Exemplo 15.1

No cronograma da obra da Fig. 15.4, traçar a linha de progresso ao final do dia 5, admitindo o *status* informado na Tab. 15.3.

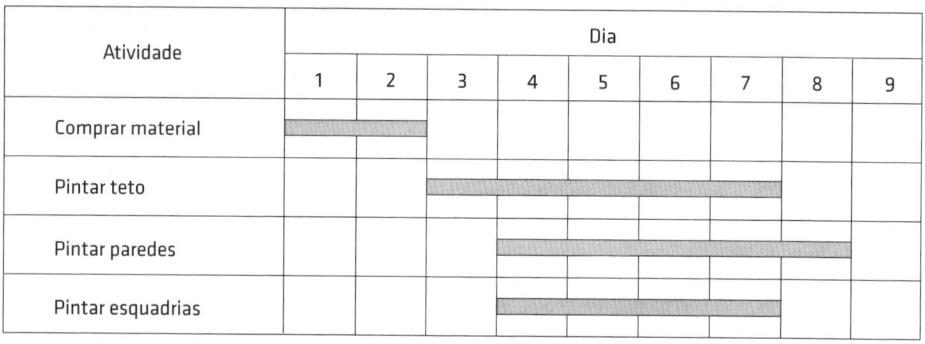


**Fig. 15.4** *Cronograma referencial da obra (linha de base)*

**Tab. 15.3** Progresso das atividades até o dia 5

| Atividade | Realizado |
|---|---|
| Comprar material | 100% |
| Pintar teto | 80% |
| Pintar paredes | 40% |
| Pintar esquadrias | 25% |

### *Solução:*

O cronograma com linha de progresso é exibido na Fig. 15.5, de onde podem ser tiradas importantes conclusões gerenciais:

* *Comprar material*: na data de *status* já deveria estar concluído, e assim o foi.
* *Pintar teto*: deveria estar em andamento e com 60% completo (admitindo-se progresso linear), porém está 80% completo, o que significa que a atividade está adiantada em um dia.
* *Pintar paredes*: deveria estar em andamento e com 40% completo, o que efetivamente ocorre, confirmando que a atividade está em dia.

- *Pintar esquadrias*: deveria estar em andamento e com 50% completo, porém está 25% completo, o que significa que a atividade está atrasada em um dia. Essa atividade requer uma análise criteriosa a fim de verificar quais são as causas do atraso. Sem uma intervenção eficaz, o atraso comprometerá o prazo final.

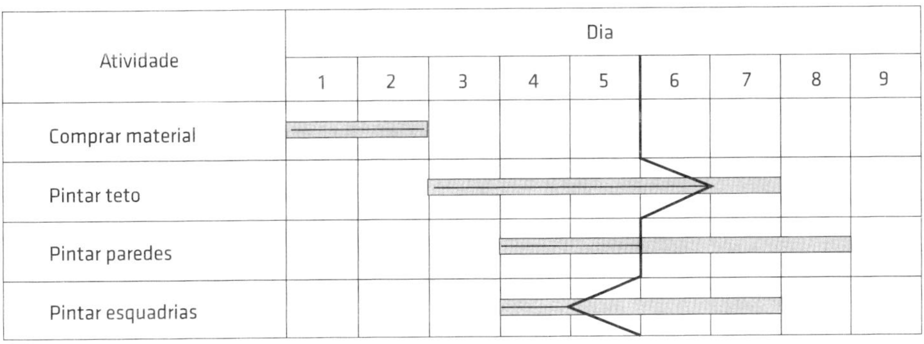


**Fig. 15.5** *Cronograma com linha de progresso referente ao dia 5*

## Exemplo 15.2

Interpretar a tendência de cada atividade da obra de acordo com as linhas de progresso em três meses consecutivos, como apresentado na Fig. 15.6.

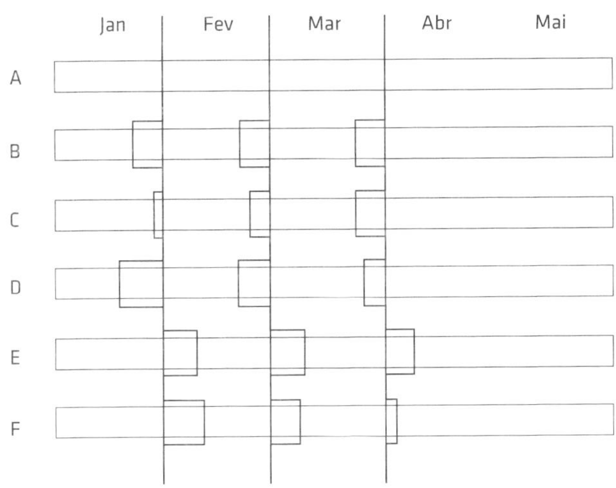


**Fig. 15.6** *Cronograma com linha de progresso em três meses consecutivos*

***Solução:***

- A – progresso como planejado;
- B – atrasada e estável;
- C – atraso aumentando com o tempo;
- D – atraso sendo recuperado mês a mês;
- E – adiantada e estável;
- F – adiantada, mas "perdendo terreno".

Em suma:

- Se a linha de progresso estiver à esquerda da data de *status*, a atividade está atrasada.
- Se a linha de progresso estiver à direita da data de *status*, a atividade está adiantada.

Embora tenha a vantagem de permitir uma avaliação imediata de onde estão os atrasos e os adiantamentos do projeto, bastando para isso correr o olho, a técnica da linha de progresso é incompleta por mostrar o avanço das atividades superposto às barras da linha de base. A técnica não mostra o início e o fim real daquelas atividades que já ocorreram, assim como não indica quando vão ser concluídas aquelas que estão em andamento. É por isso que se costuma adotar outra maneira de apresentar graficamente o andamento do projeto, como explicado adiante.

## 15.6 Atualização do planejamento

Uma vez apropriado o progresso das atividades, passa-se à atualização da rede, que é a reprogramação geral do que falta ser feito. É nessa etapa que se ajusta o cronograma para as condições reais de andamento da obra e, como consequência, algumas atividades são "empurradas" para a frente (aquelas que ficaram atrasadas) e outras "puxadas" para trás (aquelas que podem ser realizadas antes do previsto).

### 15.6.1 Duração remanescente

Uma boa maneira de atualizar o cronograma é por meio da *duração remanescente* das atividades em andamento. Seja uma atividade planejada para dez dias e que já tenha seis dias de execução. Embora, pelo previsto, faltem quatro dias para sua conclusão, a duração remanescente, ou seja, a quantidade de dias que realmente a atividade ainda levará, pode ser maior ou menor que os quatro dias, por causa das variações de produtividade, dificuldade do trabalho ou simplesmente por percepção do planejador. Portanto, a duração remanescente deve ser pautada não pela quantidade de dias restantes pela linha de base, mas pelo tempo que a atividade ainda levará até ser concluída. Disso decorre que a melhor maneira de documentar o previsto e o realizado é mostrar duas barras para cada atividade – a linha de base (previsto) e o realizado.

## Exemplo 15.3

Desenhar o cronograma atualizado para o projeto do Exemplo 15.1. Os dados colhidos no campo e a duração remanescente estimada para cada atividade são mostrados na Tab. 15.4 a seguir.

**Tab. 15.4** Progresso das atividades até o dia 5 e estimativa de conclusão

| Atividade (dia) | Início real (dia) | Término real (dia) | Duração remanescente (dias) |
|---|---|---|---|
| Comprar material | 1 | 2 | - |
| Pintar teto | 2 | - | 1 |
| Pintar paredes | 4 | - | 4 |
| Pintar esquadrias | 5 | - | 2 |

***Solução:***

A Fig. 15.7 traz duas barras para cada atividade: previsto e realizado. A barra do realizado é desenhada começando no início real e, caso ainda esteja em andamento, extrapolada de acordo com a duração remanescente atribuída pelo planejador.

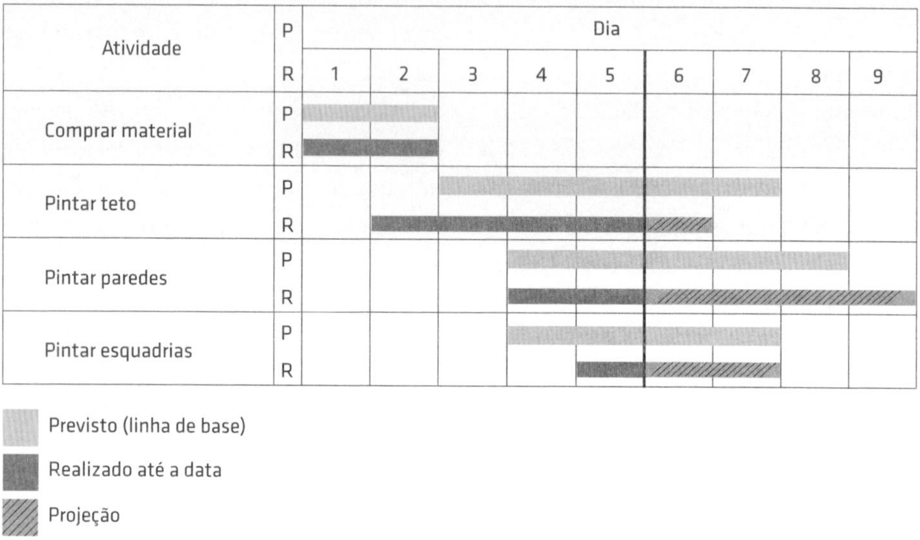


Fig. 15.7 *Cronograma na data de* status *e atualização do planejamento*

- *Comprar material*: executada conforme o planejado.
- *Pintar teto*: começou antes do previsto e deverá terminar um dia antes do previsto.
- *Pintar paredes*: começou na data prevista, porém terá duração maior.
- *Pintar esquadrias*: começou atrasada em relação à linha de base, porém terminará na data prevista, porque a duração real deverá ser menor.

O que se constata é que, pela ótica da duração remanescente, o planejador se concentra em avaliar quantos dias faltam em cada atividade. O exemplo mostra que algumas atividades apresentam uma duração real distinta daquela adotada inicialmente (linha de base). Assim é a vida nos projetos.

## Exemplo 15.4

Tal como mostrado pelo cronograma da Fig. 15.3, não se sabe ao certo quando cada atividade começou e quanto tempo ela ainda levará. Com as datas reais de início e término e a duração remanescente ao final da semana 6 (Tab. 15.5), desenhar o cronograma reprogramado.

Tab. 15.5 Progresso até a semana 6 e duração remanescente

| Atividade | Realizado | Início real (semana) | Término real (semana) | Duração remanescente (semanas) |
|---|---|---|---|---|
| A | 100% | 1 | 3 | - |
| B | 100% | 2 | 4 | - |
| C | 100% | 3 | 5 | - |
| D | 60% | 4 | - | 2 |
| E | 80% | 4 | - | 1 |
| F | 83% | 2 | - | 1 |
| G | 20% | 6 | - | 4 |

***Solução:***

A Fig. 15.8 apresenta o cronograma reprogramado.

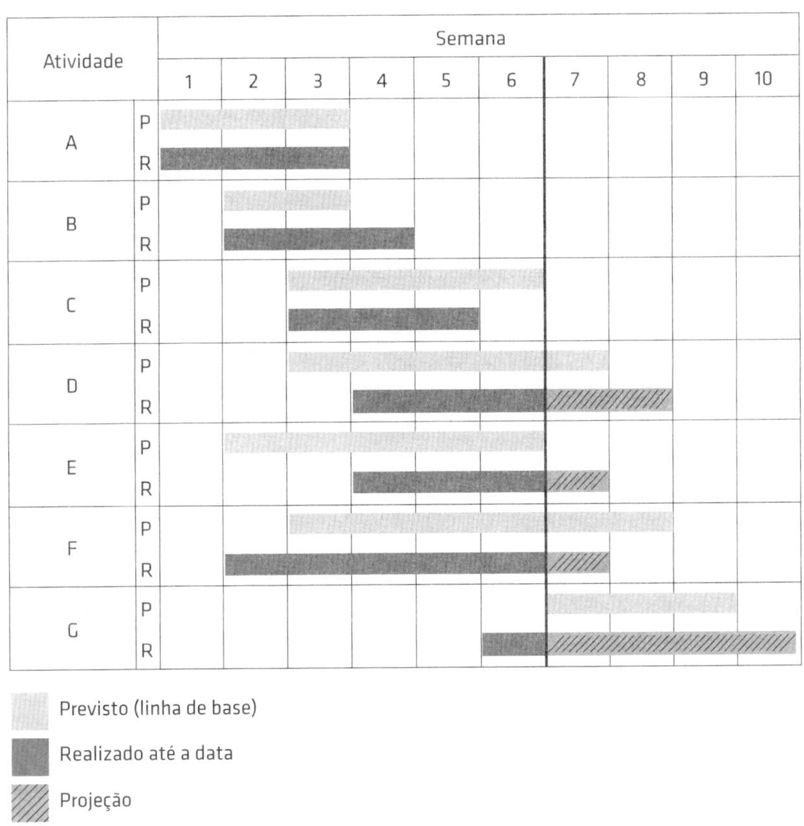


**Fig. 15.8** *Cronograma na data de status e atualização do planejamento*

É indispensável destacar alguns pontos:

- uma atividade já concluída tem data de início real, data de término real e duração remanescente nula;
- uma atividade em andamento tem data de início real e duração remanescente não nula;
- uma atividade ainda não iniciada não tem nem data de início real, nem data de término real, mas tem duração remanescente não nula;
- a soma da duração já decorrida com a remanescente não necessariamente é igual à duração original da atividade (daí a importância de informar a duração remanescente).

### Exemplo 15.5 (adaptado de Burke, 1994)

Atualizar cada cronograma de duas atividades de acordo com o progresso realizado até o dia 4 (Tab. 15.6) e interpretar o resultado. Cada par de atividades tem vínculo TI (término-início).

Tab. 15.6 Dados do acompanhamento até o dia 4

| Atividade | Duração original | Início real | Término real | Duração remanescente |
|---|---|---|---|---|
| A | 2 | 1 | 2 | 0 |
| B | 4 | 3 | – | 2 |
| | | | | |
| C | 4 | 1 | 4 | 0 |
| D | 2 | – | – | 2 |
| | | | | |
| E | 6 | 1 | – | 2 |
| F | 3 | – | – | 3 |
| | | | | |
| G | 6 | 2 | – | 3 |
| H | 2 | – | – | 2 |
| | | | | |
| I | 6 | 1 | – | 1 |
| J | 2 | – | – | 2 |

***Solução:***

A atualização dos cinco cronogramas é vista na Fig. 15.9, podendo ser tiradas várias conclusões:

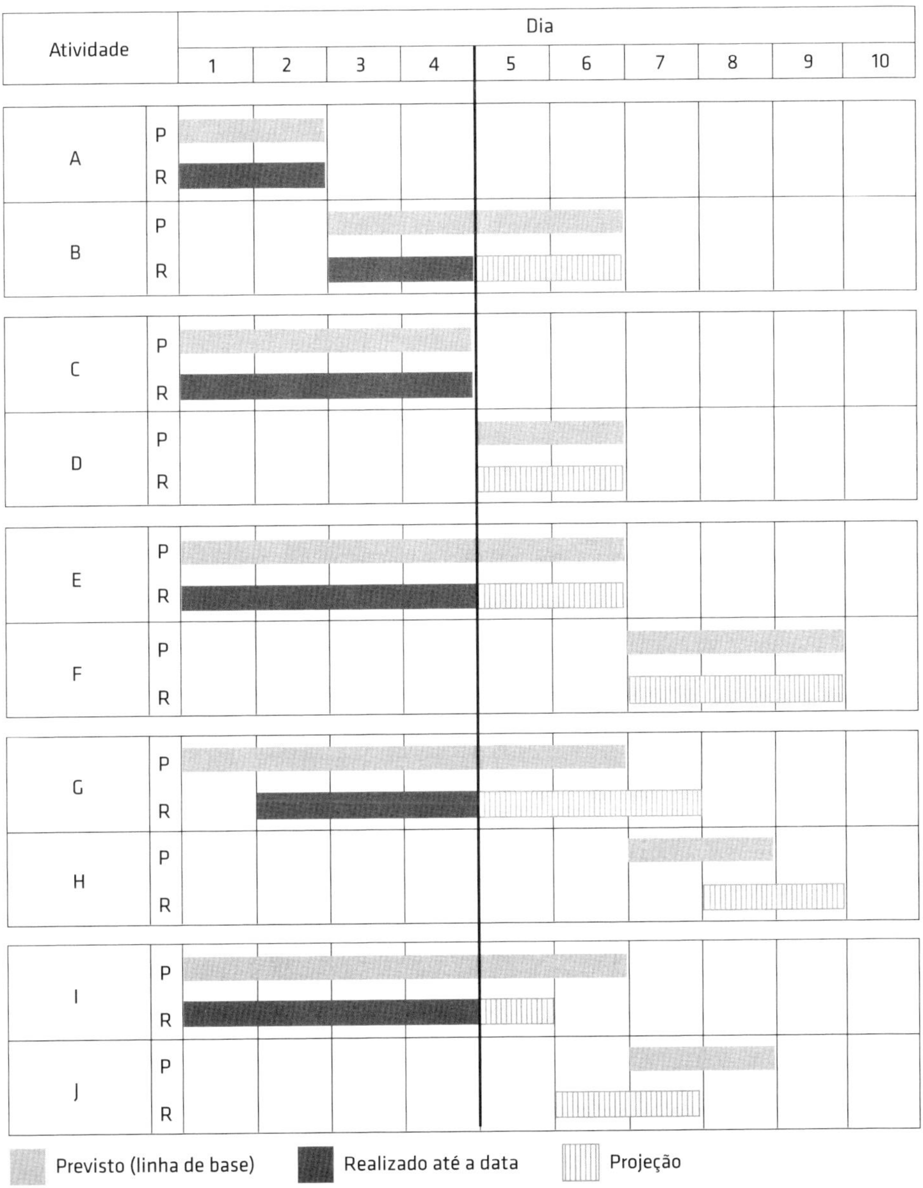


**Fig. 15.9** *Cronogramas reprogramados*

* A foi iniciada e terminada conforme o planejado; B, que é sucessora de A, continua onde está;
* C foi iniciada e terminada conforme o planejado; D é sucessora de C e, por isso, assume-se que seu início seja no dia 5;
* E está em andamento e ainda levará dois dias para terminar; F continua planejada como antes;
* G começou com um dia de atraso e deverá terminar no dia 7, pois tem três dias de duração remanescente; consequentemente, H é empurrada um dia para a frente;
* I começou na data certa e terminará um dia antes do previsto; consequentemente, J começará e terminará com um dia de antecedência.

## 15.7 Alteração do caminho crítico

Um dos resultados que a atualização do planejamento pode trazer é a alteração do caminho crítico. Os dados reais das atividades podem levar a que o caminho crítico mude de um ramo para outro da rede. Basta que uma atividade consuma sua folga total para que ela se torne crítica. Uma atividade que antes não integrava o caminho crítico pode doravante ser crítica e, por conseguinte, precisa ter sua duração monitorada com cuidado para não atrasar mais o projeto. O planejador tem de estar bem atento para esse fato, porque o ponto de atenção da equipe muda a partir da constatação do novo caminho crítico.

### Exemplo 15.6

Seja a rede da Fig. 15.10. Com os dados do acompanhamento após quatro dias (Tab. 15.7), atualizar o cronograma.

Ⓐ

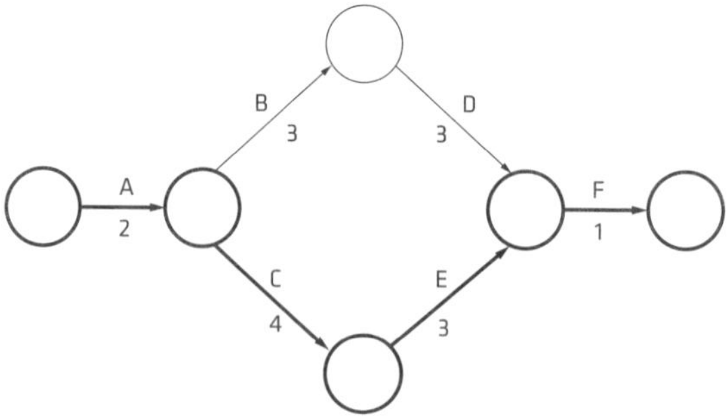


Fig. 15.10 *(A) Diagrama de rede da obra*

(B)

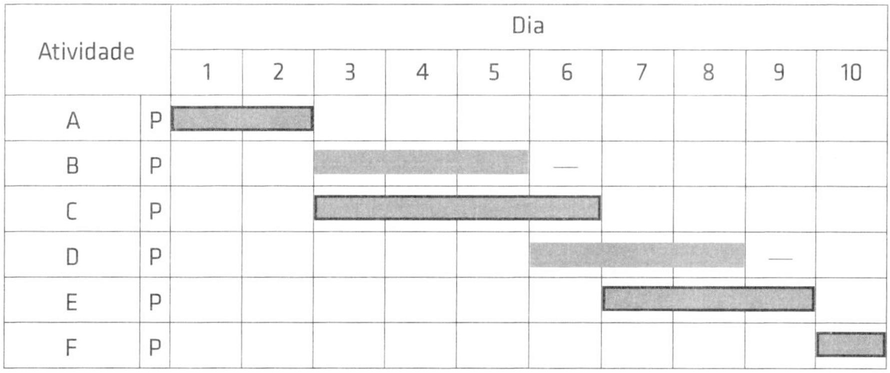


FIG. 15.10 *(cont.) (B) Cronograma (linha de base)*

Tab. 15.7 Dados do acompanhamento ao final do dia 4

| Atividade | Início real | Término real | Duração remanescente |
|---|---|---|---|
| A | 2 | 3 | - |
| B | - | - | 3 |
| C | 4 | - | 2 |
| D | - | - | 3 |
| E | - | - | 3 |
| F | - | - | 1 |

***Solução:***

O cronograma atualizado fica sendo o da Fig. 15.11.

Nota-se que o desenrolar da obra até a data de aferição fez com que o caminho crítico mudasse. Os atrasos de A e B não somente impactaram o prazo, como também deslocaram o caminho crítico.

Como não faz sentido agir sobre atividades já concluídas, o planejador deve se preocupar com o que ainda está por vir. O caminho crítico do cronograma remanescente é B-D-F. É em cima desse novo panorama que o planejador pode tomar medidas para contornar o atraso da obra.

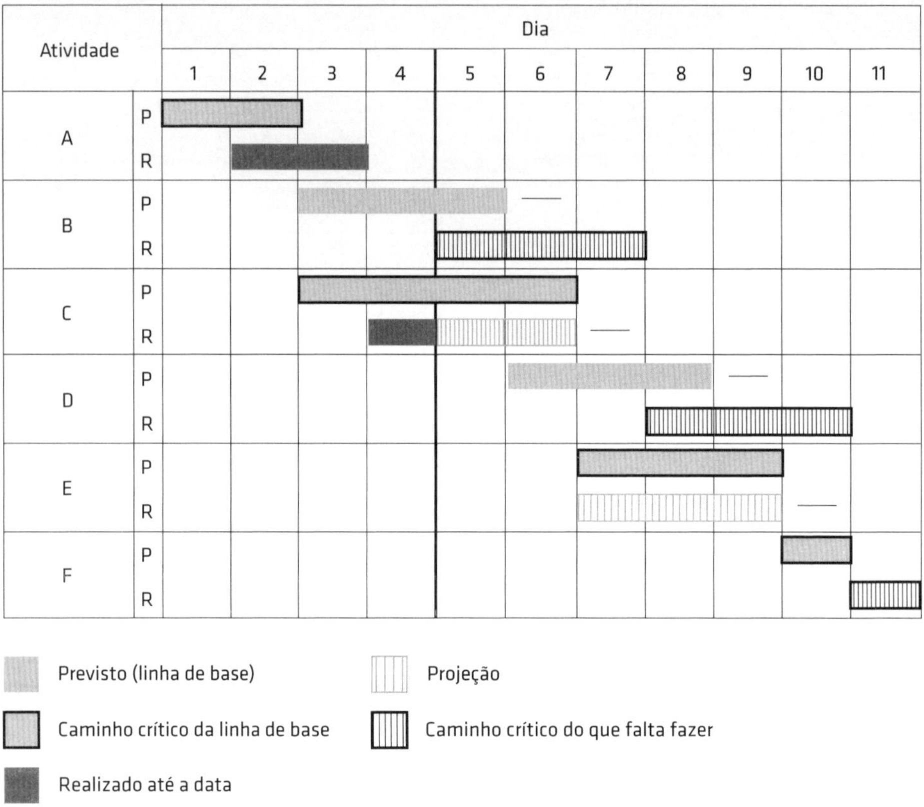


**FIG. 15.11** *Cronograma atualizado que mostra alteração no caminho crítico*

---

## Exemplo 15.7

No exemplo do bloco de fundação visto anteriormente (Exemplo 9.1), atualizar o cronograma de acordo com os dados apropriados no dia 6 (Fig. 15.12 e Tab. 15.8) e responder às perguntas a seguir:

1. Uma queda de barreira na estrada impediu que o equipamento de escavação chegasse à obra no dia 3. O incidente causou impacto no prazo total?
2. O engenheiro quer aproveitar uma betoneira que vem de outra obra, mas que só estará disponível para mobilização no dia 8. Do ponto de vista do prazo, há alguma repercussão?
3. Qual é o caminho crítico do cronograma remanescente?

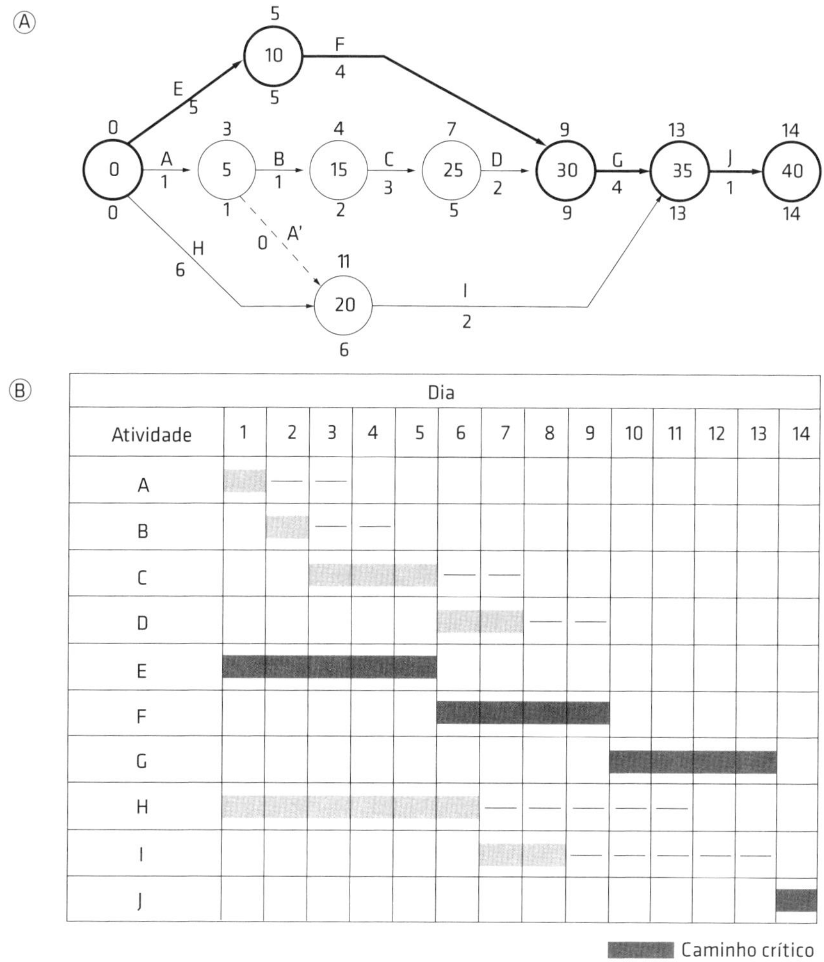


**FIG. 15.12** *Construção de um bloco de fundação: (A) diagrama de rede e (B) cronograma*

Tab. 15.8 *Status* no dia 6

| Atividade | Início real | Término real | Duração remanescente |
|---|---|---|---|
| A | 1 | 1 | – |
| B | 3 | 3 | – |
| C | 6 | – | 2 |
| D | – | – | 2 |
| E | 1 | 4 | – |
| F | 5 | – | 2 |

Tab. 15.8 (continuação)

| Atividade | Início real | Término real | Duração remanescente |
|---|---|---|---|
| G | - | - | 4 |
| H | - | - | 6 |
| I | - | - | 2 |
| J | - | - | 1 |

***Solução:***

Para responder às questões, é preciso atualizar o cronograma (Fig. 15.13).

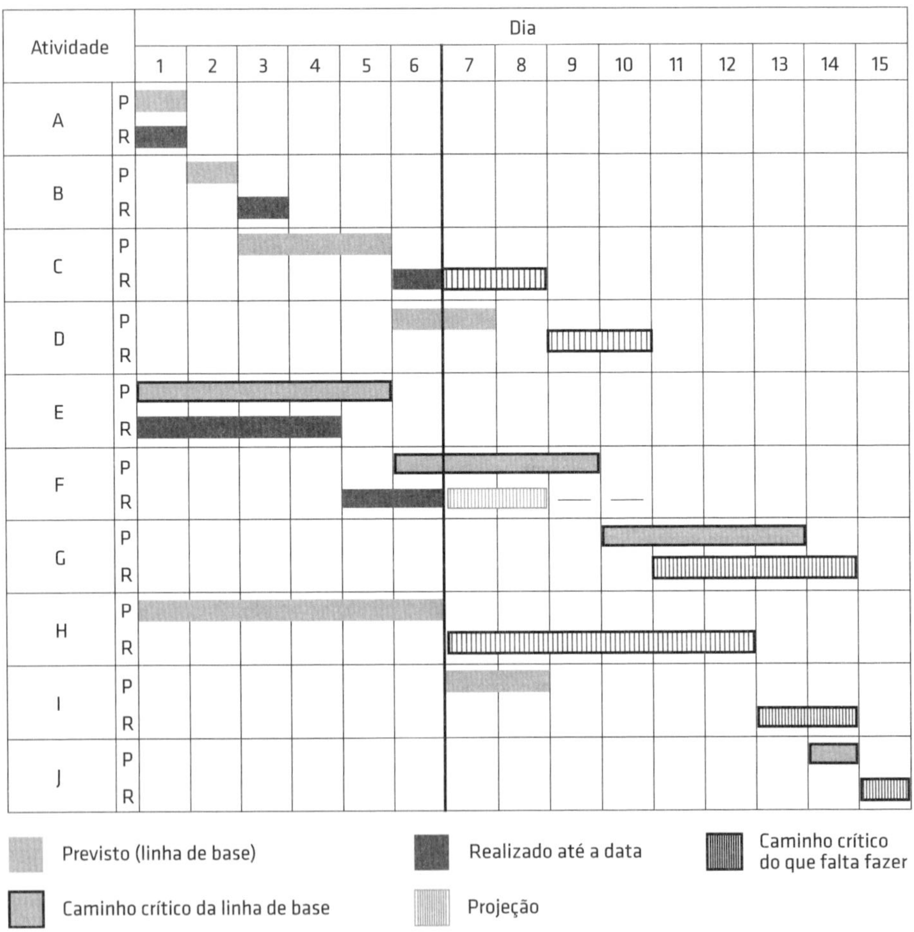


FIG. 15.13 *Cronograma atualizado*

*Respostas*

1. O atraso de três dias na escavação (C) dilatou o prazo total porque superou a folga que a atividade possuía (dois dias).
2. O dia 7 é o início mais tarde para a mobilização da betoneira (H). Como o engenheiro quer começar no dia 8, isso afetaria o prazo da obra, a não ser que alguma medida seja tomada para reduzir a duração remanescente de seis para cinco dias.
3. O caminho crítico do cronograma remanescente é C-D-G-J e H-I-J.

# dezesseis

# Programação de serviços

A técnica PERT/CPM permite gerar cronogramas com grande quantidade de atividades interligadas entre si e com o grau de detalhe que se quer obter, dependendo apenas do nível de detalhamento a que o planejador descer durante a listagem das atividades. É a partir do cronograma geral que a obra deve ser direcionada no campo e gerenciada no dia a dia, e é em função dele que o andamento dos serviços será monitorado.

## 16.1 Programação

Como o planejamento da obra é complexo e abarca toda a sua duração – que pode ser de meses ou anos –, o cronograma global não se presta como ferramenta de comunicação imediata com as equipes executoras. Se uma obra está prevista para durar três anos, é impraticável que as pessoas manipulem cronogramas gigantescos no dia a dia, com atividades que só serão realizadas um ou dois anos mais tarde. Por isso, apela-se para a *programação*, que contém somente o conjunto de atividades que serão executadas em um período de tempo específico, como uma semana ou uma quinzena.

Pode-se dizer que a programação consiste na aplicação de um filtro no cronograma geral a fim de mostrar só as atividades de determinada "janela" de tempo. Para transferir com mais objetividade o que deve ser feito na próxima semana ou quinzena, o planejador filtra do cronograma integral a parte relativa a um pequeno período futuro. É como se fosse dado um *zoom* em dado intervalo de tempo.

A programação tem a função de ser o instrumento de comunicação do setor de planejamento com o setor de produção da obra; ela serve de agenda do projeto, devendo ser seguida à risca. Recomenda-se que as reuniões semanais (ou quinzenais) da obra sejam pautadas pela programação, pois ela define exatamente quem fará o que e quais são as datas previstas de início e fim de cada atividade daquele período.

Ela transforma a rede de atividades em um roteiro dirigido às equipes de campo, de maneira que operários e supervisores possam desenvolver suas tarefas dentro de uma sequência executiva compatível com o planejamento global da obra, com noção de prazo e com uma visão sistêmica do empreendimento.

Em resumo, a programação é a tradução do planejamento global (macro) para horizontes de duração restrita (micro), com vistas à efetiva alocação de mão de obra e equipamento, aquisição de materiais, designação de responsáveis, providências administrativas, detecção de desvios e condução de reuniões de coordenação.

### 16.1.1 Programação de longo prazo

A programação pode ser feita em vários níveis de detalhamento e alcance, cada um visando a um tipo de tomada de decisão e à apreciação por escalões distintos na esfera gerencial. Como é intuitivo perceber, para um mesmo empreendimento o olhar da diretoria da construtora é um, o do gerente da obra é outro e o do mestre de obras é ainda outro.

A *programação de longo prazo* consiste no primeiro nível de detalhamento do planejamento. Ela tem um caráter mais genérico, adequado aos níveis mais altos de gerência (diretoria). Contém poucos itens, geralmente apresentados em meses. Essa programação, também chamada de plano mestre, serve basicamente para a visualização geral das etapas da obra, a explicitação das datas-marco mais importantes e a identificação preliminar de recursos.

Para um edifício, por exemplo, a programação de longo prazo geraria um cronograma com os seguintes itens (Fig. 16.1):

* serviços preliminares;
* fundações;
* estrutura;
* alvenaria;
* revestimento.

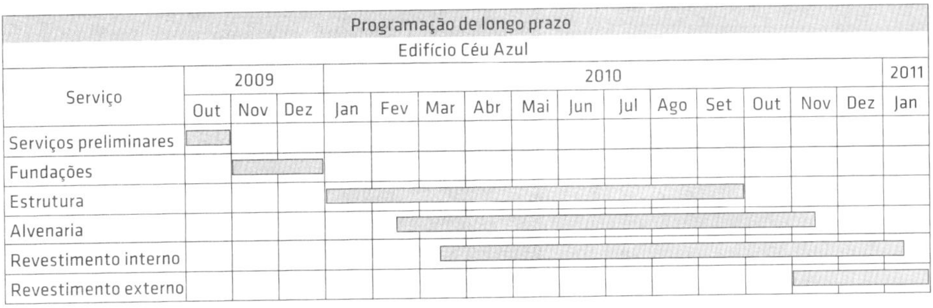


**FIG. 16.1** *Programação de longo prazo*

Por ter um caráter notadamente genérico e com baixo grau de detalhamento, a programação de longo prazo não se presta para a condução diária da obra. Sua utilidade está na visualização da obra como um todo, na identificação rápida da época de entrada em operação de cada fase da obra, dos marcos (*milestones*) e do ritmo em que deverão ser executados os principais processos de produção.

É nessa programação que se identifica o momento ideal para a compra dos materiais que exigem um prazo mais longo de aquisição, como elevadores e esquadrias.

A programação de longo prazo corresponde ao nível *estratégico* da organização.

## 16.1.2 Programação de médio prazo

A *programação de médio prazo* consiste no segundo nível de detalhamento do planejamento. Sua função básica é possibilitar a elaboração de um plano de compra de materiais e equipamentos, identificar a necessidade de novos recursos, treinar a mão de obra em tempo hábil e antever interferências. Mais detalhada do que a de longo prazo, essa programação serve bem aos gerentes da obra.

Seu alcance geralmente fica entre cinco semanas e três meses, com revisão e atualização mensal ou quinzenal.

Para o mesmo edifício de antes, a programação de médio prazo contemplaria os seguintes itens (Fig. 16.2):

- estrutura do primeiro pavimento;
- estrutura do segundo pavimento;
- alvenaria do primeiro pavimento;
- alvenaria do segundo pavimento etc.

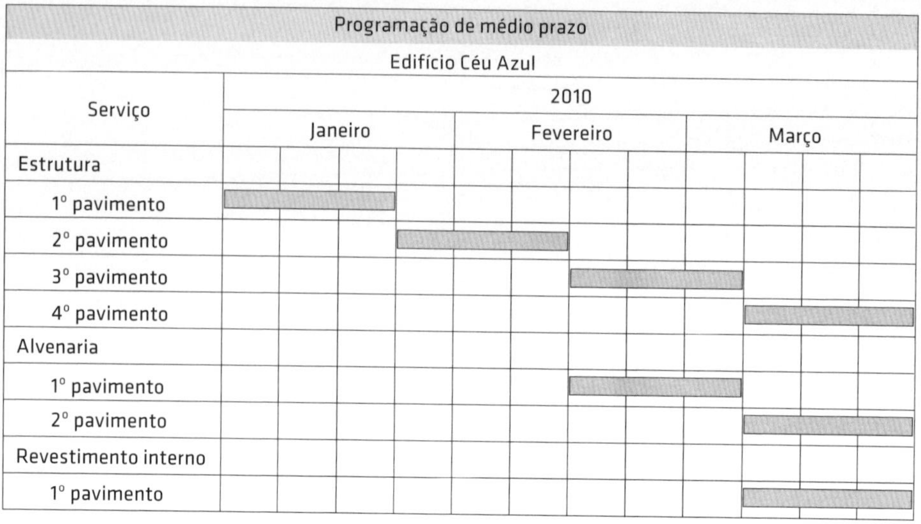


**Fig. 16.2** *Programação de médio prazo*

Nota-se que a programação de médio prazo tampouco se presta para a condução diária da obra por conter ainda certo grau de generalidade em seu aspecto. Sua grande utilidade está na identificação das *restrições* que podem afetar os principais processos de produção. Por restrições, entendem-se todos os fatores que podem vir a influir para que um processo ocorra diferentemente do planejado.

Por exemplo, no momento que a programação de médio prazo apontar a aproximação da atividade *assentamento de azulejo*, o gerente e sua equipe poderão disparar o pedido de compra com antecedência, verificar a metragem real do serviço, certificar-se do tipo ideal de argamassa a ser usada, checar se há ferramentas no canteiro, definir quando os azulejistas devem ser contratados etc. Outros propósitos do plano de médio prazo seriam:

- possibilitar que trabalhos interdependentes sejam agrupados e tenham supervisão compartilhada;
- identificar um estoque de pacotes de trabalho que possam servir como alternativa para o caso de haver algum problema com aqueles designados às equipes de produção.

Na literatura estrangeira, a expressão *lookahead planning* ("planejamento olhando para a frente") vem ganhando força para designar o plano de médio prazo.

**A programação de médio prazo corresponde ao nível *tático* da organização.**

A Fig. 16.3 contém um modelo adequado para a programação de médio prazo com um horizonte de cinco semanas. A coluna destinada às restrições é de especial relevância, porque nela se registram as ações técnicas ou gerenciais que devem ser realizadas pela equipe da obra ou por terceiros para possibilitar a execução da atividade – por exemplo: locação de grua até determinada data, detalhamento de um determinado projeto, disponibilização de certos recursos que serão empregados, desobstrução do acesso até o local e testes dos pontos de ar comprimido. Enfim, restrições são fatores que concorrem para a atividade dar errado (não são predecessoras, pois estas são inferidas pelo próprio planejamento).

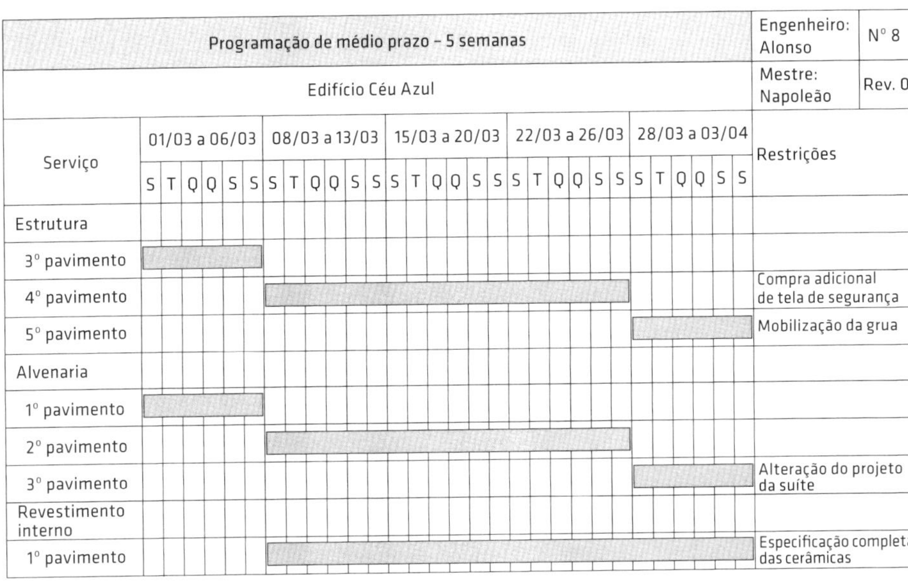


**Fig. 16.3** *Modelo para programação de médio prazo (cinco semanas) ou* lookahead planning

*Fonte: adaptado de Bernardes (2003).*

## 16.1.3 Programação de curto prazo

A *programação de curto prazo* consiste no terceiro nível de detalhamento do planejamento. Ela é a programação em nível operacional, feita para os engenheiros de campo, mestres e encarregados. Seu alcance é semanal ou quinzenal e sua função é estabelecer diretrizes claras e imediatas. A programação de curto prazo é a "agenda" da obra.

Essa programação deve ser feita em conjunto com os mestres e supervisores e deve buscar a continuidade das atividades. Pesquisas realizadas em países desenvolvidos revelaram que as equipes mais produtivas são justamente aquelas que dedicam mais tempo para entender e comentar a programação, pois se comprometem mais, administram melhor os recursos, dialogam com os engenheiros com mais objetividade, enfim, adquirem uma visão mais realista e global da obra.

O grau de detalhamento da programação aumenta à medida que se aproxima o início da atividade. A programação de curto prazo é ideal para identificar as causas pelas quais as tarefas da semana se atrasaram ou não se iniciaram conforme o planejado. Esse tipo de programação é a melhor ferramenta para monitorar a obra e proporcionar uma "radiografia" do progresso continuamente.

Na literatura estrangeira, a expressão *last planner system* vem ganhando força para designar o plano de curto prazo. Os *last planners* (últimos planejadores) são os encarregados e supervisores de campo que também participam do processo de planejamento, avaliando a pertinência da programação e propondo soluções para interferências, conflitos e restrições no campo.

Para o mesmo edifício, a programação de curto prazo contemplaria (Fig. 16.4):

- desfôrma da laje do terceiro pavimento;
- fôrma da laje do quarto pavimento;
- armação da laje do quarto pavimento;
- alvenaria externa do segundo pavimento etc.

> A programação de curto prazo corresponde ao nível *operacional* da organização.

O Quadro 16.1 resume as programações.

**Quadro 16.1** Relação entre escalão, nível de decisão e alcance do planejamento

| Escalão | Nível | Alcance |
|---|---|---|
| Diretoria | Estratégico | Longo prazo |
| Gerência | Tático | Médio prazo |
| Equipes executoras | Operacional | Curto prazo |

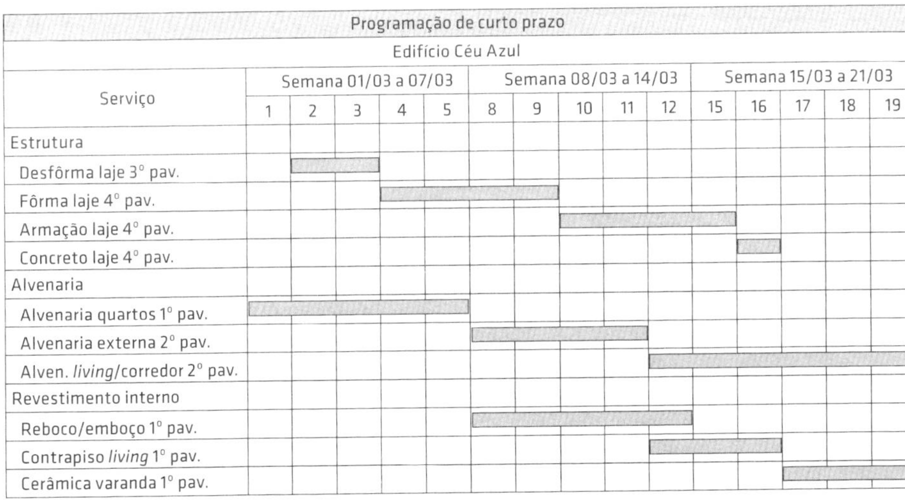


**Fig. 16.4** *Programação de curto prazo*

## 16.2 Metodologia PPC

Vista como um compromisso para o sucesso da obra em termos de prazo, a programação de curto prazo pode ser utilizada para duas importantes avaliações:

- o percentual da programação concluído (PPC);
- as causas de atraso ou adiantamento das tarefas programadas.

O *percentual da programação concluído* (PPC) é o quociente entre a quantidade de tarefas cumpridas na semana ou quinzena e a quantidade total de tarefas programadas para esse período. Se todas as atividades programadas para o período foram executadas como o previsto, o PPC é de 100%; se somente metade das tarefas foi cumprida, o PPC é de 50%, e assim por diante.

$$PPC = \frac{\text{Quantidade de tarefas cumpridas no período}}{\text{Quantidade total de tarefas programadas}}$$

O PPC é um indicador que dá uma ideia da eficácia do planejamento e do grau de precisão da programação de curto prazo.

### Dicas para o planejador

Valores de PPC muito baixos podem representar:

* produtividades muito "apertadas";
* otimismo excessivo no desempenho das atividades;
* grande incidência de fatores imprevistos.

---

Valores de PPC muito altos podem representar:

* produtividades muito "folgadas";
* tarefas com duração mais longa do que deveriam ter;
* programação muito fácil de realizar, o que pode acarretar acomodação das equipes e relaxamento na obtenção de produtividades altas.

---

A programação deve servir para instigar as equipes a atingir produtividades mais altas e bater metas de produção. Um patamar na faixa de 75%-85% normalmente reflete um bom desempenho das equipes em uma programação apertada e desafiadora.
Como normalmente o cronograma geral criado por meio da técnica PERT/CPM só traz as atividades produtivas de campo, a programação de curto prazo serve também para que o planejador insira tarefas não previstas na rede, porém cuja realização é imprescindível para a obra, como calibração da central de concreto, empacotamento e envio das fôrmas metálicas para outra obra, inspeção de um equipamento na fábrica, recrutamento de vigilantes adicionais etc.

---

A Fig. 16.5 apresenta um exemplo de programação semanal, com cada atividade contendo duas linhas: P (previsto) e R (realizado). Antes de iniciar a semana, as equipes recebem a programação e devem cumpri-la de acordo com o previsto.

Decorrido o período, o realizado é apropriado no campo e preenchido na linha correspondente. O planejador e os responsáveis pela produção – recomenda-se envolver mestres e encarregados – devem, então, reunir-se para analisar o percentual cumprido (PPC) e as causas que levaram aos desvios observados. Essa prática de reunir a equipe para avaliar o progresso da programação aumenta o espírito de corpo, reforça a confiança dos membros da obra no planejamento vigente e levanta conclusões relevantes, que seriam "esquecidas" se essas reuniões não ocorressem como rotina.

Na programação que serve de exemplo, marca-se o realizado (R) e compara-se P com R. O percentual cumprido do item é informado na coluna "%". Caso não tenham sido executados 100% da tarefa ao término da semana, deve-se estimar o respectivo percentual executado.

Como normalmente se adota janela de uma semana na programação, o pacote de trabalho deve ter início e fim bem definidos nesse período. Se uma tarefa é longa

| Programação semanal<br>Edifício Céu Azul | | | | | | | | | | | | Engenheiro: Alonso — Nº 11/2010<br>Mestre: Napoleão — Rev. 0 |
|---|---|---|---|---|---|---|---|---|---|---|---|---|
| Atividade | | Semana: 08/03/10 a 14/03/10 | | | | | | | | | | Causa |
| | | S | T | Q | Q | S | S | D | % | Equipe | Empreiteiro | |
| Fôrma laje 4º pav. | P | | | | | | | | 100 | | A | |
| | R | | | | | | | | | | | |
| Armação laje 4º pav. | P | | | | | | | | 100 | | B | |
| | R | | | | | | | | | | | |
| Concreto laje 4º pav. | P | | | | | | | | 0 | Conc 1 | | Atraso na predecessora (armação) |
| | R | | | | | | | | | | | |
| Alvenaria externa 2º pav. | P | | | | | | | | 100 | Alv 1 | | |
| | R | | | | | | | | | | | |
| Alven. *living*/corredor 2º pav. | P | | | | | | | | 0 | Alv 1 | | Atraso na entrega de material |
| | R | | | | | | | | | | | |
| Reboco/emboço 1º pav. | P | | | | | | | | 80 | Rev 1 | | Remanejamento de pessoal para outra frente |
| | R | | | | | | | → | | | | |
| Contrapiso *living* 1º pav. | P | | | | | | | | 50 | Rev 2 | | Alteração de projeto |
| | R | | | | | | | → | | | | |

PPC = ∑ Ativ 100%/∑ Ativ — **43%**

→ Atividade inacabada

FIG. 16.5 *Formulário para metodologia PPC*

– por exemplo, pintura –, o pacote a ser definido na programação deve ser delimitado para a semana – por exemplo, pintura do quarto pavimento ou pintura do teto do auditório. Caso sejam atribuídas à programação atividades que extrapolem a semana, torna-se difícil aferir o R com relação ao P.

Gráficos de evolução do PPC ao longo das semanas podem ser traçados para guiar o gerente da obra. Na Fig. 16.6 está um exemplo do comportamento do PPC geral da obra em semanas consecutivas.

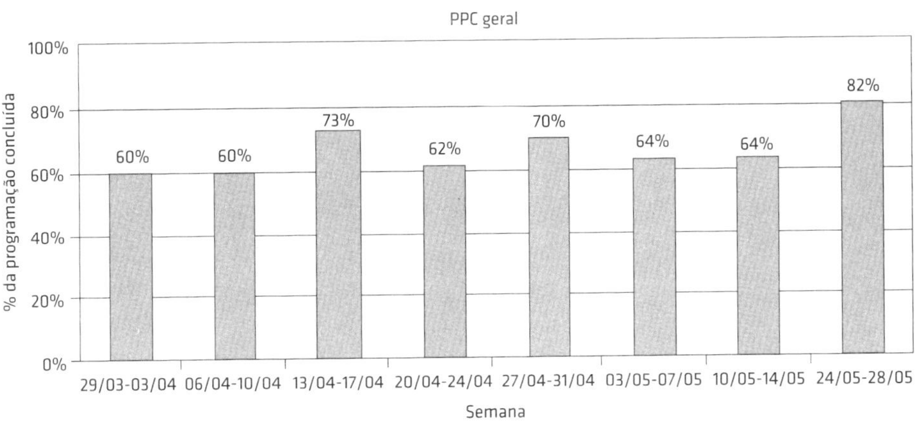


FIG. 16.6 *Evolução do PPC ao longo da obra*

Também podem ser gerados gráficos de evolução do PPC por equipes, sejam elas próprias ou terceirizadas – equipe de carpintaria, equipe de fôrma, empreiteiro de alvenaria, empreiteiro de gesso etc.

A Fig. 16.7 traz um exemplo do comportamento do PPC por equipe em semanas consecutivas.

A segunda grande avaliação que a programação de curto prazo propicia (notadamente por meio da metodologia PPC) é a identificação das *causas de descumprimento* das metas estabelecidas. No formulário da programação, a coluna "Causa" serve justamente para esse fim.

As causas podem ser dos mais diversos tipos, conforme mostrado no Quadro 16.2.

Após vários ciclos de programação (semanas), o planejador pode gerar um histograma (Fig. 16.8) que represente as causas que originaram os atrasos e sua frequência (número de vezes que ocorreram).

A experiência mostra que o famoso *princípio de Pareto (regra 80/20)* se verifica na prática: cerca de 20% das causas são responsáveis por 80% dos efeitos – no caso, os atrasos. Em outros termos, uma quantidade reduzida de fatores responde pela maioria dos problemas de descumprimento da programação.

O histograma de causas, também chamado de *diagrama de Pareto*, serve para que o gerente da obra detecte quais são as fontes de erro mais comuns e tome as medidas cabíveis para reduzi-las ou eliminá-las.

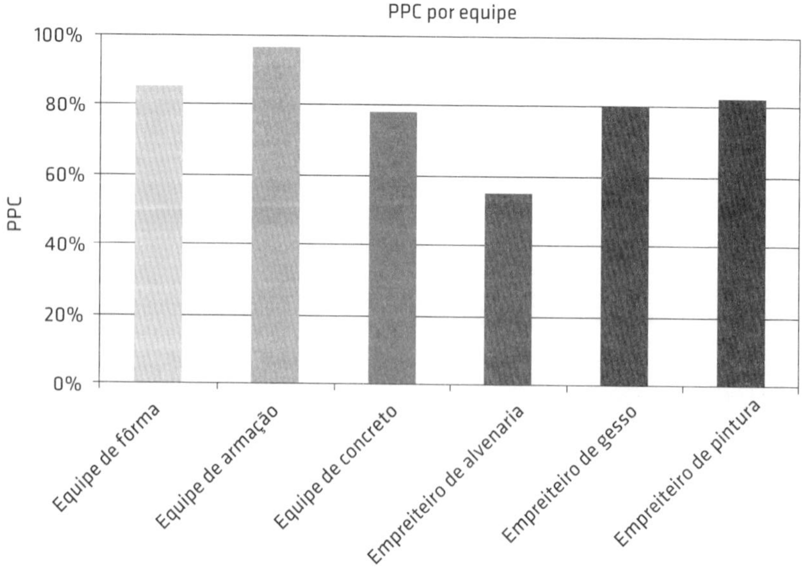


**FIG. 16.7** *PPC por equipe em um determinado período*

Quadro 16.2 Causas de descumprimento da programação

| | |
|---|---|
| Projeto | Alteração de projeto |
| | Erro de projeto (ou falta de detalhes) |
| Mão de obra | Falta de pessoal (absenteísmo) próprio |
| | Falta de pessoal do empreiteiro |
| | Baixa produtividade |
| | Superestimação da produtividade |
| | Retrabalho |
| Material | Falta de material – fora de especificação |
| | Falta de material – entrega fora do prazo |
| | Falta de material – perda superior à prevista |
| Equipamento | Falta de equipamento |
| | Falta de operador |
| | Equipamento quebrado ou parado |
| Ambiente de trabalho | Condições meteorológicas adversas |
| | Falta de frente de serviço |
| | Interferência com outros serviços/equipes |
| Programação | Atraso na tarefa antecedente |
| | Erro de programação |
| | Programação incompreensível |

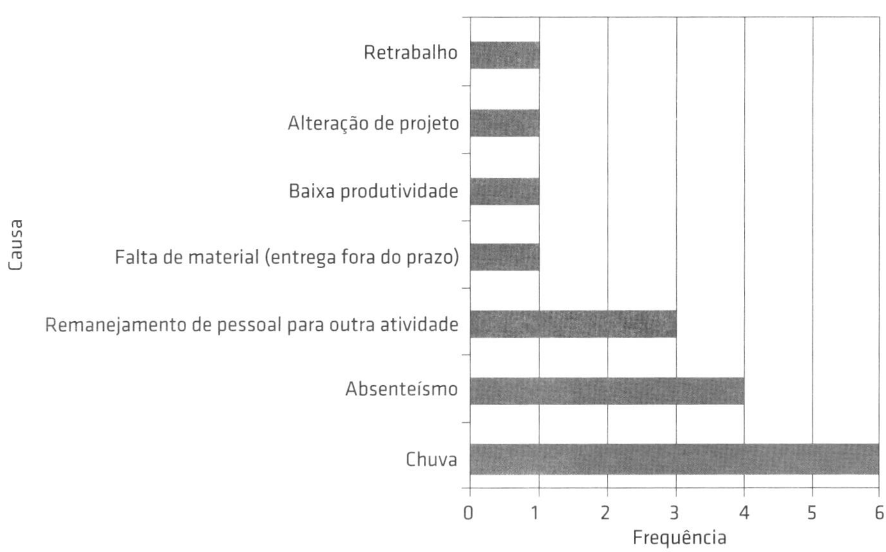


FIG. 16.8 *Causas de descumprimento da programação*

# dezessete

## Aceleração

As dimensões tempo e custo de um projeto estão intrinsecamente ligadas. É possível perceber que a grandeza *custo* responde a qualquer alteração que se promova na grandeza *tempo*. Alterar prazo implica alterar custo e vice-versa. Se for feita uma aceleração no projeto, o custo será afetado em função da necessidade de horas extras e mobilização adicional de pessoal e equipamento. Por outro lado, ao estender o prazo do projeto, o custo é afetado em decorrência da ineficiência que a morosidade traz.

A execução de um projeto está intimamente condicionada aos aspectos financeiros, ou seja, ao custo. Uma atividade, seja qual for, requer a utilização de pessoas, equipamentos, materiais ou pagamentos a terceiros (caso de serviços subcontratados), consumindo dinheiro e determinando o resultado financeiro (e econômico) do projeto.

O aspecto *custo* foi tratado rapidamente no Cap. 13. Ali, vimos que, tal como ao caminhão ou ao operário, pode-se atribuir um valor monetário às atividades e obter o histograma de custo.

Neste capítulo, será analisada a técnica de *aceleração* (*crashing*) de cronogramas, que parte da noção de custo marginal. Mediante a interpretação dos custos diretos, indiretos e casuais do projeto e de seu comportamento em função do tempo, é possível ao planejador identificar o ponto ótimo, ou seja, o prazo para o qual o custo total do projeto é mínimo.

## 17.1 Fundamentos da aceleração

Reza a boa técnica que todo projeto deve ser planejado com base em condições "normais", isto é, a partir da duração natural que suas atividades constituintes levam nas circunstâncias mais apropriadas de execução – daí advém a duração total do projeto, que é o prazo da obra, e seu respectivo custo total.

**Dica para o planejador**

Não se deve iniciar o planejamento apostando em hora extra para as equipes ou em custos adicionais para acelerar as atividades. São decisões que o gerente poderá tomar mais tarde, se o prazo calculado nas condições "normais" não convier ao projeto, seja por razões de imposição contratual, seja por estratégia empresarial do quadro gestor.

A análise delineada a seguir baseia-se na *aceleração* e na *desaceleração* de projetos sob o ponto de vista da técnica PERT/CPM e seus efeitos no custo total. Para um projeto típico de construção (embora o raciocínio valha para qualquer área), são abordados os custos diretos, indiretos e casuais (multas por descumprimento de prazo e prêmios por antecipação). A análise combinada dessas categorias de custo com a duração total do projeto produz resultados muitas vezes inesperados.

## 17.2 Tipos de custo

Um projeto de construção – na verdade, *todo* tipo de projeto – envolve uma grande massa de custos, que se distribuem na execução das diversas atividades, na supervisão dos serviços e nos gastos correntes para o funcionamento do escritório, entre outras tantas fontes de despesa.

Do ponto de vista da categorização, os custos podem ser agrupados em três grandes famílias com características próprias:

- custo direto;
- custo indireto;
- custo casual.

### 17.2.1 Custo direto

Denomina-se *custo direto* (CD) ou *interno* aquele diretamente associado à execução da atividade propriamente dita. Ele representa o custo do serviço de campo, englobando a mão de obra diretamente envolvida no serviço, o material aplicado e o equipamento utilizado. Por exemplo, no caso do serviço *alvenaria de bloco*, o custo direto compreende pedreiro, ajudante, bloco e argamassa. No caso de uma escavação, envolve escavadeira, caminhão e seus respectivos operadores. Normalmente, esse custo é calculado a partir das composições de custo unitário dos serviços.

Uma conclusão importante é que ele só é incorrido quando a tarefa se executa – quando não se executa qualquer metro quadrado de parede, não há que se falar em custo direto (Boiteux, 1979).

O custo direto pode envolver três categorias distintas, como mostrado no Quadro 17.1.

**Quadro 17.1** Categorias do custo direto

| Categoria | O que engloba |
|---|---|
| Mão de obra | Hora-base do operário, acrescida dos encargos sociais e adicionais (insalubridade, periculosidade, trabalho noturno) |
| Material | Aquisição, embalagem, transporte (frete), impostos, despesas alfandegárias etc. |
| Equipamento | Custo de propriedade (depreciação e juros), de operação (combustível, lubrificante, operador) e de manutenção |

*Fonte: Mattos (2019).*

### 17.2.2 Custo indireto

Em toda obra, há um sem-número de despesas que não pertencem a um serviço ou uma frente de serviço específica. São custos que ocorrem independentemente das quantidades produzidas pela obra e não são incluídos nas composições de custo unitário dos serviços. Esse tipo de custo se denomina *indireto* (CI), porque o que gera o custo não está diretamente associado às atividades de produção do campo (custo direto). Outras denominações do custo indireto são *despesas indiretas* (DI), *custo externo* e o termo inglês *overhead*.

O custo indireto refere-se ao dispêndio que não pode ser diretamente atrelado a uma atividade específica e, portanto, não tem como ser imputado a um ou outro serviço, não figurando nas composições de custo unitário. Geralmente inclui despesas de mobilização, manutenção do canteiro de obras, despesas correntes (material de escritório, contas de água, luz, telefone etc.), equipe técnica (engenheiro, mestre, encarregado etc.), equipe de suporte (almoxarife, técnico de segurança do trabalho, vigia etc.) e equipe administrativa (secretária, contínuo, copeira etc.), entre outros itens que variam em função do porte e da complexidade da obra. É complicado determinar o custo indireto de uma atividade isolada. A prática mais comum é tratar o custo indireto do projeto como um todo.

Normalmente, ele não é constante ao longo do tempo, pois apresenta maior concentração de despesas no início do projeto, quando há a mobilização da obra. Nos meses seguintes, os valores aproximam-se mais ou menos da linearidade.

Enquanto o custo direto é função direta da quantidade produzida, o mesmo não se pode dizer do custo indireto. O salário do mestre, a alimentação da equipe e o custo de vigilância do canteiro serão os mesmos, quer a obra produza 200 $m^3$ ou 30 $m^3$ de concreto em um mês.

O custo indireto é proporcional ao prazo do projeto. Um atraso no projeto sempre gera aumento nesse custo, ainda que o custo direto permaneça mais ou menos constante (pois as quantidades de serviço não aumentam). Em contrapartida, uma antecipação do projeto propicia uma diminuição do custo indireto.

## 17.3 CURVAS TEMPO-CUSTO DIRETO

Tempo e custo são dimensões intimamente relacionadas, sendo que a alteração de uma afeta diretamente o comportamento da outra. As *curvas tempo-custo* são gráficos que representam essa relação.

Os custos diretos tendem a aumentar à medida que o prazo é encurtado, pois será necessária uma soma extra de dinheiro para mobilizar recursos adicionais, pagar hora extra, pagar adicional noturno etc. Cada atividade tem seu próprio custo de aceleração.

Consideremos a atividade *alvenaria*, com quantitativo de 480 $m^2$ e produtividade estimada de 8 $m^2$ por turno de 8 h. Trabalhando em um turno, a atividade requer 60 dias de pedreiro. Supondo que a diária custe R$ 50,00, a operação custará R$ 3.000,00. Entretanto, trabalhando em dois turnos (supondo diária noturna de R$ 75,00), a tarefa levará 30 dias e o custo será de R$ 3.750,00 (Tab. 17.1).

**Tab. 17.1** Custo em execução normal e acelerada

| Regime | Duração (dias) | Trabalho (dias) | | Custo (R$) |
|---|---|---|---|---|
| | | Diurno | Noturno | |
| Normal | 60 | 60 | - | 60 × 50,00 = 3.000,00 |
| Acelerado | 30 | 30 | 30 | 30 × 50,00 + 30 × 75,00 = 3.750,00 |

Graficamente, podemos plotar os dois pares ordenados tempo-custo e ligá-los com uma reta, conforme mostrado na Fig. 17.1.

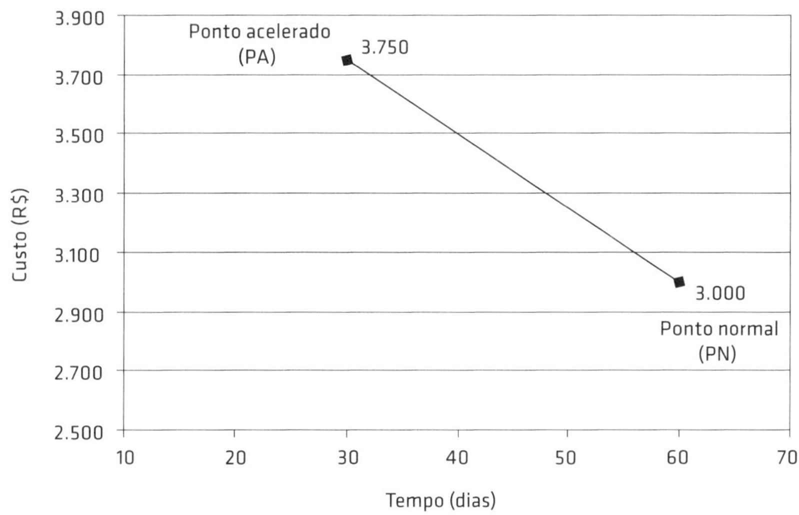


**FIG. 17.1** *Pontos normal e acelerado no gráfico tempo-custo*

Mais a seguir definiremos o conceito de *custo marginal de aceleração*, mas adiantamos que se trata da razão entre o custo da aceleração da atividade e o tempo poupado. No caso, o custo marginal seria R$ 750/30 dias = R$ 25/dia.

**Dicas para o planejador**

O comportamento da curva entre os pontos normal e acelerado de uma atividade nem sempre é uma linha reta. Se dispuséssemos de uma grande quantidade de pontos intermediários, seria possível interpolar e obter a curva tempo-custo real, que pode ser côncava ou convexa, mas sempre decrescente, pois invariavelmente a aceleração implica aumento de custo direto. As curvas reais não são contínuas, e sim discretas.

---

A relação entre custo e tempo é uma questão de *trade-off*, ou seja, uma troca entre o acréscimo no custo e a redução no tempo de execução. O balanço entre as duas grandezas é algo que o gerente do projeto deve administrar de acordo com sua prioridade.

---

A aceleração de uma atividade pode ser feita por meio de:

* Hora extra: pode surgir por extrapolação da carga de trabalho diária – o excesso não pode ser superior a quatro horas – ou semanal – quando exceder 44 horas. O valor da hora extra deve ser no mínimo 50% maior que o valor da hora normal. Em Salvador, pela Convenção Coletiva do Trabalho, pratica-se o seguinte (Mattos, 2019):

  - ◊ hora extra de segunda a sexta: acréscimo de 50%;
  - ◊ hora extra aos sábados: acréscimo de 70%;
  - ◊ hora extra aos domingos e feriados: 110%.
- Turno da noite: a legislação trabalhista estabelece que a hora noturna é 20% mais cara do que a diurna e com duração de 52,5 minutos, o que representa 37,14% de majoração no custo da mão de obra.
- Pagamento de taxas extras para entregas mais rápidas.
- Encomenda de materiais por transporte aéreo em vez de terrestre.
- Mobilização de equipamentos maiores (e mais caros).
- Subcontratação de empresas especializadas (normalmente mais caras).

Genericamente, a aceleração de uma atividade define dois pontos notáveis:

- *Ponto normal (PN)*: baliza o tempo necessário para realizar o trabalho ao menor custo direto possível. Todos os tempos de execução menores devem custar mais em função das despesas adicionais decorrentes.
- *Ponto acelerado (PA)*: é o custo que se consegue com a aceleração. É inútil tentar reduzir o tempo além desse ponto, pois o custo crescente não se traduzirá em ganho de tempo.

Os pontos intermediários mostram custos para vários tempos possíveis. Curvas desse tipo podem ser traçadas para atividades individuais, grupos de atividade ou para o projeto como um todo (Fig. 17.2).

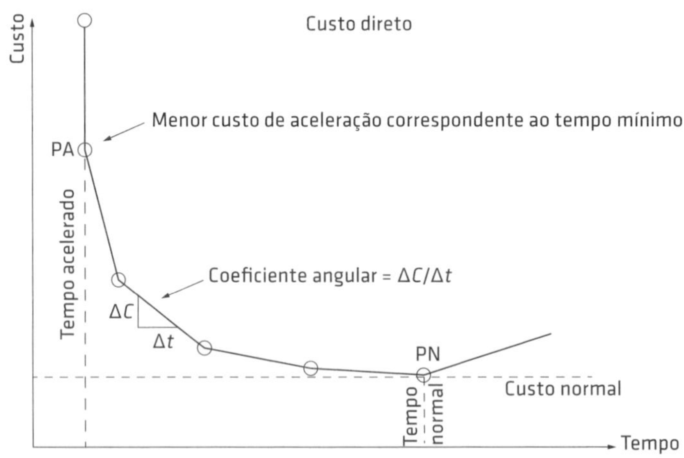


**Fig. 17.2** *Curva de aceleração de uma atividade*

Alguns casos especiais de curvas tempo-custo são mostrados na Fig. 17.3:

- *Curva descontínua*: é o caso de a aceleração ser feita por meio de uma mudança de tecnologia, como ocorre quando se passa de um processo manual para um mecanizado. Devido à grande diferença de eficiência, a aceleração "dá um salto", surgindo uma zona sem pontos intermediários. Um problema surge se o modelo de aceleração produzir um ponto no intervalo de descontinuidade – aí será preciso refazer a análise (Fig. 17.3A).
- *Curvas superpostas*: é o caso em que os processos construtivos alternativos não diferem muito entre si. Para acelerar a atividade de *d* até *a*, o caminho é *dcb'a* (Fig. 17.3B).
- *Curva com trechos convexos*: ocorre quando são mescladas várias categorias de mão de obra e equipamentos com eficiência e taxas horárias diferentes. Devem ser aproveitados somente alguns trechos da curva (Fig. 17.3C).
- *Curva com múltiplos estágios*: deve-se fazer a aceleração a cada trecho linear sucessivo (Fig. 17.3D).

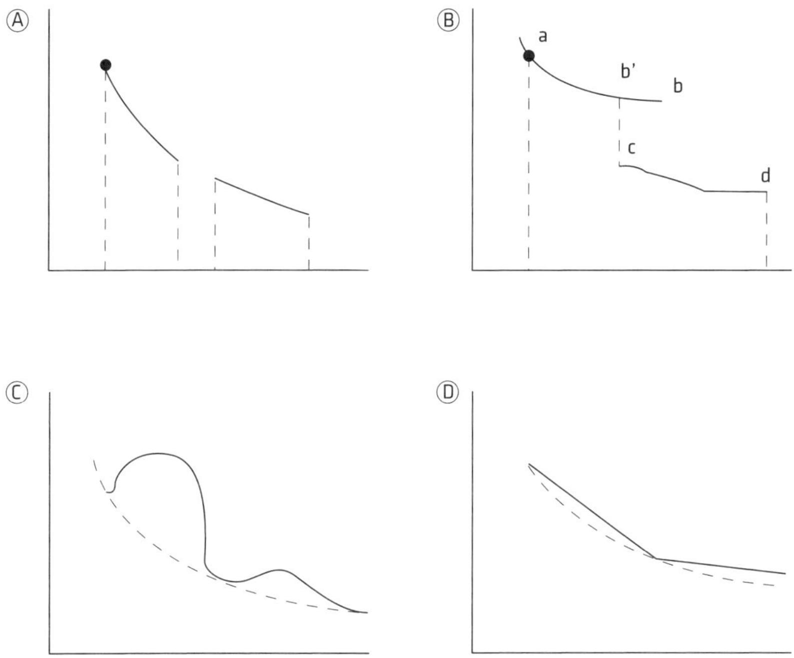


**FIG. 17.3** *Tipos de curva tempo-custo: (A) descontínua; (B) superposta; (C) com trechos convexos; (D) com múltiplos estágios*

*Fonte: Casarotto Filho, Favero e Castro (1999).*

## Exemplo 17.1

A escavação de uma vala de 360 m de extensão pode ser feita manualmente a uma produtividade de 0,5 m/h por um servente, ou de maneira mecanizada com uma escavadeira, a uma produtividade de 5 m/h. Usando os custos unitários a seguir, traçar a curva tempo-custo (adotar 8 h/dia):

* *servente*: R$ 5,00/h (hora normal) e R$ 7,50/h (hora extra);
* *escavadeira com operador*: R$ 100,00/h (hora normal) e R$ 105,00/h (hora extra).

***Solução:***

***Pares tempo-custo para escavação manual***

* Horas requeridas = (360 m)/(0,5 m/h) = 720 Hh.
* Usando três serventes, são requeridos 720/(3 × 8) = 30 dias da equipe em horário normal, com um custo total de 720 × R$ 5,00 = R$ 3.600,00.
* Fazendo uma hora extra por dia, a duração cai para 720/(3 × 9) = 26,67 dias, sendo 26,67 × 8 × 3 = 640 horas normais (= R$ 3.200,00) e 26,67 × 1 × 3 = 80 horas extras (= R$ 600,00).

A Tab. 17.2 sintetiza os cálculos.

Tab. 17.2 Custo normal e acelerado da escavação manual

| Jornada diária (h) | | Duração (dias) | Custo (R$) | | |
|---|---|---|---|---|---|
| Hora normal | Hora extra | | Hora normal | Hora extra | Total |
| 8 | 0 | 30,00 | 3.600,00 | - | 3,600,00 |
| 8 | 1 | 26,67 | 3.200,00 | 600,00 | 3.800,00 |
| 8 | 2 | 24,00 | 2.880,00 | 1.080,00 | 3.960,00 |
| 8 | 3 | 21,82 | 2.618,18 | 1.472,73 | 4.090,91 |

***Pares tempo-custo para escavação mecanizada***

* Horas requeridas = (360 m)/(5 m/h) = 72 Hh, ou seja, nove dias de escavadeira em horário normal, com um custo total de 72 × R$ 100,00 = R$ 7.200,00.
* Fazendo uma hora extra por dia, a duração cai para 72/9 = 8 dias, sendo 8 × 8 = 64 horas normais e 8 × 1 = 8 horas extras.

A Tab. 17.3 sintetiza os cálculos.

Tab. 17.3 Custo normal e acelerado da escavação mecanizada

| Jornada diária (h) | | Duração (dias) | Custo (R$) | | |
|---|---|---|---|---|---|
| Hora normal | Hora extra | | Hora normal | Hora extra | Total |
| 8 | 0 | 9,00 | 7.200,00 | - | 7.200,00 |
| 8 | 1 | 8,00 | 6.400,00 | 840,00 | 7.240,00 |
| 8 | 2 | 7,20 | 5.760,00 | 1.512,00 | 7.272,00 |
| 8 | 3 | 6,55 | 5.236,36 | 2.061,82 | 7.298,18 |

A curva tempo-custo para a escavação é descontínua, composta de dois ramos, um relativo à operação manual, outro relativo à operação mecanizada (Fig. 17.4).

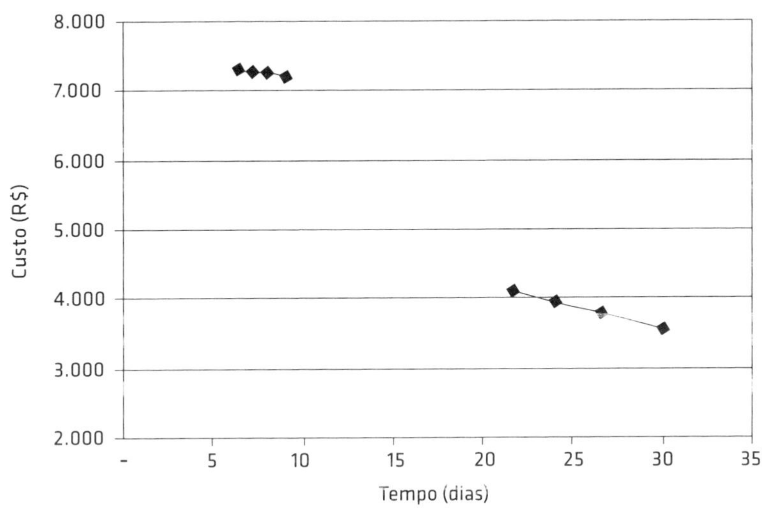


FIG. 17.4 *Curva tempo-custo da escavação*

## 17.4 Custo marginal de aceleração

Define-se como *custo marginal de aceleração* (CM) a relação unitária de aceleração, ou, em outras palavras, o custo de acelerar a atividade em uma unidade de tempo (Fig. 17.5). Quanto menor é o custo marginal, menos oneroso é acelerar a atividade, e vice-versa.

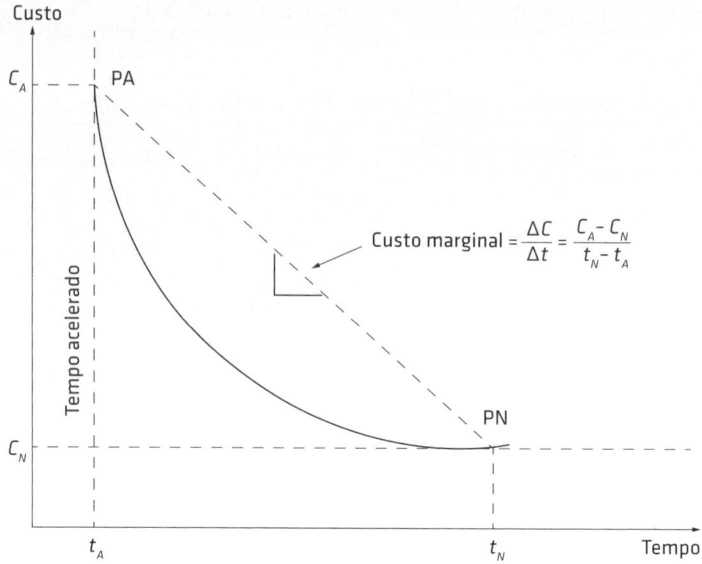


**Fig. 17.5** *Custo marginal de aceleração*

No caso de uma rede de atividades, cabe ao planejador identificar a atividade de menor custo marginal entre as críticas e acelerá-la, pois o ganho de tempo no projeto sairá mais barato do que se acelerar outra atividade.

## Exemplo 17.2

Calcular o custo marginal de aceleração dos casos a seguir.

1. *Demolição de uma estrutura de concreto*: pode ser feita em 12 dias manualmente, a um custo total de R$ 100, ou com a utilização de equipamento em três dias, a um custo total de R$ 600.
2. *Fabricação de uma peça*: pode ser executada em duas semanas com componentes nacionais (R$ 600) ou em cinco dias com componentes importados (R$ 1.000).
3. *Escoramento de um viaduto*: pode ser acelerado de três semanas (madeira, R$ 60.000) para duas semanas (estrutura metálica, R$ 92.000).
4. *Entrega de caixas de piso cerâmico*: pode ser feita por via rodoviária (dez dias, R$ 5.000) ou por transporte aéreo (dois dias, R$ 9.000).
5. *Escavação de 50.000 m³*: pode ser executada com trator de esteira e carregadeira, com produtividade de 150 m³/h e custo unitário de R$ 5,00/m³, ou com motoescrêiper, com produtividade de 200 m³/h e custo unitário de R$ 10,00/m³.

***Solução:***

1. CM = ΔC/Δt = (600 – 100)/(12 – 3) = 500/9 = R$ 55,55/dia.
2. Assumindo que duas semanas equivalem a dez dias úteis → CM = ΔC/Δt = (1.000 – 600)/(10 – 5) = R$ 80/dia.
3. CM = ΔC/Δt = 32.000/1 = R$ 32.000/semana.
4. CM = ΔC/Δt = 4.000/8 = R$ 500/dia.
5. Custo total com trator/carregadeira = 50.000 $m^3$ × R$ 5,00/$m^3$ = R$ 250.000.
   Duração com trator/carregadeira = 50.000 $m^3$/150 $m^3$/h = 333,33 h.
   Custo total com motoescrêiper = 50.000 $m^3$ × R$ 10,00/$m^3$ = R$ 500.000.
   Duração com motoescrêiper = 50.000 $m^3$/200 $m^3$/h = 250 h.
   CM = ΔC/Δt = 250.000/83,33 = R$ 3.000/h.

---

A seguir, apresentam-se algumas conclusões sobre o custo marginal de aceleração (Fig. 17.6):

- Quanto menor é a inclinação da reta, menor é o custo marginal e, portanto, menor é o custo de aceleração ($CM_1 < CM_2 < CM_3$).
- Quanto maior é a inclinação da reta, maior é o custo marginal e, portanto, mais dispendiosa é a aceleração.
- A aceleração de uma atividade com baixo custo marginal é mais rentável do que a aceleração de uma atividade com alto custo marginal.

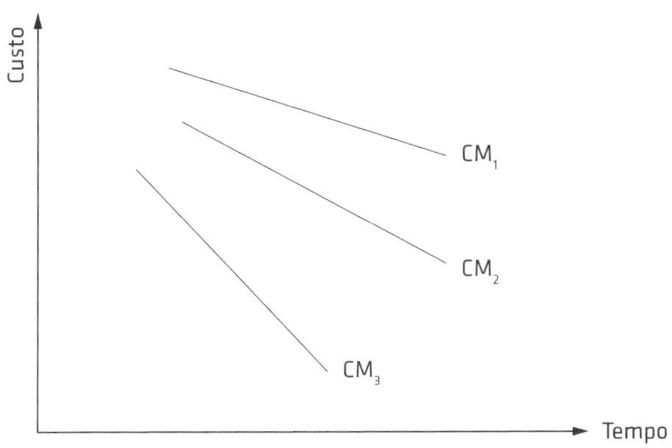


**FIG. 17.6** *Comparação de custos marginais $CM_1 < CM_2 < CM_3$*

## 17.5 CURVAS TEMPO-CUSTO INDIRETO

Para os custos indiretos, a determinação da curva tempo-custo não é muito fácil, pois envolve custos fixos – aqueles que não variam com o encurtamento do prazo, como a implantação do canteiro de obras – e variáveis – aqueles que são função do prazo, como equipe administrativa, despesas de escritório e manutenção de canteiro –, cada qual com um comportamento peculiar com relação ao tempo.

Nota-se, contudo, que os custos indiretos tendem a diminuir com a redução do prazo do projeto. A Fig. 17.7 ilustra dois tipos de curva tempo-custo possíveis para o custo indireto: uma linear e outra não linear.

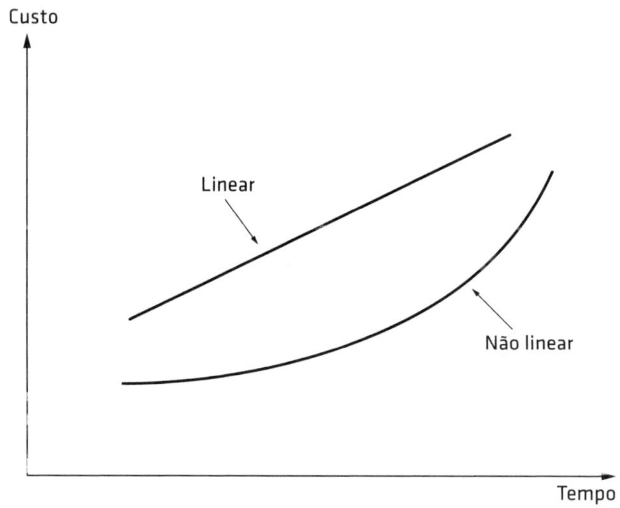


**FIG. 17.7** *Curva tempo-custo indireto*

## 17.6 CUSTO CASUAL

O *custo casual* tem, como sugere o nome, ocorrência eventual, dependendo das provisões contratuais. A construtora pode incorrer nesse custo ou não. São duas as modalidades de custo casual:

- *Multa por atraso*: penalidade imposta pelo cliente para o caso de frustração do prazo de entrega da obra. É um valor a ser pago pela construtora no caso de não concluir a obra no prazo contratual. Para a multa poder ser aplicada, é necessário que ela tenha sido prevista no contrato. O valor pode ser fixo ou proporcional ao atraso (por dia ou mês de atraso).

* *Prêmio por antecipação*: é um bônus a que faz jus a construtora por antecipar a entrega da obra. A ideia por trás do prêmio é criar um incentivo à equipe executora do projeto, de modo que os ganhos que a antecipação acarrete possam ser partilhados entre o proprietário e a construtora. Esse tipo de bônus é comum em obras de supermercados, telefonia, hidrelétricas, termoelétricas etc. O estabelecimento de prêmios é menos frequente do que o de multa por atraso.

A curva tempo-custo casual apresenta as penalidades na parte positiva do eixo (custo) e os prêmios como valores negativos (pois significam ingresso de capital). Duas possibilidades são mostradas na Fig. 17.8: curva contínua e curva descontínua.

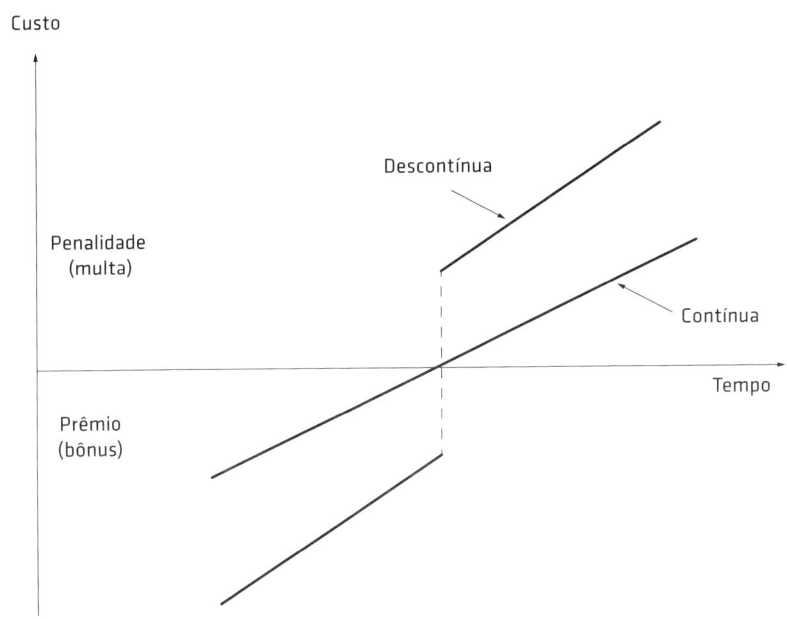


**Fig. 17.8** *Curva tempo-custo casual*

## 17.7 Curvas tempo-custo total

A *curva tempo-custo total* provém da soma das curvas dos custos direto e indireto. Como a curva do custo direto é decrescente e a do custo indireto é crescente, a resultante da soma tem um aspecto curvo com a concavidade voltada para cima, definindo um tempo $t_m$ que corresponde ao *custo mínimo* $C_m$ (Fig. 17.9).

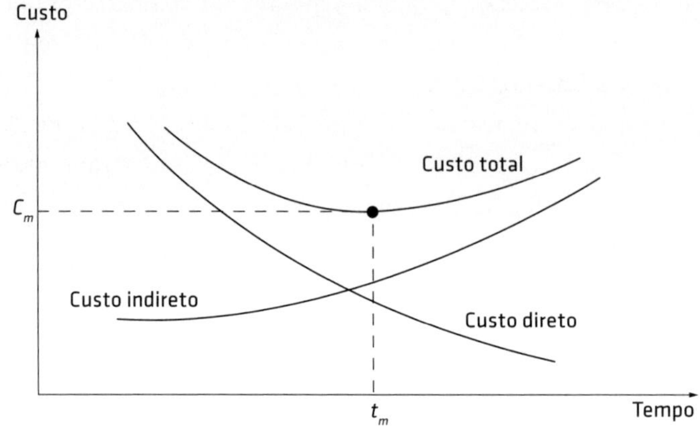


**FIG. 17.9** *Curva tempo-custo total*

*Importante:*

* O ponto de custo mínimo *não* corresponde ao ponto de interseção das curvas.
* O custo mínimo total corresponde a um tempo intermediário entre o normal e o acelerado.

Caso o contrato da obra estabeleça prêmios por antecipação da entrega ou multa por entrega atrasada, a curva de custo total tem de considerar também os custos casuais (Fig. 17.10).

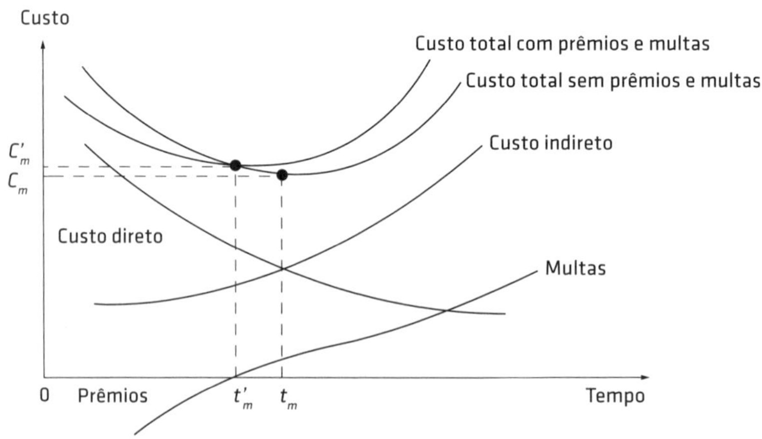


**FIG. 17.10** *Curva tempo-custo total considerando a existência de custos casuais*

*Importante:* a consideração das multas/dos prêmios pode alterar sensivelmente a posição da duração ótima e do custo mínimo do projeto.

## Exemplo 17.3

Traçar o gráfico tempo-custo dos custos diretos e indiretos e obter a curva total para um projeto com as características apresentadas na Tab. 17.4.

**Tab. 17.4** Custos direto, indireto e total em cada mês

| Prazo (meses) | Custo direto ($) | Custo indireto ($) | Custo total ($) |
|---|---|---|---|
| 3 | 90.000 | 5.000 | 95.000 |
| 4 | 70.000 | 9.000 | 79.000 |
| 5 | 52.000 | 13.000 | 65.000 |
| 6 | 41.000 | 17.000 | 58.000 |
| 7 | 38.000 | 21.000 | 59.000 |
| 8 | 36.000 | 25.000 | 61.000 |
| 9 | 35.000 | 29.000 | 64.000 |
| 10 | 40.000 | 33.000 | 73.000 |

***Solução:***

A curva tempo-custo resultante é indicada na Fig. 17.11.

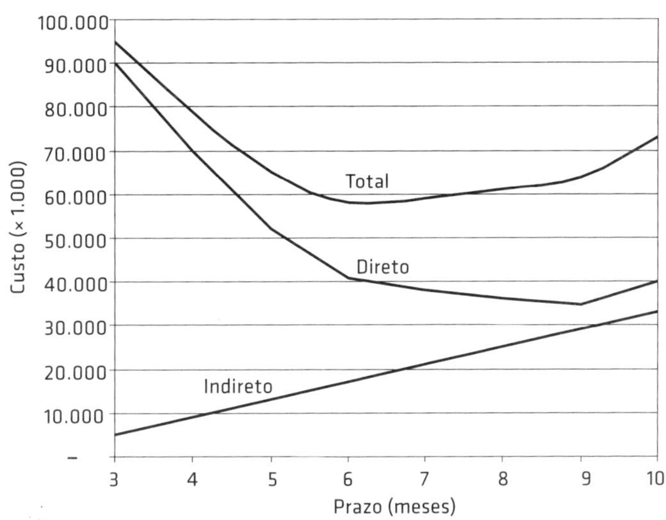


**Fig. 17.11** *Curvas tempo-custo do empreendimento*

O *tempo ótimo* está em torno de seis meses, que corresponde ao custo mínimo de R$ 58.000,00.

É interessante notar que, tanto para durações maiores quanto para durações menores, o custo do projeto será maior.

---

### Estudo de caso 17.1 – reforma

Para determinada reforma, uma cláusula contratual estabelece o prazo de nove meses para sua conclusão, devendo a construtora pagar R$ 1.500 por mês a partir daí. O contrato também prevê um prêmio de R$ 1.500 por cada mês de antecipação da obra, já que isso gerará ganhos para o cliente, e, como uma forma de incentivar a construtora, ele pretende repassar uma parte dessa receita antecipada (Fig. 17.12).

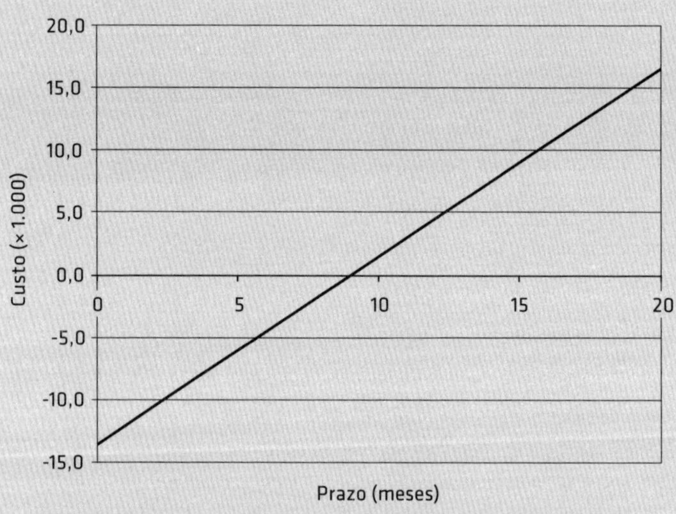


**Fig. 17.12** *Custos casuais*

O cronograma da obra, gerado de acordo com as condições normais de execução, as premissas da construtora, a lógica executiva pretendida e as durações realistas, mostra um prazo "normal" de 15 meses. Esse prazo, como se nota, é bem mais dilatado do que o prazo contratual.

O planejador partiu, então, para a análise da aceleração dos custos diretos (Fig. 17.13).

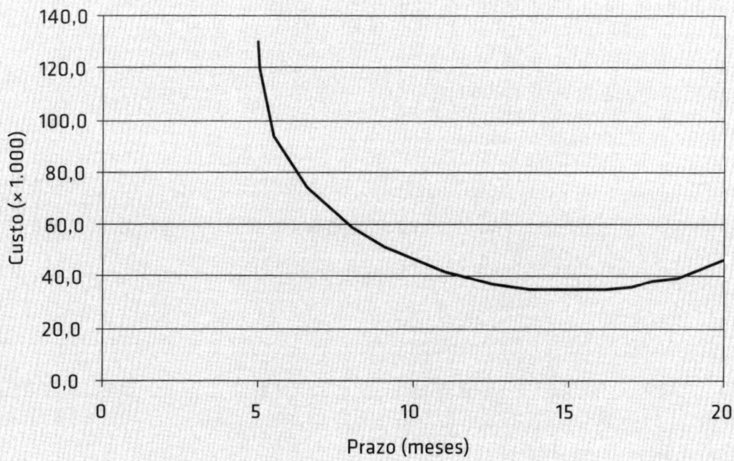


FIG. 17.13 *Custo direto*

O custo indireto foi assumido como linear, com um custo inicial de R$ 20.000 e um custo mensal de R$ 2.500 (Fig. 17.14).

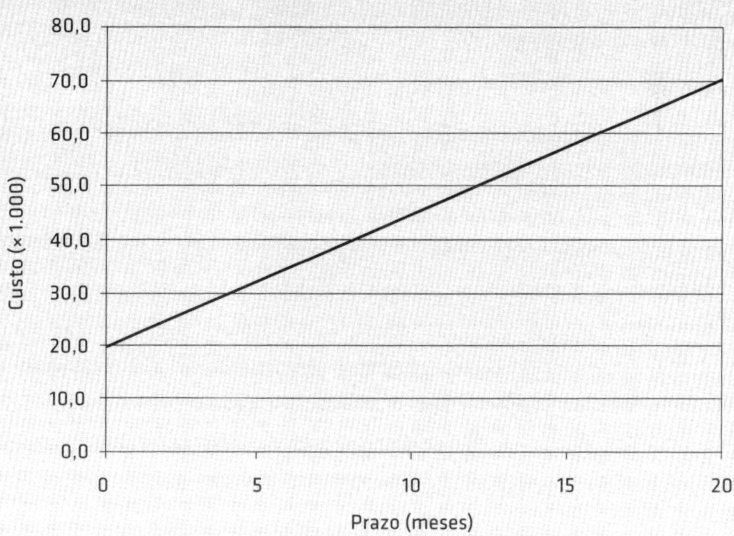


FIG. 17.14 *Custo indireto*

De posse das curvas relativas às três categorias de custo – direto, indireto e casual –, o engenheiro pode, então, reuni-las em um único gráfico e somá-las para obter o custo total da obra em função do prazo (Fig. 17.15).

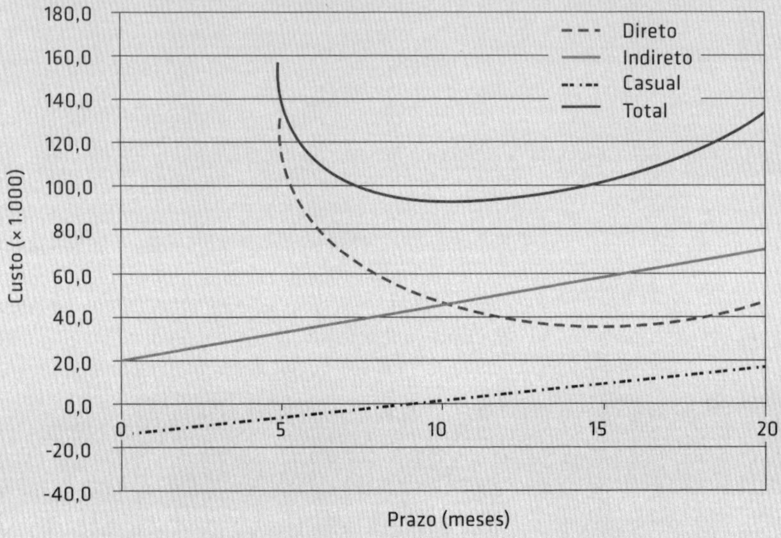


**FIG. 17.15** *Custo total*

A curva do custo total tem um formato próprio, diferente do formato de cada uma das parcelas. Observando seu aspecto, o gerente do projeto pode facilmente detectar que a curva apresenta um ponto de mínimo que corresponde ao prazo de 11 meses. Esse é o ponto ótimo.

Isso quer dizer que *a melhor condição de custos da obra é para um prazo superior ao contratual*, mesmo que a construtora tenha de pagar a multa de atraso de dois meses. Em decorrência do comportamento de cada uma das três curvas individuais, o custo total mostrou ser menor em uma situação de atraso. Tudo porque acelerar o projeto para atender ao prazo contratual de nove meses custa mais dinheiro (R$ 94.500) do que executá-lo em 11 meses (R$ 92.500), com o ônus da penalidade. Soa estranho, mas é assim mesmo.

## 17.8 Aceleração racional

Um projeto com muitas atividades não precisa ter todas elas aceleradas para que possa ser concluído em um prazo menor. Já que, por definição, a duração total de um projeto é a soma das durações das atividades críticas, basta acelerar algumas dessas atividades para que o projeto termine antes.

As perguntas que surgem são: entre as críticas, é necessário acelerá-las todas para obter o custo ótimo (mínimo)? Em caso negativo, como escolher as atividades a acelerar?

Outro ponto a ser colocado é que, à medida que uma atividade crítica é acelerada, o caminho crítico pode se deslocar para outras atividades da rede. Nesse caso, como proceder?

Para tentar solucionar o problema, é utilizado o método analítico conhecido por *aceleração racional*, cujo objetivo é diminuir a duração total do projeto com o menor aumento de custo.

Tendo montado o cronograma inicial (o das condições "normais") e desejando antecipar sua conclusão, o planejador deve seguir este roteiro de aceleração racional:

1. identificar o caminho crítico;
2. entre as atividades críticas, identificar a de menor custo marginal de aceleração;
3. acelerar a atividade;
4. verificar se o caminho crítico mudou;
5. repetir o processo.

O exemplo a seguir ilustra o processo. Suponhamos a rede simples da Fig. 17.16, já com o caminho crítico identificado e um prazo total de 28 dias (inspirado em Hirschfield, 1969).

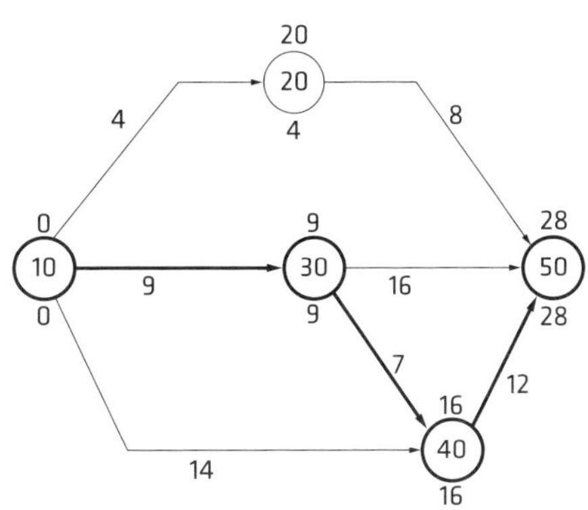


**Fig. 17.16** *Rede com durações normais: prazo de 28 dias*

A equipe de planejamento da obra montou uma tabela com os tempos e os custos normais e acelerados (Tab. 17.5).

**Tab. 17.5** Durações e custos normais e acelerados

| Atividade | Duração (dias) | | Custo (R$) | | Custo marginal (R$/dia) |
|---|---|---|---|---|---|
| | Normal | Acelerada | Normal | Acelerada | |
| 10-20 | 4 | 1 | 300 | 360 | 20 |
| 10-30 | 9 | 8 | 200 | 250 | 50 |
| 10-40 | 14 | 9 | 500 | 700 | 40 |
| 20-50 | 8 | 4 | 400 | 600 | 50 |
| 30-40 | 7 | 5 | 300 | 370 | 35 |
| 30-50 | 16 | 11 | 500 | 800 | 60 |
| 40-50 | 12 | 10 | 300 | 420 | 60 |
| Total | | | 2.500 | 3.500 | |

Um planejador incauto poderia pensar em acelerar *todas* as atividades, mas não seria uma medida inteligente, porque reduziria o prazo para 23 dias, elevando o custo total para R$ 3.500, ou seja, conseguiria uma redução de cinco dias a um custo adicional de R$ 1.000 (Fig. 17.17).

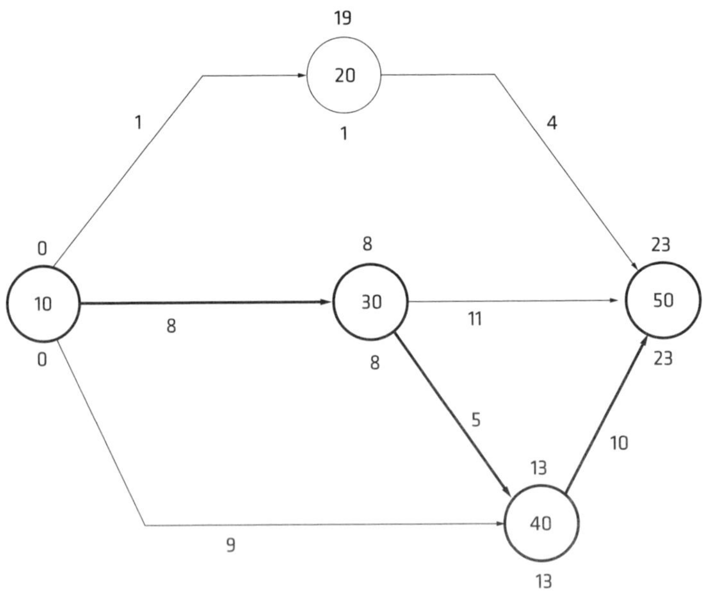


**FIG. 17.17** *Rede com todas as atividades aceleradas: prazo de 23 dias*

O método da aceleração racional procura limitar a quantidade de atividades aceleradas, concentrando a atenção nas atividades críticas, que aqui no exemplo são a 10-30, a 30-40 e a 40-50.

Inicialmente é selecionada, entre as críticas, aquela de menor custo marginal de aceleração, que é a 30-40, com CM = 35. Ela pode ser acelerada de sete para cinco dias. Na aceleração racional, deve-se analisar a alteração da rede para cada redução de uma unidade de tempo, pois o caminho crítico pode se deslocar.

### 17.8.1 Cálculo da aceleração racional

#### 1º passo – reduzir de 28 para 27 dias (Fig. 17.18)

- *Caminho crítico*: 10-30-40-50.
- *Atividade selecionada*: 30-40 (CM = 35).
- *Aceleração considerada*: de sete para seis dias.
- *Aumento de custo*: ΔC = 1 dia × CM = R$ 35.
- *Custo total*: 2.500 + 35 = R$ 2.535.

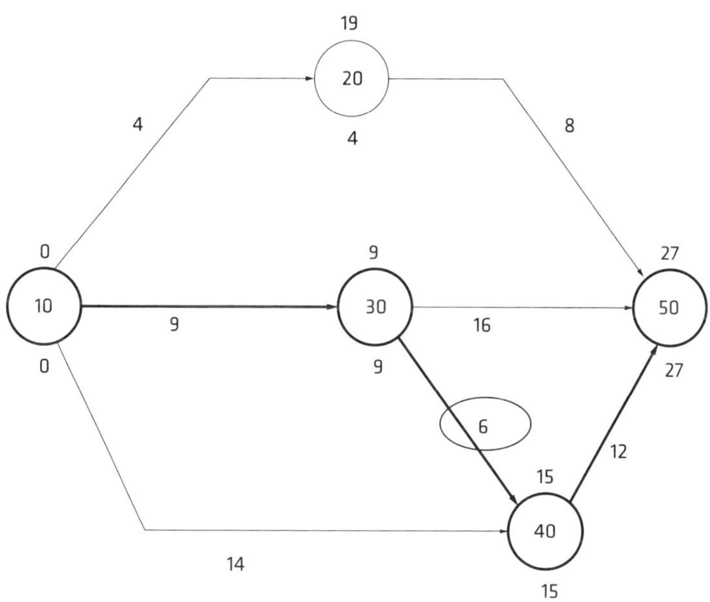


FIG. 17.18 *Aceleração de 30-40: prazo de 27 dias*

### 2º passo – reduzir de 27 para 26 dias (Fig. 17.19)

- *Caminho crítico*: 10-30-40-50.
- *Atividade selecionada*: 30-40 (CM = 35).
- *Aceleração considerada*: de seis para cinco dias.
- *Aumento de custo*: ΔC = 1 dia × CM = R$ 35.
- *Custo total*: 2.535 + 35 = R$ 2.570.

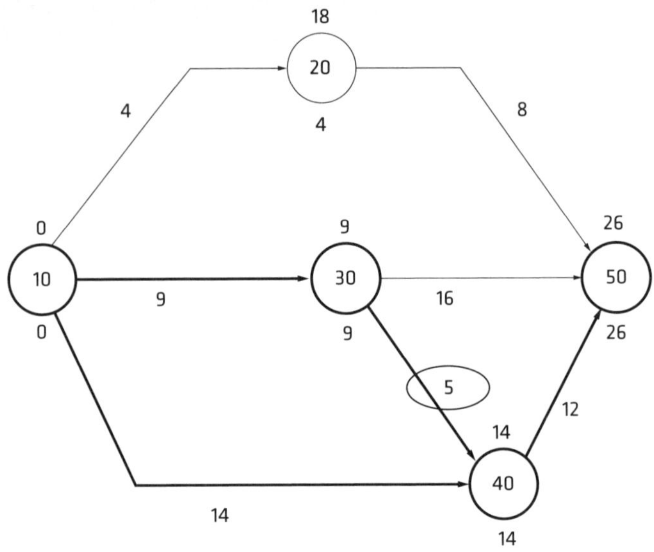


**Fig. 17.19** *Aceleração de 30-40: prazo de 26 dias*

A rede tem agora dois caminhos críticos: 10-30-40-50 e 10-40-50.

### 3º passo – reduzir de 26 para 25 dias (Fig. 17.20)

- *Caminhos críticos*: 10-30-40-50 e 10-40-50.
- *Atividade selecionada*: fazer a comparação entre os caminhos.

  Ao longo do caminho 10-30-40-50, a atividade 30-40 está descartada porque já atingiu sua compressão total. Se a atividade 10-30 for acelerada sozinha, o caminho crítico se resumirá a 10-40-50, mas com os mesmos 26 dias de prazo, o que não adianta nada. Portanto, restam duas opções: acelerar conjuntamente 10-30 e 10-40, ou acelerar 40-50 (Tab. 17.6).

  A opção B é mais econômica (embora a atividade 40-50 sozinha tenha um alto CM!).

Tab. 17.6 Comparação do custo marginal das duas opções

| Opção | Atividades a acelerar | CM |
|---|---|---|
| A | 10-30<br>10-40 | 50<br>40<br>Σ = 90 |
| B | 40-50 | 60 |

- *Aceleração considerada*: de 12 para 11 dias.
- *Aumento de custo*: ΔC = 1 dia × CM = R$ 60.
- *Custo total*: 2.570 + 60 = R$ 2.630.

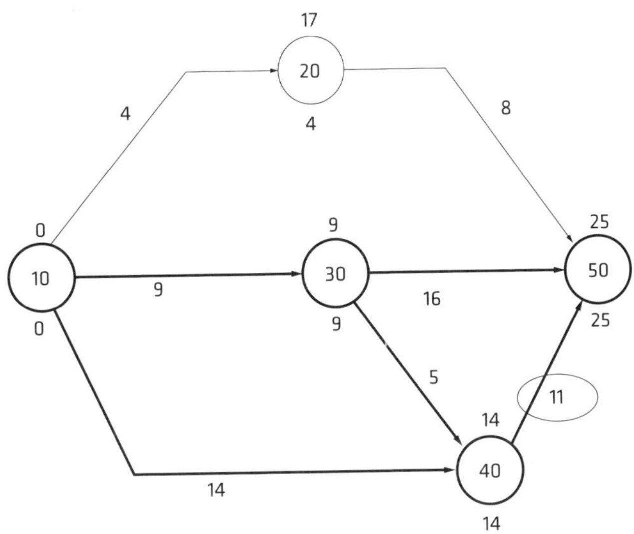


Fig. 17.20 *Aceleração de 40-50: prazo de 25 dias*

A rede tem agora três caminhos críticos: 10-30-50, 10-30-40-50 e 10-40-50.

## 4º passo – reduzir de 25 para 24 dias (Fig. 17.21)

- *Caminhos críticos*: 10-30-50, 10-30-40-50 e 10-40-50.
- *Atividade selecionada*: fazer a comparação entre as opções (Tab. 17.7). A opção A é a mais econômica.
- *Aceleração considerada*:
  - ◊ 10-30: de nove para oito dias;

◊ 10-40: de 14 para 13 dias.

- *Aumento de custo:* $\Delta C$ = 1 dia × CM = R$ 90.
- *Custo total:* 2.630 + 90 = R$ 2.720.

**Tab. 17.7** Atividades a acelerar

| Opção | Atividades a acelerar | CM |
|---|---|---|
| A | 10-30<br>10-40 | 50<br>40<br>$\Sigma$ = 90 |
| B | 30-50<br>40-50 | 60<br>60<br>$\Sigma$ = 120 |
| C | 10-30<br>40-50 | 50<br>60<br>$\Sigma$ = 110 |

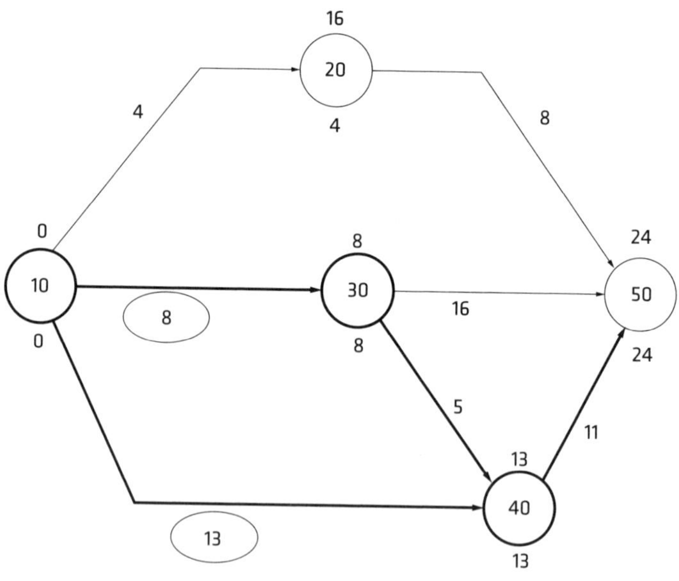


**Fig. 17.21** *Aceleração de 10-30 e 10-40: prazo de 24 dias*

A rede continua com os mesmos três caminhos críticos.

### 5º passo – reduzir de 24 para 23 dias (Fig. 17.22)

- *Caminhos críticos*: 10-30-50, 10-30-40-50 e 10-40-50.

  Como é possível notar, a atividade 10-30 já atingiu sua compressão total. Para reduzir o prazo final, resta apenas uma possibilidade de afetar os três caminhos críticos – acelerar 30-50 e 40-50.
- *Aceleração considerada*:
  - ◊ 30-50: de 16 para 15 dias (CM = 60);
  - ◊ 40-50: de 11 para 10 dias (CM = 60).
- *Aumento de custo*:
  - ◊ 30-50: $\Delta C$ = 1 dia × CM = R$ 60;
  - ◊ 40-50: $\Delta C$ = 1 dia × CM = R$ 60.
- *Custo total*: 2.720 + 120 = R$ 2.840.

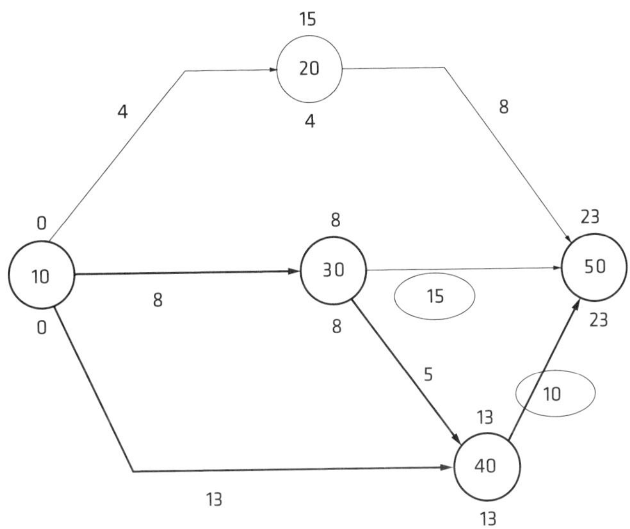


**Fig. 17.22** *Aceleração de 30-50 e 40-50: prazo de 23 dias*

Nota-se que a rede atingiu seu ponto de compressão máxima. Não é possível reduzir o prazo aquém de 23 dias. Qualquer aceleração adicional de atividade gerará custo adicional sem uma correspondente redução de tempo.

O resumo da aceleração anterior é apresentado na Tab. 17.8.

**Tab. 17.8** Passos da aceleração

| Passo | Duração | Aumento de custo | Custo de projeto |
|---|---|---|---|
| Inicial | 28 | - | 2.500 |
| 1º | 27 | 35 | 2.535 |
| 2º | 26 | 35 | 2.570 |
| 3º | 25 | 60 | 2.630 |
| 4º | 24 | 90 | 2.720 |
| 5º | 23 | 120 | 2.840 |
| Total | | 340 | |

A conclusão importante é que, pela aceleração racional, o custo total do projeto em 23 dias é de R$ 2.840, valor bastante inferior ao custo de acelerar *todas* as atividades (R$ 3.500).

A aceleração racional reduz o prazo com o menor custo possível.

O gráfico tempo-custo a que chegamos está mostrado na Fig. 17.23.

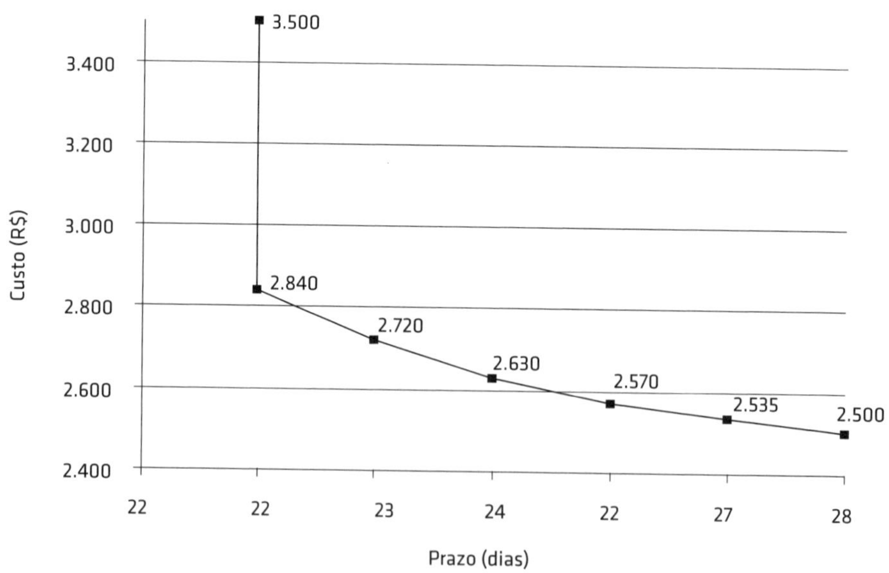


**Fig. 17.23** *Curva tempo-custo pela aceleração racional*

# dezoito

## Valor agregado

Entre as várias técnicas de avaliação de desempenho de empreendimentos, a *análise do valor agregado (earned value analysis*, ou EVA) destaca-se por fornecer resultados precisos a partir da integração de dados reais de tempo e custo, permitindo ao planejador ter uma clara noção da situação atual do projeto e fazer análises de variância e tendências.

Por meio de indicadores de desempenho, pode-se antever o resultado provável do projeto em termos de custo e prazo. O método EVA compara o valor do trabalho planejado com o do trabalho realmente concluído para avaliar se os desempenhos de custo e programação do empreendimento estão de acordo com o planejado.

Pela relação entre o valor agregado e o valor planejado do trabalho em um dado período, pode-se obter um controle mais preciso que o obtido com base em registros de gastos em prazos isolados.

O valor agregado funciona como um alerta, permitindo ao gerente avaliar se o projeto tem consumido mais dinheiro para realizar determinada tarefa ou se está gastando-o mais rápido porque o projeto está adiantado.

O ponto de partida para a implementação do EVA é o cronograma físico-financeiro, que por sua vez se baseia em uma EAP e gera como subproduto a curva S de custo (Fig. 18.1). É exatamente com essa curva S prevista que o avanço do projeto será cotejado.

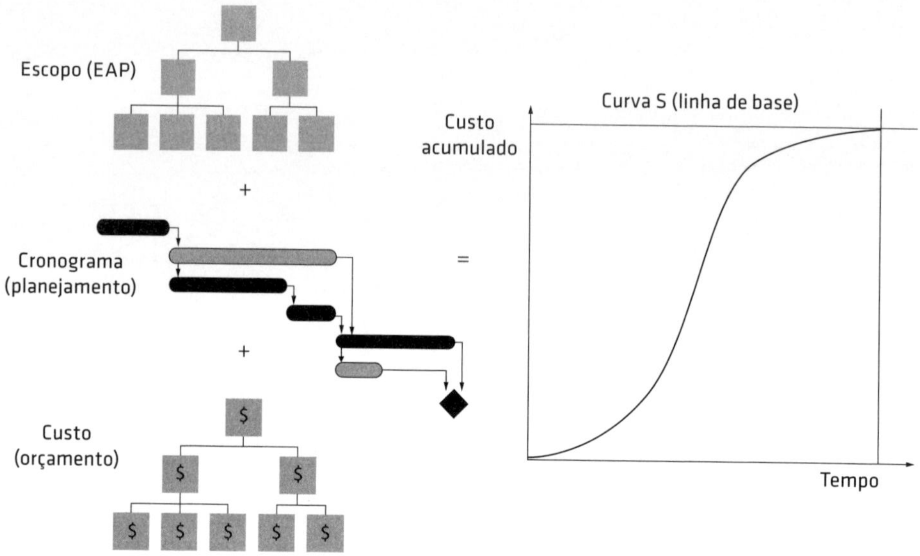


**FIG. 18.1** *Relação entre EAP, cronograma e curva S*

O tripé de comparação envolve as seguintes grandezas:

- valor previsto;
- valor agregado;
- custo real.

O método do valor agregado, tal como o entendemos hoje, é oriundo do *cost/schedule control system criteria* (C/SCSC), um conjunto de 35 requisitos estabelecidos pelo Departamento de Defesa dos Estados Unidos em 1967 para monitorar contratos "por administração" ou com algum tipo de incentivo por redução de custos. O primeiro projeto a ter uma experiência favorável com o EVA foi o Minuteman Missile.

Apesar de utilizado nos contratos com a administração pública, o EVA demorou para ser adotado em projetos fora do âmbito da construção e entre organizações privadas. Foi só em 1995 que a National Defense Industrial Association (NDIA) tomou para si a tarefa de reescrever os critérios formais de valor agregado e adaptá-los às necessidades da indústria privada, gerando um novo padrão de 32 critérios, reconhecido pelo prestigioso American National Standard Institute (ANSI) na norma ANSI/EIA 748.

Em paralelo a essas ações, o Congresso americano publicou algumas leis que requeriam alguma forma de análise de valor agregado nos projetos do governo.

## 18.1 Valor previsto

O exemplo hipotético da construção de uma ferrovia apresentado por Barbosa et al. (2007) ilustra bem o método. Para simplificar, o planejamento da obra é admitido linear, prevendo a construção de 1 km de ferrovia por mês, a um custo orçado de R$ 100.000 por km. A ferrovia tem 10 km de extensão.

Após três meses de obra, foi aferido o desempenho do projeto: haviam sido construídos 2 km a um custo realizado de R$ 240.000. A Fig. 18.2 mostra esquematicamente o previsto e o realizado.

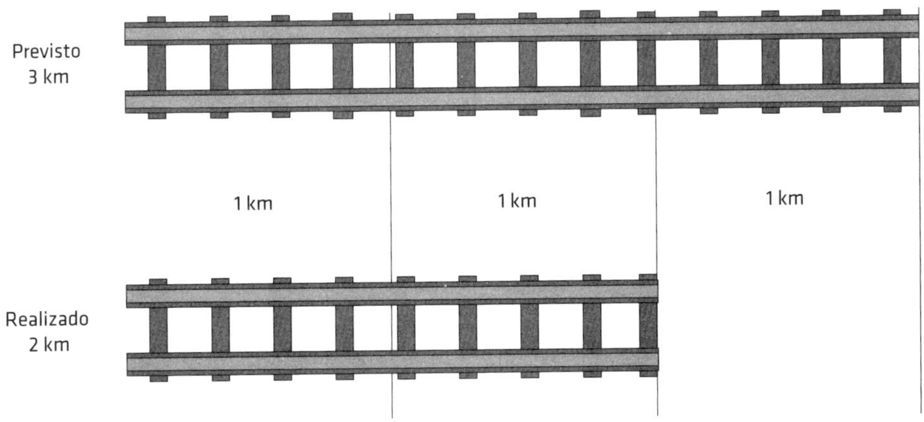


**Fig. 18.2** *Progresso previsto e realizado em três meses de obra*

O *valor previsto* (VP) é o custo que deveria ter sido incorrido no período de aferição. Ele equivale ao custo orçado do trabalho agendado (ou planejado), ou seja, calculado de acordo com o orçamento/planejamento da obra.

O VP não tem nada a ver com o que foi fisicamente realizado. Ele corresponde à linha de base, representando o que a equipe do projeto deveria perseguir. É quanto deveria ter sido o custo até a época.

No caso da ferrovia, um planejador incauto poderia simplesmente comparar os custos previsto (VP = 300.000) e real (240.000) e concluir que o projeto ia bem sob o ponto de vista econômico, pois havia gasto menos do que o previsto para aquele período. Essa conclusão é precipitada e falsa, pois não basta olhar apenas o custo – é preciso levar em conta *o que* foi efetivamente construído com o dinheiro gasto. Só assim será possível avaliar corretamente o desempenho (*performance*) do projeto. É para resolver essa problemática que entra em cena o conceito de valor agregado.

## 18.2 Valor agregado

Define-se como *valor agregado* (VA) o custo orçado do trabalho realizado. Ele representa quanto deveria ter custado o que foi executado, correspondendo, em outras palavras, à soma de dinheiro que, pelo orçamento, deveria ter sido gasta para produzir o trabalho realizado. O VA refere-se ao *custo orçado* e não se relaciona com o custo real.

No exemplo da ferrovia, o valor agregado é igual ao custo orçado dos 2 km que foram realmente construídos no período em questão: VA = 200.000.

| Dicas para o planejador |
|---|
| Um dos pontos complicados do EVA é como medir o avanço de uma atividade. |
| Se o serviço é fisicamente mensurável (por exemplo, alvenaria e fôrma), basta medir o que foi feito. Em caso de atividades apenas temporais, como cura de concreto ou treinamento de operadores, o percentual pode ser calculado em função da duração prevista para a atividade. |
| Se o serviço é um pacote de trabalho composto de várias atividades, o melhor é adotar pontos intermediários de controle (*milestones*) – por exemplo, se o serviço controlado é uma rede de esgoto, pode-se adotar 30% para escavação da vala, 40% para assentamento do tubo, 15% para reaterro e 15% para pavimentação. |

## 18.3 Custo real

Define-se como *custo real* (CR) o custo real do trabalho realizado. Ele representa quanto custou o que foi executado. Refere-se à realidade física e não se relaciona com o planejamento prévio da obra.

No exemplo da ferrovia, o custo real é quanto custaram os 2 km que foram construídos: CR = 240.000.

Resumindo:

- VP – quanto deveria ter sido realizado (de acordo com o cronograma);
- VA – quanto deveria ter custado o que foi realizado;
- CR – quanto custou o que foi realizado.

VP, VA e CR são dados em unidades monetárias.

As três dimensões de custo – previsto, agregado e real – nem sempre são iguais, o que significa que há diferença numérica entre elas. As diferenças são denominadas variações (ou variâncias).

Definem-se duas variações: a de custo e a de prazo (ou progresso). Vejamos cada uma delas.

## 18.4 Variação de custo

A *variação de custo* (VC) é dada pela diferença entre o valor agregado e o custo real:

$$VC = VA - CR$$

VC representa o desvio entre por quanto o trabalho foi orçado e por quanto ele foi realizado. Dito de outra forma, é a diferença entre quanto deveria ter custado aquilo que foi executado e quanto realmente custou. Ao comparar os valores agregado e realizado, a variação de custo dá uma noção do desempenho de custo do projeto (Quadro 18.1).

**Quadro 18.1** Significado da variação de custo

| Valores | Significado | Observação |
|---|---|---|
| VA > CR → VC > 0 | O projeto gastou menos do que o previsto para realizar o trabalho = *abaixo do orçamento.* | Razões possíveis:<br>✱ custo real ficou abaixo do orçado em virtude de uma boa negociação de preços e controle de gastos;<br>✱ economia pode ter sido conseguida por meio de uma má qualidade do serviço ou dos insumos.<br>Medidas:<br>✱ identificar a fonte de ganho;<br>✱ manter o ritmo do trabalho. |
| VA = CR → VC = 0 | O projeto gastou exatamente o que foi previsto para realizar o trabalho = *no orçamento.* | Medida:<br>✱ manter o ritmo do trabalho. |
| VA < CR → VC < 0 | O projeto gastou mais do que o previsto para realizar o trabalho = *acima do orçamento.* | Razões possíveis:<br>✱ produtividade real ficou aquém da orçada;<br>✱ contratempos encareceram o serviço: mudança de projeto, chuva, paralisação, falta de material etc.<br>Medidas:<br>✱ identificar a fonte de perda;<br>✱ adotar providências para prevenir futuras perdas e corrigir o ritmo inadequado. |

Para a ferrovia do exemplo, VC = 200.000 - 240.000 = -40.000. O valor negativo atesta que o projeto gastou R$ 40 mil a mais do que deveria ter gasto para realizar o trabalho executado (2 km).

## 18.5 VARIAÇÃO DE PRAZO

Analogamente, a *variação de prazo* (VPr) é dada pela diferença entre o valor agregado e o valor previsto:

$$VPr = VA - VP$$

A VPr, que também pode ser chamada de variação de progresso, representa o desvio entre quanto trabalho foi produzido até a data e quanto deveria ter sido produzido de acordo com o planejado. Dito de outra forma, VPr é a diferença entre o que foi realizado (agregado) e o que foi agendado.

Embora a variação seja de prazo, ela não é dada em unidade de tempo, mas em dinheiro. A VPr dá uma ideia de quanto o projeto está agregando a mais ou a menos do que havia sido previsto (Quadro 18.2).

**Quadro 18.2** Significado da variação de prazo

| Valores | Significado | Observação |
|---|---|---|
| VA > VP → VPr > 0 | Foi realizado mais trabalho do que o previsto = *projeto adiantado.* | Razões possíveis:<br>* produtividade real superou a orçada;<br>* projeto andou rápido à custa de serviço malfeito.<br>Medidas:<br>* identificar a fonte de ganho - talvez a equipe esteja "inchada" demais;<br>* manter o ritmo do trabalho. |
| VA = VP → VPr = 0 | O trabalho realizado foi exatamente igual ao que havia sido previsto = *no prazo.* | Medida:<br>* manter o ritmo do trabalho. |
| VA < VP → VPr < 0 | Foi realizado menos trabalho do que o previsto = *projeto atrasado.* | Razões possíveis:<br>* produtividade real não conseguiu atingir a orçada - talvez a equipe esteja com gente de menos;<br>* contratempos atrasaram o projeto: mudança de projeto, chuva, paralisação, falta de material etc.<br>Medidas:<br>* identificar a fonte de perda;<br>* adotar providências para prevenir futuras perdas e para corrigir o ritmo inadequado. |

Para a ferrovia do exemplo, VPr = 200.000 – 300.000 = –100.000. O valor negativo atesta que o projeto produziu R$ 100.000 de trabalho a menos do que deveria ter realizado no período de aferição.

O Quadro 18.3 mostra a interpretação das possíveis combinações de VC e VPr (sinal positivo ou negativo).

**Quadro 18.3** Interpretação das combinações de VC e VPr

| VC | VPr | Interpretação |
|---|---|---|
| + | + | Abaixo do orçamento e adiantado no cronograma (em custo). |
| + | - | Abaixo do orçamento e atrasado no cronograma (em custo). |
| - | + | Acima do orçamento e adiantado no cronograma (em custo). |
| - | - | Acima do orçamento e atrasado no cronograma (em custo). |

## 18.6 ÍNDICE DE DESEMPENHO DE CUSTO

O *índice de desempenho de custo* (IDC) é dado pelo quociente entre o valor agregado e o custo real:

$$IDC = \frac{VA}{CR}$$

A fórmula é parecida com a da VC, porém com o sinal de divisão em vez do de subtração.

O IDC mostra qual percentual do custo real o valor agregado representa, isto é, a que taxa o projeto tem conseguido converter o CR em VA. O IDC oferece uma noção de quão distantes CR e VA estão (Quadro 18.4).

**Quadro 18.4** Significado do sinal do IDC

| Valor | Significado |
|---|---|
| VA > CR → IDC > 1 | O custo real foi menor que o orçado para o trabalho realizado → *projeto abaixo do orçamento (mais barato).* |
| VA = CR → IDC = 1 | Até a data, o trabalho foi realizado exatamente com o valor orçado para ele → *no orçamento.* |
| VA < CR → IDC < 1 | O trabalho foi realizado a um custo maior que o previsto → *projeto acima do orçamento (mais caro).* |

No exemplo da ferrovia, IDC = 200.000/240.000 = 0,833 (< 1). O número inferior à unidade atesta que o projeto apenas vem agregando R$ 0,833 de cada R$ 1 gasto. O leitor deve comparar esse resultado com o da VC.

## 18.7 Índice de desempenho de prazo

O *índice de desempenho de prazo* (IDP) é dado pelo quociente entre o valor agregado e o valor previsto:

$$IDP = \frac{VA}{VP}$$

O IDP mostra qual percentual do valor previsto o valor agregado representa, isto é, a que taxa o projeto vem conseguindo converter o VP em VA. O IDP oferece uma noção de quão distantes VP e VA estão (Quadro 18.5).

**Quadro 18.5** Significado do sinal do IDP

| Valor | Significado |
|---|---|
| VA > VP → IDP > 1 | Foi realizado mais trabalho que o previsto → *projeto adiantado.* |
| VA = VP → IDP = 1 | O trabalho realizado foi exatamente igual ao que havia sido previsto → *no prazo.* |
| VA < VP → IDP < 1 | Foi realizado menos trabalho que o previsto → *projeto atrasado.* |

No exemplo da ferrovia, IDP = 200.000/300.000 = 0,667 (< 1). O número inferior à unidade atesta que o cronograma está atrasado, progredindo a um ritmo de 66,7% do planejado. O leitor deve comparar esse resultado com o da VPr.

**Dicas para o planejador**

Enquanto o VC mostra quanto o VA ficou acima ou abaixo do CR em valor absoluto, o IDC mostra-o em valor relativo.

Enquanto o VPr mostra quanto o VA ficou acima ou abaixo do VP em valor absoluto, o IDP mostra-o em valor relativo.

Algumas relações numéricas:

| | |
|---|---|
| VC > 0 ⟷ IDC > 1 | VPr > 0 ⟷ IDP > 1 |
| VC = 0 ⟷ IDC = 1 | VPr = 0 ⟷ IDP = 1 |
| VC < 0 ⟷ IDC < 1 | VPr < 0 ⟷ IDP < 1 |

Nas variações de custo (VC) e de prazo (VPr):

- sinal positivo = bom desempenho;
- sinal negativo = mau desempenho.

Nos índices de desempenho de custo (IDC) e de prazo (IDP):

- acima de 1 = bom desempenho;
- abaixo de 1 = mau desempenho.

### Exemplo 18.1

Ao final de quatro meses, uma central de pré-moldados produziu 240 peças, tendo gasto R$ 48.000,00. De acordo com o planejamento/orçamento da obra, ao final desses quatro meses a central deveria ter fabricado 300 peças a um custo unitário de R$ 220,00. Pergunta-se:

1. Qual é o valor previsto (VP) até a data?
2. Qual é o valor agregado (VA) até a data?
3. Qual é o custo real (CR) até a data?
4. Qual é a variação de custo (VC)?
5. Qual é a variação de prazo (VPr)?
6. Qual é o índice de desempenho de custo (IDC)?
7. Qual é o índice de desempenho de prazo (IDP)?
8. A que conclusão chega o planejador?

***Solução:***

1. VP = quanto deveria ter sido gasto até a data = 300 un × 220/un = 66.000.
2. VA = custo orçado do trabalho realizado = 240 un × 220/un = 52.800.
3. CR = custo realizado = 48.000.
4. VC = VA – CR = 52.800 – 48.000 = 4.800.
5. VPr = VA – VP = 52.800 – 66.000 = –13.200.
6. IDC = VA/CR = 52.800/48.000 = 1,10.
7. IDP = VA/VP = 52.800/66.000 = 0,80.
8. Conclusões:
   - ◊ Analisando a VC: a central gastou R$ 4.800 a menos que o orçado para fabricar as 240 peças → abaixo do orçamento.
   - ◊ Analisando a VPr: a central produziu R$ 13.200 a menos que o previsto para os quatro meses → cronograma atrasado.
   - ◊ Analisando o IDC: o orçamento inicial está 10% acima do realizado → a central vem produzindo peças de modo mais barato que o previsto.
   - ◊ Analisando o IDP: a produção da central está em 80% do previsto → a central vem produzindo peças a um ritmo mais lento que o previsto.

Em suma, a central vem trabalhando a um custo unitário menor que o orçado, porém com uma produtividade inferior à almejada.

## 18.8 Orçamento no término

O *orçamento no término* (ONT) é a soma total dos custos previstos para o projeto. É o custo total orçado, que é quanto o projeto custaria se tudo corresse como planejado.

No exemplo da ferrovia, ONT = 10 km × 100.000/km = 1.000.000. Essa é a meta global de custos.

Chega-se a duas conclusões importantes:

* Ao final do projeto, VA = ONT.
* A qualquer momento do projeto, o valor que ainda falta ser agregado é dado por ONT - VA.

## 18.9 Estimativa para o término

De posse do desempenho do projeto até a data de aferição do progresso, o planejador precisa, então, calcular quanto ainda falta gastar até sua conclusão. Esse custo projetado para ser incorrido é a *estimativa para o término* (EPT).

Há quatro linhas de raciocínio para calcular a EPT:

1. Baseado no orçamento original (otimista) – assume-se que o trabalho remanescente será realizado com o custo orçado antes do início do projeto:

$$EPT = ONT - VA$$

   No caso da ferrovia, EPT = 1.000.000 – 200.000 = 800.000.

2. Baseado no desempenho de custo (realista) – assume-se que o trabalho remanescente será realizado com o padrão de custos verificado até o momento, isto é, considera-se que os custos futuros seguem conforme o atual "andar da carruagem". Para isso, a projeção é calculada com base no índice de desempenho de custo (IDC) até a data:

$$EPT = \frac{ONT - VA}{IDC}$$

   No caso da ferrovia, EPT = (1.000.000 – 200.000)/0,833 = 960.000. A explicação é: com o IDC de 0,833, o valor ainda a ser agregado (= 800.000) custará 960.000.

3. Baseado no desempenho de custo e prazo (pessimista) – assume-se que o trabalho remanescente será realizado com o padrão de custos e prazo verifi-

cados até o momento. Os custos que ainda ocorrerão são estimados com base nos índices de desempenho de custo e de prazo (IDC e IDP) até a data:

$$EPT = \frac{ONT - VA}{IDC \cdot IDP}$$

Para a ferrovia, EPT = (1.000.000 – 200.000)/(0,833 × 0,667) = 1.440.000. A explicação é: como os índices de desempenho de custo e prazo mostram que o projeto está atrasado e acima do orçamento, o valor ainda a ser agregado (= 800.000) custará 1.440.000 aos cofres do projeto.

4. Nova estimativa – faz-se novo orçamento para o trabalho que ainda tem de ser realizado. Esse trabalho remanescente é orçado sem qualquer vinculação com outras estimativas feitas anteriormente:

   EPT = nova estimativa do trabalho restante

   No caso da ferrovia, suponhamos que os 8 km restantes tenham sido reorçados em R$ 850.000. Nesse caso, EPT = 850.000.

**Dicas para o planejador**

A EPT projetada por meio de nova estimativa é a mais precisa, porque o novo orçamento incorpora eventuais mudanças de metodologia de trabalho, utilização de produtividades mais realistas, ajustes na composição das equipes etc.

A EPT baseada no orçamento original assume IDC = 1 para o trabalho que falta. É uma aposta arriscada, porque presume que as atividades remanescentes serão feitas exatamente com o custo orçado – cabe ao planejador avaliar se isso é realista em face do que vem ocorrendo com o projeto.

A EPT baseada em IDC · IDP é a preferida dos gerentes de projeto e usa parâmetros obtidos do andamento do projeto. Seu demérito é não considerar que os tropeços do início são amenizados depois. Essa estimativa normalmente representa o pior cenário (Fleming; Koppelman, 2006).

## 18.10 Estimativa no término

A estimativa no término (ENT) é uma previsão que se faz para o custo total do projeto até sua conclusão. Ao contrário do ONT, a ENT leva em conta o desempenho até a data e projeta o custo final do projeto.

A fórmula para sua obtenção é intuitiva – a ENT é a soma do custo real ocorrido até a data com o custo estimado do trabalho remanescente:

$$ENT = CR + EPT$$

E, portanto, depende de que linha se usou para o cálculo da EPT:

1. Baseado no orçamento original:

$$ENT = CR + ONT - VA$$

   No caso da ferrovia, ENT = 240.000 + 800.000 = 1.040.000.

2. Baseado no desempenho de custo:

$$ENT = CR + (ONT - VA)/IDC$$

   No caso da ferrovia, ENT = 240.000 + 960.000 = 1.200.000.

3. Baseado no desempenho de custo e prazo:

$$ENT = CR + (ONT - VA)/(IDC \cdot IDP)$$

   No caso da ferrovia, ENT = 240.000 + 1.440.000 = 1.680.000.

4. Nova estimativa:

$$ENT = EPT + \text{nova estimativa do trabalho restante}$$

   No caso da ferrovia, EPT = 240.000 + 850.000 (arbitrado) = 1.090.000.

## 18.11 Variação no término

A variação no término (VNT) é a diferença entre o custo total orçado (ONT) e o custo final projetado (ENT). A VNT (Quadro 18.6) representa o quanto acima ou abaixo do orçamento vamos estar ao final do projeto:

$$VNT = ONT - ENT$$

Quadro 18.6 Significado do sinal da VNT

| Valor | Significado |
|---|---|
| ONT > ENT → VNT > 0 | O custo projetado é mais baixo que o orçamento total → *economia* (*resultado positivo*). |
| ONT = ENT → VNT = 0 | O custo projetado é igual ao orçamento total → *orçamento exato*. |
| ONT < ENT → VNT < 0 | O custo projetado é mais alto que o orçamento total → *prejuízo* (*resultado negativo*). |

## Exemplo 18.2

No mesmo exemplo da central de pré-moldados (Exemplo 18.1), cientes de que ao final de 12 meses a central deveria fabricar mil peças a um custo unitário de R$ 220,00, calcular:

1. O orçamento no término (ONT).
2. A estimativa para o término (EPT).
3. A estimativa no término (ENT).
4. A variação no término (VNT).

***Solução:***

1. ONT = quanto deveria custar o projeto todo = 1.000 un × 220/un = 220.000.
2. EPT = custo do que falta ser feito → três possibilidades:
   - ◊ As peças que faltam serão feitas pelo custo orçado inicialmente = 760 un × 220/un = 167.200 = ONT – VA.
   - ◊ As peças que faltam serão feitas pelo custo orçado ajustado pelo IDC = 760 un × 220/un/1,10 = 152.000 = (ONT – VA)/IDC.
   - ◊ As peças que faltam serão feitas pelo custo orçado ajustado pelo IDC e pelo IDP = 760 un × 220/un/(1,10 × 0,80) = 190.000 = (ONT – VA)/(IDC · IDP).
3. ENT = custo total projetado = custo até a data (CR) + estimativa do que falta (EPT) → três possibilidades:
   - ◊ 48.000 + 167.200 = 215.200.
   - ◊ 48.000 + 152.000 = 200.000.
   - ◊ 48.000 + 190.000 = 238.000.
4. VNT = variação entre o total orçado e o projetado = orçamento no término (ONT) – estimativa no término (ENT) → três possibilidades:
   - ◊ 220.000 – 215.200 = 4.800 → economia no projeto.
   - ◊ 220.000 – 200.000 = 20.000 → economia no projeto.
   - ◊ 220.000 – 238.000 = –18.000 → prejuízo no projeto.

## 18.12 Índice de desempenho de custo de recuperação

Ainda no campo da projeção de resultados, surge uma pergunta na mente do gerente: "Se o projeto está saindo mais caro que o previsto (IDC negativo), qual deve ser o IDC do trabalho restante para que não haja estouro de orçamento?". É para responder a essa questão que surge mais um parâmetro de projeção do EVA, o índice de desempenho de custo de recuperação (IDCR), também conhecido pela sigla TCPI (*to-complete performance index*).

Enquanto o IDC é um indicador dos custos já incorridos (passados), o IDCR é um indicador com foco no desempenho futuro. Se, por exemplo, na metade do projeto, o IDC está em 0,50, fica claro que o projeto somente se recuperará, no que se refere a custos, se o trabalho remanescente (a metade que falta ser realizada) for feito com um índice de desempenho de custo igual a 1,50 (IDCR = 1,50), para que o IDC final seja 1,0. Isso acontecerá? Não se pode afirmar, mas a grande função do IDCR é justamente dar uma ideia do esforço que custa recolocar o projeto nos eixos (Fig. 18.3).

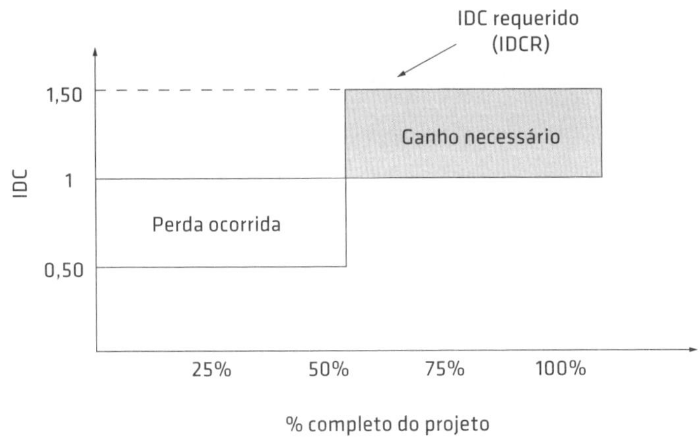


**Fig. 18.3** *Cálculo do IDCR a partir do IDC*

Matematicamente, o IDCR é dado pelo quociente entre o trabalho restante e os fundos restantes:

$$IDCR = \frac{ONT - VA}{ONT - CR}$$

No exemplo da ferrovia, IDCR = (1.000.000 – 200.000)/(1.000.000 – 240.000) = 1,053. Esse é o índice de desempenho de custo a ser obtido no trabalho restante, de modo que o IDC atual (0,833) seja recuperado e atinja 1 no final do projeto.

**Dica para o planejador**

Pesquisas conduzidas nos Estados Unidos mostram que um projeto dificilmente se recupera se, a 20% de execução, tiver IDCR superior a IDR em mais de 10%.

Em outras palavras, a partir dos 20% do projeto, historicamente o final projetado não varia mais do que ±10%, o que reforça a tese de que, quanto mais tarde for, mais difícil será recuperar os custos. (Lembra-se da oportunidade construtiva que mencionamos no Cap. 1?)

Por isso, se o gerente detectar que o IDCR aponta para um número muito alto, é prudente reorçar o projeto.

## 18.13 Equivalência de siglas

Na literatura técnica, é muito comum que o EVA tenha seus parâmetros representados por outras siglas. O Quadro 18.7 mostra a equivalência entre elas, em inglês e português.

**Quadro 18.7** Equivalência de siglas no EVA

| Português I | Português II | Inglês I | Inglês II |
|---|---|---|---|
| VP (valor previsto) | COTA (custo orçado do trabalho agendado) | PV (*planned value*) | BCWS (*budgeted cost of work scheduled*) |
| VA (valor agregado) | COTR (custo orçado do trabalho realizado) | EV (*earned value*) | BCWP (*budgeted cost of work performed*) |
| CR (custo real) | CRTR (custo real do trabalho realizado) | AC (*actual cost*) | ACWP (*actual cost of work performed*) |
| VC (variação de custo) | | CV (*cost variance*) | |
| VPr (variação de prazo) | | SV (*schedule variance*) | |
| IDC (índice de desempenho de custo) | | CPI (*cost performance index*) | |
| IDP (índice de desempenho de prazo) | | SPI (*schedule performance index*) | |
| ONT (orçamento no término) | | BAC (*budget at completion*) | |
| EPT (estimativa para o término) | | ETC (*estimate to complete*) | |
| ENT (estimativa no término) | | EAC (*estimate at completion*) | |
| VNT (variação no término) | | VAC (*variation at completion*) | |
| IDCR (índice de desempenho de custo de recuperação) | | TCPI (*to-complete cost performance index*) | |

## 18.14 Resumo

O Quadro 18.8 sintetiza os parâmetros do EVA, com significado, fórmula e siglas em português e inglês.

Quadro 18.8 Resumo dos parâmetros do EVA

| | Parâmetro | Significado | Sigla e fórmula | |
|---|---|---|---|---|
| | | | Português | Inglês |
| Dados de entrada | Valor previsto | Quanto deveria ter sido o custo até a data | VP COTA | PV BCWS |
| | Valor agregado | Quanto deveria ter custado o que foi realizado | VA COTR | EV BCWP |
| | Custo real | Quanto custou o que foi realizado | CR CRTR | AC ACWP |
| Indicadores de desempenho | Variação de custo | Diferença entre quanto deveria ter custado e quanto custou (positivo = satisfatório; negativo = insatisfatório) | VC = VA – CR | CV = EV – AC |
| | Variação de prazo | Diferença entre quanto deveria ter custado e o custo previsto até a data (positivo = satisfatório; negativo = insatisfatório) | VPr = VA – VP | SV = EV – PV |
| | Índice de desempenho de custo | Quociente entre quanto deveria ter custado e quanto custou (> 1 = satisfatório; < 1 = insatisfatório) | IDC = VA/CR | CPI = EV/AC |
| | Índice de desempenho de prazo | Quociente entre quanto deveria ter custado e o custo previsto até a data (> 1 = satisfatório; < 1 = insatisfatório) | IDP = VA/VP | SPI = EV/PV |
| | Índice de desempenho de custo de recuperação | IDC necessário ao trabalho restante para que o orçamento seja respeitado | IDCR = (ONT – VA)/(ONT – CR) | TCPI = (BAC – EV)/(BAC – AC) |
| Tendência | Orçamento no término | Por quanto o projeto foi orçado | ONT | BAC |
| | Estimativa para o término | Quanto falta gastar até o final do projeto | EPT = ONT – VA<br>EPT = (ONT – VA)/IDC<br>EPT = (ONT – VA)/(IDC · IDP)<br>EPT = nova estimativa | ETC = BAC – EV<br>ETC = (BAC – EV)/CPI<br>ETC = (BAC – EV)/(CPI · SPI)<br>ETC = nova estimativa |
| | Estimativa no término | Quanto provavelmente custará o projeto | ENT = CR + EPT | EAC = AC + ETC |
| | Variação no término | Quanto acima ou abaixo do orçamento estará o projeto | VNT = ONT – ENT | VAC = BAC – EAC |

## 18.15 Representação gráfica

A curva de custo acumulados de um projeto é uma curva S, como já foi explicado antes. A curva S feita no início do projeto representa a linha de base (*baseline*), que é a referência com a qual se compara o progresso realizado.

No que tange ao EVA, os parâmetros podem ser todos mostrados com relação à curva S do projeto conforme a Fig. 18.4.

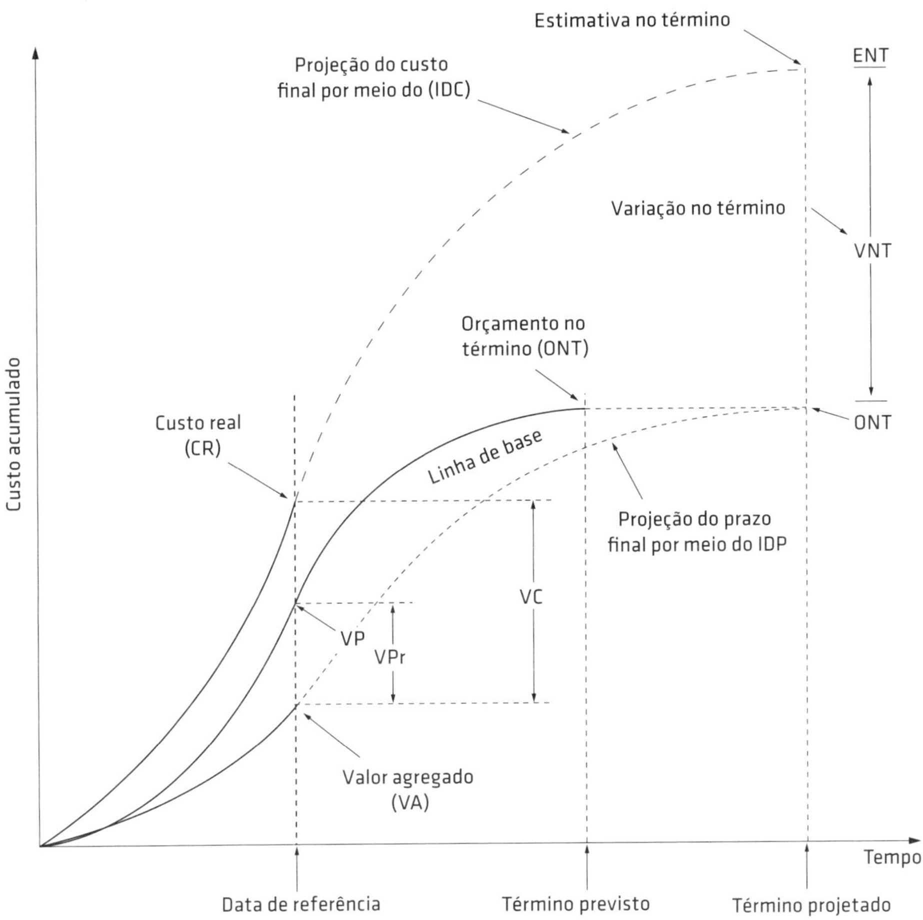


**Fig. 18.4** *Curva S e parâmetros do EVA*

## Exemplo 18.3

Fazer uma análise crítica do progresso ao final das semanas 4 e 8 à luz do método EVA e traçar a curva S do projeto cujo cronograma físico-financeiro está mostrado na Fig. 18.5 e cujo *status* nas referidas semanas é dado na Tab. 18.1. Utilizar para as previsões somente o IDC.

| Atividade | Custo | Semana | | | | | | | | | |
|---|---|---|---|---|---|---|---|---|---|---|---|
| | | 1 | 2 | 3 | 4 | 5 | 6 | 7 | 8 | 9 | 10 |
| Escavação | 30 | 30 | | | | | | | | | |
| Fundação | 80 | | 40 | 40 | | | | | | | |
| Alvenaria | 360 | | | | 90 | 90 | 90 | 90 | | | |
| Esquadria | 270 | | | | | | | 135 | 135 | | |
| Cobertura | 200 | | | | | | | | 100 | 100 | |
| Pintura | 60 | | | | | | | | | | 60 |
| Total | 1.000 | 30 | 40 | 40 | 90 | 90 | 90 | 225 | 235 | 100 | 60 |
| Total acumulado | | 30 | 70 | 110 | 200 | 290 | 380 | 605 | 840 | 940 | 1.000 |

Fig. 18.5 *Cronograma físico-financeiro*

Tab. 18.1 Situação das atividades nas semanas 4 e 8

| Atividade | Até a semana 4 | | Até a semana 8 | |
|---|---|---|---|---|
| | Progresso | Custo real | Progresso | Custo real |
| Escavação | 100% | 40 | 100% | 40 |
| Fundação | 70% | 80 | 100% | 105 |
| Alvenaria | 20% | 120 | 100% | 500 |
| Esquadria | - | - | 75% | 190 |
| Cobertura | - | - | 60% | 130 |
| Pintura | - | - | - | - |
| Total | | 240 | | 965 |

***Solução:***

Ao final da semana 4, calculam-se o valor agregado e os indicadores para a projeção do resultado final da obra (Tab. 18.2).

**Tab. 18.2** Projeção com base nos dados aferidos na semana 4

| Atividade | *Status* | VP | VA | CR | VC | VPr | IDC | IDP | ONT | EPT | ENT | VNT |
|---|---|---|---|---|---|---|---|---|---|---|---|---|
| Escavação | 100% | 30 | 30 | 40 | -10 | 0 | 0,75 | 1,00 | 30 | 0 | 40 | -10 |
| Fundação | 70% | 80 | 56 | 80 | -24 | -24 | 0,70 | 0,70 | 80 | 34 | 114 | -34 |
| Alvenaria | 20% | 90 | 72 | 120 | -48 | -18 | 0,60 | 0,80 | 360 | 480 | 600 | -240 |
| Esquadria | | | | | | | | | 270 | 270 | 270 | 0 |
| Cobertura | | | | | | | | | 200 | 200 | 200 | 0 |
| Pintura | | | | | | | | | 60 | 60 | 60 | 0 |
| Total | | 200 | 158 | 240 | -82 | -42 | 0,66 | 0,79 | 1.000 | 1.044 | 1.284 | -284 |

A interpretação é a seguinte:

* A escavação foi concluída a um custo mais alto que o previsto.
* A fundação está em andamento (70% pronta), mas pelo planejamento ela já deveria ter sido concluída na semana 3. Os 70% de progresso representam um valor agregado de 0,70 × 80 = 56 (lembrar que VA é quanto deveria ter custado o que foi feito). A estimativa para o término (EPT) foi calculada usando somente o índice de desempenho de custo (realista). A projeção mostra que, "pelo andar da carruagem", a fundação toda deverá sair por 114, valor bem mais alto do que os 80 do orçamento.
* A alvenaria progrediu mais lentamente que o previsto (IDP < 1) e custando mais (IDC < 1).
* Para as atividades ainda não iniciadas, a ENT é admitida como igual a ONT, ou seja, presume-se que foram bem orçadas.
* A tendência da obra é atingir um custo total de 1.284, que representa um "estouro" de 28,4%!

Ao final da semana 8, o cenário é o mostrado na Tab. 18.3.

Tab. 18.3 Projeção com base nos dados aferidos na semana 8

| Atividade | *Status* | VP | VA | CR | VC | VPr | IDC | IDP | ONT | EPT | ENT | VNT |
|---|---|---|---|---|---|---|---|---|---|---|---|---|
| Escavação | 100% | 30 | 30 | 40 | -10 | 0 | 0,75 | 1,00 | 30 | 0 | 40 | -10 |
| Fundação | 100% | 80 | 80 | 105 | -25 | 0 | 0,76 | 1,00 | 80 | 0 | 105 | -25 |
| Alvenaria | 100% | 360 | 360 | 500 | -140 | 0 | 0,72 | 1,00 | 360 | 0 | 500 | -140 |
| Esquadria | 75% | 270 | 203 | 190 | 12,5 | -68 | 1,07 | 0,75 | 270 | 63 | 253 | 17 |
| Cobertura | 60% | 100 | 120 | 130 | -10 | 20 | 0,92 | 1,20 | 200 | 87 | 217 | -17 |
| Pintura | | | | | | | | | 60 | 60 | 60 | 0 |
| Total | | 840 | 793 | 965 | -172,5 | -47,5 | 0,82 | 0,94 | 1.000 | 210 | 1.175 | -175 |

A interpretação é a seguinte:

* A fundação foi concluída com gasto superior ao orçado – manteve-se a tendência de prejuízo apontada na semana 4.
* O custo de execução da alvenaria (500) foi mais alto do que o previsto (360). Para cada R$ 1 gasto, apenas R$ 0,72 agregava valor, o restante foi estouro de orçamento.
* A esquadria vem apresentando resultado satisfatório em termos de custo (VC positivo), mas insatisfatório em prazo (VPr negativo), com leve desvio de custo estimado no término.
* A cobertura vem apresentando resultado insatisfatório em termos de custo (VC negativo), mas satisfatório em prazo (VPr positivo), com previsão de o custo final ficar em 217 (o previsto foi 200).
* A tendência atual é de que o custo total seja de 1.175, ou seja, 17,5% acima do orçado. Como na semana 4 esse "furo" apontava para 28,4%, nota-se que as medidas tomadas pela equipe da obra melhoraram muito o cenário, embora ainda esteja deficitário e preocupante.

A Fig. 18.6 mostra a linha de base do projeto (VP) e as curvas de VA e CR desde o início do projeto.

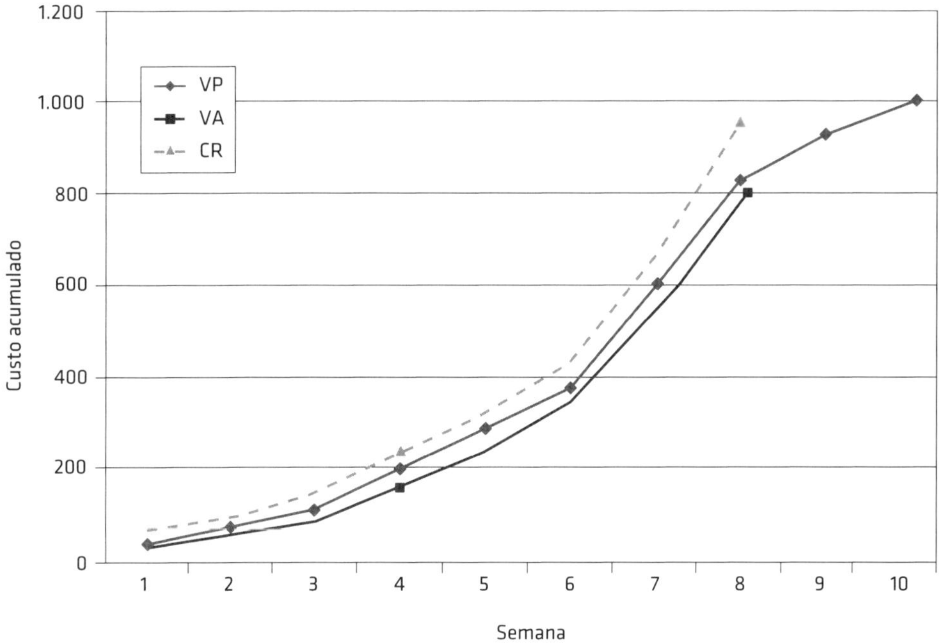


**Fig. 18.6** *Valor previsto (VP), valor agregado (VA) e custo real (CR) até a semana 8*

dezenove

# CORRENTE CRÍTICA

A abordagem tradicional do planejamento, representada pelo PERT/CPM, parte do pressuposto inicial de que a condicionante dos projetos reside na dimensão tempo. Atribuir duração às atividades e definir a precedência são os passos primordiais do planejamento. É como se implicitamente os recursos (mão de obra, equipamentos, materiais) estivessem disponíveis em abundância, sempre em quantidade suficiente para que a lógica construtiva estabelecida pudesse ser cumprida. Aliás, muitos planejadores sequer carregam a rede com os recursos das atividades, fixando-se apenas no aspecto temporal quando da montagem do cronograma.

No entanto, no mundo real, verifica-se muitas vezes que existem "gargalos" que terminam governando o cronograma. Dentro desse contexto de restrição de recursos, surge o *método da corrente crítica* (*critical chain method* – CCM; *critical chain scheduling* – CCS; ou *critical chain project management* – CCPM), que preconiza que o planejamento sempre deve ser feito levando em conta não somente a sequência das atividades (precedência), mas também a disponibilidade de recursos (restrições físicas).

Mas não é só isso. A forma tradicional de elaboração de cronogramas invariavelmente trabalha com durações que incorporam certa "gordura", fenômeno que provoca a dilatação do prazo do projeto. O CCPM recomenda uma redução agressiva dessas estimativas individuais a partir da remoção das proteções de tempo. A solução é programar o projeto com durações apertadas e inserir alguns *pulmões (buffers)* de controle do prazo do projeto. Esse método representa a aplicação da teoria das restrições ao âmbito do gerenciamento de projetos, conforme explicaremos a seguir.

## 19.1 Origem da corrente crítica

Em 1984, com a publicação do romance *A meta*, o físico israelense Eliyahu M. Goldratt conseguiu despertar o interesse empresarial para suas ideias inovadoras (Goldratt; Cox, 2009). Utilizando como pano de fundo uma fábrica com desempenho negativo e seu atormentado gerente às voltas com os gargalos de produção, Goldratt introduziu os princípios da teoria das restrições, segundo a qual sempre existe, em qualquer tempo, uma pequena quantidade de fatores que representam limitações ao pleno desenvolvimento da produção.

Em 1997, com o livro *Corrente crítica* (Goldratt, 2003), o autor estendeu o conceito da teoria das restrições à análise da rapidez e da confiabilidade com que os projetos são realizados. A abordagem baseia-se na redução drástica da duração das atividades e na inserção de pulmões de proteção de prazo.

Alçado à condição de guru do mundo empresarial, Goldratt disseminou o conceito de corrente crítica nas principais corporações. Estudiosos apontam suas ideias como a maior contribuição ao planejamento de projetos nos últimos 30 anos.

O método da corrente crítica vem sendo paulatinamente aplicado na construção civil, conseguindo reduzir os prazos na ordem de 10% a 50%.

## 19.2 Teoria das restrições

Define-se como restrição qualquer fator que impeça um sistema de atingir seu grau máximo de desempenho. A *teoria das restrições* (TOR ou *theory of constraints* – TOC) parte da premissa de que todo sistema deve ter pelo menos uma restrição que afete seu fluxo produtivo. Se assim não fosse, o fluxo cresceria indefinidamente ou então seria nulo, pois o fluxo máximo de produção não conseguiria ultrapassar o fluxo que atravessa o recurso com menor capacidade (gargalo). A analogia de um projeto com uma corrente revela que sua restrição é o elo mais fraco, aquele que determina a resistência do sistema. Sob o ponto de vista do prazo, a restrição de um projeto é a sequência mais longa de atividades, aquela que comanda o prazo total.

As restrições podem ser físicas ou não físicas (políticas e emocionais). O problema principal é inevitavelmente um conflito não resolvido (*core conflict*), cuja resolução – ou pelo menos atenuação – deve ser perseguida pela equipe gestora.

O algoritmo da TOR para a maximização do desempenho de uma cadeia de atividades tem cinco passos (Fig. 19.1), que podem ser vistos como uma estratégia de autoaprimoramento (Yang, 2007):

1. *Identificar a restrição do sistema*: sendo a meta terminar o projeto o mais cedo possível, a corrente crítica é o caminho de menor duração, considerando não somente as dependências lógicas e durações, mas também a disponibilidade de recursos.
2. *Explorar a restrição*: diz respeito a proteger a duração total do projeto contra atrasos nas tarefas que compõem a corrente crítica. Comprimir a duração dessas atividades por meio da remoção de desperdícios e proteções de tempo auxilia o projeto a alcançar prazos menores.
3. *Subordinar e sincronizar os recursos à restrição*: consiste em criar pulmões de tempo na corrente crítica (para absorver eventuais desvios de tempo) e nos ramos não críticos da rede (a fim de proteger a corrente crítica). De nada adianta que os recursos trabalhem em ritmo diferente do ritmo da restrição, pois isso não se traduzirá em ganhos para o sistema.
4. *Elevar a restrição*: consiste em atacar as causas da restrição, analisando outros aspectos – por exemplo: estudar o ciclo produtivo, trabalhar em mais turnos, investir em novos recursos etc.
5. *Se a restrição for alterada, voltar ao passo 1*: consiste em não permitir que a inércia se torne uma restrição. O fortalecimento e a remoção de uma restrição invariavelmente definem novo gargalo; daí a necessidade de atualização permanente do planejamento.

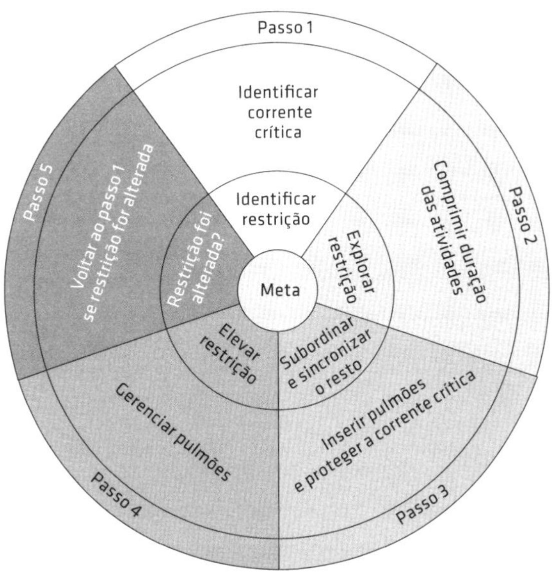


**FIG. 19.1** *Passos da teoria das restrições*

## 19.3 Corrente crítica

A *corrente crítica* (ou cadeia crítica, termo menos usual) é a aplicação da TOR ao gerenciamento de projetos, mais especificamente ao controle do prazo de execução.

Enquanto a técnica do caminho crítico tradicional (CPM) considera a relação lógica entre as atividades para determinar o caminho crítico (sequência de maior duração na rede), o CCPM define a corrente crítica como a cadeia mais longa a partir da rede nivelada para os recursos do projeto (*resource-constrained schedule*). Além disso, as atividades devem ter durações comprimidas, isto é, desprovidas de margens de segurança.

A adoção do CCPM impõe ao planejador trabalhar com durações individuais bem apertadas, sem proteções ou desperdícios, e incluir pulmões de tempo ao final da sequência de atividades.

O foco muda do controle individual das atividades para o monitoramento de quanto já foi consumido do pulmão, ou seja, um controle em nível global.

A primeira crítica que o método da corrente crítica faz ao PERT/CPM tradicional recai na atribuição de durações às atividades. Na forma clássica de montagem de cronogramas, quando alguém fornece uma estimativa de tempo para uma atividade, inevitavelmente adiciona alguma segurança como forma de proteção, já que previsivelmente ele (ou ela) quer atribuir uma duração que lhe seja confortável (com alta chance de ser cumprida). É uma maneira de evitar o desconforto de ser cobrado posteriormente por alguma frustração quanto ao prazo.

O fenômeno não se resume a isso. Se, durante a execução da referida atividade, o executor consegue terminá-la em menos tempo do que o destinado, entra em cena aquilo que se conhece por *lei de Parkinson*, que diz que "o trabalho se expande até preencher todo o tempo disponível". Em outras palavras, a tendência é utilizar todo o tempo disponível, em vez de entregar o resultado antes do tempo prometido, perdendo-se a oportunidade de tirar proveito do término antecipado.

Há também a ocorrência comum daquilo que Goldratt chama de *síndrome do estudante*, uma forma de procrastinação pela qual os executores de tarefas tendem a só começar as tarefas muito perto de seu prazo final, quando elas já se tornaram urgentes.

Enfim, o CCPM quebra esse paradigma de que o melhor lugar para a alocação de segurança é dentro de cada tarefa individualmente e propõe uma redução drástica das durações até o nível do estritamente necessário para a execução da atividade.

Seus defensores sustentam que os cronogramas usuais feitos à luz do PERT/CPM desperdiçam folga nos ramos da rede. Apontam que, nas obras, se uma atividade B é programada tendo como predecessora A, um ganho de um dia em A nem sempre é aproveitado para a antecipação de B, seja por falta de comunicação entre os responsáveis por essas atividades, seja por inércia para o início antecipado de B.

Os mesmos autores apontam ainda que, quando uma atividade tem cinco predecessoras, por exemplo, é preciso que todas as cinco terminem antes do previsto para que a atividade seja beneficiada. Se apenas quatro predecessoras terminarem com antecipação, o ganho de tempo não será comunicado à atividade.

Um exemplo simples e eloquente vem a seguir. Sejam três atividades em série, com duração de oito, quatro e oito dias, perfazendo um prazo total de 20 dias para o projeto (Fig. 19.2A), tal como costumeiramente é feito na técnica PERT/CPM.

Pela regra do CCPM, retiramos a proteção de tempo das atividades, assumindo que reduzir as durações a 50% reflete a remoção da segurança (ou "gorduras"). As atividades passam a ter duração de quatro, dois e quatro dias, perfazendo um prazo total de dez dias para a corrente crítica. Entretanto, como a utilização de durações tão apertadas acarreta um risco associado, o CCPM preconiza a inserção de um *pulmão* de tempo, aqui assumido como 50% da proteção retirada, que corresponde a cinco dias, levando a um prazo total de 15 dias (Fig. 19.2B).

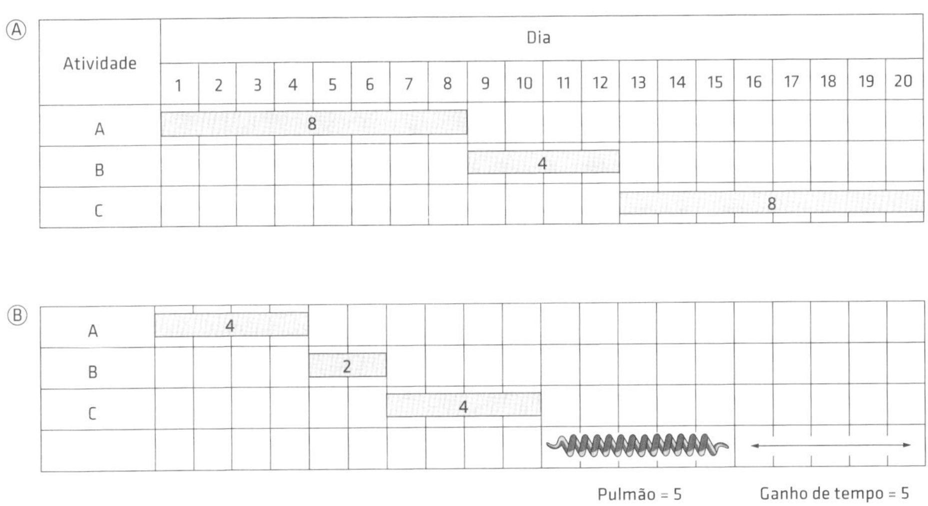


Fig. 19.2 *Cronograma: (A) CPM tradicional e (B) com durações sem proteção e pulmão de projeto*

Outro ponto em que o método da corrente crítica se afasta do CPM é o tratamento dado à *multitarefa*. Sem alocação de recursos ao projeto, uma mesma pessoa (ou equipe ou equipamento) pode ser alocada simultaneamente a mais de uma atividade, o que gera superalocação. Na prática, esse recurso tende a trabalhar mais para o gerente que lhe puser mais pressão, e o resultado é que mudem de atividade sem terem concluído a anterior (Silva; Pinto, 2009). A única maneira de limitar a multitarefa é estabelecer a obrigatoriedade do nivelamento de recursos. Enquanto esse passo é mandatório no CCPM, estudos apontam que em 90% dos cronogramas de construção civil (CPM) o planejador nem sequer aloca recursos às atividades da rede. O fato de o CCPM ressaltar a imprescindibilidade do nivelamento de recursos é certamente um ponto forte a seu favor.

Por fim, outro paradigma quebrado pelo CCPM é que não é necessário começar os ramos não críticos em sua data mais cedo, conforme sugerido pelo CPM (Barcaui; Quelhas, 2004). O CCPM propõe utilizar a data de início mais tarde. Apesar de parecer imprudente, já que se consome a folga de antemão, a vantagem é que se elimina a espera que ocorre quando a folga não é totalmente consumida naquele ramo.

## 19.4 Passos do CCPM

Os passos do método da corrente crítica são os seguintes:

1. *Montar o cronograma*: constrói-se o cronograma de acordo com a técnica PERT/CPM convencional apresentada nos demais capítulos deste livro. Importante: no CCPM, adota-se o cronograma mais tarde.
2. *Retirar as proteções individuais das atividades*: a regra geral é comprimir cada duração em 50%.
3. *Nivelar recursos e identificar a corrente crítica*: o nivelamento resolve os conflitos de recursos e elimina o problema da superalocação. A corrente crítica é o caminho mais longo do início ao final da rede.
4. *Proteger a corrente crítica*: consiste em introduzir pulmões de convergência nos ramos não críticos da rede. A regra geral é usar pulmões equivalentes a 50% da segurança retirada das atividades do ramo.
5. *Acrescentar o pulmão de projeto*: consiste na introdução do pulmão ao final do projeto, após a corrente crítica. A regra geral é usar pulmão equivalente a 50% da segurança retirada das atividades da corrente crítica.

**Exemplo 19.1**

Montar o cronograma e aplicar o CCPM à obra a seguir (Tab. 19.1). Para o dimensionamento dos pulmões, utilizar 50% da proteção removida das tarefas do respectivo ramo.

Tab. 19.1 Quadro de sequenciação da obra

| Atividade | Duração | Predecessoras | Recursos |
|---|---|---|---|
| A | 6 | – | R1 |
| B | 4 | A | R2 |
| C | 2 | B | R1 |
| D | 4 | – | R3 |
| E | 4 | D | R2 |
| F | 8 | C, F | R1 |

***Solução:***

1. *Montar o cronograma*: chegamos a um prazo total de 20 dias (Fig. 19.3).

| Atividade | Dia | | | | | | | | | | | | | | | | | | | |
|---|---|---|---|---|---|---|---|---|---|---|---|---|---|---|---|---|---|---|---|---|
| | 1 | 2 | 3 | 4 | 5 | 6 | 7 | 8 | 9 | 10 | 11 | 12 | 13 | 14 | 15 | 16 | 17 | 18 | 19 | 20 |
| A | R1 | R1 | R1 | R1 | R1 | R1 | | | | | | | | | | | | | | |
| B | | | | | | | R2 | R2 | R2 | R2 | | | | | | | | | | |
| C | | | | | | | | | | | R1 | R1 | | | | | | | | |
| D | R3 | R3 | R3 | R3 | | | | | | | | | | | | | | | | |
| E | | | | | R2 | R2 | R2 | R2 | | | | | | | | | | | | |
| F | | | | | | | | | | | | | R1 | R1 | R1 | R1 | R1 | R1 | R1 | R1 |

FIG. 19.3 *Cronograma convencional (20 dias)*

2. *Retirar as proteções individuais das atividades*: comprimimos cada duração em 50%. O prazo cai para dez dias (Fig. 19.4). Nota-se que há superalocação do recurso R2 no dia 4.

| Atividade | Dia | | | | | | | | | | | | | | | | | | | |
|---|---|---|---|---|---|---|---|---|---|---|---|---|---|---|---|---|---|---|---|---|
| | 1 | 2 | 3 | 4 | 5 | 6 | 7 | 8 | 9 | 10 | 11 | 12 | 13 | 14 | 15 | 16 | 17 | 18 | 19 | 20 |
| A | R1 | R1 | R1 | | | | | | | | | | | | | | | | | |
| B | | | | R2 | R2 | | | | | | | | | | | | | | | |
| C | | | | | | R1 | | | | | | | | | | | | | | |
| D | R3 | R3 | | | | | | | | | | | | | | | | | | |
| E | | | R2 | R2 | | | | | | | | | | | | | | | | |
| F | | | | | | | R1 | R1 | R1 | R1 | | | | | | | | | | |

FIG. 19.4 *Cronograma com durações comprimidas (10 dias)*

3. *Nivelar recursos e identificar a corrente crítica*: após o nivelamento e a visualização do cronograma mais tarde, percebe-se que o prazo dilatou para 11 dias (Fig. 19.5), sendo a corrente crítica A-B-E-F.

| Atividade | Dia | | | | | | | | | | | | | | | | | | | |
|---|---|---|---|---|---|---|---|---|---|---|---|---|---|---|---|---|---|---|---|---|
| | 1 | 2 | 3 | 4 | 5 | 6 | 7 | 8 | 9 | 10 | 11 | 12 | 13 | 14 | 15 | 16 | 17 | 18 | 19 | 20 |
| A | R1 | R1 | R1 | | | | | | | | | | | | | | | | | |
| B | | | | R2 | R2 | | | | | | | | | | | | | | | |
| C | | | | | | | R1 | | | | | | | | | | | | | |
| D | | | | R3 | R3 | | | | | | | | | | | | | | | |
| E | | | | | | R2 | R2 | | | | | | | | | | | | | |
| F | | | | | | | | R1 | R1 | R1 | R1 | | | | | | | | | |

FIG. 19.5 *Cronograma nivelado (11 dias)*

4. *Proteger a corrente crítica*: o pulmão de convergência após C equivale a 50% da duração removida (= 50% × 1 = 0,5 dia, que arredondamos para um dia). Analogamente, o pulmão após D é de um dia (Fig. 19.6).
5. *Acrescentar o pulmão de projeto após a corrente crítica*: seu tamanho é de 50% × (3 + 2 + 2 + 4) = 5,5 dias, deixando o projeto com um prazo total de 16,5 dias (Fig. 19.6).

| Atividade | Dia | | | | | | | | | | | | | | | | | | | |
|---|---|---|---|---|---|---|---|---|---|---|---|---|---|---|---|---|---|---|---|---|
| | 1 | 2 | 3 | 4 | 5 | 6 | 7 | 8 | 9 | 10 | 11 | 12 | 13 | 14 | 15 | 16 | 17 | 18 | 19 | 20 |
| **A** | R1 | R1 | R1 | | | | | | | | | | | | | | | | | |
| **B** | | | | R2 | R2 | | | | | | | | | | | | | | | |
| C | | | | | | R1 | | Pulmão de convergência | | | | | | | | | | | | |
| D | | | R3 | R3 | | Pulmão de convergência | | | | | | | | | | | | | | |
| **E** | | | | | | R2 | R2 | | | | | | | | | | | | | |
| **F** | | | | | | | | R1 | R1 | R1 | R1 | | | | | | ←→ | | | |

Corrente crítica = A-B-E-F — Pulmão de projeto — Ganho de tempo

FIG. 19.6 *Cronograma com pulmões (16,5 dias)*

## 19.5 Pulmões

Os *pulmões* (ou *buffers* ou colchões) de tempo fazem o papel de amortecedores destinados a absorver eventuais desvios de tempo na duração das tarefas.

No cronograma com corrente crítica, a atenção do gerente deve se centrar sobre o monitoramento dos pulmões. Mais do que se preocupar com o atraso de uma ou outra atividade do cronograma, o gerente lança o foco sobre os *buffers*, uma maneira mais holística de visualizar o planejamento.

Os pulmões se dividem em três tipos:

- *Pulmão de projeto (project buffer)*: é o amortecedor de tempo mais importante do CCPM. Ele é alocado ao final da corrente crítica e tem por finalidade proteger desvios de tempo ocorridos nela, garantindo a data de entrega do projeto. A regra usual é dimensioná-lo como 50% da proteção retirada das atividades da corrente crítica, mas o planejador é livre para adotar uma duração diferente.
- *Pulmão de convergência ou secundário (feeding buffer)*: é um colchão de tempo adicionado aos ramos não críticos da rede. Sua função é preservar a corrente crítica de eventuais atrasos nos outros ramos da rede. A regra usual é dimensioná-lo como 50% da proteção retirada das atividades do ramo em questão, mas o planejador é livre para adotar uma duração diferente.
- *Pulmão de recurso (resource buffer)*: é um *buffer* de tempo adicionado à sequência de atividades que usam um dado recurso. Sua função é alertar o planejador sobre a utilização desse recurso.

**Dicas para o planejador**

A teoria da corrente crítica contempla ainda os pulmões de capacidade, tambor e custo, mas sua aplicação foge ao alcance deste livro.

*Pulmão não se confunde com folga!* A folga calculada no CPM é obtida por cálculos determinísticos. Se um ramo não crítico é muito menor que o caminho crítico, sua folga será grande, e vice-versa. No CCPM, é nos caminhos quase críticos (de pequena folga) que a importância do pulmão é maior, pois há mais risco à corrente crítica. Quanto maior o caminho não crítico e maior sua incerteza, maior deverá ser o pulmão de convergência associado a ele.

Definir o tamanho do pulmão é uma questão empírica. A regra de reduzir durações à metade é uma orientação, mas pode não ser a melhor escolha. Há atividades que não podem ser tão comprimidas em função de prazo de entrega de material, por exemplo. Em atividades assim, comprimir demais a duração é ter certeza de antemão de que o pulmão será consumido. Esse é um dos pontos fracos do CCPM.

Alguns autores recomendam dimensionar o pulmão como a raiz quadrada da soma dos quadrados das proteções removidas. Outros sugerem comparar esses resultados com a redução de 50% e adotar o valor mais alto.

Tendo em vista que no CCPM as atividades são planejadas com durações bem enxutas (em regra, com 50% de probabilidade de serem alcançadas), essa diminuição de segurança representa uma vulnerabilidade.

Todos sabemos que há imprevistos e incertezas inerentes ao mundo da construção e que, em um cenário de durações comprimidas, a probabilidade de impacto é relativamente alta. É justamente para acomodar essas variações que são inseridos os pulmões de tempo.

Espera-se que, com o avanço do projeto, o pulmão seja consumido em parte e que também seja recuperado à medida que as tarefas terminam mais cedo ou mais tarde do que determinado.

No exemplo simples de três atividades em série, visto anteriormente, se a atividade A for concluída em cinco dias em vez de quatro, a diferença de um dia corresponde a uma penetração de 20% no pulmão (= 1/5). Ora, como a essa altura o projeto tem um percentual concluído do projeto de 40% (= quociente dos quatro dias originais de A pelo total de dez dias), conclui-se que o pulmão é consumido a uma taxa mais lenta do que o andamento do projeto, o que é um bom sinal (Fernandes; Flores; Soler, 2008).

Por outro lado, se A fosse concluída em sete dias, a penetração no pulmão seria de 60% (= 3/5), superior aos 40% de avanço físico do projeto. Nesse caso, o resultado seria de alerta para o gerente, que deveria então tomar alguma medida corretiva para recuperar o planejamento vigente.

Como ferramenta de visualização, recomenda-se a utilização do *gráfico de penetração no pulmão*. Uma amostra é dada na Fig. 19.7.

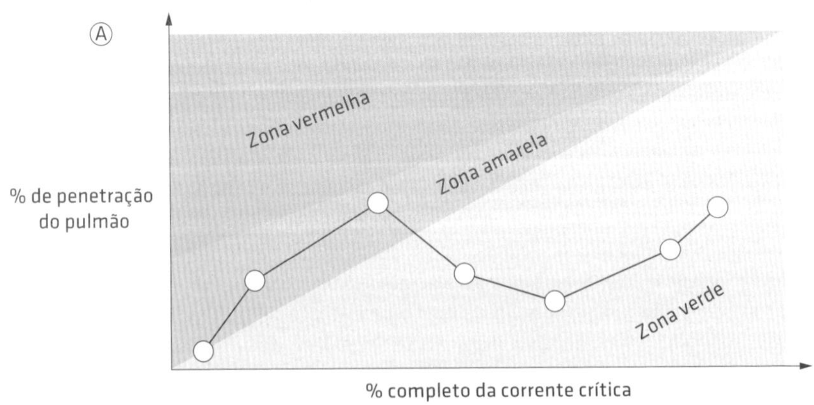


**FIG. 19.7** *Penetração no pulmão do projeto em função do avanço do projeto: (A) faixas convergentes*

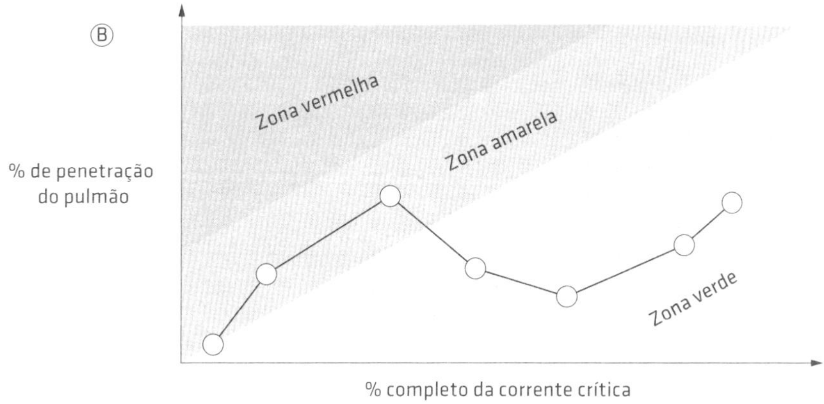


FIG. 19.7 *(cont.) (B) Faixas paralelas*

No gráfico de penetração no pulmão, definem-se três zonas mostradas em cores distintas (geralmente verde, amarela e vermelha):

- A zona verde refere-se à situação em que o pulmão é consumido a uma taxa mais lenta do que o avanço do projeto (% de penetração no pulmão < % de avanço do projeto). O resultado é positivo, não exigindo nenhuma ação específica do gerente.
- A zona amarela refere-se à situação em que o pulmão é consumido mais ou menos à mesma taxa do avanço do projeto. O gerente deve ficar atento e pensar em providências preventivas (hora extra, recursos adicionais etc.).
- A zona vermelha refere-se à situação em que o pulmão é consumido a uma taxa mais rápida do que o avanço do projeto (% de penetração no pulmão > % de avanço do projeto). O resultado é alarmante e mostra uma tendência a atraso do prazo do projeto. O gerente deverá colocar em prática o plano de recuperação (providências corretivas).

O limite entre as zonas é determinado pelo planejador. Alguns profissionais utilizam faixas de linhas paralelas, enquanto outros preferem um estreitamento progressivo em direção ao final do projeto.

# vinte

# Linha de balanço

Na construção, existem projetos em que determinados serviços são repetitivos. Estradas, conjuntos habitacionais e edifícios altos são alguns exemplos de projetos que apresentam características de repetitividade, ou seja, em que um núcleo de atividades é executado sucessivas vezes.

A *linha de balanço* (LDB ou LOB, do inglês *line of balance*), também conhecida por *diagrama tempo-caminho* ou *diagrama espaço-tempo*, é uma técnica de planejamento desenvolvida para esse tipo de obra. Por haver ciclos de produção, os serviços repetitivos podem ser representados por uma reta traçada em um gráfico tempo-progresso. A inclinação da reta mostra o ritmo com que a atividade avança.

Os métodos de rede, como o PERT/CPM, já tiveram bastante êxito no planejamento e no controle de projetos, mas ao fim não são tão adequados em projetos de natureza repetitiva, porque as atividades repetidas em ciclos geralmente têm diferentes produtividades (Arditi; Tokdemir; Suh, 2002).

A fim de ilustrar a essência do método, basta notar que o cronograma simples a seguir (Fig. 20.1A) pode ser redesenhado com uma estrutura de tópicos distinta, agrupando as atividades que se repetem (Fig. 20.1B). O leitor pode constatar que, agrupadas, essas atividades revelam o aspecto geral de evolução do serviço, que pode, inclusive, ser representado por uma reta, cuja inclinação dá a ideia de ritmo.

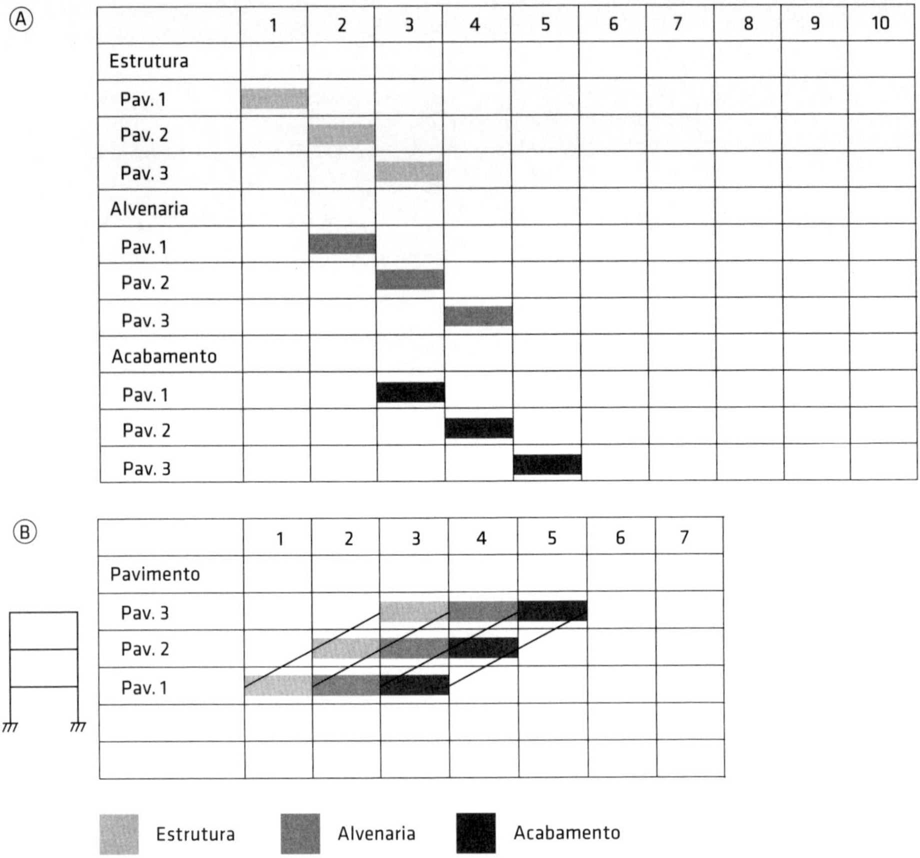


**Fig. 20.1** *Cronograma: (A) de barras (típico) e (B) rearranjado para ressaltar o avanço das tarefas repetitivas*

A diferença é notória. A linha de balanço resume um grupo de atividades similares em uma linha e, consequentemente, condensa em um documento menor um grande número de atividades comuns.

O planejamento com linha de balanço encaixa-se bem para os tipos de obra relacionados no Quadro 20.1.

A técnica da linha de balanço foi originalmente desenvolvida em 1941 pela Goodyear Tire & Rubber Company, nos Estados Unidos, sob a orientação de George E. Fouch. Ela também foi aplicada com sucesso para o planejamento e o controle da produção da Marinha americana nos anos 1950.

O conceito de linha de balanço foi ampliado para a construção civil, a indústria de manufatura e o fluxo de operações industriais. A popularidade do PERT/CPM ala-

**Quadro 20.1** Obras com ciclos de produção

| Lineares | Com unidades repetidas |
|---|---|
| Edifício alto (com pavimento-tipo) | Conjunto habitacional |
| Túnel | Mercado público com muitos boxes iguais |
| Estrada | Fabricação e instalação de peças pré-moldadas |
| Gasoduto, oleoduto | |
| Adutora de água | |
| Rede de água/esgoto | |

vancou a potencialidade da linha de balanço como ferramenta de planejamento e controle.

## 20.1 Representação gráfica

A linha de balanço é uma reta que ilustra graficamente o ritmo de produção de uma atividade. Com a grandeza tempo na abscissa do gráfico e a quantidade de unidades produzidas na ordenada, quanto mais íngreme a reta, maior sua produtividade. A declividade define a taxa de produção no tempo. Ao contrário do cronograma de barras tradicional, que se fixa na duração das atividades, a linha de balanço representa o ritmo (produtividade) do serviço.

A técnica da linha de balanço baseia-se na premissa de uma taxa uniforme de produção por atividade, ou seja, o avanço da atividade é considerado linear. A inclinação da linha define a produtividade. Pela linha de balanço, pode-se inferir graficamente quando o serviço será executado em cada unidade de obra.

A título de exemplo, seja a implantação de uma rede linear de esgoto de 7 km de comprimento, cujo ciclo de trabalho consiste em duas operações consecutivas realizadas em trechos de 1 km: escavação da vala e assentamento da tubulação (Burke, 1994). Esse ciclo, portanto, tem de ser realizado sete vezes. Suponhamos que a escavação de cada trecho dure dois dias e o assentamento dure um dia, com um intervalo de um dia entre as operações (Fig. 20.2).

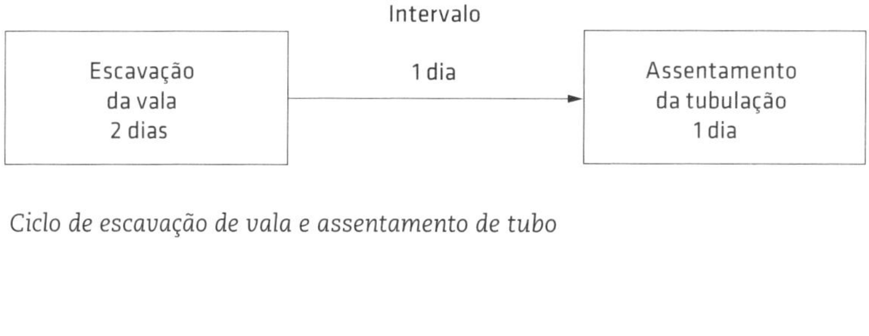


Fig. 20.2 *Ciclo de escavação de vala e assentamento de tubo*

O ciclo dura, portanto, quatro dias. A linha de balanço para um prazo contratual de dez dias é a mostrada na Fig. 20.3.

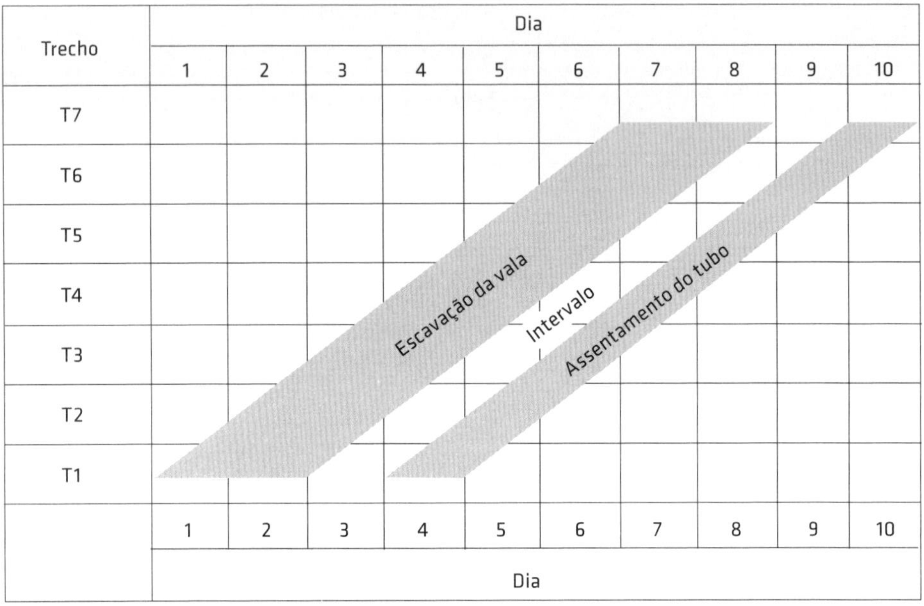


**Fig. 20.3** *Linha de balanço para um prazo de dez dias*

A inclinação de cada barra representa o ritmo desejado de trabalho, enquanto sua espessura equivale à duração da atividade. O momento da execução de cada trecho pode facilmente ser lido: o km 4 será escavado entre os dias 4 e 5, a tubulação do km 6 será assentada no dia 9 etc.

O próximo passo é dimensionar os recursos para o prazo desejado. Se uma equipe de escavação leva dois dias para escavar cada quilômetro de vala, ao final dos dez dias a escavação estaria ainda no km 5, ou seja, muito atrasada (Fig. 20.4).

Empregando-se duas equipes de escavação, a cada dois dias seriam escavados 2 m. Ao final do km 6, a segunda equipe poderia ser liberada, pois bastaria uma para completar o sétimo trecho no prazo de oito dias, o que daria tempo de terminar a obra nos dez dias previstos (Fig. 20.5).

## 20.2 Serviços em direções opostas

Na construção de um edifício de muitos andares, existem serviços que são ascendentes (realizados de baixo para cima) – como a estrutura e a alvenaria – e outros

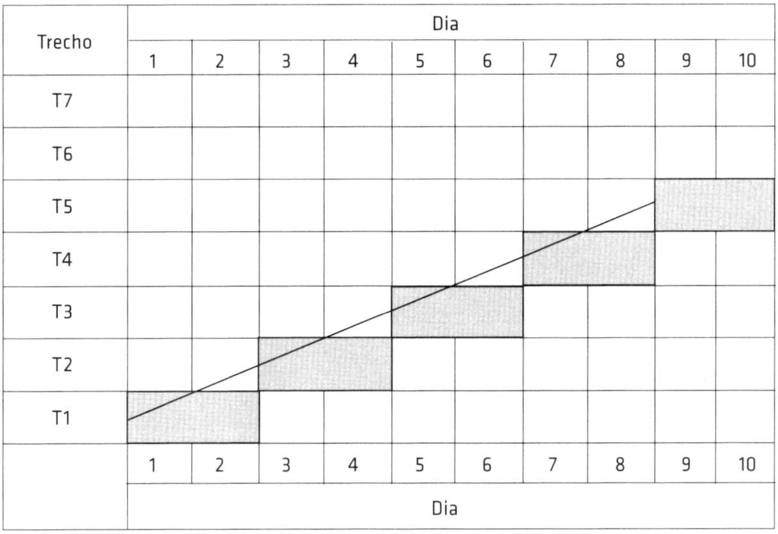


FIG. 20.4 *Linha de balanço para uma obra feita com uma equipe de escavação*

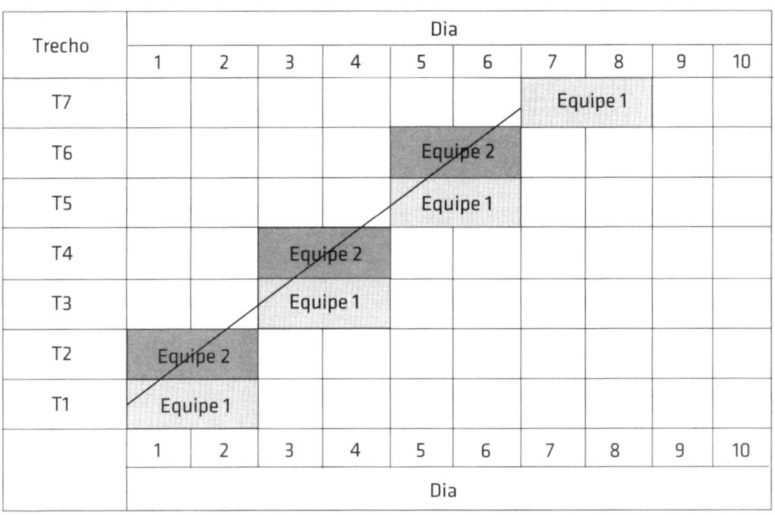


FIG. 20.5 *Linha de balanço para obra feita com duas equipes de escavação*

descendentes (realizados de cima para baixo) – como a pintura externa. A linha de balanço para essas três atividades é exibida na Fig. 20.6.

**Fig. 20.6** *Linha de balanço para serviços ascendentes e descendentes*

Percebe-se que o ritmo da alvenaria é mais rápido que o da estrutura, pois tem inclinação maior. A alvenaria não foi iniciada logo em seguida à estrutura, no primeiro andar, senão as equipes logo ficariam sem frente de trabalho. Seu início foi calculado de forma que o serviço tivesse continuidade do primeiro ao último andar.

O mesmo raciocínio se aplica a obras horizontais em que há serviços que avançam em direções opostas, por exemplo, uma estrada em que um trecho é feito no sentido crescente das estacas, e outro, no sentido decrescente.

O gráfico da Fig. 20.7 ilustra uma linha de balanço similar, no entanto mostra somente a linha de início das atividades, a maneira mais fácil de acompanhar na prática.

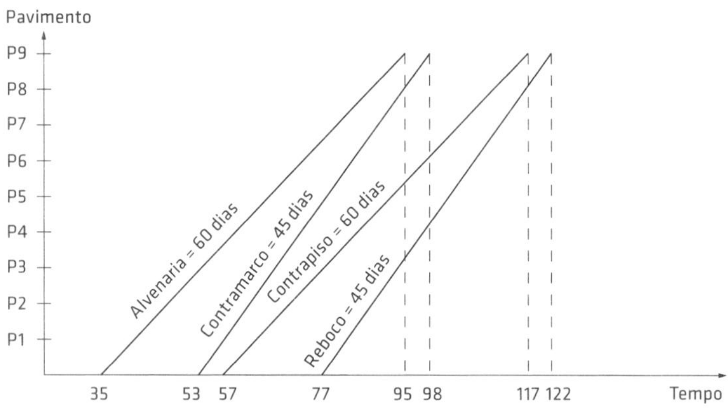


**Fig. 20.7** *Linha de balanço do início dos serviços*

## 20.3 Previsto × realizado

Uma das mais significativas vantagens do método tempo-caminho é permitir a comparação do previsto com o realizado. Tendo a linha de balanço do planejamento original como referência, plotam-se no gráfico os pares ordenados tempo-posição do avanço real do projeto e avalia-se, então, se o progresso está além ou aquém do previsto.

Três situações podem ocorrer (considerando o tempo no eixo horizontal):

- linha do realizado coincidente com a linha do previsto → *o serviço está em dia*;
- linha do realizado acima da linha do previsto → *o serviço está adiantado*;
- linha do realizado abaixo da linha do previsto → *o serviço está atrasado*.

Esse tipo de controle é visualmente atraente, fácil de ser implementado e pode ser usado em reuniões com as equipes de campo. Recomenda-se que ele fique em local visível, de preferência na parede do escritório da obra.

A curva que mostra o progresso real da obra pode ser extrapolada seguindo o ritmo das últimas semanas, a fim de fornecer uma estimativa do ganho de tempo ou do atraso no final do serviço (Fig. 20.8).

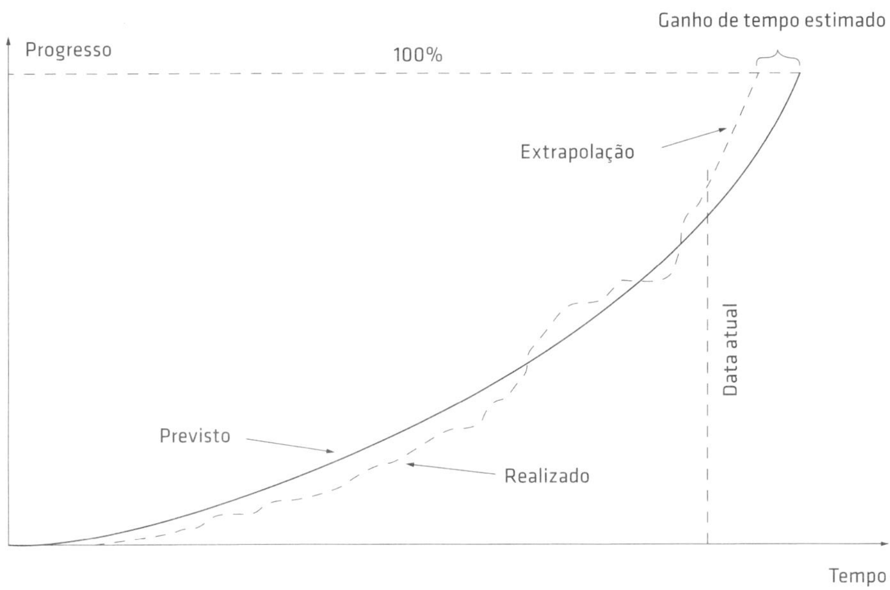


FIG. 20.8 *Linha de balanço*

## 20.4 Balanceamento das operações

Em um projeto em que vários serviços têm caráter repetitivo, o planejador pode ser induzido a imprimir-lhes o mesmo ritmo, o que gera o chamado *planejamento paralelo*. Isso, no entanto, nem sempre é factível do ponto de vista operacional.

Na construção de um prédio de vários andares, por exemplo, pode-se definir um ciclo de uma semana por pavimento para os principais serviços, porém alguns serviços

## Estudo de caso 20.1 – túnel

No planejamento original da escavação de um túnel para a adução de água, foi definido o ciclo de avanço da escavação para cada um dos três tipos de rocha apontados pelo estudo geológico:

* rocha tipo I – 20 m/dia;
* rocha tipo II – 15 m/dia;
* rocha tipo III – 10 m/dia.

Com o desenrolar da obra, o engenheiro de planejamento preocupou-se em comparar o progresso realizado com o previsto, para detectar possíveis discrepâncias no avanço da obra. Para tanto, usou o conceito de linha de balanço e traçou o diagrama tempo-caminho previsto. O tempo foi plotado no eixo vertical, e as progressivas do túnel, na horizontal, a fim de utilizar a própria figura do túnel para ilustrar o avanço dos serviços.

Em seguida, com os dados apropriados no campo (Tab. 20.1), o engenheiro agregou ao gráfico a linha do realizado (Fig. 20.9). Como o tempo está representado no eixo vertical, a interpretação é: se o realizado estiver acima do previsto, a obra está atrasada; se o realizado estiver abaixo do previsto, a obra está adiantada.

**Tab. 20.1** Avanço previsto e realizado para a escavação do túnel

| Data | Tipo de rocha | Progressiva | |
|---|---|---|---|
| | | Previsto | Realizado |
| 1º jun. 2009 | I | 0 | 0 |
| 8 jun. 2009 | I | 150 | 0 |
| 15 jun. 2009 | I | 300 | 140 |
| 22 jun. 2009 | I | 450 | 280 |
| 29 jun. 2009 | I | 600 | 430 |
| 6 jul. 2009 | I | 750 | 590 |
| 13 jul. 2009 | I | 900 | 800 |

Tab. 20.1 (continuação)

| Data | Tipo de rocha | Progressiva | |
|---|---|---|---|
| | | Previsto | Realizado |
| 20 jul. 2009 | II | 1.000 | 880 |
| 27 jul. 2009 | II | 1.100 | 880 |
| 3 ago. 2009 | II | 1.200 | 880 |
| 10 ago. 2009 | II | 1.300 | 980 |
| 17 ago. 2009 | III | 1.350 | 1.030 |
| 24 ago. 2009 | III | 1.400 | 1.090 |
| 31 ago. 2009 | III | 1.450 | 1.140 |
| 7 set. 2009 | III | 1.500 | 1.220 |
| 14 set. 2009 | III | 1.550 | 1.290 |
| 21 set. 2009 | III | 1.600 | 1.390 |
| 28 set. 2009 | III | 1.650 | 1.450 |
| 5 out. 2009 | III | 1.700 | 1.600 |
| 12 out. 2009 | I | 1.850 | 1.800 |
| 19 out. 2009 | I | 2.000 | 2.000 |
| 26 out. 2009 | I | 2.150 | 2.200 |
| 2 nov. 2009 | I | 2.300 | |
| 9 nov. 2009 | I | 2.450 | |
| 16 nov. 2009 | I | 2.500 | |

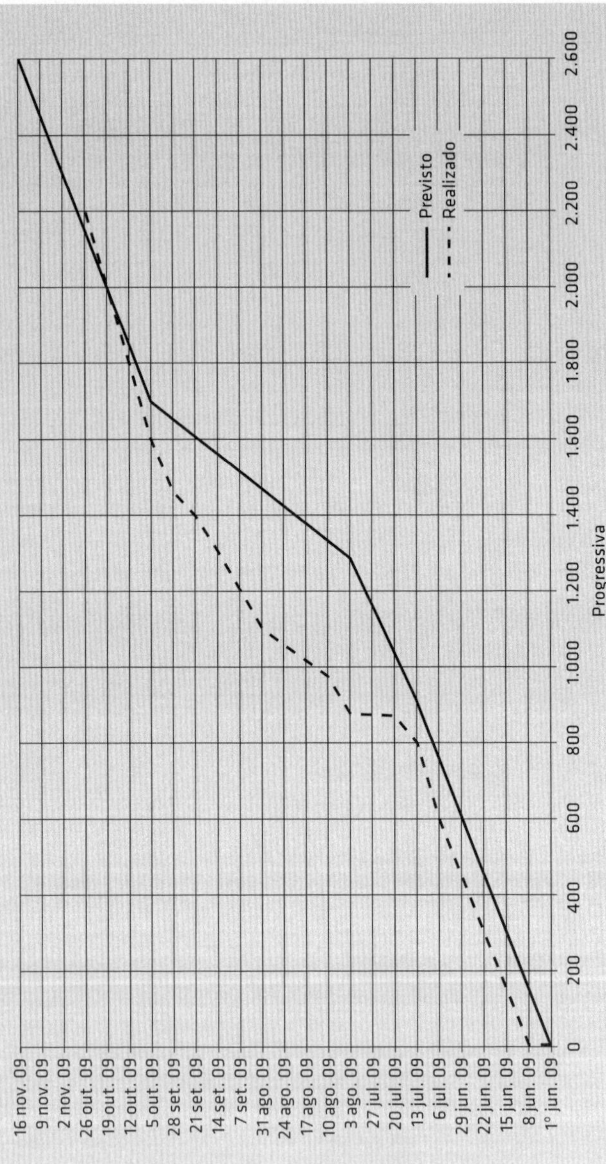


**Fig. 20.9** *Linha de balanço*

muito rápidos se tornam distorcidos se forem programados para durar uma semana por pavimento. Da mesma forma, outros serviços mais lentos precisariam de um efetivo muito grande de operários para conseguir cumprir a etapa em uma semana.

É justamente aí que surge a ideia de *balanceamento das operações*, que consiste em atribuir a cada serviço um ritmo compatível com sua equipe ótima, ou seja, define a declividade ideal de sua linha de balanço. O exemplo a seguir tipifica o balanceamento das operações.

Seja a operação repetitiva de cravar pilares, construir o bloco de coroamento e, em seguida, montar o tabuleiro de um longo píer de concreto sobre o mar (adaptado de Harris, McCaffer e Edum-Fotwe, 2006), conforme a Fig. 20.10.

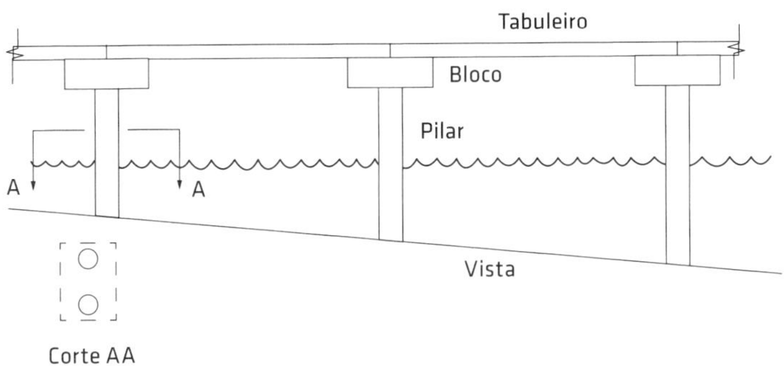


**Fig. 20.10** *Píer construído em trechos sucessivos de pilar, bloco e tabuleiro*

Para cada trecho, a sequência construtiva é linear, com suas durações mostradas na Fig. 20.11.

**Fig. 20.11** *Diagrama de rede das atividades do píer*

A fim de acomodar eventuais interferências, o planejador optou por embutir no ciclo de produção dois colchões de tempo (*buffers*) de cinco dias entre as atividades, alterando o prazo do ciclo para 50 dias (Fig. 20.12).

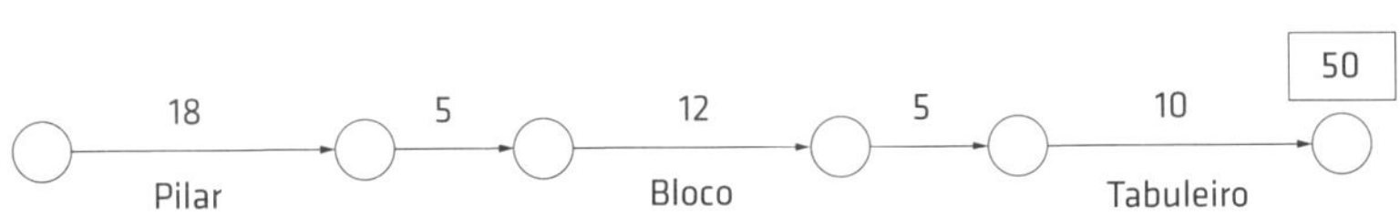


**Fig. 20.12** *Introdução de colchões de tempo* (buffers) *entre as atividades*

Supondo um total de dez trechos sucessivos e um prazo de 19 semanas (95 dias) para concluir a obra, o planejamento pode ser mostrado graficamente (Fig. 20.13). Como o primeiro trecho termina no dia 50, há um prazo de 95 – 50 = 45 dias para terminar os nove trechos restantes, ou seja, a taxa de produção almejada é de (95 – 50)/9 = 5 dias/trecho (= 1 trecho/semana).

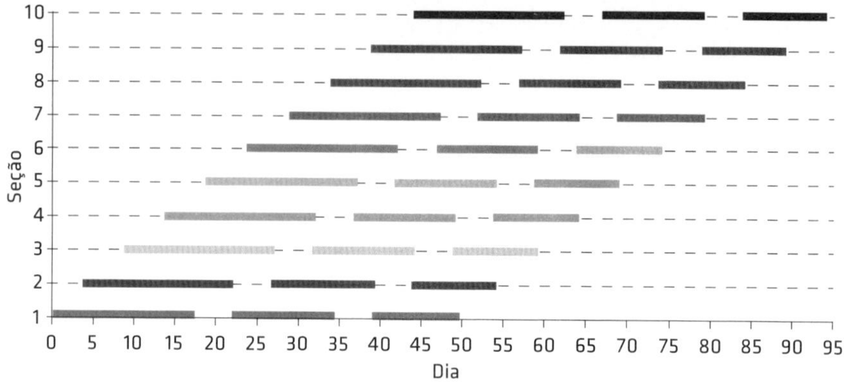


**FIG. 20.13** *Data de entrega de cada trecho (à taxa de 1 trecho/semana)*

Na Fig. 20.14, representam-se preliminarmente as barras para cada serviço.

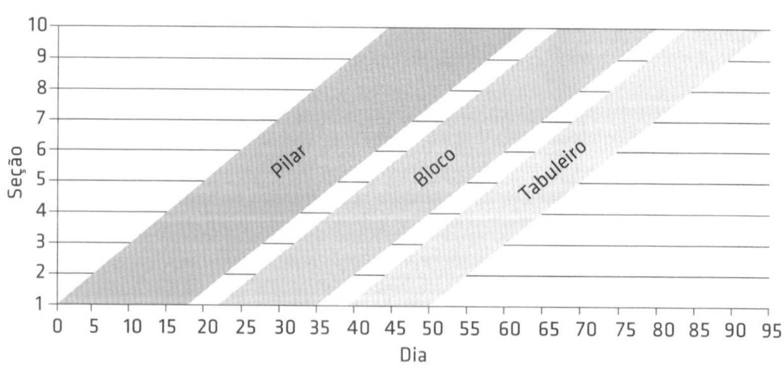


**FIG. 20.14** *Planejamento simplificado, com as datas de entrega de cada trecho*

Esse gráfico mostra o avanço das três atividades em ritmo constante, com as linhas na mesma declividade. Isso nem sempre é possível, pois, às vezes, é impraticável colocar todas as atividades na mesma "velocidade", pois isso obriga algumas delas a ter equipes muito numerosas ou a ter equipes muito reduzidas.

Basta imaginar que, para ficar no mesmo ritmo de outros serviços, uma determinada operação precisa alocar muitos recursos simultaneamente – isso pode gerar conflito por espaço, complicações de logística e dificuldade de supervisão. A solução lógica é adotar ritmos variáveis, de acordo com a equipe ótima de cada serviço e sua respectiva produtividade.

No exemplo, sabe-se que cada bloco requer uma equipe de seis homens para construí-lo em 12 dias. Se forem alocadas duas equipes, o bloco ficará pronto em seis dias, o que representa uma produtividade de 5/6 trechos/semana (= 0,83 trecho/semana). Essa taxa é inferior à taxa de produção almejada (1 trecho/semana) e fura o prazo original de 95 dias (= 19 semanas), como pode ser visto na Fig. 20.15.

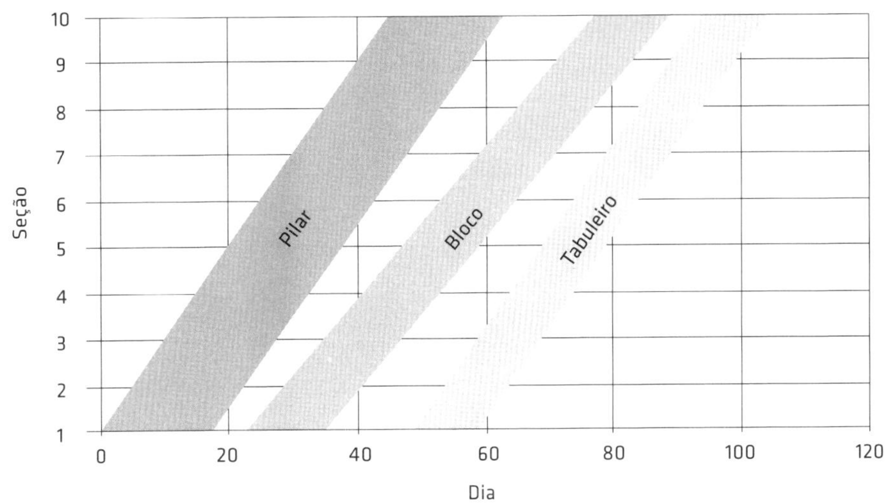


**Fig. 20.15** *Linha de balanço com duas equipes alocadas para o serviço* bloco

No gráfico, nota-se que o ritmo vagaroso de produção dos blocos faz com que o início do tabuleiro seja adiado em alguns dias. Se isso não ocorresse, *tabuleiro* alcançaria *bloco* no meio da obra, ficando sem frente de serviço.

Caso fossem alocadas três equipes de bloco, a produção desse serviço seria de um trecho a cada quatro dias (= 1,25 trecho/semana). No gráfico da Fig. 20.16, percebe-se que essa aceleração não melhora em nada o prazo total da obra. Isso porque, por avançar rápido, *bloco* precisaria começar mais tarde para não se "chocar" com *pilar*.

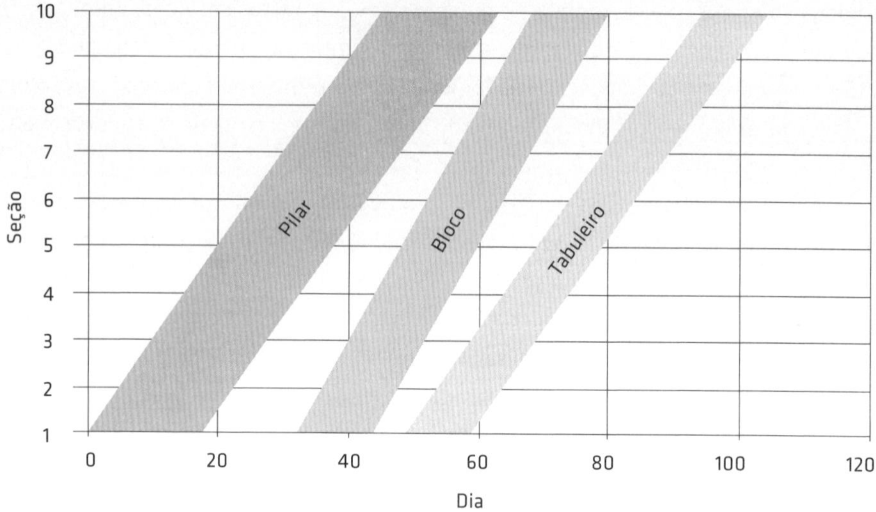


**Fig. 20.16** *Linha de balanço com três equipes alocadas para o serviço* bloco

*Conclusão:* aumentar a produtividade de uma ou outra operação não melhora, necessariamente, o prazo do projeto. É preciso que as operações estejam *balanceadas* entre si.

Para traçar as linhas referentes a serviços consecutivos, é preciso comparar o ritmo dessas duas atividades:

* Se o ritmo (produtividade) da atividade for *maior* que o de sua sucessora, esta poderá ser iniciada logo após a primeira unidade da primeira atividade. Pode-se dizer que as linhas de balanço são vinculadas pela base (Fig. 20.17A).
* Se o ritmo (produtividade) da atividade for *menor* que o de sua sucessora, esta *não* poderá ser iniciada logo após a primeira unidade da primeira atividade, porque, inevitavelmente, haverá conflito mais adiante. É preciso dar uma dianteira na atividade inicial. Nesse caso, pode-se dizer que as linhas de balanço são vinculadas pelo topo (Fig. 20.17B).

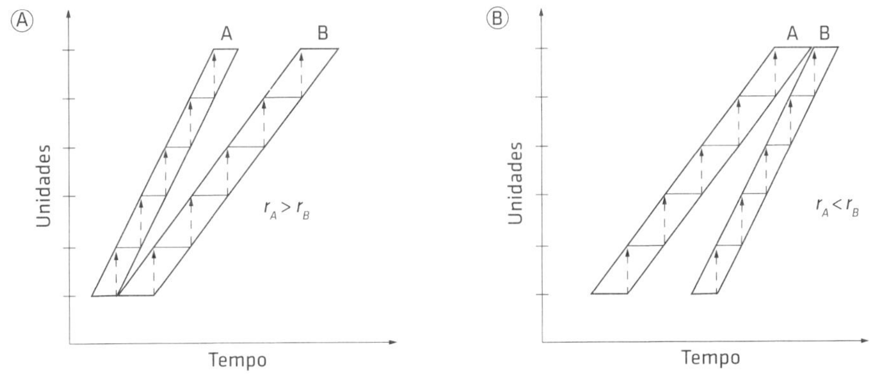


**FIG. 20.17** *Regra para traçado da linha de balanço para atividades dependentes e com ritmos* (r) *diferentes: (A)* $r_A > r_B$ *e (B)* $r_A < r_B$

**Dicas para o planejador**

A linha de balanço trabalha com estimativas de homem-hora e com o tamanho ótimo da equipe para gerar o diagrama. As informações de produtividade e dimensionamento de equipes são geralmente obtidas a partir de dados históricos ou de opiniões abalizadas, levando em conta as particularidades do serviço.

Um cronograma "paralelo", isto é, com todos os serviços no mesmo ritmo, produz, com frequência, um prazo *menor* que o cronograma balanceado. Entretanto, colocar muitos serviços em ritmo igual é geralmente complicado, porque pode demandar a alocação de equipes com um número despropositado de operários (para menos ou para mais).

Enquanto no cronograma tradicional de barras o parâmetro que governa os cálculos é a *duração*, na linha de balanço é a *produtividade* (ritmo do serviço) que guia o planejamento.

## 20.5 Dimensionamento da linha de balanço

O exemplo apresentado a seguir mostra como fazer o balanceamento no planejamento com linha de balanço. A obra é a construção de um conjunto de 20 casas iguais ($n$), com meta de entrega ($R_o$) de três casas por semana (assume-se semana de cinco dias × 8 h = 40 h) e ciclo de produção de cinco atividades (Fig. 20.18).

**FIG. 20.18** *Sequência de serviços da obra*

A Tab. 20.2 mostra o total de homem-hora (Hh) por serviço e a equipe básica (ótima) de cada atividade por casa.

Tab. 20.2 Dados de produtividade e equipe por serviço

| Serviço | | Hh/casa | Equipe básica (operários) |
|---|---|---|---|
| A | Fundação | 110 | 3 |
| B | Superestrutura | 320 | 8 |
| C | Esquadrias | 365 | 9 |
| D | Instalações | 35 | 2 |
| E | Acabamento | 210 | 5 |

*Fonte: adaptado de Harris, McCaffer e Edum-Fotwe (2006).*

Fixemo-nos no serviço A. Para atingir o ritmo almejado de três casas/semana, é necessário alocar uma equipe com a seguinte quantidade calculada de operários:

$$E_c = \frac{110 \text{ Hh/casa} \times 3 \text{ casas/semana}}{40 \text{ h/semana/operário}} = 8{,}25 \text{ operários}$$

Arredondamos para 9, o múltiplo mais próximo da equipe básica. Com o arredondamento, a *produção semanal corrigida* será:

$$R_r = 3 \text{ casas/semana} \times 9/8{,}25 = 3{,}27 \text{ casas/semana}$$

A duração ($t$) de A em cada casa é dada por:

$$t = \frac{110 \text{ Hh/casa}}{3 \text{ operários/casa} \times 8 \text{ h/dia/operário}} = 4{,}58 \text{ dias}$$

O tempo decorrido entre o início da primeira casa e o início da vigésima ($T$) é dado por:

$$T = \frac{(20-1) \text{ casas} \times 5 \text{ dias/semana}}{3{,}27 \text{ casas/semana}} = 29{,}03 \text{ dias}$$

Portanto, para A o tempo-caminho é o da Fig. 20.19.

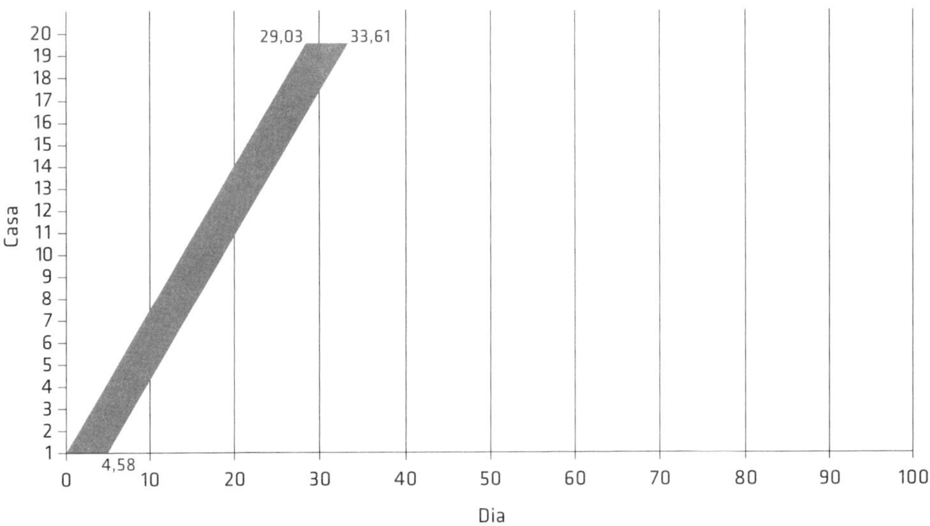


FIG. 20.19 *Linha de balanço do serviço A*

Estendendo esse raciocínio a todas as operações, calcula-se a Tab. 20.3.

Tab. 20.3 Cálculo da linha de balanço

| Atividade | Hh/casa *(H)* | Equipe básica (operários) $(E_b)$ | Equipe calculada (operários) $(E_c)$ | Equipe adotada (operários) $(E_a)$ | Ritmo de produção corrigido (casas/semana) $(R_r)$ | Tempo por casa (dias) $(t)$ | Tempo do início da 1ª ao início da 20ª casa (dias) $(T)$ |
|---|---|---|---|---|---|---|---|
| A | 110 | 3 | 8,25 | 9 | 3,27 | 4,58 | 29,03 |
| B | 320 | 8 | 24,00 | 24 | 3,00 | 5,00 | 31,67 |
| C | 365 | 9 | 27,38 | 27 | 2,96 | 5,07 | 32,11 |
| D | 35 | 2 | 2,63 | 4 | 4,57 | 2,19 | 20,78 |
| E | 210 | 5 | 15,75 | 15 | 2,86 | 5,25 | 33,25 |

A mecânica da tabela é a seguinte:

$E_c$ = produção desejada · Hh por unidade/horas de trabalho por semana = $R_o \cdot H/40$

$E_a$ = arredondamento de $E_c$ para o múltiplo de $E_b$ mais próximo

$R_r$ = produção desejada · equipe adotada/equipe calculada = $R_o \cdot E_a/E_c$

$t$ = Hh por unidade/(equipe básica · horas por dia) = $H/(E_b \cdot 8)$

$T$ = (quantidade de unidades – 1) · dias por semana/ritmo corrigido = $(n - 1) \cdot 5/R_r$

Introduzindo-se um colchão (*buffer*) de cinco dias entre serviços consecutivos, as linhas de balanço podem, então, ser traçadas (Fig. 20.20). Quanto menor for o ritmo de produção ($R_r$), mais deitada será a linha. A duração total do projeto atinge 86,67 dias.

Para fins de controle da equipe executora da obra, a Tab. 20.4 traz o tempo de início e fim dos serviços em cada casa. Como o serviço D tem um ritmo mais rápido que C, foi primeiro calculada a data de início de D para a casa 20 e, por subtrações sucessivas, chegou-se à casa 1.

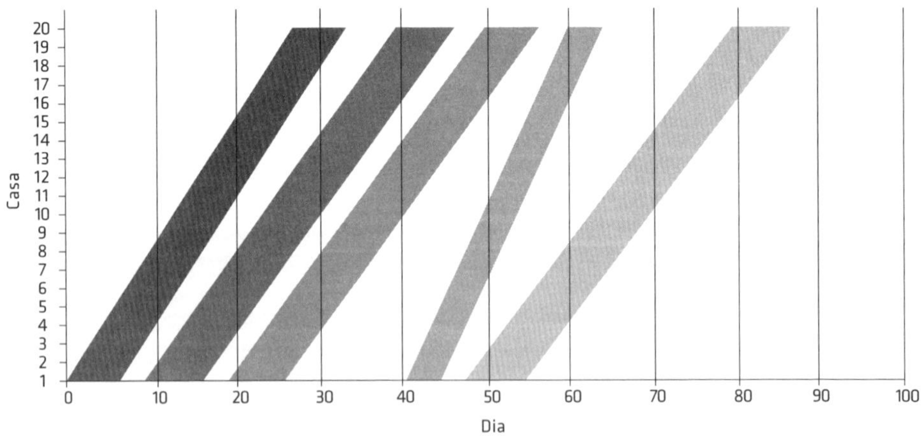


Fig. 20.20 *Linha de balanço de toda a obra*

**Tab. 20.4** Linha de balanço analítica

| Casa | A | | B | | C | | D | | E | |
|---|---|---|---|---|---|---|---|---|---|---|
| | **Início** | **Fim** | **Início** | **Fim** | **Início** | **Fim** | **Início** | **Fim** | **Início** | **Fim** |
| 1 | 0 | 4,58 | 9,58 | 14,58 | 19,58 | 24,65 | 40,98 | 43,17 | 48,17 | 53,42 |
| 2 | 1,53 | 6,11 | 11,25 | 16,25 | 21,27 | 26,34 | 42,07 | 44,26 | 49,92 | 55,17 |
| 3 | 3,06 | 7,64 | 12,92 | 17,92 | 22,96 | 28,03 | 43,17 | 45,35 | 51,67 | 56,92 |
| 4 | 4,58 | 9,17 | 14,58 | 19,58 | 24,65 | 29,72 | 44,26 | 46,45 | 53,42 | 58,67 |
| 5 | 6,11 | 10,69 | 16,25 | 21,25 | 26,34 | 31,41 | 45,35 | 47,54 | 55,17 | 60,42 |
| 6 | 7,64 | 12,22 | 17,92 | 22,92 | 28,03 | 33,10 | 46,45 | 48,63 | 56,92 | 62,17 |
| 7 | 9,17 | 13,75 | 19,58 | 24,58 | 29,72 | 34,79 | 47,54 | 49,73 | 58,67 | 63,92 |
| 8 | 10,69 | 15,28 | 21,25 | 26,25 | 31,41 | 36,48 | 48,63 | 50,82 | 60,42 | 65,67 |
| 9 | 12,22 | 16,81 | 22,92 | 27,92 | 33,10 | 38,17 | 49,73 | 51,92 | 62,17 | 67,42 |
| 10 | 13,75 | 18,33 | 24,58 | 29,58 | 34,79 | 39,86 | 50,82 | 53,01 | 63,92 | 69,17 |
| 11 | 15,28 | 19,86 | 26,25 | 31,25 | 36,48 | 41,55 | 51,92 | 54,10 | 65,67 | 70,92 |
| 12 | 16,81 | 21,39 | 27,92 | 32,92 | 38,17 | 43,24 | 53,01 | 55,20 | 67,42 | 72,67 |
| 13 | 18,33 | 22,92 | 29,58 | 34,58 | 39,86 | 44,93 | 54,10 | 56,29 | 69,17 | 74,42 |
| 14 | 19,86 | 24,44 | 31,25 | 36,25 | 41,55 | 46,62 | 55,20 | 57,38 | 70,92 | 76,17 |
| 15 | 21,39 | 25,97 | 32,92 | 37,92 | 43,24 | 48,31 | 56,29 | 58,48 | 72,67 | 77,92 |
| 16 | 22,92 | 27,50 | 34,58 | 39,58 | 44,93 | 50,00 | 57,38 | 59,57 | 74,42 | 79,67 |
| 17 | 24,44 | 29,03 | 36,25 | 41,25 | 46,62 | 51,69 | 58,48 | 60,67 | 76,17 | 81,42 |
| 18 | 25,97 | 30,56 | 37,92 | 42,92 | 48,31 | 53,38 | 59,57 | 61,76 | 77,92 | 83,17 |
| 19 | 27,50 | 32,08 | 39,58 | 44,58 | 50,00 | 55,07 | 60,67 | 62,85 | 79,67 | 84,92 |
| 20 | 29,03 | 33,61 | 41,25 | 46,25 | 51,69 | 56,76 | 61,76 | 63,95 | 81,42 | 86,67 |

**Dicas para o planejador**

O traçado de uma linha depende de sua predecessora. Se a predecessora tem um ritmo mais rápido, o cálculo começa pela unidade inferior (do gráfico). Se a predecessora tem um ritmo mais lento, o cálculo começa pela unidade superior.

Uma das características adversas do planejamento com linha de balanço é que o erro introduzido pela incerteza da produtividade se propaga por todas as atividades, podendo gerar distorções apreciáveis.

O planejamento com linha de balanço assume que a produtividade (ritmo) de cada serviço é constante ao longo da obra. Isso é uma simplificação, já que existe uma *curva de aprendizado,* fenômeno pelo qual a produtividade tende a aumentar com o passar do tempo devido ao maior conhecimento do serviço, adestramento da mão de obra, aprimoramento da logística etc.

O aprendizado progressivo faz com que a linha de balanço passe de uma reta a uma sequência de segmentos de reta - o difícil é estimar quando e quanto, por isso a melhor conduta é planejar com taxa constante e fazer os ajustes à medida que a produtividade varia.

## Exemplo 20.1

Planejar a execução de um edifício de dez pavimentos-tipo de acordo com a precedência e as horas (Hh) de cada atividade por pavimento (Tab. 20.5). O planejamento tem por meta concluir um pavimento a cada duas semanas, considerando-se uma semana de cinco dias de 8,8 h/dia. Admitir um pulmão de três dias entre atividades no mesmo pavimento.

**Tab. 20.5** Consumo de horas, equipe básica e precedência

| Atividade | | Hh/pavimento ($H$) | Equipe básica (operários) ($E_b$) | Predecessora |
|---|---|---|---|---|
| A | Estrutura | 250 | 3 | - |
| B | Alvenaria | 300 | 4 | Estrutura |
| C | Esquadrias | 300 | 3 | Alvenaria |
| D | Instalação elétrica | 200 | 3 | Alvenaria |
| E | Revestimento | 200 | 5 | Instalação elétrica |
| F | Ferragens | 50 | 2 | Revestimento |
| G | Acabamento | 200 | 5 | Esquadrias; ferragens |

***Solução:***

O ritmo de produção almejado ($R_0$) é, portanto, de 0,5 pavimento/semana.

A Tab. 20.6 mostra o balanceamento do planejamento de acordo com o ritmo das atividades.

Tab. 20.6 Determinação do ritmo variável

| Atividade | Hh/casa ($H$) | Equipe básica (operários) ($E_b$) | Equipe calculada (operários) ($E_c$) | Equipe adotada ($E_a$) | Ritmo de produção corrigido (pavimento/semana) ($R_r$) | Tempo/pavimento (dias) ($t$) | Tempo do início do 1º ao início do 10º pavimento (dias) ($T$) |
|---|---|---|---|---|---|---|---|
| A | 250 | 3 | 2,84 | 3 | 0,53 | 9,47 | 85,23 |
| B | 300 | 4 | 3,41 | 4 | 0,59 | 8,52 | 76,70 |
| C | 300 | 3 | 3,41 | 3 | 0,44 | 11,36 | 102,27 |
| D | 200 | 3 | 2,27 | 3 | 0,66 | 7,58 | 68,18 |
| E | 200 | 5 | 2,27 | 5 | 1,10 | 4,55 | 40,91 |
| F | 50 | 2 | 0,57 | 2 | 1,76 | 2,84 | 25,57 |
| G | 200 | 5 | 2,27 | 5 | 1,10 | 4,55 | 40,91 |

A Fig. 20.21 mostra o planejamento com linha de balanço. Em serviços em que há paralelismo (esquadria pode ocorrer em paralelo com instalação, revestimento e ferragens, segundo a precedência adotada), nota-se que há barras superpostas (concorrentes). No gráfico, constata-se que a esquadria (C) começa antes do revestimento (E) nos pavimentos inferiores, porém depois dele nos pavimentos superiores.

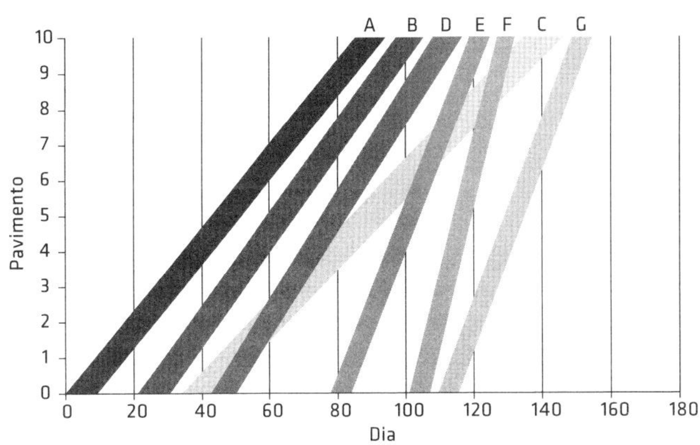


**Fig. 20.21** *Linha de balanço da construção do edifício*

Lembramos que, para fins de simplificação do gráfico, é comum entre os planejadores apresentar somente a linha de início de cada operação.

A Fig. 20.22 ilustra um exemplo real de planejamento com linha de balanço de uma estrada na Bahia.

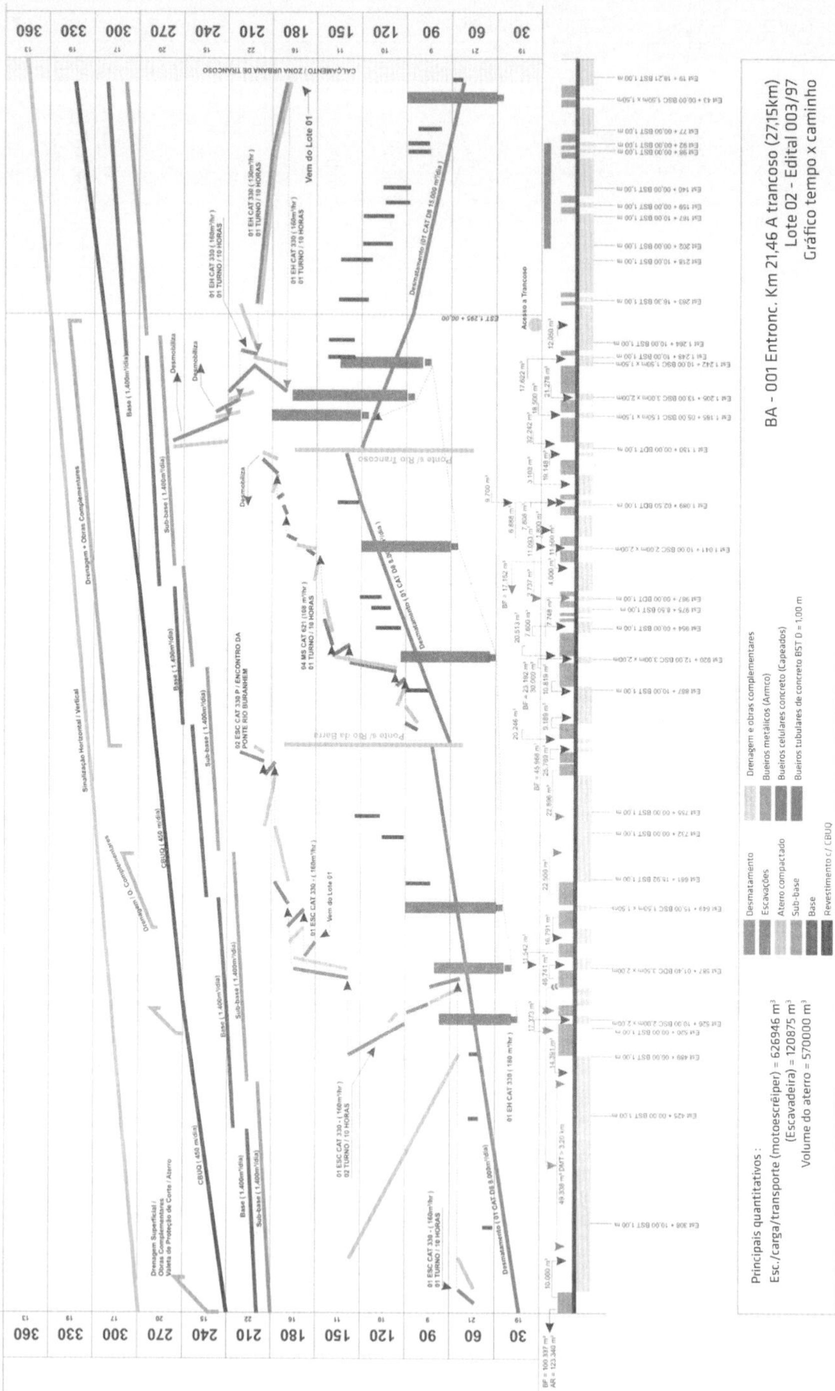


**Fig. 20.22** *Exemplo real da linha de balanço de uma estrada*

*Fonte: cortesia do colega José Newton Araújo.*

# referências bibliográficas


ARDITI, D.; TOKDEMIR, O. B.; SUH, K. Challenges in line-of-balance scheduling. *Journal of Construction Engineering and Management*, p. 545-556, nov./dec. 2002.

BARBOSA, C.; ABDOLLAHYAN, F.; DIAS, P. R. V.; LONGO, O. C. *Gerenciamento de custos em projetos*. 2. ed. Rio de Janeiro: FGV, 2007.

BARCAUI, A. B.; QUELHAS, O. Corrente crítica: uma alternativa à gerência de projetos tradicional. *Revista Pesquisa e Desenvolvimento Engenharia de Produção*, n. 2, jul. 2004.

BERNARDES, M. M. S. *Planejamento e controle da produção para empresas de construção civil*. Rio de Janeiro: LTC, 2003.

BOITEUX, C. D. *Administração de projetos*: PERT/CPM/ROY. Rio de Janeiro: Interciência, 1979.

BURKE, R. *Project management*: planning and control. 2nd ed. John Wiley & Sons, 1994.

CASAROTTO FILHO, N.; FÁVERO, J. S.; CASTRO, J. E. E. *Gerência de projetos/Educação simultânea*. São Paulo: Atlas, 1999.

CLOUGH, R. H.; SEARS, G. A. *Construction contracting*. 5th ed. Wiley-Interscience, 1986.

DINSMORE, P. C. *Gerência de programas e projetos*. São Paulo: Pini, 1992.

FERNANDES, A. E. C.; FLORES, A. L. S.; SOLER, A. M. Gestão de custos de projetos: aplicando o método da corrente crítica. *MundoPM*, Curitiba, n. 18, dez. 2007/jan. 2008.

FLEMING, Q. W.; KOPPELMAN, J. M. *Earned value project management*. 3rd ed. Project Management Institute, 2006.

GOLDRATT, E. M. *Corrente crítica*. 2. ed. São Paulo: Nobel, 2003.

GOLDRATT, E. M.; COX, J. *A meta*. 2. ed. São Paulo: Nobel, 2009.

HARRIS, F.; MCCAFFER, R.; EDUM-FOTWE, F. *Modern construction management*. Blackwell, 2006.

HIRSCHFIELD, H. *Planejamento com PERT/CPM*. São Paulo: Atlas, 1969.

LARA, F. A. *Manual de propostas técnicas*: como vender projetos e serviços de engenharia consultiva. 2. ed. São Paulo: Pini, 2002.

LIMMER, C. V. *Planejamento, orçamentação e controle de projetos e obras*. 1. ed. Rio de Janeiro: LTC, 1997.

MATTOS, A. D. *Como preparar orçamentos de obras*. 3. ed. São Paulo: Oficina de Textos, 2019.

O'BRIEN, J. J.; PLOTNICK, F. *CPM in construction management*. 6th ed. McGraw-Hill Professional, 2005.

PROJECT MANAGEMENT INSTITUTE. *Um guia do conhecimento em gerenciamento de projetos (PMBOK® Guide)*. 6. ed. 2017.

SILVA, A. I.; PINTO, R. R. Limitações no uso da corrente crítica. *MundoPM*, Curitiba, n. 28, ago./set. 2009.

WEAVER, P. *A brief history of scheduling*: back to the future. Canberra: myPrimavera06, 2006.

YANG, J.-B. How the critical chain scheduling method is working for construction. *Cost Engineering*, AACE, v. 49, n. 4, apr. 2007.